U0863658

全国一级造价工程师职业资格考试一本通系列

建设工程技术与计量

（土木建筑工程）

李志国　主编

中国建筑工业出版社
中国城市出版社

图书在版编目（CIP）数据

建设工程技术与计量．土木建筑工程 / 李志国主编．北京：中国城市出版社，2024. 8. --（全国一级造价工程师职业资格考试一本通系列）. --ISBN 978-7-5074-3736-2

Ⅰ. TU723.3

中国国家版本馆 CIP 数据核字第 2024A08A01 号

责任编辑：李闻智　张礼庆　朱晓瑜
责任校对：赵　力

全国一级造价工程师职业资格考试一本通系列
建设工程技术与计量
（土木建筑工程）
李志国　主编
*
中国建筑工业出版社、中国城市出版社出版、发行（北京海淀三里河路 9 号）
各地新华书店、建筑书店经销
北京建筑工业印刷有限公司制版
北京圣夫亚美印刷有限公司印刷
*
开本：787 毫米×1092 毫米　1/16　印张：20¼　字数：501 千字
2024 年 8 月第一版　　2024 年 8 月第一次印刷
定价：**58. 00** 元
ISBN 978-7-5074-3736-2
（904750）
版权所有　翻印必究
如有内容及印装质量问题，请与本社读者服务中心联系
电话：（010）58337283　QQ：2885381756
（地址：北京海淀三里河路9号中国建筑工业出版社604室　邮政编码：100037）

前　言

《全国一级造价工程师职业资格考试一本通系列》由当前一线造价工程师职业培训教学名师编写。针对一级造价工程师职业资格考试备考时间紧、记忆难、压力大的客观实际情况，依据最新版考试大纲、命题特点，集合行业、培训优势与教学、科研经验，将经过高度凝练、整合、总结的高频考点，通过简单明了的编排方式呈现出来，以满足考生高效备考的需求。

全国一级造价工程师职业资格考试各科目试题类型、时间安排

科目名称	建设工程造价管理	建设工程计价	建设工程技术与计量（土木建筑工程、交通运输工程、水利工程、安装工程）	建设工程造价案例分析（土木建筑工程、交通运输工程、水利工程、安装工程）
考试时间（小时）	2.5	2.5	2.5	4
满分记分	100	100	100	120
试题类型	客观题	客观题	客观题	主观题

说明：客观题指单项选择题、多项选择题等题型，主观题指问答题、计算题等题型。

全国一级造价工程师职业资格考试年度考试时间安排

<table>
<tr><td rowspan="8">全国一级造价工程师</td><td rowspan="4">每年十月的中、下旬</td><td>上午：9:00～11:30</td><td>备注</td></tr>
<tr><td>建设工程造价管理</td><td rowspan="7">每年考试具体时间，请注意人事考试部门的相关通知</td></tr>
<tr><td>下午：2:00～4:30</td></tr>
<tr><td>建设工程计价</td></tr>
<tr><td rowspan="4">每年十月的中、下旬</td><td>上午：9:00～11:30</td></tr>
<tr><td>建设工程技术与计量（土木建筑工程、交通运输工程、水利工程、安装工程）</td></tr>
<tr><td>下午：2:00～6:00</td></tr>
<tr><td>建设工程造价案例分析（土木建筑工程、交通运输工程、水利工程、安装工程）</td></tr>
</table>

全国一级造价工程师职业资格考试最大的特点是，连续四个考试年度达到各个考试科目的合格标准，才能通过考试，学员朋友应根据自身学习情况统筹考虑四个考试科目的学习投入时间精力。因此，全书在编写过程中力求将复杂内容抽丝剥茧，在教师多年教学和培训的基础上开发出特有体系。全书通过分析核心考点、提炼主要知识点、经典题型训练三个层次，为考生搭建系统、清晰的知识架构，对各门课程的核心考点、考题设计等进行

全面的梳理和剖析，使考生能够把握全局、分清主次指导自己学习。针对知识点及考核要点，通过图表、对比分析、典型真题、模拟题等方式帮助考生准确理解掌握，通过一本通的学习和训练，使考生能够夯实基础，强化应试能力。

此外，关于丛书，还有以下几点值得注意：

（1）客观考题科目每一章都总结了近年的真题分值分布，核心重点一目了然。分值多的部分，多投入精力学习，分值极少的部分，有所舍得，切莫一味地痴迷于各种“盲点”“误区”，舍本逐末。

（2）客观考题科目每一章提炼出本章核心考点和真题分析，并配有章节习题训练，做到学练结合，为通过考试保驾护航。

（3）案例分析科目提炼了考试大纲的核心考点，综合考虑了前三个科目教材的相关内容并结合案例考试要求进行了重新组合整理，为案例解题提供理论依据，节省学员查阅相关资料的时间。

（4）案例分析科目针对核心考点设置了对应的典型案例分析，做到了核心考点系统全面，同时避免大量重复做题，节约考生备考时间并提高备考效率。

（5）本书辅以线上交流平台，通过抖音、微信群等多种学习交流平台方便考生学习交流，各科主编参与交流平台学习交流，方便学员高效完成备考工作。

《全国一级造价工程师职业资格考试一本通系列》各册主编人员如下：

《建设工程造价管理》	王竹梅
《建设工程计价》	李　娜
《建设工程技术与计量》（土木建筑工程）	李志国
《建设工程造价案例分析》（土木建筑工程、安装工程）	陈江潮

本系列图书在编写、出版过程中，得到了诸多专家学者的指点帮助，在此表示衷心感谢！由于时间仓促、水平有限，虽经仔细推敲和多次校核，书中难免出现纰漏和瑕疵，敬请广大考生、读者批评和指正。

编写组

2024 年 6 月

目　　录

第一章　工程地质

考情分析

本章约占 10 分，2023 版教材在第一节增加了建筑抗震的相关内容；第三节个别的地方做了删减，比如风化、破碎岩层和断层、泥化软弱夹层等相关内容。

本章篇幅较小，与其余各章关联度相对较小，所占分值较大，不能机械记忆，需要在理解教材的基础上配合做题把相关知识点融会贯通，达到理解性记忆。

重点内容：岩石分类及特征、地质构造、地下水、特殊地基处理方法、边坡稳定、围岩稳定和工程选址问题等。

说明：★表示高频考点；▲表示重要考点；●表示一般考点。

第一节　岩体特征

历年真题分值统计

本节内容	历年真题分值统计					
	2019	2020	2021	2022	2022（补考）	2023
一、岩体的结构	1	3	2	1	1	2
二、岩体的力学特性	0	0	0	0	0	0
三、岩体的工程地质性质	2	0	1	2	2	1
合计	3	3	3	3	3	3

思维导图（图 1-1）

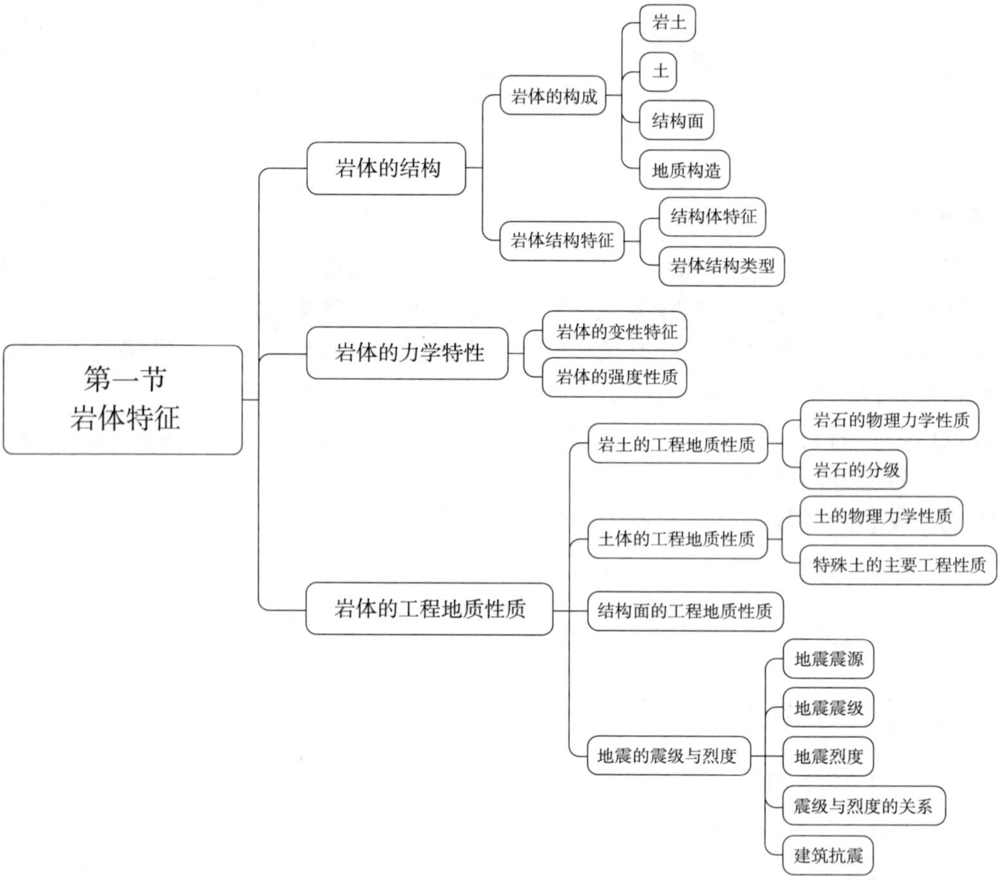

图 1-1　思维导图

考点解析

一、岩体的结构

岩体和岩石的概念不同，岩石是矿物的集合体，其特征可以用岩块来表征。岩体可能由一种或多种岩石组合，且在形成现实岩体的过程中，经受了构造变动、风化作用、卸荷作用等各种内外力地质作用的破坏和改造。工程岩体有地基岩体、边坡岩体和地下工程围岩三类。

考点一　▲ 岩石的主要矿物（表 1-1、表 1-2）

矿物物理性质　　**表 1-1**

矿物物理性质	颜色	鉴定成分和结构
	光泽	鉴定风化程度
	硬度	鉴定矿物类别
	物理性质是鉴别矿物的主要依据	

不同矿物的硬度 **表 1-2**

硬度（度）	1	2	3	4	5	6	7	8	9	10
矿物	滑石	石膏	方解石	萤石	磷灰石	长石	石英	黄玉	刚玉	金刚石
	常用可刻划物品来大致测定矿物的相对硬度，常用物品硬度如指甲为 2～2.5 度，小刀为 5～5.5 度，玻璃为 5.5～6 度，钢刀为 6～7 度									

【例题 1】在鉴定矿物类别时，作为主要依据的物理性质是（　　）。（2023 年真题）

A．自色　　B．他色

C．光泽　　D．硬度

【答案】D

【解析】依据颜色鉴定矿物的成分和结构，依据光泽鉴定风化程度，依据硬度鉴定矿物类别。

【例题 2】下列造岩矿物中硬度最高的是（　　）。（2020 年真题）

A．方解石　　B．长石

C．萤石　　D．磷灰石

【答案】B

【解析】方解石硬度为 3 度，长石硬度为 6 度，萤石硬度为 4 度，磷灰石硬度为 5 度。

【例题 3】以下矿物可用玻璃刻划的有（　　）。（2018 年真题）

A．方解石　　B．滑石

C．刚玉　　D．石英

E．石膏

【答案】ABE

【解析】在实际工作中常用可刻划物品来大致测定矿物的相对硬度，常用物品硬度如指甲为 2～2.5 度，小刀为 5～5.5 度，玻璃为 5.5～6 度，钢刀为 6～7 度。

考点二 ★ 岩石的成因类型及其特征（表 1-3）

岩石的成因类型及其特征 **表 1-3**

岩石类型（按成因分）			特征
岩浆岩（火成岩）	喷出岩		比侵入岩强度低、透水性强、抗风化能力差 如流纹岩、粗面岩、安山岩、玄武岩
	侵入岩	深成岩	致密坚硬，孔隙率小，透水性弱，抗水性强，是理想的建筑基础 如花岗岩、正长岩、闪长岩、辉长岩
		浅成岩	节理裂隙发育，岩石破碎，风化蚀变严重，透水性增大 如岗斑岩、闪长玢岩、辉绿岩、脉岩
沉积岩	结构组成		碎屑结构、泥质结构、晶粒结构、生物结构
	分类	碎屑岩	如砾岩、砂岩、粉砂岩
		黏土岩	如页岩、泥岩
		化学岩及生物化学岩	如石灰岩、泥灰岩、白云岩

续表

岩石类型（按成因分）		特征
变质岩	形成	原岩浆岩、沉积岩经地壳或岩浆活动形成的新岩石
	结构组成	变余结构、变晶结构、碎裂结构
	构造组成	① 板状构造；② 千枚状构造；③ 片状构造；④ 片麻状构造；⑤ 块状构造（如大理岩、石英岩等）

【例题 1】下列关于岩石的成因类型及特征的说法，正确的是（　　）。（2023 年真题）

A. 流纹岩、安山岩、脉岩均为喷出岩

B. 石灰岩、白云岩和大理石岩均为化学岩及生物化学岩

C. 沉积岩生物成因构造包括生物礁体、虫迹、虫孔、叠层构造等

D. 石英岩矿物均匀分布，呈定向排列

【答案】C

【解析】脉岩属于侵入岩。大理石岩属于变质岩。沉积岩生物成因构造：如生物礁体、叠层构造、虫迹、虫孔等。变质岩块状构造：矿物均匀分布、结构均一、无定向排列，如大理岩、石英岩等。

【例题 2】正常情况下，岩浆岩中的侵入岩与喷出岩相比，其显著特征为（　　）。（2018 年真题）

A. 强度低　　B. 强度高

C. 抗风化能力差　　D. 岩性不均匀

【答案】B

【解析】喷出岩是指喷出地表形成的岩浆岩，一般呈原生孔隙和节理发育，产状不规则，厚度变化大，岩性很不均匀，比侵入岩强度低、透水性强、抗风能力差。

【例题 3】根据沉积岩的组成成分、结构、构造和形成条件，其可分为（　　）。

A. 化学岩　　B. 碎屑岩

C. 黏土岩　　D. 深成岩

E. 浅成岩

【答案】ABC

【解析】由于成分和结构的不同，每种矿物都有自己特有的物理性质，如颜色、光泽、硬度等。

考点三 ★ 土（表 1-4、表 1-5）

土的组成与结构　　表 1-4

土的组成	颗粒（固相）、水溶液（液相）和气（气相）	
土的结构	单粒结构（散粒结构）	碎石（卵石）、砾石类土和砂土
		对工程性质影响：在于其松密程度

续表

土的结构	集合体结构（团聚结构或絮凝结构）		为黏性土所特有
	土的构造	不均匀性	包括层理、夹层、透镜体、结核、组成颗粒大小悬殊及裂隙特征与发育程度等
		意义	是决定勘探、取样或原位测试布置方案和数量的重要因素之一

土的分类 **表 1-5**

土的分类	根据有机含量		无机土、有机质土、泥炭质土和泥炭
	根据颗粒级配和塑性指数	碎石土	粒径大于 2mm 的颗粒含量超过全重 50% 的土
		砂土	粒径大于 2mm 的颗粒含量不超过全重 50%，且粒径大于 0.075mm 的颗粒含量超过全重 50% 的土
		黏性土	塑性指数＞10 的土
		粉土	粒径＞0.075mm 的颗粒不超过全重 50%，且塑性指数≤10 的土

【例题 1】粒径大于 2mm 的颗粒含量超过全重 50% 的土称为（　　）。（2022 年真题）

A．碎石土　　B．砂土

C．黏性土　　D．粉土

【答案】A

【解析】碎石土是粒径大于 2mm 的颗粒含量超过全重 50% 的土；砂土是粒径大于 2mm 的颗粒含量不超过全重 50%，且粒径大于 0.075mm 的颗粒含量超过全重 50% 的土；粉土是粒径大于 0.075mm 的颗粒不超过全重 50%，且塑性指数小于或等于 10 的土。

【例题 2】整个土体构成上的不均匀性包括（　　）。（2017 年真题）

A．层理　　B．松散

C．团聚　　D．絮凝

E．结核

【答案】AE

【解析】整个土体构成上的不均匀性包括：层理、夹层、透镜体、结核、组成颗粒大小悬殊及裂隙特征与发育程度等。

【例题 3】以下关于土的构造和分类说法，不正确的是（　　）。

A．砂土对工程性质的影响主要在于松密程度

B．粉土是粒径大于 0.075mm 的颗粒不超过全重 50% 的土

C．土的颗粒越小，其工程性质受含水量影响越大

D．黏性土的塑性指数小于等于 10

【答案】D

【解析】黏性土是塑性指数大于 10 的土；粉土是塑性指数小于或等于 10 的土。

考点四　★ 结构面和地质构造（表 1-6、表 1-7 和图 1-2 ～图 1-4）

结构面和地质构造　　表 1-6

<table>
<tr><td>水平构造</td><td colspan="5">先沉积的老岩层在下，后沉积的新岩层在上</td></tr>
<tr><td>单斜构造</td><td colspan="5">三要素：走向、倾向、倾角</td></tr>
<tr><td rowspan="8">褶皱构造</td><td>褶皱</td><td colspan="4">① 受构造力的强烈作用，使岩层形成一系列波状弯曲而未丧失连续性的构造，它是岩层产生的塑性变形
② 绝大多数褶皱是在水平挤压力作用下形成的，但也有少数是在垂直力或力偶作用下形成的
③ 由两个或两个以上的褶曲构成</td></tr>
<tr><td rowspan="4">褶曲</td><td>背斜</td><td colspan="2" rowspan="2">受到剥蚀，从轴部向两翼</td><td>岩层由老到新</td></tr>
<tr><td>向斜</td><td>岩层由新到老</td></tr>
<tr><td>褶曲要素</td><td colspan="3">核部、翼、轴面、轴及枢纽</td></tr>
<tr><td colspan="4">适合建隧道排序：翼部＞背斜核部＞向斜核部</td></tr>
<tr><td rowspan="3">深路堑或高边坡</td><td>有利</td><td colspan="3">路线垂直岩层走向，或路线与岩层走向平行但岩层倾向与边坡倾向相反</td></tr>
<tr><td>不利</td><td colspan="3">路线走向与岩层走向平行，边坡与岩层倾向一致</td></tr>
<tr><td>最不利</td><td colspan="3">路线与岩层走向平行，岩层倾向与路基边坡一致，而边坡的倾角大于（陡于）岩层的倾角</td></tr>
<tr><td rowspan="7">断裂构造</td><td rowspan="3">裂隙</td><td rowspan="2">构造裂隙</td><td>张开型</td><td>背斜向斜轴部</td><td>无擦痕</td></tr>
<tr><td>扭剪型</td><td>翼部\断层附近</td><td>有擦痕</td></tr>
<tr><td>非构造裂隙</td><td colspan="3">原生裂隙、风化裂隙、卸荷裂隙</td></tr>
<tr><td rowspan="4">断层</td><td>断层要素</td><td colspan="3">断层面、破碎带，断层线，断盘，断距</td></tr>
<tr><td>正断层</td><td colspan="3">① 上盘沿断层面相对下降，下盘相对上升的断层
② 一般是受水平张应力或垂直作用力使上盘相对向下滑动而形成的</td></tr>
<tr><td>逆断层</td><td colspan="3">① 上盘沿断层面相对上升，下盘相对下降的断层
② 它一般是由于岩体受到水平方向强烈挤压力的作用，使上盘沿断面向上错动而形成的</td></tr>
<tr><td>平推断层</td><td colspan="3">平推断层是由于岩体受水平扭应力作用，使两盘沿断层面发生相对水平位移的断层，多系受剪（扭）应力形成</td></tr>
</table>

发育程度等级及基本特征　　表 1-7

发育程度等级	基本特征						对基础工程	对工程建筑物
	裂隙	规则性	间距	裂隙	填充物	被切割成		
不发育	1～2 组	规则	＞1m	密闭		巨块状	无影响	影响不大
较发育	2～3 组	较规则	＞0.4m	多为密闭	少有	大块状	影响不大	相当影响
发育	＞3 组	不规则	＜0.4m	大部分为张开裂隙	部分	小块状		很大影响
很发育	＞3 组	杂乱	＜0.2m	张开裂隙为主	一般均有	碎石状		严重影响

注：密闭裂隙＜1mm；微张裂隙为 1～3mm；张开裂隙为 3～5mm；宽张裂隙＞5mm。

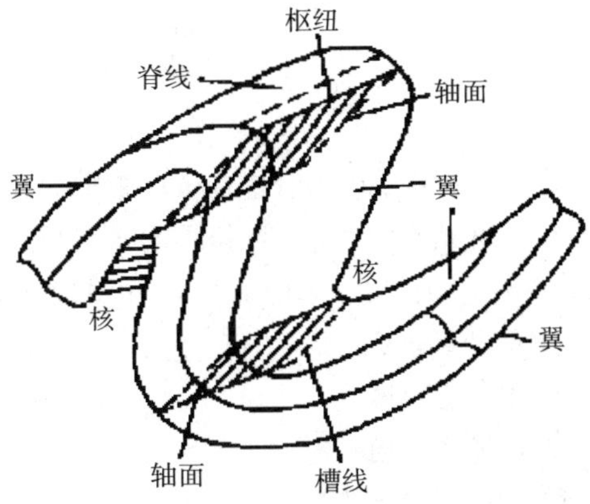

图 1-2 褶曲示意图

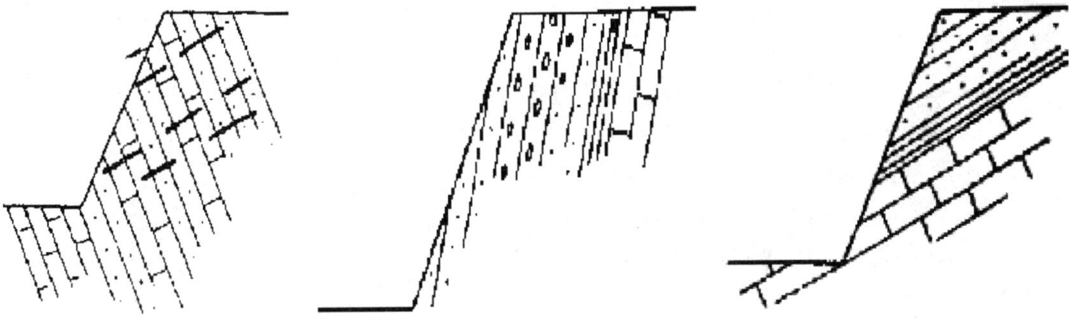

有利　不利　最不利

图 1-3 深路堑或高边坡示意图

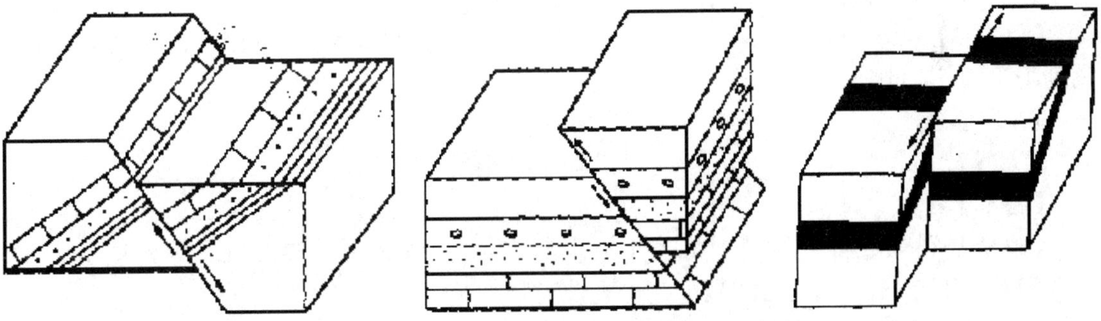

正断层　逆断层　平推断层

图 1-4 断层示意图

【例题 1】隧道选线时，应优先布置在（　　）。（2018 年真题）

A．褶皱两侧　　B．向斜核部

C．背斜核部　　D．断层带

【答案】A

【解析】隧道一般从褶曲的翼部通过是比较有利的。

【例题 2】构造裂隙可分为张性裂隙和扭性裂隙，张性裂隙主要发育在背斜和向斜的（　　）。（2017 年真题）

A．横向　　B．纵向
C．轴部　　D．底部

【答案】C

【解析】张性裂隙主要发育在背斜和向斜的轴部，裂隙张开较宽，断裂面粗糙，一般很少有擦痕，裂隙间距较大且分布不匀，沿走向和倾向都延伸不远。

【例题 3】对路基稳定最不利的是（　　）。（2014 年真题）

A．岩层倾角小于坡面倾角的逆向坡
B．岩层倾角大于坡面倾角的逆向坡
C．岩层倾角小于坡面倾角的顺向坡
D．岩层倾角大于坡面倾角的顺向坡

【答案】C

【解析】最不利的情况是路线与岩层走向平行，岩层倾向与路基边坡一致，而边坡的倾角大于（陡于）岩层的倾角。

【例题 4】有关褶曲结构，下列叙述正确的是（　　）。

A．背斜褶曲轴部出露的是较新岩层
B．向斜褶曲翼部出露的是较新岩层
C．背斜褶曲翼部出露的是较老岩层
D．向斜褶曲轴部出露的是较新岩层

【答案】D

【解析】当地面受到剥蚀而出露有不同地质年代的岩层时，背斜褶曲，较老的岩层出现在褶曲的轴部，从轴部向两翼，依次出现的是渐新的岩层；向斜褶曲，在褶曲轴部出露的是较新的岩层，向两翼依次出露的是较老的岩层。

【例题 5】某基岩裂隙 3 组，呈 X 形，较规则，以构造型为主，间距 0.5～1.0m，裂隙宽度小于 1mm，则该基岩裂隙发育程度为（　　）。

A．不发育　　B．较发育
C．发育　　D．很发育

【答案】B

【解析】裂隙较发育的基本特征是裂隙 2～3 组，呈 X 形，较规则，以构造型为主，多数间距大于 0.4m，多为密闭裂隙，少有填充物。

二、岩体的工程地质性质

考点五　★ 岩石的物理力学性质（表 1-8）

岩石的物理力学性质　　表 1-8

物理性质	重量	比重和重度	组成岩石的矿物比重大，或岩石的孔隙性小，则岩石的重度就大
	孔隙性	孔隙度较小	侵入岩和变质岩
		孔隙度较大	砾岩、砂岩、沉积类岩石

续表

物理性质	吸水性	用吸水率表示，岩石的吸水率与岩石孔隙度的大小、孔隙张开程度等因素有关	岩石的吸水率大，则水对岩石颗粒间结合物的浸润、软化作用就强，岩石强度和稳定性受水作用的影响也就显著
	软化性	主要取决于岩石的矿物成分、结构和构造特征。用软化系数表示	其值越小，表示岩石的强度和稳定性受水作用的影响越大
	抗冻性		在高寒冰冻地区，抗冻性是评价岩石工程性质的一个重要指标
力学性质	岩石的变形	弹性模量	弹性模量越大，变形越小
		泊桑比	泊桑比越大，受力后横向变形越大
	岩石的强度	① 抗剪断强度远远大于抗剪强度 ② 抗压强度＞抗剪强度＞抗拉强度 ③ 抗剪强度为抗压强度的 10%～40%，抗拉强度仅是抗压强度的 2%～16% ④ 岩石越坚硬，其值相差越大，软弱岩石的差别较小 ⑤ 岩石的抗压强度和抗剪强度，是评价岩石（岩体）稳定性的指标，是对岩石（岩体）的稳定性进行定量分析的依据	

【例题 1】岩石稳定性定量分析的主要依据（　　）。（2021 年真题）

A．抗压强度和抗拉强度　　B．抗压和抗剪强度

C．抗拉和抗剪强度　　D．抗拉和抗折强度

【答案】B

【解析】岩石的抗压强度和抗剪强度，是评价岩石（岩体）稳定性的指标，是对岩石（岩体）的稳定性进行定量分析的依据。

【例题 2】岩石重度大就说明岩石的（　　）。

A．结构致密　　B．稳定性较高

C．岩石的强度较高　　D．孔隙性小

E．孔隙性大

【答案】ABCD

【解析】组成岩石的矿物比重大，或岩石的孔隙性小，则岩石的重度就大。在相同条件下的同一种岩石，重度大就说明岩石的结构致密、孔隙性小，岩石的强度和稳定性也较高。

【例题 3】下列有关岩石的物理力学性质，说法不正确的是（　　）。

A．泊桑比越大，表示岩石受力作用后的横向变形越大

B．岩石的吸水率与岩石孔隙度的大小、孔隙张开程度等因素有关

C．软化系数越小表明岩石强度和稳定性越差

D．岩石的抗压强度最高，抗剪强度居中，抗拉强度最小

【答案】C

【解析】软化系数越小，表示岩石的强度和稳定性受水作用的影响越大。

考点六 ▲ 土的物理力学性质（表 1-9）

土的物理力学性质　　表 1-9

物理性质	含水量		是土中水的重量与土粒重量之比。一般而言，土的含水量增大时，其强度就降低
	饱和度（S_r）		是土中被水充满的孔隙体积与孔隙总体积之比 S_r＜50% 稍湿状态；S_r＝50%～80% 很湿状态；S_r＞80% 饱水状态
	孔隙比		是土中孔隙体积与土粒体积之比 孔隙比＜0.6 低压缩性土，孔隙比＞1.0 高压缩性土
	孔隙率		是土中孔隙体积与土的体积（三相）之比
	黏性土	稠度界限	缩限、塑限、液限
		塑性指数	塑性指数越大，土的可塑性越强（＞10）
		液性指数	液性指数越大，土质越软
力学性质	压缩性		无黏性土透水性大，在荷载作用下，压缩过程短
			黏性土透水性小，在荷载作用下，压缩过程长
	抗剪强度		土对剪切破坏的极限抗力称为土的抗剪强度
特殊土性质	软土		高含水量、高孔隙性、低渗透性、高压缩性、低抗剪强度、较显著的触变性和蠕变性
	湿陷性黄土		分析、判别黄土是否属于湿陷性的土、其湿陷性强弱程度以及地基湿陷类型和湿陷等级，是黄土地区工程勘察与评价的核心问题 在自重湿陷性黄土地区修筑渠道，初次放水时就可能产生地面下沉，两岸出现与渠道平行的裂缝
	红黏土		强度高、压缩性低、无湿陷性、饱和水下仍坚硬
	膨胀土		明显的吸水膨胀、失水收缩且往复可逆
填土	素填土		天然地基：堆填时间＞10 年黏性土、＞5 年粉土、＞2 年砂土 工程性质：密实性、不均匀性 关键：防止不均匀沉降
	杂填土		生活垃圾和腐蚀性及易变性工业废料，不宜作为地基 建筑垃圾或一般工业废料，处理后可作为地基 注意：不均匀性，工程性质随时间变化，含腐殖质及水化物
	冲填土		含水量大、透水性较差，比自然沉积饱和土强度低、压缩性高

【例题 1】关于土的主要性能参数的说法，正确的有（　　）。

A. 饱和度大于 80% 的土处于饱水状态

B. 孔隙比大于 1.0 的土是低压缩性土

C. 孔隙率是土中空隙体积与土粒体积之比

D. 塑性指数越小，可塑性就越强

【答案】A

【解析】孔隙比小于0.6的土是低压缩性土，孔隙比大于1.0的土是疏松的高压缩性土，选项B错误；土的孔隙率是土中孔隙体积与土的体积（三相）之比，选项C错误；塑性指数越大，可塑性就越强，选项D错误。

【例题2】不宜作为建筑物地基填土的是（　　）。

A. 堆填时间较长的砂土　　B. 经处理后的建筑垃圾

C. 经压实后的生活垃圾　　D. 经处理后的一般工业废料

【答案】C

【解析】试验证明，以生活垃圾和腐蚀性及易变性工业废料为主要成分的杂填土，一般不宜作为建筑物地基；对主要以建筑垃圾或一般工业废料组成的杂填土，采用适当（简单、易行、收效好）的措施进行处理后可作为一般建筑物地基。

【例题3】土的力学性质主要包括（　　）。

A. 压缩性　　B. 抗压强度

C. 抗剪强度　　D. 孔隙比

E. 含水量

【答案】AC

【解析】土的力学性质主要包括土的压缩性和土的抗剪强度。

考点七 ● 结构面的工程地质性质（表1-10）

结构面的工程地质性质　　表1-10

物理力学性质	对岩体影响较大的结构面的物理力学性质，主要是结构面的产状、延续性和抗剪强度 延伸长度为5～10m的平直结构面，对地下工程围岩的稳定就有很大的影响，对边坡的稳定影响一般不大
结构面的规模分为Ⅰ～Ⅴ级	Ⅰ级指大断层或区域性断层。控制工程建设地区的稳定性，直接影响工程岩体稳定性
	Ⅱ级指延伸长而宽度不大的区域性地质界面
	Ⅲ级指长度数十米至数百米的断层、区域性节理、延伸较好的层面及层间错动等
	Ⅳ级结构面主要控制着岩体的结构、完整性和物理力学性质
	Ⅴ级结构面，又称微结构面；常包含在岩块内，主要影响岩块的物理力学性质，控制岩块的力学性质
	Ⅱ、Ⅲ级结构面往往是对工程岩体力学和对岩体破坏方式有控制意义的边界条件，它们的组合往往构成可能滑移岩体的边界面，直接威胁工程安全稳定性

【例题1】结构面的物理力学性质中，对岩体物理力学性质影响较大的有（　　）。（2019年真题）

A. 抗压强度　　B. 产状

C. 平整度　　D. 延续性

E. 抗剪强度

【答案】BDE

【解析】对岩体影响较大的结构面的物理力学性质，主要是结构面的产状、延续性和抗剪强度。

【例题 2】对工程岩体力学和对岩体破坏方式有控制意义的边界条件，它们的组合往往构成可能滑移岩体的边界面，直接威胁工程安全稳定性的是（　　）。

A. Ⅰ、Ⅱ　　　　B. Ⅱ、Ⅲ

C. Ⅲ、Ⅳ　　　　D. Ⅳ、Ⅴ

【答案】B

【解析】Ⅱ、Ⅲ级结构面往往是对工程岩体力学和对岩体破坏方式有控制意义的边界条件，它们的组合往往构成可能滑移岩体的边界面，直接威胁工程安全稳定性。

考点八 ● 地震的震级与烈度（表 1-11）

地震的震级与烈度　　　　**表 1-11**

<table>
<tr><td rowspan="5">震源</td><td colspan="2">震中</td><td colspan="2">震源在地面上的垂直投影</td></tr>
<tr><td colspan="2">等震线</td><td colspan="2">受震破坏程度相同点的外包线</td></tr>
<tr><td rowspan="3">震波</td><td>纵波</td><td colspan="2">质点振动与震波传播方向一致，周期短、振幅小、传播快</td></tr>
<tr><td>横波</td><td colspan="2">质点振动与震波传播方向垂直，周期长、振幅大、传播慢</td></tr>
<tr><td>面波</td><td colspan="2">传播速度最慢</td></tr>
<tr><td colspan="3">地震震级</td><td colspan="2">中国科学院将地震震级分为：微震、轻震、强震、烈震和大灾震；最大振幅是 10mm，即 10000μm，取对数等于 4，则为 4 级地震</td></tr>
<tr><td rowspan="3">地震烈度</td><td colspan="2">基本烈度</td><td>一个地区的最大地震烈度</td><td>不可调整</td></tr>
<tr><td colspan="2">建筑场地烈度</td><td>建筑场地内因地质条件、地貌地形条件和水文地质条件的不同而引起的相对基本烈度有所降低或提高的烈度</td><td>可调整</td></tr>
<tr><td colspan="2">设计烈度</td><td>根据建筑物的重要性、永久性、抗震性以及工程的经济性等条件对基本烈度的调整</td><td>可调整</td></tr>
<tr><td colspan="3">震级与烈度的关系</td><td colspan="2">一次地震只有一个震级，震级越高、震源越浅，距震中越近，地震烈度就越高</td></tr>
<tr><td rowspan="5">设防类别</td><td colspan="2">划分依据</td><td colspan="2">根据其遭受地震破坏后可能造成的人员伤亡、经济损失、社会影响程度及其在抗震救灾中的作用等因素划分为四个抗震设防类别</td></tr>
<tr><td colspan="2">甲类</td><td colspan="2">使用上有特殊要求的设施，涉及国家公共安全的重大建筑与市政工程和地震时可能发生严重次生灾害等特别重大灾害后果</td></tr>
<tr><td colspan="2">乙类</td><td colspan="2">地震时使用功能不能中断或需尽快恢复的生命线相关建筑与市政工程，以及地震时可能导致大量人员伤亡等重大灾害后果</td></tr>
<tr><td colspan="2">丙类</td><td colspan="2">除甲类、乙类、丁类以外按标准要求进行设防的</td></tr>
<tr><td colspan="2">丁类</td><td colspan="2">使用上人员稀少且震损不致产生次生灾害，允许在一定条件下适度降低设防要求的</td></tr>
</table>

续表

设防标准	特殊设防类	应按高于本地区抗震设防烈度提高一度的要求加强其抗震措施，但抗震设防烈度为 9 度时应按比 9 度更高的要求采取抗震措施
	重点设防类	
	标准设防类	应按本地区抗震设防烈度确定其抗震措施和地震作用
	适度设防类	允许比本地区抗震设防烈度的要求适当降低其抗震措施，但抗震设防烈度为 6 度时不应降低

抗震等级
抗震等级分为四个等级，以表示其很严重（一级）、严重（二级）、较严重（三级）及一般（四级）四个级别；钢筋混凝土房屋应根据设防类别、设防烈度、结构类型和房屋高度采用不同的抗震等级；甲、乙、丁类建筑，则应在各自设防烈度调整后再确定抗震等级

结构类型		设防烈度						
		6 度		7 度		8 度		9 度
框架结构	高度（m）	≤ 24	25～60	≤ 24	25～50	≤ 24	25～40	≤ 24
	框架	四级	三级	三级	二级	二级	一级	一级
	跨度不小于 18m 的框架	三级		二级		一级		一级

【例题 1】判断地震烈度应考虑（　　）。（2022 年补考真题）

A．震级　　B．震源所在地区

C．震源深度　　D．距震中距离

E．介质条件

【答案】ACDE

【解析】地震烈度是指某一地区的地面和建筑物遭受一次地震破坏的程度，其不仅与震级有关，还和震源深度、距震中距离以及地震波通过介质条件（岩石性质、地质构造、地下水埋深）等多种因素有关。

【例题 2】地震的建筑场地烈度相对于基本烈度进行调整的原因有场地内的（　　）。（2022 年真题）

A．地质条件　　B．地形地貌条件

C．植被条件　　D．水文地质条件

E．建筑物结构

【答案】ABD

【解析】建筑场地内因地质条件、地貌地形条件和水文地质条件的不同而引起的相对基本烈度有所降低或提高的烈度。

【例题 3】抗震设防烈度为 7 度时，高 26m 的丙类钢筋混凝土框架结构房屋，抗震等级和震后影响分别是（　　）。（2023 年真题）

A．二级、较严重　　B．二级、严重

C．三级、较严重　　D．三级、严重

【答案】B

【解析】抗震等级分为四个等级，以表示其很严重（一级）、严重（二级）、较严重（三级）及一般（四级）四个级别，查教材表 1.1.6 为严重（二级）。

第二节　地下水的类型与特征

历年真题分值统计

本节内容	历年真题分值统计					
	2019	2020	2021	2022	2022（补考）	2023
一、地下水的类型	0	1	1	1	1	0
二、地下水的特征	1	0	2	2	2	2
合计	1	1	3	3	3	2

思维导图（图 1-5）

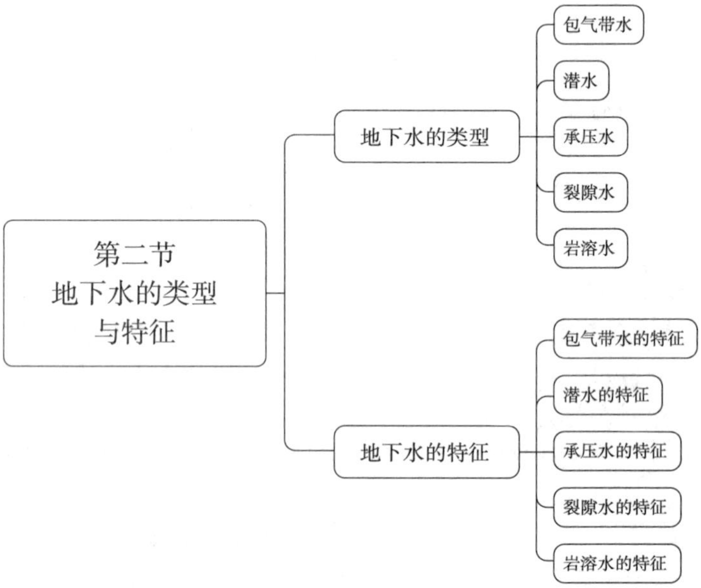

图 1-5　思维导图

考点解析

考点　★ 地下水的类型及特征（表 1-12）

地下水的类型及特征　　**表 1-12**

按埋藏分类	包气带水	① 处于地表面以下潜水位以上的包气带岩土层中 ② 包括土壤水、沼泽水、上层滞水以及岩层风化壳（黏土裂隙）中季节性存在的水 ③ 受大气降水影响	补给区与分布区一致

续表

<table>
<tr><td rowspan="3">按埋藏分类</td><td colspan="3">潜水（重力水）</td><td>① 埋藏在地表以下第一层较稳定的隔水层以上具有自由水面的重力水
② 受气候、地质、地形影响
③ 潜水面坡度小于当地的地面坡度</td><td>补给区与分布区一致</td></tr>
<tr><td colspan="3" rowspan="2">承压水（重力水）</td><td>地表以下充满两个稳定隔水层之间的重力水，不受气候影响</td><td>补给区与分布区不一致</td></tr>
<tr><td colspan="2">① 形成条件：向斜构造盆地、单斜自流斜地
② 当地形和构造一致时，即为正地形，下部含水层压力高，若有裂隙穿越上下含水层，下部含水层的水通过裂隙补给上部含水层</td></tr>
<tr><td rowspan="9">按孔隙性质分类</td><td colspan="5">孔隙水</td></tr>
<tr><td rowspan="4">裂隙水</td><td colspan="2">风化裂隙水</td><td colspan="2">多为层状，相互连通，水平方向透水性均匀，垂直方向随深度而减弱，季节交替明显，受降水影响，以泉水形式排泄于河流中</td></tr>
<tr><td colspan="2">成岩裂隙水</td><td colspan="2">多为层状，相互连通</td></tr>
<tr><td rowspan="2">构造裂隙</td><td>层状构造裂隙水</td><td>多为层状，相互连通</td><td rowspan="2">存在条件：张开性裂隙中
渗透性：各向异性</td></tr>
<tr><td>脉状构造裂隙水</td><td>不连续，不连通</td></tr>
<tr><td rowspan="4">岩溶水</td><td colspan="4">岩溶水赋存和运移于可溶岩的溶隙、溶洞（洞穴、管道、暗河）中，可以是潜水，也可以是承压水</td></tr>
<tr><td rowspan="3">分类及特征</td><td>岩溶上层滞水</td><td colspan="2">在厚层灰岩的包气带中，起隔水作用</td></tr>
<tr><td>岩溶潜水</td><td colspan="2">大面积出露的厚层灰岩地区，动态变化很大</td></tr>
<tr><td>岩溶承压水</td><td colspan="2">溶地层被覆盖或岩溶层与砂页岩互层分布时</td></tr>
</table>

【例题 1】下列关于潜水特征说法正确的有（　　）。（2023 年真题）

A．多数存在于第四纪散松岩层中

B．常为无压水，大部分由渗入形成

C．充满于两个隔水层之间，无自由水面

D．基层风化壳裂隙中季节性存在的水

E．补给区与分布区一致

【答案】ABE

【解析】潜水主要分布在地表各种岩土里，多数存在于第四纪松散岩层中，坚硬的沉积岩、岩浆岩和变质岩的裂隙及洞穴中也有潜水分布；常为无压水，基本上是渗入导致；在大多数的情况下潜水的分布区与补给区是一致的。

【例题 2】下列地下水中，通常多为承压水的有（　　）。（2022 年补考真题）

A．包气带水　　B．潜水

C．自流盆地含的水　　D．风化裂隙水

E．自留斜地含水层的水

【答案】CE

【解析】 适宜形成承压水的地质构造有两种：一为向斜构造盆地，也称为自流盆地；二为单斜构造自流斜地。

【例题 3】 受气象水文要素影响，季节性变化比较明显的地下水是（　　）。（2022 年真题）

A．潜水　　B．自流盆地中的水

C．承压水　　D．自流斜地中的水

【答案】 A

【解析】 选项 A，潜水是埋藏在地表以下第一层较稳定的隔水层以上具有自由水面的重力水，其自由表面承受大气压力，受气候条件影响，季节性变化明显。其余选项均为承压水，受气候的影响很小，动态较稳定，不易受污染。

【例题 4】 当构造应力分布较均匀且强度足够时，在岩体中形成张开裂隙，这种裂隙常赋存（　　）。（2017 年真题）

A．成岩裂隙水　　B．风化裂隙水

C．脉状构造裂隙水　　D．层状构造裂隙水

【答案】 D

【解析】 当构造应力分布比较均匀且强度足够时，则在岩体中形成比较密集均匀且相互连通的张开性构造裂隙，这种裂隙常赋存层状构造裂隙水。

【例题 5】 常处于第一层隔水层以上的重力水为（　　）。（2016 年真题）

A．包气带水　　B．潜水

C．承压水　　D．裂隙水

【答案】 B

【解析】 潜水是埋藏在地表以下第一层较稳定的隔水层以上具有自由水面的重力水。

第三节　常见工程地质问题及其处理方法

历年真题分值统计

本节内容	历年真题分值统计					
	2019	2020	2021	2022	2022（补考）	2023
一、特殊地基	1	1	2	1	0	2
二、地下水	3	1	1	1	0	1
三、边坡稳定	0	2	0	0	2	1
四、围岩稳定	0	1	0	1	1	0
合计	4	5	3	3	3	4

思维导图（图 1-6）

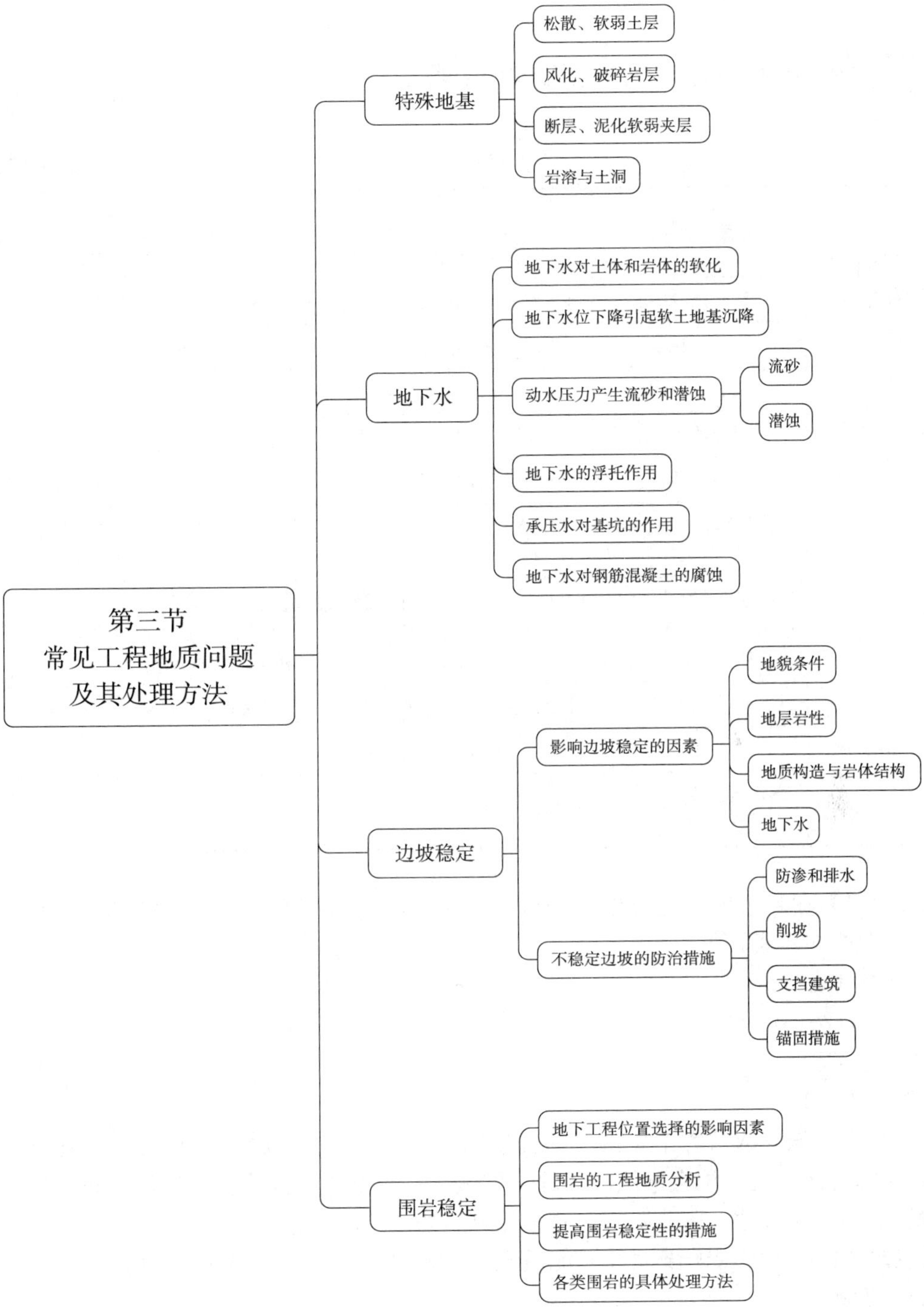

图 1-6 思维导图

考点解析

一、特殊地基

考点一 ★ 特殊地基（内容变动）（表 1-13）

特殊地基　　表 1-13

<table>
<tr><td rowspan="4">松散（砂和砂砾石地层）</td><td rowspan="2">不满足承载力</td><td colspan="2">较浅挖除</td></tr>
<tr><td colspan="2">较深可用固结灌浆、预制桩或灌注桩、地下连续墙或沉井</td></tr>
<tr><td>不满足抗渗要求</td><td colspan="2">灌水泥浆或水泥黏土浆，或地下连续墙防渗</td></tr>
<tr><td>影响边坡稳定</td><td colspan="2">喷混凝土护面和打土钉支护</td></tr>
<tr><td>软弱淤泥</td><td>不满足承载力</td><td colspan="2">较浅挖除；深层的可采用振冲等方法用砂、砂砾、碎石或块石等置换</td></tr>
<tr><td rowspan="3">断层、泥化软弱夹层</td><td>断层充填胶结差</td><td>浅埋：挖除回填</td><td>深埋：注浆加固</td></tr>
<tr><td>泥化夹层</td><td>浅埋：挖除回填</td><td>深埋：不影响承载力</td></tr>
<tr><td colspan="3">作为基础或边坡的滑动控制面时，不便挖除回填的可采用锚杆、抗滑桩、预应力锚索等进行抗滑处理</td></tr>
<tr><td>风化、破碎岩层</td><td colspan="3">较浅挖除，埋藏较深，如断层破碎带，可以用水泥浆灌浆加固或防渗
风化、破碎处于边坡影响稳定的，可根据情况采用喷混凝土或挂网喷混凝土护面，必要时配合灌浆和锚杆加固，甚至采用砌体、混凝土和钢筋混凝土等格构方式的结构护坡</td></tr>
<tr><td rowspan="3">岩溶（喀斯特）与土洞</td><td>塌陷或浅埋</td><td colspan="2">挖填夯实法、跨越法、充填法、垫层法</td></tr>
<tr><td>深埋</td><td colspan="2">注浆法、桩基法、充填法</td></tr>
<tr><td>落水洞及浅埋溶沟、溶蚀</td><td colspan="2">跨越法、充填法</td></tr>
</table>

【例题 1】在岩溶地区进行地基处理施工时，对深埋溶（土）洞宜采用的处理方法有（　　）。（2023 年真题）

A．桩基法　　B．注浆法

C．跨越法　　D．夯实法

E．充填法

【答案】ABE

【解析】对塌陷或浅埋溶（土）洞宜采用挖填夯实法、跨越法、充填法、垫层法进行处理。对深埋溶（土）洞宜采用注浆法、桩基法、充填法进行处理。对落水洞及浅埋的溶沟（槽）、溶蚀（裂隙、漏斗）等，宜采用跨越法、充填法进行处理。

【例题 2】对于深层的淤泥及淤泥质土，技术可行、经济合理的处理方法是（　　）。（2022 年真题）

A．挖除　　B．水泥灌浆加固

C．振冲置换　　D．预制桩或灌注桩

【答案】C

【解析】对不满足承载力的软弱土层如淤泥及淤泥质土，浅层的挖除，深层的可以采用振冲等方法用砂、沙砾、碎石或块石等置换。

【例题3】较深的断层破碎带为提高抗渗性和承载力优先采用（　　）。（2021年真题）

A．打土钉　　　　B．抗滑桩

C．打锚杆　　　　D．灌浆

【答案】D

【解析】破碎岩层有的较浅，也可以挖除。有的埋藏较深，如断层破碎带，可以用水泥浆灌浆加固或防渗。

二、地下水

考点二 ★ 地下水（表1-14）

地下水　　**表1-14**

<table>
<tr><th colspan="3">地下水对工程的影响</th></tr>
<tr><td colspan="2">对土体和岩体的软化</td><td>使结构面的粘结力降低和摩擦角减小，使结构面的抗剪强度降低，造成岩体的承载力和稳定性下降</td></tr>
<tr><td colspan="2">水位下降引起软土地基沉降</td><td>使周围建筑物或地下管线产生不均匀沉降，甚至开裂</td></tr>
<tr><td rowspan="2">动水压力产生流砂和机械潜蚀</td><td>流砂：动水压力大于土粒的浮容重或地下水的水力坡度大于临界水力坡度</td><td>流砂分三种：轻微流砂、中等流砂、严重流砂
流砂易产生在细砂、粉砂，粉质黏土等土中
常用处置方法：人工降低地下水位和打板桩等
特殊处置方法：化学加固法、爆炸法及加重法
局部严重流砂：立即抛入大块石等阻止流砂</td></tr>
<tr><td colspan="2">机械潜蚀：动水压力小于土颗粒有效重度，渗流水力坡度小于临界水力坡度（与化学潜蚀，同时发生）
处理方法：堵截地表水流入土层、阻止地下水在土层中流动、设置反滤层、改良土的性质、减小地下水流速及水力坡度等</td></tr>
<tr><td>地下水的浮托作用</td><td colspan="2">位于粉土、砂土、碎石土和节理裂隙发育岩石地基上，100%计算
基础位于节理裂隙不发育岩石地基上，按50%计算
如果基础位于黏性土地基上，结合经验考虑</td></tr>
<tr><td colspan="2">承压水对基坑的作用</td><td>水平封底隔渗或钻孔减压，布置降压井</td></tr>
<tr><td colspan="2">地下水对钢筋混凝土的腐蚀</td><td>硅酸盐水泥遇水硬化，形成$Ca(OH)_2$、水化硅酸钙$CaOSiO_2\cdot12H_2O$、水化铝酸钙$CaOAl_2O_3\cdot6H_2O$等，这些物质往往会受到地下水的腐蚀</td></tr>
</table>

【例题1】由于动水压力造成的潜蚀，适宜采用的处理方式有（　　）。（2023年真题）

A．打板桩　　　　B．设置反滤层

C．人工降水　　　　D．化学加固

【答案】B

【解析】对潜蚀的处理可以采用堵截地表水流入土层、阻止地下水在土层中流动、设置反滤层、改良土的性质、减小地下水流速及水力坡度等措施。

【例题 2】处理流砂优先考虑采用的施工方法为（　　）。（2021 年真题）

A．灌浆　　B．降低地下水位

C．打桩　　D．化学加固

【答案】B

【解析】流砂常用的处置方法有人工降低地下水位和打板桩等，特殊情况下也可采取化学加固法、爆炸法及加重法等，动水压力产生流砂，故优先选择降低地下水位。

【例题 3】建筑物基础位于黏性土地基上的，其地下水的浮托力（　　）。（2020 年真题）

A．按地下水位 100% 计算　　B．按地下水位 50% 计算

C．结合地区的实际经验考虑　　D．不须考虑和计算

【答案】C

【解析】如果基础位于黏性土地基上，其浮托力较难明确，应结合地区的实际经验考虑。

【例题 4】开挖基槽局部突然出现严重流砂时，可立即采取的处理方式是（　　）。（2019 年真题）

A．抛入大块石　　B．迅速降低地下水位

C．打板桩　　D．化学加固

【答案】A

【解析】在基槽开挖的过程中局部地段突然出现严重流砂时，可立即抛入大块石等阻止流砂。

三、边坡稳定

考点三 ★ 影响边坡稳定的因素（表 1-15）

影响边坡稳定的因素　　表 1-15

影响边坡稳定性的因素	内在因素	有边坡的岩土性质、地质构造、岩体结构、地应力等，它们常常起着主要的控制作用
	外在因素	地表水和地下水的作用、地震、风化作用、人工挖掘、爆破以及工程荷载等
	地貌条件	① 深沟峡谷地区，陡峭岸坡地形易发边坡变形和破坏 ② 坡度越陡，坡高越大，对稳定越不利 ③ 崩塌现象均发生在坡度大于 60° 的斜坡上
	地层岩性	① 对于由深成侵入岩、厚层坚硬的沉积岩，以及片麻岩、石英岩等构成的边坡，一般稳定程度是较高的 ② 对于喷出岩边坡，如玄武岩、凝灰岩、火山角砾岩、安山岩等，其原生的节理，尤其是柱状节理发育时，易形成直立边坡并易发生崩塌 ③ 对于含有黏土质页岩、泥岩、煤层、泥灰岩、石膏等夹层的沉积岩边坡，最易发生顺层滑动，或因下部蠕滑而造成上部岩体的崩塌 ④ 对于千枚岩、板岩及片岩，常出现顺层（或片理）滑坡 ⑤ 对于黄土，当具有垂直节理、疏松透水，极易发生崩塌或塌滑现象 ⑥对于崩塌堆积、坡积及残积层地区，极易形成滑动面从而形成滑坡
	地质构造与岩体结构	地质构造因素包括褶皱、断裂、区域新构造运动及地应力等，这些对岩质边坡的稳定也是主要影响因素

续表

影响边坡稳定性的因素	地下水	地下水是影响边坡稳定最重要、最活跃的外在因素，绝大多数滑坡都与地下水的活动有关。主要表现在以下几个方面： ① 会使岩石软化或溶蚀，导致上覆岩体塌陷，进而发生崩塌或滑坡 ② 产生静水压力或动水压力，促使岩体下滑或崩倒 ③ 增加了岩体重量，可使下滑力增大 ④ 在寒冷地区，水结冰，产生膨胀压力，使岩体破坏倾倒 ⑤ 地下水产生浮托力，使岩体有效重量减轻，稳定性下降

【例题 1】下列影响边坡稳定的因素中，属于内在因素的是（　　）。（2022 年补考真题）

A．地应力　　B．地表水

C．地下水　　D．风化作用

【答案】A

【解析】内在因素有边坡的岩土性质、地质构造、岩体结构、地应力等，它们常常起着主要的控制作用。

【例题 2】地层岩性对边坡稳定性的影响很大，稳定程度最高的边坡岩体一般是（　　）。（2017 年真题）

A．片麻岩　　B．玄武岩

C．安山岩　　D．角砾岩

【答案】A

【解析】对于由深成侵入岩、厚层坚硬的沉积岩，以及片麻岩、石英岩等构成的边坡，一般稳定程度是较高的。

【例题 3】关于地下水的作用，下列说法正确的有（　　）。

A．地下水是影响边坡稳定最重要、最活跃的外在因素

B．地下水能够软化或溶蚀边坡岩体，导致崩塌或滑坡

C．地下水增加了岩体重量，提高了下滑力

D．地下水产生静水压力或动水压力，提高岩体稳定性

E．地下水对岩体产生浮托力，使岩体重量相对减轻，稳定性下降

【答案】ABCE

【解析】地下水产生静水压力或动水压力，促使岩体下滑或崩倒。故选项 D 错误。

考点四 ★ 不稳定边坡的防治措施（表 1-16、图 1-7）

不稳定边坡的防治措施　　表 1-16

不稳定边坡的防治措施		
防渗和排水	在滑坡体外围	布置截水沟槽
	在大的滑坡体上	布置一些排水沟
	渗入滑坡体的水	地下排水廊道，或钻孔排水

续表

不稳定边坡的防治措施		
削坡	使边坡变缓，同时也可使滑体重量减轻	
支挡建筑	用混凝土、钢筋混凝土或砌石，基础要砌置于滑动面以下，设排水沟	
锚固措施	预应力锚索或锚杆	适用于加固岩体边坡和不稳定岩块
	锚固桩（抗滑桩）	适用于浅层或中厚层的滑坡体 垂直于滑动方向布置，深度滑动面以下桩长占全桩长的 1/4～1/3
其他	可采用混凝土护面、灌浆及改善滑动带土石的力学性质等措施	

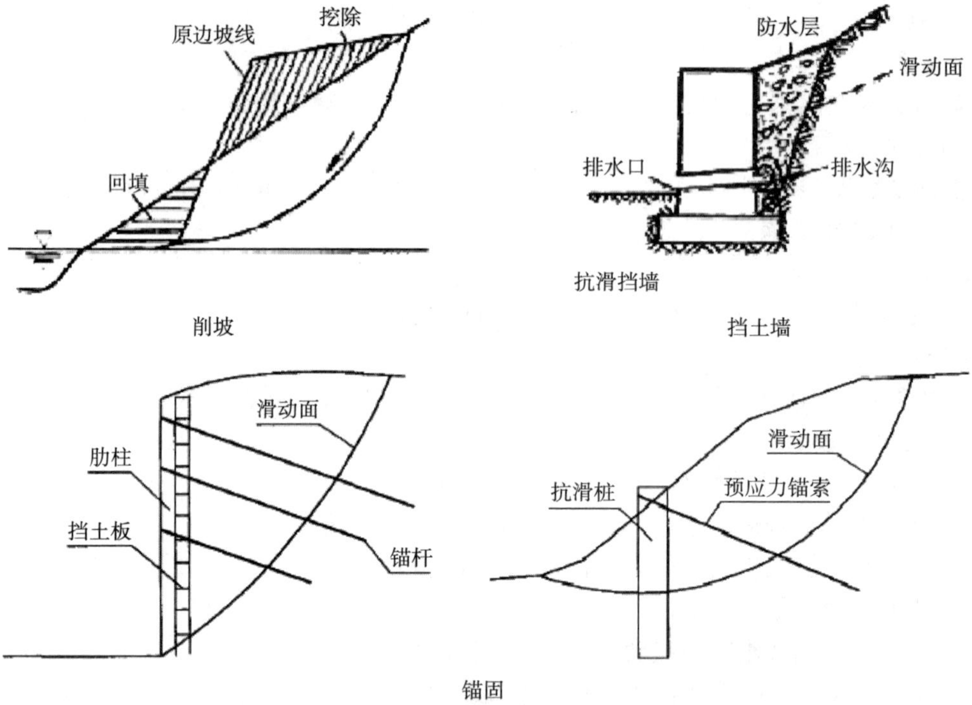

图 1-7　边坡防治措施

【例题 1】关于抗滑桩进行边坡处理的有关规定和要求，正确的是（　　）。（2023 年真题）

A．适用于中厚层或厚层滑坡体　　B．桩径通常为 1～6m

C．平行于滑动方向布置一排或两排　　D．滑动面以下桩长占全桩长的 1/4～1/3

【答案】D

【解析】锚固桩（或称抗滑桩）适用于浅层或中厚层的滑坡体，它是在滑坡体的中、下部开挖竖井或大口径钻孔，然后浇灌钢筋混凝土而成。一般垂直于滑动方向布置一排或两排，桩径通常为 1～3m，深度一般要求滑动面以下桩长占全桩长的 1/4～1/3。

【例题 2】削坡对于防治不稳定边坡的作用（　　）。（2022 年补考真题）

A．防止渗透到滑坡体内　　B．排出滑坡体内的积水

C．减轻滑坡体重量　　　　　　　　D．改变滑坡体走向

【答案】C

【解析】削坡是将陡倾的边坡上部的岩体挖除，一部分使边坡变缓，同时也可使滑体重量减轻，以达到稳定的目的。

【例题 3】大型滑坡体上布置截水沟的作用（　　）。（2022 年真题）

A．截断流向滑坡体的水　　　　　　B．排除滑坡体内的水

C．是滑坡体内的水流向下部透水岩层　D．防止上部积水

【答案】A

【解析】大的滑坡体尚应在其上布置一些排水沟，同时要整平坡面，防止有积水的坑洼，以利于降水迅速排走。

四、围岩稳定

考点五　★ 地下工程位置选择的影响因素（表 1-17）

地下工程位置选择的影响因素　　　　**表 1-17**

地下工程位置选择的影响因素		
地形条件	地下工程周围包括洞顶及傍山侧应有足够的山体厚度，隧洞进出口地段的边坡应下陡上缓，无滑坡、崩塌等现象存在 岩层最好倾向山里以保证洞口坡的安全	
岩性条件	一般在坚硬完整岩层中开挖，围岩稳定、进度快、造价低 适于修建大型地下工程：岩浆岩、厚层坚硬的沉积岩及变质岩 不宜修建大型地下工程：凝灰岩、黏土岩、页岩、胶结不好的砂砾岩、千枚岩及某些片岩，稳定性差 选址时应尽量避开：松散及破碎的岩石稳定性极差	
地质构造条件	① 褶皱的影响	在布置地下工程时，原则上应避开褶皱核部 若必须修建时，可以将地下工程放在褶皱的两侧
	② 断裂的影响	一般而言，应避免地下工程轴线沿断层带布置。在选址时应尽量避开大断层
	③ 岩层产状的影响	对于地下工程轴线与岩层走向垂直的情况，围岩的稳定性较好。当岩层较陡时，稳定性最好 在水平岩层中：使工程位于均质厚层的坚硬岩层中 在倾斜岩层中：地下工程选在均一完整坚硬的岩石中
地下水	在选址时在地下水位以上的干燥岩体内，或地下水量不大、无高压含水层的岩体内	
地应力	初始应力状态是决定围岩应力重分布的主要因素	

【例题 1】隧道选线尤其应该注意避开褶皱构造的（　　）。（2019 年真题）

A．向斜核部　　　　　　　　　　B．背斜核部

C．向斜翼部　　　　　　　　　　D．背斜冀部

【答案】A

【解析】褶皱核部岩层完整性最差。在背斜核部，岩层呈上拱形，虽岩层破碎，然犹如石砌的拱形结构，能将上覆岩层的荷重传递至两侧岩体中去，所以有利于洞顶的稳定。向斜核部岩层呈倒拱形，顶部被张裂隙切割的岩块上窄下宽，易于塌落。另外，向斜核部

往往是储存承压水的场所，地下工程开挖时地下水会突然涌入洞室。因此，在向斜核部不宜修建地下工程。

【例题 2】隧道选线时，应优先布置在（　　）。（2018 年真题）

A．褶皱两侧　　B．向斜核部

C．背斜核部　　D．断层带

【答案】A

【解析】在布置地下工程时，原则上应避开褶皱核部。若必须在褶皱岩层地段修建地下工程，可以将地下工程放在褶皱的两侧。

【例题 3】地下工程位置的选择，除取决于工程目的要求外，还需考虑区域稳定、山体稳定及地形、岩性、地质构造、地下水及地应力五个因素的影响。以下说法不正确的是（　　）。

A．选择隧洞位置时，隧洞进出口地段的边坡应下陡上缓，岩层最好倾向山里

B．岩浆岩、厚层坚硬的沉积岩及变质岩，围岩的稳定性好，适于修建大型的地下工程

C．对于地下工程轴线与岩层走向垂直的情况，围岩的稳定性较好

D．当岩层较陡时，稳定性较差

【答案】D

【解析】对于地下工程轴线与岩层走向垂直的情况，围岩的稳定性较好，特别是对边墙稳定有利。当岩层较陡时，稳定性最好。

考点六 ★ 围岩的工程地质分析（表 1-18）

围岩的工程地质分析　　**表 1-18**

序号	变形机制	变形方式	变形特征	岩体结构条件
1	脆性破裂		有很大弹性应变的岩体	产生于高地应力地区
2	块体运动	滑移、塌落	常以结构面交汇切割组合成不同形状的块体滑移、塌落等形式出现	块状结构围岩
3	弯曲折断	弯曲、折断和塌落	水平层状顶板：弯曲折断 倾斜层状顺倾向：滑落掉块 倾斜层状逆倾向：弯曲折断 陡立或直立岩层：边墙凸邦弯曲	层状围岩
4	松动解脱	塌落、边墙垮塌	在张力和振动力作用下容易松动、解脱，在洞顶则产生崩落，在边墙上则表现为滑塌或碎块的坍塌。当结构面间夹泥时，往往会产生大规模的塌方，如不及时支护，将越演越烈，直至冒顶	碎裂结构
5	塑性变形	塑性变形、冒落	在重力、围岩应力和地下水作用下常产生冒落及塑性变形。常见的塑性变形和破坏形式有边墙挤入、底鼓及洞径收缩等	强烈风化 强烈构破碎 新近堆积

【例题】围岩变形与破坏的形式多种多样，主要形式及其状况是（ ）。（2017年真题）

A．脆性破裂，常在存储有很大塑性应变能的岩体开挖后发生

B．块体滑移，常以结构面交汇切割组合成不同形状的块体滑移形式出现

C．岩层的弯曲折断，是层状围岩应力重分布的主要形式

D．碎裂结构岩体在洞顶产生崩落，是由于张力和振动力的作用

E．风化、构造破碎，在重力、围岩应力作用下产生冒落及塑性变形

【答案】BD

【解析】选项A错误，脆性破裂是储存有很大弹性应变能的岩体，在开挖卸荷后，能量突然释放形成的；选项C错误，岩层的弯曲折断，是层状围岩变形失稳的主要形式；选项E错误，一般强烈风化、强烈构造破碎或新近堆积的土体，在重力、围岩应力和地下水作用下常产生冒落及塑性变形。

考点七 ★提高围岩稳定性的措施（表1-19）

提高围岩稳定性的措施　　表1-19

<table>
<tr><td colspan="2" rowspan="4">提高围岩稳定性的措施</td><td>支撑</td><td>临时性措施，有木支撑、钢支撑及混凝土支撑等</td></tr>
<tr><td>衬砌</td><td>永久性措施，其作用主要是承受围岩压力及内水压力，有混凝土及钢筋混凝土衬砌，也可以用浆砌条石衬砌</td></tr>
<tr><td rowspan="2">喷锚支护</td><td>如果喷混凝土再配合锚杆加固围岩，则会更有效地提高围岩自身的承载力和稳定性，为了防止锚杆之间的碎块塌落，可采用喷层和钢丝网来配合</td></tr>
<tr><td>喷混凝土具有以下三方面的作用：
① 阻止裂隙切割的碎块脱落松动，使围岩的应力状态得到改善
② 提高了岩体整体性
③ 在结合面上传递各种应力，可以起到承载拱的作用</td></tr>
<tr><td rowspan="4">围岩类型</td><td>坚硬整体</td><td colspan="2">基本上不存在支护问题。这种情况下喷混凝土的作用主要是防止围岩表面风化，消除开挖后表面的凹凸不平及防止个别岩块掉落，其喷层厚度一般为3～5cm。当地下工程围岩中出现拉应力区时，应采用锚杆稳定围岩</td></tr>
<tr><td>块状</td><td colspan="2">喷混凝土支护即可，但对于边墙部分岩块可能沿某一结构面出现滑动时，应该用锚杆加固</td></tr>
<tr><td>层状</td><td colspan="2">以锚杆为主要的支护手段。通过锚杆将各层联结在一起，提高岩层的抗弯刚度，有效阻止各层之间的层间错动</td></tr>
<tr><td>软弱</td><td colspan="2">立即喷射混凝土，有时加锚杆和钢筋网才能稳定围岩</td></tr>
</table>

【例题1】为了防止坚硬整体围岩开挖后表面风化，喷混凝土护壁的厚度一般为（ ）cm。（2022年真题）

A．1～3　　B．3～5

C．5～7　　D．7～9

【答案】B

【解析】喷混凝土的作用主要是防止围岩表面风化，消除开挖后表面的凹凸不平及防止个别岩块掉落，其喷层厚度一般为3～5cm。

【例题 2】爆破后对地下工程围岩及时喷混凝土，对围岩稳定的首要和内在本质作用是（　　）。（2020 年真题）

A．阻止碎块松动脱落引起应力恶化　　B．充填裂隙增加岩体的整体性

C．与围岩紧密结合提高围岩抗剪强度　D．与围岩紧密结合提高围岩抗拉强度

【答案】A

【解析】喷混凝土具有三个方面的作用，本题问的是首要和内在本质作用，即阻止裂隙切割的碎块脱落松动，使围岩的应力状态得到改善。

【例题 3】对于新开挖的围岩及时喷混凝土的目的是（　　）。（2018 年真题）

A．提高围岩抗压强度　　B．防止碎块脱落改善应力状态

C．防止围岩渗水　　D．防止围岩变形

【答案】B

【解析】喷混凝土具有以下三方面的作用：① 阻止裂隙切割的碎块脱落松动，使围岩的应力状态得到改善；② 提高了岩体整体性；③ 喷层与围岩紧密结合，有较高的粘结力和抗剪强度，在结合面上传递各种应力，可以起到承载拱的作用。

第四节　工程地质对工程建设的影响

历年真题分值统计

本节内容	历年真题分值统计					
	2019	2020	2021	2022	2022（补考）	2023
一、工程地质对工程选址的影响	0	1	1	0	0	1
二、工程地质对建筑结构的影响	1	0	0	0	0	0
三、工程地质对工程造价的影响	0	0	0	1	1	0
合计	1	1	1	1	1	1

思维导图（图 1-8）

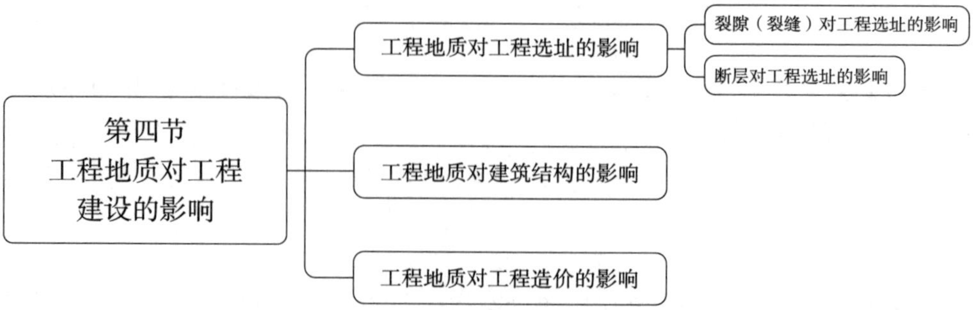

图 1-8　思维导图

考点解析

考点一 ★ 工程地质对工程选址的影响（表 1-20）

工程地质对工程选址的影响　　表 1-20

工程地质对建设工程选址的影响		主要是各种地质缺陷对工程安全和工程技术经济的影响
一般中小型工程	选址	主要是在工程建设一定影响范围内，各种地质问题对工程建设的影响和威胁
大型建设工程		考虑区域地质构造和地质岩性形成的整体滑坡，地下水的性质、状态和活动对地基的危害
特殊项目的工程		考虑地区的地震烈度，尽量避免在高烈度地区建设
地下工程		考虑区域稳定性问题，注意避免工程走向与岩层走向交角太小甚至近乎平行
道路选线避开	① 避开断层裂谷边坡，尤其是不稳定边坡 ② 避开倾向一致的顺向坡，尤其是岩层倾角小于坡面倾角的顺向坡 ③ 避免路线与主要裂隙发育方向平行，避免裂隙倾向与边坡倾向一致 ④ 避免经过大型滑坡体、不稳定岩堆和泥石流地段及其下方	

【例题 1】工程选址时，最容易发生建筑边坡坍塌的地质情况是（　　）。（2023 年真题）

A．裂隙的主要发育方向与边坡走向平行，裂隙密度小

B．裂隙的主要发育方向与边坡走向平行，裂隙间距小

C．裂隙的主要发育方向与边坡走向垂直，裂隙密度大

D．裂隙的主要发育方向与边坡走向平行，裂隙间距大

【答案】B

【解析】裂隙（裂缝）的主要发育方向与建筑边坡走向平行的，边坡易发生坍塌。裂隙（裂缝）的间距越小，密度越大，对岩体质量的影响越大。

【例题 2】在地下工程选址时，考虑较多的地质问题为（　　）。（2021 年真题）

A．区域稳定性　　B．边坡稳定性

C．泥石流　　D．边坡滑动

【答案】A

【例题 3】隧道选线与断层走线平行，应优先考虑（　　）。（2018 年真题）

A．避开与其破碎带接触　　B．横穿其破碎带

C．灌浆加固断层破碎带　　D．清除断层破碎带

【答案】A

【解析】当隧道轴线与断层走向平行时，应尽量避免与断层破碎带接触。

【例题 4】大型建设工程的选址，对工程地质的影响还要特别注意考察（　　）。（2017 年真题）

A．区域性深大断裂交汇　　B．区域地质构造形成的整体滑坡

C．区域的地震烈度　　　　　　　　　　D．区域内潜在的陡坡崩塌

【答案】B

【解析】对于大型建设工程的选址，工程地质的影响还要考虑区域地质构造和地质岩性形成的整体滑坡，地下水的性质、状态和活动对地基的危害。

考点二　★ 工程地质对建筑结构和工程造价的影响（表 1-21）

工程地质对建筑结构和工程造价的影响　　　　表 1-21

<table>
<tr><td rowspan="5">工程地质对建筑结构影响</td><td colspan="2">主要是地质缺陷和地下水造成的</td></tr>
<tr><td rowspan="4">地基稳定性、承载力、抗渗性、沉降和不均匀沉降等问题</td><td>① 对建筑结构和建筑材料选择的影响</td></tr>
<tr><td>② 对基础选型和结构尺寸的影响</td></tr>
<tr><td>③ 对结构尺寸和钢筋配置的影响</td></tr>
<tr><td>④ 地震烈度对建筑结构和构造的影响</td></tr>
<tr><td rowspan="3">工程地质对工程造价</td><td colspan="2">① 选择工程地质条件有利的路线，对工程造价起着决定作用</td></tr>
<tr><td colspan="2">② 勘察资料的准确性直接影响工程造价</td></tr>
<tr><td colspan="2">③ 由于对特殊不良工程地质问题认识不足导致的工程造价增加</td></tr>
</table>

【例题 1】以下对造价起决定性作用的是（　　）。（2022 年真题）

A．准确的勘察资料

B．过程中对不良地质的处理

C．选择有利的路线

D．工程设计资料的正确性

【答案】C

【解析】工程地质对工程造价的影响可归结为三个方面：一是选择工程地质条件有利的路线，对工程造价起着决定作用；二是勘察资料的准确性直接影响工程造价；三是由于对特殊不良工程地质问题认识不足导致的工程造价增加。

【例题 2】工程地质情况影响建筑结构的基础选型，在多层住宅基础选型中，出现较多的情况是（　　）。（2019 年真题）

A．按上部荷载本可选片筏基础的，因地质缺陷而选用条形基础

B．按上部荷载本可选条形基础的，因地质缺陷而选用片筏基础

C．按上部荷载本可选箱形基础的，因地质缺陷而选用片筏基础

D．按上部荷载本可选桩基础的，因地质缺陷而选用条形基础

【答案】B

【解析】选项 B，片筏基础优于条形基础，符合基本常识。其余选项均说反了。

本章精选习题

一、单项选择题（每题1分。每题的备选项中，只有一个最符合题意）

1. 关于岩石的成因类型及其特征，说法正确的是（　　）。

A．深成岩岩性不均一，透水性大，常被选为理想的建筑基础

B．浅成岩孔隙率小，抗水性强，比喷出岩强度低

C．沉积岩以碎屑、泥质及生物碎屑结构为特征，具有片理构造

D．变质岩的结构主要有变余结构、变晶结构、碎裂结构

2. 具有片理构造的岩石是（　　）。

A．喷出岩　　　　B．侵入岩

C．沉积岩　　　　D．变质岩

3. 有关褶曲结构，下列说法正确的是（　　）。

A．背斜褶曲轴部出露的是较新岩层

B．向斜褶曲翼部出露的是较新岩层

C．背斜褶曲翼部出露的是较老岩层

D．向斜褶曲轴部出露的是较新岩层

4. 关于裂隙的说法，不正确的是（　　）。

A．裂隙是岩体受力断裂后两侧岩块没有显著位移的小型断裂构造

B．裂隙率越大，对工程建筑物影响越大

C．张性裂隙主要发育在背斜和向斜的翼部

D．破坏了岩体的整体性，但有利于开挖

5. 镶嵌结构岩体结构体为硬质岩石，具有较高的变形模量和承载能力，工程地质性能尚好，属于（　　）。

A．整体块状结构　　　　B．层状结构

C．碎裂结构　　　　D．散体结构

6. 具有高含水量、高孔隙性、低渗透性、高压缩性、低抗剪强度、较显著的触变性和蠕变性等特性的土是（　　）。

A．软土　　　　B．湿陷性黄土

C．红黏土　　　　D．膨胀土

7. 关于土的说法正确的是（　　）。

A．同一黏性土的液限含水量比塑限含水量低

B．饱和黏性土的固结时间比砂石类要短

C．沉积2年的黏性土可以做天然地基

D．膨胀土结构致密细腻，一般是坚硬或硬塑状态

8. 关于地震的震级与烈度说法，正确的有（　　）。

A．地震波传播速度横波＞纵波＞面波

B．设计烈度代表一个地区的最大地震烈度

C．建筑场地烈度相对基本烈度有所降低或提高的烈度

D．震级越高、震源越浅、距震中距越远，烈度就越高

9. 有关地下水的特征说法不正确的是（　　）。

A．包气带水对农业有很大意义，对工程意义不大

B．向斜构造盆地是适宜形成承压水的地质构造

C．风化裂隙水多数为层状裂隙水，不连续不沟通

D．成岩裂隙水多呈层状，在一定范围内相互连通

10. 关于地下水的类型与特征说法，不正确的是（　　）。

A．脉状构造裂隙水多赋存于扭性裂隙裂隙中

B．风化裂隙水主要受大气降水的补给，有明显季节性循环交替

C．潜水是埋藏在地表以下第一层较稳定的隔水层以上具有自由水面的重力水

D．在大多数的情况下潜水的分布区与补给区是一致的

11. 对不满足承载力的软弱土层，如淤泥及淤泥质土，浅层的挖除，深层的可以采用（　　）处理。

A．固结灌浆　　　　B．振冲置换

C．喷射混凝土　　　　D．充填法

12. 渗流水力坡度小于临界水力坡度时，土中细小颗粒仍有可能穿过粗颗粒之间的孔隙被渗流携带流失，在土层中将形成管状空洞，使土体结构破坏，强度降低，压缩性增加，这种现象称为（　　）。

A．化学潜蚀　　　　B．中等流砂

C．严重流砂　　　　D．机械潜蚀

13. 特殊情况下流砂的处置方法，不包括（　　）。

A．化学加固法　　　　B．爆炸法

C．加重法　　　　D．打板桩

14. 下列关于各类围岩的处理方法，正确的是（　　）。

A．坚硬的整体围岩，在压应力区应采用锚杆稳定

B．块状围岩，应以锚杆为主要的支护手段

C．层状围岩，一般采用喷混凝土支护即可，出现滑动面时则需要用锚杆加固

D．软弱围岩，需要立即喷射混凝土，有时还需加锚杆和钢筋网才能稳定围岩

15. 下列关于工程地质问题对选址的影响，说法正确的是（　　）。

A．裂隙的主要发育方向与建筑边坡走向垂直的，边坡易发生坍塌

B．裂隙的间距越大，密度越大，对岩体质量的影响越大

C．当路线与断层走向平行，路基靠近断层破碎带时，容易引起路基的大规模坍塌

D．当隧道与断层走向垂直时，应尽量避免与断层破碎带接触

16. 道路选线难以避开地质缺陷，但尽可能使路线（　　）。

A．处于顺向坡上方　　　　B．处于顺向坡下方

C．与岩层面走向接近正交　　　　D．与岩层面走向接近平行

17. 工程地质对建筑结构的影响不包括（　　）。

A．建筑结构选型　　B．建筑材料选择

C．减小截面尺寸　　D．提高配筋率

18. 工程地质勘查工作对造价的影响很大，其中起到决定性作用的是（　　）。

A．勘查资料的准确性　　B．对特殊不良工程地质问题认识不足

C．特殊地基的处理方式　　D．选择工程地质条件有利的路线

二、多项选择题（每题 2 分。每题的备选项中，有 2 个或 2 个以上符合题意，至少有 1 个错项。错选，本题不得分；少选，所选的每个选项得 0.5 分）

1. 关于地下水作用的说法，正确的有（　　）。

A．地下水是影响边坡稳定最重要、最活跃的外在因素

B．地下水能够软化或溶蚀边坡岩体，导致崩塌或滑坡

C．地下水增加了岩体重量，提高了下滑力

D．地下水产生静水压力或动水压力，提高岩体稳定性

E．地下水对岩体产生浮托力，使岩体重量相对减轻，稳定性下降

2. 土的力学性质主要包括（　　）。

A．压缩性　　B．抗压强度

C．抗剪强度　　D．孔隙比

E．含水量

3. 关于土的主要性能参数说法，正确的有（　　）。

A．土的饱和度大于 80% 的土处于饱水状态

B．土的孔隙比大于 1.0 的土是低压缩性土

C．土的孔隙率是土中空隙体积与土粒体积之比

D．塑性指数越大，可塑性就越强

E．液性指数越大，土质越软

4. 对塌陷或浅埋溶（土）洞进行处理时，可采用（　　）。

A．挖填夯实法　　B．跨越法

C．注浆法　　D．垫层法

E．充填法

5. 围岩变形与破坏的形式多种多样，主要形式及其状况是（　　）。

A．脆性破裂，常在存储有很大塑性应变能的岩体开挖后发生

B．块体滑移，常以结构面交汇切割组合成不同形状的块体滑移形式出现

C．岩层的弯曲折断，是层状围岩应力重分布的主要形式

D．碎裂结构岩体在洞顶产生崩落，是由于张力和振动力的作用

E．风化、构造破碎，在重力、围岩应力作用下产生冒落及塑性变形

6. 关于地下工程位置选择的影响因素，说法正确的是（　　）。

A．选择隧洞位置时，隧洞进出口地段的边坡应下陡上缓，岩层最好倾向山里

B．地下工程位置应尽量选在坚硬完整的岩石中，且造价低，速度快

C．若必须在褶皱岩层地段修建地下工程，可以将地下工程放在褶皱的核部

D．对于地下工程轴线与岩层走向垂直的情况，围岩的稳定性较好

E．在坚硬完整的岩层中开挖，进度慢、造价高

精选习题答案及解析

一、单项选择题

1. **【答案】** D

【解析】 深成岩岩性一般较单一，致密坚硬，孔隙率小，透水性弱，抗水性强，选项 A 错误；浅成岩岩性不均，节理裂隙发育，岩石破碎，风化蚀变严重，透水性增大，喷出岩比侵入岩强度低，选项 B 错误；沉积岩以碎屑、泥质及生物碎屑结构为特征，具有层理构造，选项 C 错误。

2. **【答案】** D

【解析】 变质岩多具有片理构造。

3. **【答案】** D

【解析】 当地面受到剥蚀而出露有不同地质年代的岩层时，较老的岩层出现在褶曲的轴部，从轴部向两翼，依次出现的是渐新的岩层向斜褶曲是岩层向下凹的弯曲，其岩层的倾向与背斜相反，两翼的岩层都向褶曲的轴部倾斜当地面遭受剥蚀，在褶曲轴部出露的是较新的岩层，向两翼依次出露的是较老的岩层。

4. **【答案】** C

【解析】 张性裂隙主要发育在背斜和向斜的轴部，扭（剪）性裂隙一般出现在褶曲的翼部和断层附近。

5. **【答案】** C

【解析】 岩体中节理、裂隙发育、常有泥质充填物质，结合力不强，其中层状岩体常有平行层面的软弱结构面发育，结构体块度不大，岩体完整性破坏较大。其中镶嵌结构岩体结构体为硬质岩石，具有较高的变形模量和承载能力，工程地质性能尚好。

6. **【答案】** A

【解析】 软土具有高含水量、高孔隙性、低渗透性、高压缩性、低抗剪强度、较显著的触变性和蠕变性等特性。

7. **【答案】** D

【解析】 黏性土的界限含水量有缩限、塑限和液限，选项 A 错误；黏性土的透水性低，饱和黏性土中的水分只能慢慢排出，其压缩稳定所需的时间要比砂土长得多，其固结变形往往需要几年甚至几十年时间才能完成，选项 B 错误；堆填时间超过 10 年的黏性土、超过 5 年的粉土、超过 2 年的砂土，均具有一定的密实度和强度，可以作为一般建筑物的天然地基，选项 C 错误。

8. **【答案】** C

【解析】 地震波传播速度纵波＞横波＞面波，选项 A 错误；基本烈度代表一个地区的最大地震烈度，选项 B 错误；震级越高、震源越浅、距震中距越近，烈度就越高，选项 D 错误。

9. **【答案】** C

【解析】 风化裂隙水分布在风化裂隙中，多数为层状裂隙水。由于风化裂隙彼此相连通，因此在一定范围内形成的地下水也是相互连通的。

10.【答案】A

【解析】选项 A，脉状构造裂隙水，多赋存于张开裂隙中，由于裂隙分布不连续，所以形成的裂隙各有自己独立的系统、补给源及排泄条件，水位不一致，有一定压力，压力分布不均，水量少，水位、水量变化大。

11.【答案】B

【解析】对不满足承载力的软弱土层，如淤泥及淤泥质土，浅层的挖除，深层的可以采用振冲等方法用砂、砂砾、碎石或块石等置换。

12.【答案】D

【解析】潜蚀作用可分为机械潜蚀和化学潜蚀两种。如果地下水渗流产生的动水压力小于土颗粒的有效重度，即渗流水力坡度小于临界水力坡度，虽然不会发生流砂现象，但是土中细小颗粒仍有可能穿过粗颗粒之间的孔隙被渗流携带流失，在土层中将形成管状空洞，使土体结构破坏，强度降低，压缩性增加，这种现象称为机械潜蚀。

13.【答案】D

【解析】流砂常用的处置方法有人工降低地下水位和打板桩等，特殊情况下也可采取化学加固法、爆炸法及加重法等。

14.【答案】D

【解析】坚硬的整体围岩基本上不存在支护问题，喷混凝土防止围岩表面风化即可，选项 A 错误；块状围岩一般采用喷混凝土支护即可，出现滑动面时则需要用锚杆加固，选项 B 错误；层状围岩应以锚杆为主要的支护手段，选项 C 错误。

15.【答案】C

【解析】裂隙的主要发育方向与建筑边坡走向垂直的，对边坡稳定较有利，选项 A 错误；裂隙的间距越小，密度越大，对岩体质量的影响越大，选项 B 错误；当隧道与断层走向平行时，应尽量避免与断层破碎带接触，选项 D 错误。

16.【答案】C

【解析】注意避免工程走向与岩层走向交角太小甚至近乎平行。

17.【答案】C

【解析】选项 C 错误，为了应对地质缺陷造成的受力和变形问题，有时要加大承载和传力结构的尺寸，提高钢筋混凝土的配筋率。

18.【答案】D

【解析】选择工程地质条件有利的路线，对工程造价起着决定作用。

二、多项选择题

1.【答案】ABCE

【解析】地下水产生静水压力或动水压力，促使岩体下滑或崩倒，选项 D 错误。

2.【答案】AC

【解析】土的力学性质主要包括土的压缩性和土的抗剪强度。

3.【答案】ADE

【解析】孔隙比小于 0.6 的土是低压缩性土，孔隙比大于 1.0 的土是疏松的高压缩性土，选项 B 错误；土的孔隙率是土中孔隙体积与土的体积（三相）之比，选项 C 错误。

4.【答案】ABDE

【解析】对塌陷或浅埋溶（土）洞宜采用挖填夯实法、跨越法、充填法、垫层法进行处理。

5.【答案】BD

【解析】脆性破裂，常在存储有很大弹性应变能的岩体开挖后发生，选项 A 错误；岩层的弯曲折断，是层状围岩变形失稳的主要形式，选项 C 错误；强烈风化、强烈构造破碎，在重力、围岩应力作用下产生冒落及塑性变形，选项 E 错误。

6.【答案】ABD

【解析】若必须在褶皱岩层地段修建地下工程，可以将地下工程放在褶皱的翼部，选项 C 错误；一般在坚硬完整的岩层中开挖，围岩稳定、进度快、造价低，选项 E 错误。

第二章　工 程 构 造

考情分析

本章约占 19 分，2023 版教材在第一节新增了装配式钢结构的分类；依据《砌体结构通用规范》GB 55007—2021 对墙体细部构造相关内容进行了修订；依据《建筑与市政工程防水通用规范》GB 55030—2022 对平屋顶防水构造相关内容进行了修订；第二节对路的分类、桥梁支座、涵洞工程等内容进行了修订。

本章内容较多，需要记忆的数据多，构造要求多，与第四章和第五章关联度比较大，是最后两章学习的基础。

重点内容：工民建的分类及应用、基础的分类和应用、墙体细部构造和保温隔热、楼板类型、门窗节能、平屋顶构造要求、道路组成、路基形式、路面等级及分类、桥面构造、桥梁承载结构分类、涵洞的构造、地下交通工程和市政管线工程等。

说明：★表示高频考点；▲表示重要考点；●表示一般考点。

第一节　工业与民用建筑工程的分类、组成及构造

历年真题分值统计

本节内容	历年真题分值统计					
	2019	2020	2021	2022	2022（补考）	2023
一、工业与民用建筑工程的分类及应用	1	4	3	5	1	3
二、民用建筑构造	8	6	7	6	8	8
三、工业建筑构造	2	1	1	0	2	0
合计	11	11	11	11	11	11

思维导图（图 2-1）

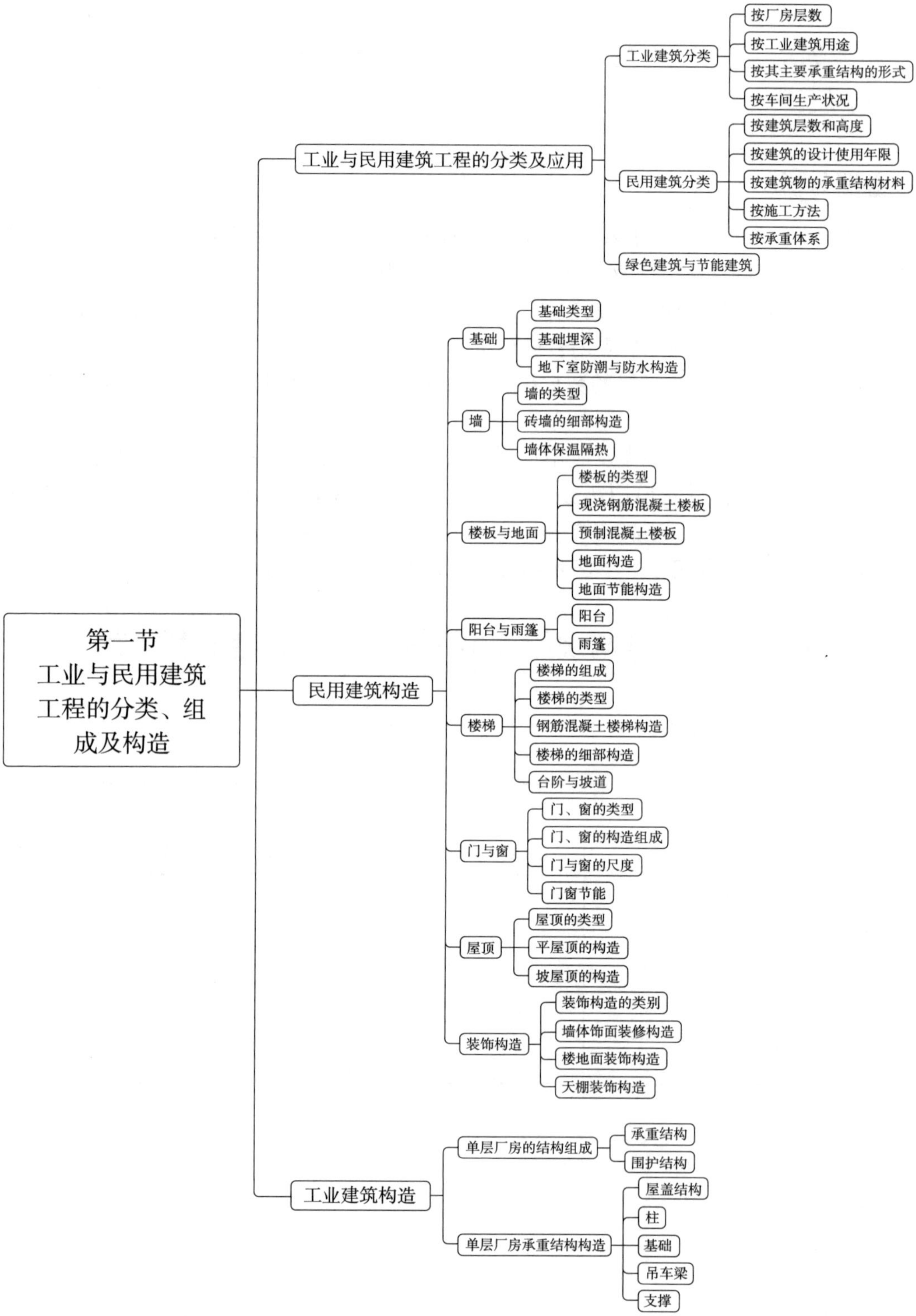

图 2-1 思维导图

考点解析

一、工业与民用建筑工程的分类及应用

建筑一般包括建筑物和构筑物，满足功能要求并提供活动空间和场所的建筑称为建筑物，是供人们生活、学习、工作、居住以及从事生产和文化活动的房屋，如工厂、住宅、学校、影剧院等；仅满足功能要求的建筑称为构筑物，如水塔、纪念碑等。

考点一 ★ 工业建筑分类（表 2-1）

工业建筑分类 表 2-1

工业建筑分类	按层数	单层	1 层	用于有大型机器设备，有重型起重运输设备的厂房
		多层	2～6 层	用于食品、电子精密仪器工业等
		混合层	化学工业、热电站的主厂房等	
	按工业建筑用途	生产厂房		铸工车间、电镀车间、热处理车间、机械加工车间、装配车间等
		生产辅助厂房		修理车间、工具车间等
		动力用厂房		发电站、变电所、锅炉房等
		储存用建筑		金属材料库、木材库、油料库、半成品库、成品库
		运输用建筑		汽车库、机车库、起重车库、消防车库等
		其他建筑		水泵房、污水处理站等
	按主要承重结构形式	排架结构型		柱顶与屋架或屋面梁做铰接连接，而柱下端则嵌固于基础中，是目前单层厂房中最基本、应用最普遍的结构形式
		刚架结构型		柱和屋架合并为同一个刚性构件。柱与基础的连接通常为铰接，如吊车吨位较大，也可做成刚接。一般重型单层厂房多采用刚架结构
		空间结构型		充分发挥了建筑材料的强度潜力，使结构由单向受力的平面结构，成为能多向受力的空间结构体系，提高了结构的稳定性

【例题 1】下列关于工业建筑分类的说法，正确的有（　　）。（2023 年真题）

A. 热处理车间属于生产辅助厂房

B. 锅炉房、水泵房属于动力用厂房

C. 排架结构是目前单层厂房中最基本的结构形式

D. 一般重型单层厂房多采用刚架结构

E. 空间结构体系充分发挥了建筑材料的强度潜力

【答案】CDE

【解析】热处理车间属于生产厂房，选项 A 错误；水泵房不属于动力用厂房属于其他

建筑，选项 B 错误。

【例题 2】柱与屋架铰接连接的工业建筑结构是（　　）。（2019 年真题）

A．网架结构　　B．排架结构

C．刚架结构　　D．空间结构

【答案】B

【解析】排架结构是将厂房承重柱的柱顶与屋架或屋面梁进行铰接连接，而柱下端则嵌固于基础中，构成平面排架，各平面排架再经纵向结构构件连接组成为一个空间结构，它是目前单层厂房中最基本、应用最普遍的结构形式。

【例题 3】与建筑物相比，构筑物的主要特征是（　　）。（2021 年真题）

A．供生产使用　　B．供非生产性使用

C．满足功能要求　　D．占地面积小

【答案】C

【解析】满足功能要求并提供活动空间和场所的建筑称为建筑物；仅满足功能要求的建筑称为构筑物。

【例题 4】消防车库属于（　　）。

A．存储用建筑　　B．运输用建筑

C．生产辅助厂房　　D．生产厂房

【答案】B

【解析】运输用建筑指管理、停放及检修交通运输工具的房屋，如汽车库、机车库、起重车库、消防车库等。

考点二 ★ 民用建筑分类（表 2-2）

民用建筑分类　　**表 2-2**

按建筑层数和高度	建筑高度不大于 27m 的住宅建筑、建筑高度不大于 24m 的公共建筑及建筑高度大于 24m 的单层公共建筑为低层或多层民用建筑	
	建筑高度大于 27m 的住宅建筑和建筑高度大于 24m 的非单层公共建筑，且高度不大于 100m 的，为高层民用建筑	
	建筑高度大于 100m 为超高层建筑	
按建筑物的承重结构材料	木结构	现代木结构具有绿色环保、节能保温、建造周期短、抗震耐久等诸多优点，是我国装配式建筑发展的方向之一
	砖木结构	竖向承重构件的墙体、柱子采用砖砌，水平承重构件的楼板、屋架采用木材。砖木结构适用于低层建筑（1～3 层）
	砖混结构	竖向承重结构的墙、柱等采用砖或砌块砌筑，横向承重的梁、楼板、屋面板等采用钢筋混凝土结构。适合开间进深较小，房间面积小，多层或低层的建筑
	钢筋混凝土结构	主要承重构件，如梁、板、柱等均采用钢筋混凝土材料，而非承重墙采用砖砌或其他轻质材料

续表

按建筑物的承重结构材料	钢结构	主要承重构件均由钢材构成，其特点是强度高、自重轻、整体刚性好、变形能力强，抗震性能好，适用于建造大跨度和超高、超重型的建筑物
	型钢混凝土组合结构	① 比传统的钢筋混凝土结构承载力大、刚度大、抗震性能好 ② 与钢结构相比，具有防火性能好、结构局部和整体稳定性好、节省钢材等优点 ③ 型钢混凝土组合结构应用于大型结构中，力求截面最小化、承载力最大，进而节约空间，但是造价比较高

【例题 1】下列房屋结构中，抗震性能好的有（　　）。（2021 年真题）

A．砖木结构　　B．砖混结构

C．现代木结构　　D．钢结构

E．型钢混凝土组合结构

【答案】CDE

【解析】现代木结构具有绿色环保、节能保温、建造周期短、抗震耐久等诸多优点；钢结构的特点是强度高、自重轻、整体刚性好、变形能力强，抗震性能好；型钢混凝土结构具有比传统的钢筋混凝土结构承载力大、刚度大、抗震性能好等优点。

【例题 2】目前多层住宅楼房多采用（　　）。（2020 年真题）

A．砖木结构　　B．砖混结构

C．钢筋混凝土结构　　D．木结构

【答案】B

【解析】砖混结构适合开间进深较小、房间面积小、多层或低层的建筑。

【例题 3】在满足一定功能前提下，与钢筋混凝土结构相比，型钢混凝土结构的优点在于（　　）。（2020 年真题）

A．造价低　　B．承载力大

C．节省钢材　　D．刚度大

E．抗震性能好

【答案】BDE

【解析】型钢混凝土结构比传统的钢筋混凝土结构具有承载力大、刚度大、抗震性能好等优点。

【例题 4】型钢混凝土组合结构比钢结构（　　）。（2016 年真题）

A．防火性能好　　B．节约空间

C．抗震性能好　　D．变形能力强

【答案】A

【解析】型钢混凝土组合结构与钢结构相比，具有防火性能好、结构局部和整体稳定性好、节省钢材等优点。

考点三 ★装配式结构（新改内容）（表 2-3）

装配式结构 表 2-3

<table>
<tr><td rowspan="2">装配式混凝土结构</td><td>全预制装配式混凝土结构体系</td><td>柔性连接</td><td>恢复性能好，震后只需对连接部位进行修复即可继续使用</td><td>生产效率高，施工速度快，构件质量好，受季节性影响小，在建设量较大而又相对稳定地区，采用工厂化生产可以取得较好的效果</td></tr>
<tr><td>预制装配整体式混凝土结构体系</td><td>强连接节点</td><td>能够达到与现浇混凝土结构相同抗震能力，整体性好，抗震</td><td>生产基地一次投资比全装配式少，适应性强，节省运输费用，便于推广。在一定条件下也可以缩短工期，实现大面积流水施工，结构的整体性良好，并能取得较好的经济效果</td></tr>
<tr><td rowspan="3">装配式钢结构</td><td colspan="4">具有自重轻、基础造价低、安装容易、施工快、施工污染环境少、抗震性能好、可回收利用、经济环保等特点，适用于软弱地基</td></tr>
<tr><td colspan="4">钢框架结构按梁和柱的连接形式又可分为半刚性连接框架和刚性连接框架，但半刚接框架使用较少。实际应用中，一般将梁柱连接中在梁翼缘部位有可靠连接且刚度较大的连接形式当成刚接，否则，当成铰接</td></tr>
<tr><td colspan="4">钢框架－支撑结构属于双重抗侧力结构体系，钢框架部分是剪切型结构，底部层间位移较大，顶部层间位移较小；支撑部分是弯曲型结构，底部层间位移较小，而顶部层间位移较大，两者并联可以显著减小结构底部的层间位移，同时结构顶部层间位移也不至于过大</td></tr>
<tr><td>装配式木结构</td><td colspan="4">采用工厂预制的各类标准或非标准木制结构组件，是以现场装配为主要手段建造而成的结构，包括装配式纯木结构、装配式木组合结构、装配式木混合结构等</td></tr>
</table>

【例题 1】下列关于全预制装配式混凝土结构的特点说法，正确的是（　　）。（2023 年真题）

A．通常采用刚性连接技术　　B．少部分构件在工程生产

C．连接部位抗弯能力强　　D．震后恢复性能好

【答案】D

【解析】全预制装配式混凝土结构，是指所有结构构件均在工厂内生产，运至现场进行装配。全预制装配式混凝土结构通常采用柔性连接技术，所谓柔性连接是指连接部位抗弯能力比预制构件低，因此，地震作用下弹塑性变形通常发生在连接处，而梁柱构件本身不会被破坏，或者是变形在弹性范围内。全预制装配式混凝土结构的恢复性能好，震后只需对连接部位进行修复即可继续使用，具有较好的经济效益。

【例题 2】下列装配式建筑中，适用于软弱地基，经济环保的是（　　）。（2022 年真题）

A．全预制装配式　　B．预制装配整体式

C．预制钢结构　　D．预制木结构

【答案】C

【解析】装配式钢结构具有自重轻、基础造价低、安装容易、施工快、施工污染环境少、抗震性能好、可回收利用、经济环保等特点，适用于软弱地基。

【例题 3】关于预制装配整体式结构，下列说法正确的是（　　）。

A. 采用柔性连接　　B. 整体性好

C. 一次投资低　　D. 适应性强且便于推广

E. 受季节性影响小

【答案】BCD

【解析】选项 A 和选项 E 属于全预制装配式结构的特点。

考点四 ★ 按承重体系（表 2-4）

按承重体系　　表 2-4

<table>
<tr><th>承重体系</th><th colspan="3">应用范围及特点</th></tr>
<tr><td>混合结构体系</td><td colspan="3">是指楼盖和屋盖采用钢筋混凝土或钢木结构，而墙和柱采用砌体结构建造的房屋，大多用在住宅、办公楼、教学楼建筑中。住宅建筑最适合采用混合结构，一般在 6 层以下</td></tr>
<tr><td>框架</td><td colspan="2">利用梁、柱组成的纵、横两个方向的框架形成的结构体系，同时承受竖向荷载和水平荷载</td><td>优点是建筑平面布置灵活
缺点是侧向刚度较小，当层数较多时，会产生较大的侧移</td></tr>
<tr><td>剪力墙</td><td colspan="3">优点是侧向刚度大，水平荷载作用下侧移小；缺点是间距小，建筑平面布置不灵活，不适用于大空间的公共建筑，另外结构自重也较大</td></tr>
<tr><td rowspan="2">框架－剪力墙</td><td rowspan="2">一般适用于不超过 170m 高的建筑</td><td>剪力墙</td><td>承担至少 80% 的水平荷载</td></tr>
<tr><td>框架</td><td>主要承担竖向荷载</td></tr>
<tr><td>筒体</td><td colspan="3">是抵抗水平荷载最有效的结构体系
可分为框架－核心筒结构、筒中筒和多筒结构等
适用于高度不超过 300m 的建筑</td></tr>
<tr><td>桁架结构体系</td><td colspan="3">桁架结构的优点是可利用截面较小的杆件组成截面较大的构件
单层厂房的屋架常选用桁架结构</td></tr>
<tr><td>网架结构</td><td colspan="3">高次超静定的空间结构，杆件受轴向力，受力合理，节约材料，整体性能好，刚度大，抗震性能好，杆件类型较少，适于工业化生产，角锥体系受力更为合理，刚度更大</td></tr>
<tr><td>拱式结构</td><td>主要内力是轴向压力
适用于体育馆、展览馆等</td><td colspan="2">按照结构的组成和支承方式，拱可分为三铰拱、两铰拱和无铰拱</td></tr>
<tr><td>悬索结构</td><td>主要承重构件是受拉钢索
主要用于体育馆、展览馆等</td><td colspan="2">单曲拉索体系构造简单，屋面稳定性差
双曲拉索体系，由承重索和稳定索组成</td></tr>
<tr><td>薄壁空间结构</td><td colspan="3">也称壳体结构，属于空间受力结构，主要承受曲面内的轴向压力
用于大跨度的屋盖结构，如展览馆、俱乐部、飞机库等</td></tr>
</table>

【例题 1】下列关于各种民用建筑结构体系特点的说法，正确的有（　　）。（2023 年真题）

A. 框架结构体系层数较多时，会产生较大侧移，易引起结构性构件破坏

B. 框架－剪力墙结构侧向刚度较大，平面布置灵活

C. 框架－剪力墙结构中，剪力墙主要承受水平荷载，其变形为弯曲型变形

D．筒体结构抵抗水平荷载最为有效，不适用于高层建筑

E．桁架结构的优点是可利用截面较小的杆件组成截面较大的构件

【答案】BCE

【解析】框架结构体系缺点是侧向刚度较小，当层数较多时，会产生较大的侧移，易引起非结构性构件（如隔墙、装饰等）破坏，而影响使用。在高层建筑中，特别是超高层建筑中，水平荷载越来越大，起着控制作用。筒体结构是抵抗水平荷载最有效的结构体系。

【例题 2】下列结构体系中，适用于超高民用建筑的形式是（　　）。（2022 年真题）

A．混合结构体系　　B．框架结构体系

C．剪力墙结构体系　　D．筒体结构体系

【答案】D

【解析】在高层建筑中，特别是超高层建筑中，水平荷载越来越大，起着控制作用。筒体结构是抵抗水平荷载最有效的结构体系。

【例题 3】建飞机库应优先考虑的承重体系是（　　）。（2017 年真题）

A．薄壁空间结构体系　　B．悬索结构体系

C．拱式结构体系　　D．网架结构体系

【答案】A

【解析】薄壳常用于大跨度的屋盖结构，如展览馆、俱乐部、飞机库等。

【例题 4】网架结构体系的特点是（　　）。（2014 年真题）

A．空间受力体系，整体性好　　B．杆件轴向受力合理，节约材料

C．高次超静定，稳定性差　　D．杆件适于工业化生产

E．结构刚度小，抗震性能差

【答案】ABD

【解析】网架结构优点是空间受力体系，杆件主要承受轴向力，受力合理，节约材料，整体性能好，刚度大，抗震性能好，杆件类型较少，适于工业化生产，故选项 E 错误；选项 C 错误，高次超静定，稳定性好。

考点五 ★ 绿色建筑与节能建筑（表 2-5）

绿色建筑与节能建筑　　表 2-5

绿色建筑及分类	① 绿色建筑是指在全寿命期内，节约资源、保护环境、减少污染，为人们提供健康、适用、高效的使用空间，最大限度地实现人与自然和谐共生的高质量建筑 ② 绿色建筑的评价应以单栋建筑或建筑群为评价对象。绿色建筑评价应在建筑工程竣工后进行。在建筑工程施工图设计完成后，可进行预评价 ③ 评价指标体系应由安全耐久、健康舒适、生活便利、资源节约、环境宜居五类指标组成，且每类指标均应包括控制项和评分项；评价指标体系还统一设置加分项 ④ 绿色建筑分为基本级、一星级、二星级、三星级四个等级。当满足全部控制项要求时，绿色建筑等级应为基本级。当绿色建筑总得分分别达到 60 分、70 分、85 分时，绿色建筑等级分别为一星级、二星级、三星级
节能建筑及分类	一般节能建筑、被动式建筑、零能耗建筑和产能型建筑

【例题 1】保持被动式节能建筑舒适温度的热量来源有（　　）。（2022 年真题）

A．燃煤　　B．供暖

C．人体　　D．家电

E．热回收装置

【答案】CDE

【解析】被动式节能建筑不需要主动加热，基本上是依靠被动收集来的热量使房屋本身保持一个舒适的温度。使用太阳、人体、家电及热回收装置等带来的热能，不需要主动热源供给。

【例题 2】根据《绿色建筑评价标准》GB/T 50378—2019，说法正确的有（　　）。

A．绿色建筑的评价应以单栋建筑或建筑群为评价对象

B．绿色建筑在工程竣工后可进行预评价

C．当满足全部控制项要求时，绿色建筑等级应为一星级

D．绿色建筑总得分达到 80 分为三星级

【答案】A

【解析】选项 B 错误，在建筑工程施工图设计完成后，可进行预评价；选项 C 错误，当满足全部控制项要求时，绿色建筑等级应为基本级；选项 D 错误，绿色建筑总得分达到 85 分为三星级。

二、民用建筑构造

考点六 ★ 基础类型及埋深（表 2-6）

基础类型及埋深　　表 2-6

<table>
<tr><td rowspan="4">按材料及受力分类</td><td rowspan="3">刚性基础</td><td colspan="2">① 根据材料受力的特点，不同材料构成的基础，其传递压力的角度不相同
② 在设计中，应尽量使基础大放脚与基础材料的刚性角相一致，以确保基础底面不产生拉应力
③ 刚性基础受刚性角的限制，构造上通过限制刚性基础宽高比来满足刚性角的要求</td></tr>
<tr><td>砖基础</td><td>① 大放脚的砌法有两皮一收和二一间隔收两种
② 在相同底宽的情况下，二一间隔收可减少基础高度，但为了保证基础的强度，底层需要用两皮一收砌筑
③ 每一阶梯挑出的长度为砖长的 1/4</td></tr>
<tr><td>混凝土基础</td><td>① 坚固、耐久、刚性角大，常用于地下水位高、受冰冻影响的建筑物
② 台阶宽高比为 1∶1～1∶1.5
③ 对于锥形或阶梯形基础断面，应保证两侧有不小于 200mm 的垂直面</td></tr>
<tr><td>柔性基础</td><td colspan="2">① 在混凝土基础底部配置受力钢筋，利用钢筋抗拉，这样基础可以承受弯矩，也就不受刚性角的限制
② 在相同条件下，采用钢筋混凝土基础比混凝土基础可节省大量的混凝土材料和挖土工程量
③ 基础断面可做成锥形，最薄处高度不小于 200mm；也可做成阶梯形，每踏步高 300～500mm
④ 钢筋混凝土基础下面设有素混凝土垫层，厚度为 100mm 左右；无垫层时，钢筋保护层不宜小于 70mm，以保护受力钢筋不受锈蚀</td></tr>
</table>

续表

按构造形式分类	独立基础	形式有台阶形、锥形、杯形等
	条形基础	① 墙下条形基础 当上部结构荷载较大而土质较差时，可采用钢筋混凝土建造，墙下钢筋混凝土条形基础一般做成无肋式；如地基在水平方向上压缩性不均匀，为了增加基础的整体性，减少不均匀沉降，也可做成肋式的条形基础 ② 柱下钢筋混凝土条形基础
	柱下十字交叉基础（井格基础）	当地基条件较差，如土质软弱
	片筏基础	平板式和梁板式
	箱形基础	地基软弱土层厚、荷载大和建筑面积不太大的重要建筑物
	桩基础	当建筑物荷载较大，地基的软弱土层厚度在 5m 以上，基础不能埋在软弱土层内，或对软弱土层进行人工处理困难和不经济时，常采用桩基础
埋深	定义	① 从室外设计地面至基础底面的垂直距离 ② 建筑物上部荷载的大小，地基土质的好坏，地下水位的高低，土壤冰冻的深度以及新旧建筑物的相邻交接等，都影响基础的埋深 ③ 深基础：埋深≥ 5m 或埋深≥基础宽度 4 倍 ④ 浅基础：埋深（0.5～5m）或埋深＜基础宽度 4 倍
	原则	在保证安全可靠的前提下尽量浅埋，除岩石地基外，不应浅于 0.5m；基础顶面应低于设计地面 100mm 以上

【例题 1】锥形或阶梯形墩基垂直面最小宽度应为（　　）mm。（2023 年真题）

A．100　　B．120

C．150　　D．200

【答案】D

【解析】对于锥形或阶梯形基础断面，应保证两侧有不小于 200mm 的垂直面。

【例题 2】荷载较大、地基的软弱土层厚度为 6.5m 的民用建筑，当人工处理软弱土层难度大且工期较紧时，宜采用的基础形式为（　　）。（2023 年真题）

A．独立基础　　B．井格基础

C．箱形基础　　D．桩基础

【答案】D

【解析】当建筑物荷载较大，地基的软弱土层厚度在 5m 以上，基础不能埋在软弱土层内，或对软弱土层进行人工处理困难和不经济时，常采用桩基础。

【例题 3】影响建筑物基础埋深的因素有（　　）。（2023 年真题）

A．地下水位的高低　　B．建筑面积的大小

C．地基土质的好坏　　D．散水宽度与坡度

E．新旧建筑物的相邻交接

【答案】ACE

【解析】建筑物上部荷载的大小，地基土质的好坏，地下水位的高低，土壤冰冻的深

度以及新旧建筑物的相邻交接等，都影响基础的埋深。

【例题 4】相对刚性基础而言，柔性基础的本质在于（　　）。（2020 年真题）

A．基础材料的柔性　　B．不受刚性角的影响

C．不受混凝土强度的影响　　D．利用钢筋抗拉承受弯矩

【答案】D

【解析】柔性基础最本质的结构特点就是基底配筋，承受弯矩。而刚性角是表征刚性材料砌筑基底破坏特性的指标，并非是柔性基础特性指标，故 D 选项正确。

【例题 5】采用箱形基础较多的建筑是（　　）。（2019 年真题）

A．单层建筑　　B．多层建筑

C．高层建筑　　D．超高层建筑

【答案】C

【解析】箱形基础一般由钢筋混凝土建造，减少了基础底面的附加应力，因而适用于地基软弱土层厚、荷载大和建筑面积不太大的一些重要建筑物，目前高层建筑中多采用箱形基础。

考点七 ★ 地下室防潮与防水构造（表 2-7）

地下室防潮与防水构造　　表 2-7

分类	设置前提条件	具体设置
防潮	当地下室地坪位于常年地下水位以上时	① 地下室的所有墙体都必须设两道水平防潮层：一道设在地下室地坪附近；另一道设在室外地面散水以上 150～200mm 的位置 ② 砖墙外侧需设垂直防潮层，其具体做法是：在墙体外表面先抹一层 20mm 厚的水泥砂浆找平层，再涂一道冷底子油和两道热沥青，然后在防潮层外侧回填低渗透土壤，并逐层夯实，土层宽 500mm 左右，以防地面雨水或其他地表水的影响
防水	当地下室地坪位于最高设计地下水位以下时（分为内防水和外防水）	① 外防水方式中，由于防水材料置于迎水面，对防水较为有利 ② 将防水材料置于结构内表面（背水面）的防水做法，对防水不太有利，但施工简便，易于维修，多用于修缮工程 ③ 地下室防水做法根据材料的不同常用的有防水混凝土防水、水泥砂浆防水、卷材防水、涂料防水、防水板防水、膨润土防水材料等

【例题 1】地下室底板和四周墙体需做防水处理的基本条件，地坪以下位于（　　）。（2018 年真题）

A．最高设计地下水位以下　　B．常年地下水位以下

C．常年地下水位以上　　D．最高设计地下水位以上

【答案】A

【解析】当地下室地坪位于最高设计地下水位以下时，地下室四周墙体及底板均受水压影响，应有防水功能。

【例题 2】地下室墙体垂直防水卷材外侧一般做完水泥砂浆保护层后再做（　　）。（2014 年真题）

A．500mm 宽隔水层　　B．500mm 宽滤水层
C．一道冷底子油和两道热沥青　　D．砖保护墙

【答案】D

【解析】如图 2-2 所示。

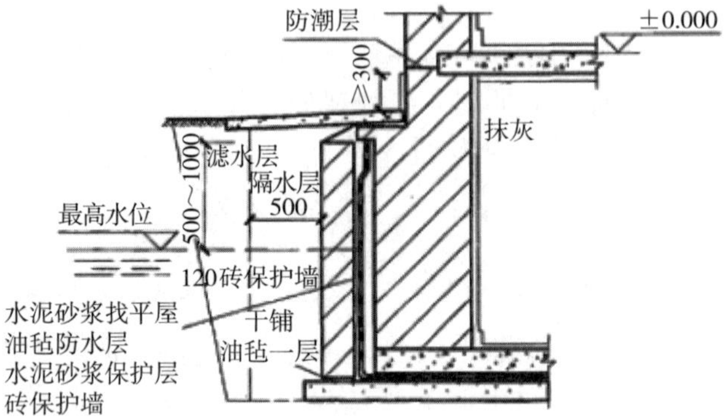

图 2-2　例题 2 解析

【例题 3】关于地下室防潮与防水，说法正确的有（　　）。

A．当地下室地坪位于常年地下水位以上时，地下室需做防水处理

B．地下室的所有墙体都必须设两道水平防潮层

C．地下室垂直卷材防水层的顶端，应高出地下最高水位 500～1000mm

D．将防水材料置于结构内表面（背水面），对防水较为有利

E．地下室卷材防水层的保护墙外一般应做 500mm 的隔水层

【答案】BCE

【解析】选项 A 错误，当地下室地坪位于常年地下水位以上时，地下室需做防潮处理；选项 D 错误，将防水材料置于结构内表面（背水面），对防水不利。

考点八　★ 墙体细部构造——防潮层（表 2-8）

墙体细部构造——防潮层　　表 2-8

防潮层	设置要求	当室内地面均为实铺时	外墙墙身防潮层在室内地坪以下 60mm 处
		墙体两侧地坪不等高时	在每侧地表下 60mm 处，防潮层应分别设置，并在两个防潮层间的墙上加设垂直防潮层
		采用架空木地板时	外墙防潮层应设在室外地坪以上，地板木搁栅垫木之下
	作用	提高建筑物的耐久性，保持室内干燥卫生	
	种类	油毡防潮层	① 防潮层部位先抹 20mm 厚砂浆找平，然后干铺油毡一层或用热沥青粘贴油毡一层 ② 具有一定的韧性、延伸性和良好的防潮性能，但降低了上下砖砌体之间的粘结力，且降低了砖砌体的整体性，对抗震不利 ③ 不宜用于下端按固定端考虑的砖砌体和有抗震要求的建筑中

续表

防潮层	种类	砂浆防潮层（20～25mm 厚）	① 克服油毡防潮层的缺点，故较适用于抗震地区和一般的砖砌体中 ② 砂浆系脆性材料，易开裂，不适用于地基会产生微小变形的建筑中
		细石钢筋混凝土防潮层（60mm 厚）	抗裂性能好，且能与砌体结合为一体，故适用于整体刚度要求较高的建筑中

【例题】关于墙体防潮层，说法正确的是（　　）。

A．当墙体两侧地坪不等高时，在每侧地表下 60mm 处设防潮层

B．油毡防潮层提高了砖砌体的整体性，对抗震有利

C．砂浆防潮层适用于抗震地区及地基会产生微小变形的建筑

D．细石钢筋混凝土防潮层适用于整体刚度要求较高的建筑

【答案】D

【解析】选项 A 错误，当建筑物墙体两侧地坪不等高时，在每侧地表下 60mm 处，防潮层应分别设置，并在两个防潮层间的墙上加设垂直防潮层；选项 B 错误，油毡防潮层具有一定的韧性、延伸性和良好的防潮性能，但降低了上下砖砌体之间的粘结力，且降低了砖砌体的整体性，对抗震不利；选项 C 错误，防水砂浆能克服油毡防潮层的缺点，故较适用于抗震地区和一般的砖砌体中，但由于砂浆系脆性材料，易开裂，故不适用于地基会产生微小变形的建筑中。

考点九　★ 墙体细部构造——勒脚、散水、窗台、过梁（表 2-9）

墙体细部构造——勒脚、散水、窗台、过梁　　表 2-9

勒脚	① 作用是防止地面水、屋檐滴下的雨水对墙面的侵蚀，从而保护墙面，保证室内干燥，提高建筑物的耐久性，同时还有美化建筑外观的作用 ② 勒脚的高度一般为室内地坪与室外地坪高差	
散水明沟	降水量≥ 900mm	同时设明沟（纵坡坡度为 0.5%～1%）和散水
	降水量＜ 900mm	只设置散水
	散水构造	散水宽度：600～1000mm 坡度：3%～5%
窗台	外窗台作用	① 防止在窗洞底部积水后流向室内，砖窗台挑出 60mm ② 外挑部分应做滴水，可做成水槽形或鹰嘴形
	内窗台作用	排除窗上的凝结水，保护内墙面
过梁	宽度超过 300mm 的洞口上部应设置	

【例题】设置过梁的洞口宽度不小于（　　）。

A．60mm　　　　B．100mm

C．250mm　　　　D．300mm

【答案】D

【解析】宽度超过 300mm 的洞口上部应设置过梁。

考点十 ★墙体细部构造——圈梁、构造柱（新增内容）（表 2-10、图 2-3 和图 2-4）

墙体细部构造——圈梁、构造柱　　表 2-10

多层砌体圈梁	民用房屋	3～4 层	底层和檐口标高处各设置一道圈梁
		超过 4 层	除应在底层和檐口标高处各设置一道圈梁外，至少应在所有纵、横墙上隔层设置
	工业房屋		每层设置现浇混凝土圈梁
	厂房、仓库、食堂等空旷单层房屋		① 砖砌体结构房屋，檐口标高为 5～8m 时，应在檐口标高处设置一道圈梁；檐口标高大于 8m 时，应增加设置数量 ② 砌块及料石砌体结构房屋，檐口标高为 4～5m 时，应在檐口标高处设置一道圈梁，檐口标高大于 5m 时，应增加设置数量 ③ 对有吊车或较大振动设备的单层工业房屋，当未采取有效的隔振措施时，除应在檐口或窗顶标高处设置现浇混凝土圈梁外，尚应增加设置数量
	圈梁遇到洞口		不能封闭时，应设附加梁，其搭接长度≥1m，且应大于两梁高差的 2 倍，有抗震要求的建筑物，圈梁不宜被洞口截断
	构造要求		圈梁宽度不应小于 190mm，高度不应小于 120mm，配筋不应少于 4ϕ12。箍筋间距不应大于 200mm
砖混结构构造柱	位置		① 外墙四角、错层部位、横墙与外纵墙交接处、较大洞口两侧 ② 施工时先砌墙并留马牙槎，马牙槎凹凸尺寸不宜小于 60mm，高度不应超过 300mm；马牙槎应先退后进，对称砌筑
	截面尺寸		① 最小截面尺寸为 240mm×180mm，纵向钢筋一般用 4ϕ12，箍筋间距不大于 250mm，且在柱上下端应适当加密 ② 6、7 度抗震设防时超过 6 层，8 度抗震设防时超过 5 层和 9 度抗震设防时，纵向钢筋宜采用 4ϕ14，箍筋间距不应大于 200mm
	基础		可不单独设置基础，但构造柱应伸入室外地面下 500mm，或与埋深小于 500mm 的基础圈梁相连

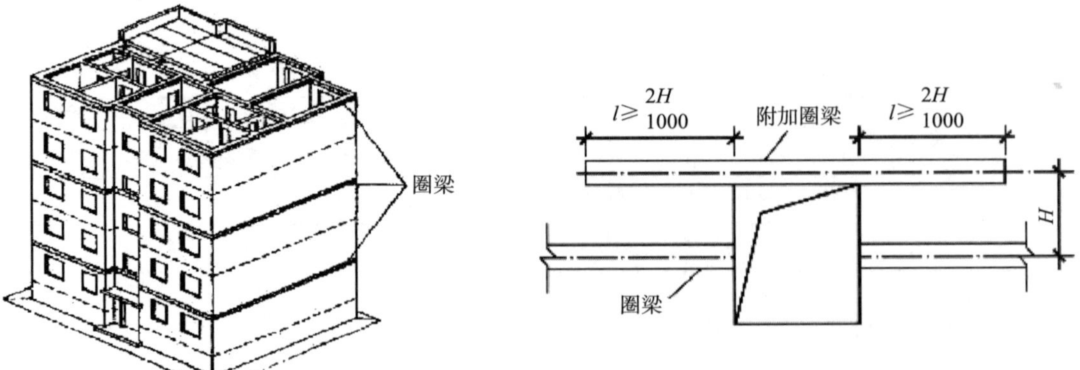

图 2-3　圈梁及搭接示意图

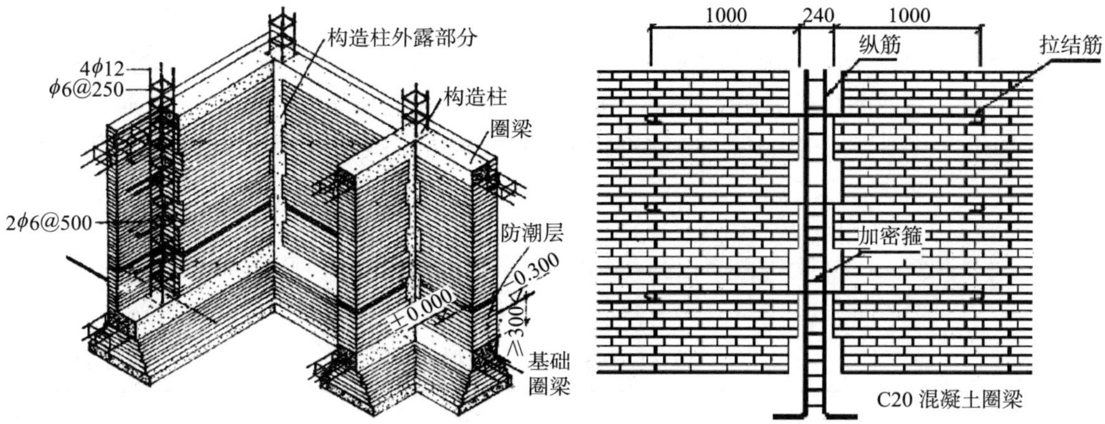

图 2-4　构造柱示意图

【例题 1】关于多层砌体工业房屋圈梁设置位置，说法正确的是（　　）。（2021 年真题）

A．底层一道　　B．檐口标高处一道

C．纵横墙隔层布制　　D．每层和檐口标高处

【答案】D

【解析】宿舍、办公楼等多层砌体民用房屋，且层数为 3～4 层时，应在底层和檐口标高处各设置一道圈梁。当层数超过 4 层时，除应在底层和檐口标高处各设置一道圈梁外，至少应在所有纵、横墙上隔层设置。多层砌体工业房屋，应每层设置现浇混凝土圈梁。

【例题 2】设置圈梁的主要意义在于（　　）。（2020 年真题）

A．提高建筑物空间刚度　　B．提高建筑物的整体性

C．传递墙体荷载　　D．提高建筑物的抗震性

E．增加墙体的稳定性

【答案】ABDE

【解析】圈梁可以提高建筑物的空间刚度和整体性，增加墙体稳定，减少由于地基不均匀沉降而引起的墙体开裂，并防止较大振动荷载对建筑物的不良影响。在抗震设防地区，设置圈梁是减轻震害的重要构造措施。

【例题 3】三层彻体办公室的墙体一般设置圈梁（　　）。（2015 年真题）

A．一道　　B．二道

C．三道　　D．四道

【答案】B

【解析】宿舍、办公楼等多层砌体民用房屋，且层数为 3～4 层时，应在底层和檐口标高处各设置一道圈梁。当层数超过 4 层时，除应在底层和檐口标高处各设置一道圈梁外，至少应在所有纵、横墙上隔层设置。多层砌体工业房屋，应每层设置现浇混凝土圈梁。

【例题 4】关于构造柱，说法正确的是（　　）。

A．施工时先浇柱后砌墙

B．箍筋间距不应小于 250mm 且上下端适当加密

C．8 度抗震设防时超过 5 层，纵向钢筋宜采用 4ϕ14

D．构造柱必须单独设置基础

【答案】C

【解析】选项 A 错误，施工时先砌墙并留马牙槎，随着墙体的上升，逐段浇筑混凝土；选项 B 错误，箍筋间距不大于 250mm，且在柱上下端应适当加密；选项 D 错误，构造柱可不单独设置基础，但构造柱应伸入室外地面下 500mm，或与埋深小于 500mm 的基础圈梁相连。

考点十一 ▲墙体细部构造——变形缝（表 2-11）

墙体细部构造——变形缝　　表 2-11

分类		作用	设置部位	构造要求
变形缝	伸缩缝	防止房屋因气温变化而产生裂缝	沿建筑物长度隔一定距离设置	将建筑物地面以上构件全部断开，基础不必断开，受温度变化影响小，20～30mm
	沉降缝	防止建筑物不均匀沉降引起的建筑物薄弱部位开裂	上部荷载明显变化处，下部地基承载力明显变化处	与伸缩缝相比，基础部分也要断开，宽度根据房屋的层数确定： 2～3 层取 50～80mm 4～5 层取 80～120mm 5 层以上取＞120mm
	防震缝	防止形体复杂，结构刚度不均匀的多层砖混结构因地震而破坏	房屋形体或结构刚度变化处	从基础顶面开始，沿房屋全高设置。宽度：多层砌体取 50～100mm，多层钢筋混凝土结构建筑，高度 15m 及以下时，缝宽为 100mm；当建筑高度超过 15m 时，按烈度增大缝宽

【例题 1】建筑物的伸缩缝、沉降缝、防震缝的根本区别在于（　　）。（2018 年真题）

A．伸缩缝和沉降缝比防震缝宽度小

B．伸缩缝和沉降缝比防震缝宽度大

C．伸缩缝不断开基础沉降缝和防震缝断开基础

D．伸缩缝和防震缝不断开基础沉降缝断开基础

【答案】D

【解析】沉降缝与伸缩缝、防震缝的不同之处是除屋顶、楼板、墙身都要断开外，基础部分也要断开。

【例题 2】下列有关砖墙细部构造内容，正确的是（　　）。

A．当建筑物墙体两侧地坪不等高时，在每侧地表下 60mm 处，防潮层应分别设置

B．勒脚的高度一般为室内地坪与室外地坪高差

C．宽度超过 300mm 的洞口上部应设置圈梁

D．构造柱可不单独设置基础

E．伸缩缝从屋顶到基础应全部断开

【答案】ABD

【解析】选项 C 错误，宽度超过 300mm 的洞口上部应设置过梁；选项 E 错误，伸缩缝应将建造物从屋顶、墙体、楼层等地面以上构件全部断开，基础因受温度变化影响较小，不必断开。

考点十二 ★ 墙体保温隔热（表 2-12）

墙体保温隔热　　　　表 2-12

<table>
<tr><td rowspan="5">外保温</td><td rowspan="4">构造组成</td><td>保温层</td><td colspan="2">EPS、XPS、岩棉板、玻璃棉毡、超轻保温浆料</td></tr>
<tr><td>固定层</td><td colspan="2">粘贴式、钉固式、粘贴与钉固相结合的方式</td></tr>
<tr><td rowspan="2">面层</td><td>薄面层</td><td>聚合物水泥胶浆抹面</td></tr>
<tr><td>厚面层</td><td>普通水泥砂浆抹面</td></tr>
<tr><td>优点</td><td colspan="3">① 不会产生热桥，节能效果好；② 提高室内温度稳定；③ 保护主体结构，延长寿命；④ 可用于新建的建筑物墙体，也可以用于旧建筑外墙的节能改造；⑤ 有利加快施工速度，室内装修不致破坏保温层</td></tr>
<tr><td rowspan="5">内保温</td><td rowspan="2">构造</td><td>保温层</td><td colspan="2">GRC 板、玻纤增强石膏保温板、P-GRC 保温板等</td></tr>
<tr><td>空气层</td><td colspan="2">既能防止保温材料变潮，也能提高墙体的保温能力</td></tr>
<tr><td rowspan="3">特点</td><td>优点</td><td colspan="2">① 施工安全方便，施工造价低；② 减少闷热感；③ 增加保温材料使用寿命；④ 有利于安全防火；⑤ 受风雨、天影响小</td></tr>
<tr><td>缺点</td><td colspan="2">① 隔热效果差；② 热桥处理困难，易出现结露现象；③ 占用室内面积；④ 不利于室内装修；⑤ 不利于既有建筑的节能改造；⑥ 保温层易出现裂缝</td></tr>
<tr><td>薄弱部位</td><td colspan="2">内外墙交接处，外墙转角，保温结构中龙骨处</td></tr>
</table>

【例题 1】与外墙外保温相比，外墙内保温优点（　　）。（2022 年补考真题）

A．减少夏季晚上闷热感　　B．热桥保温处理方便

C．便于安装空调　　D．保温层不易出现裂缝

【答案】A

【解析】外墙内保温由于绝热层在内侧，在夏季的晚上，墙的内表面温度随空气温度的下降而迅速下降，减少闷热感。

【例题 2】在外墙内保温结构中，为防止冬季采暖房间形成水蒸气渗入保温层，最好的做法是（　　）。（2022 年真题）

A．在保温层靠近室内一侧设防潮层　　B．在保温层靠近室内一侧设隔汽层

C．在主体结构与保温层之间设防潮层　　D．在主体结构与保温层之间设隔汽层

【答案】B

【解析】在保温层靠室内的一侧加设隔汽层，可以让水蒸气不要进入保温层内部。

【例题 3】与外墙内保温相比，外墙外保温的优点在于（　　）。（2018 年真题）

A．有良好的建筑节能效果　　B．有利于提高室内温度的稳定性

C．有利于降低建筑物造价　　D．有利于减少温度波动对墙体损坏

E．有利于延长建筑物使用寿命

【答案】ABDE

【解析】选项 C 错误，施工造价相对较低是外墙内保温的优点。

【例题 4】外墙内保温相对于外墙外保温而言，其特点有（　　）。

A．施工安全，造价较低　　B．保温层易出现裂缝
C．保温隔热效果好　　D．施工时不用脚手架或高空吊篮
E．内外墙交接处不易产生结露现象

【答案】ABD

【解析】选项 C 和选项 E 属于外墙外保温特点。

考点十三 ★现浇钢筋混凝土楼板（表 2-13、图 2-5～图 2-8）

现浇钢筋混凝土楼板　　表 2-13

<table>
<tr><td rowspan="10">现浇式</td><td rowspan="4">板式楼板</td><td>分类</td><td colspan="3">构造特点</td><td>适用场合</td></tr>
<tr><td>单向板</td><td colspan="3">长短边比≥3，短边受力，短向为受力筋在下方，长向为分布筋，板厚≥80mm</td><td rowspan="3">跨度小的房间（厨房、厕所、贮藏室、走廊等）</td></tr>
<tr><td>双向板</td><td colspan="3">长短边比＜3，双向受力</td></tr>
<tr><td>悬臂板</td><td colspan="3">板的根部厚（板厚≥80mm），端部薄，受力筋沿挑出方向，且在板的上方</td></tr>
<tr><td rowspan="4">梁板式肋形楼板</td><td>分类</td><td>经济跨度</td><td colspan="2">搁置长度 L（mm）</td><td rowspan="4">开间、进深较大，横断面弯矩大的房间</td></tr>
<tr><td>主梁</td><td>5～8m</td><td>370</td><td rowspan="2">梁高≤500，L≥180
梁高＞500，L≥240</td></tr>
<tr><td>次梁</td><td>4～6m</td><td>240</td></tr>
<tr><td>板</td><td>1.7～3m</td><td colspan="2">120</td></tr>
<tr><td>井字形楼板</td><td colspan="4">没有主梁，双向都是次梁（肋），肋与肋的间距 1.5～3m
肋高 180～250mm，肋宽 120～200mm
具有天棚整齐美观、有利于提高房屋净空高度等优点</td><td>当房间的平面形状近似正方形，跨度≤10m的门厅，会议厅</td></tr>
<tr><td>无梁楼板</td><td colspan="4">跨度一般不超过 6m，板厚通常不小于 120mm，分为有柱帽和无柱帽，方形柱网较为经济</td><td>荷载大，管线多的商店和仓库等</td></tr>
</table>

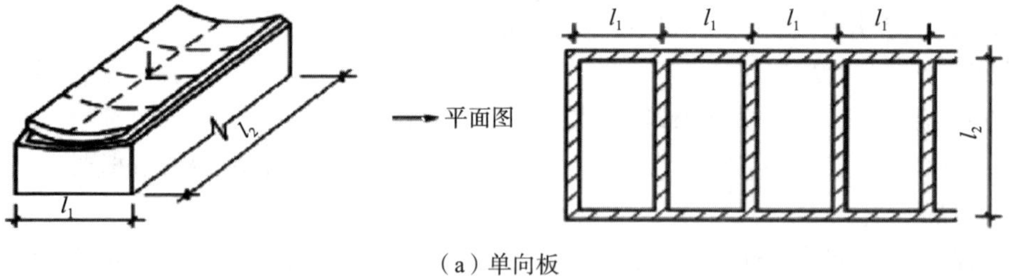

（a）单向板

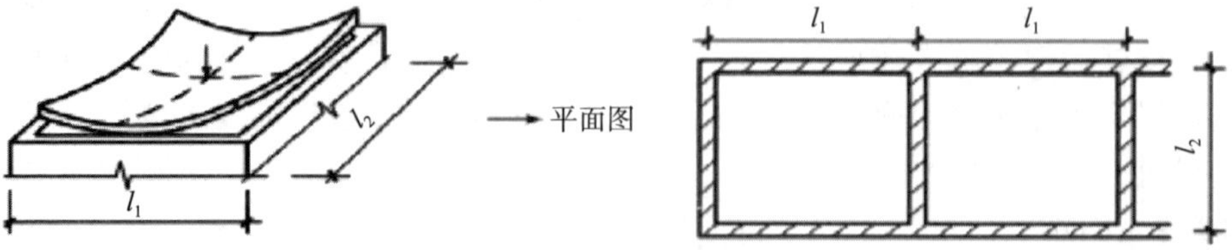

（b）双向板

图 2-5　板式楼板

图 2-6　梁板式肋形楼板

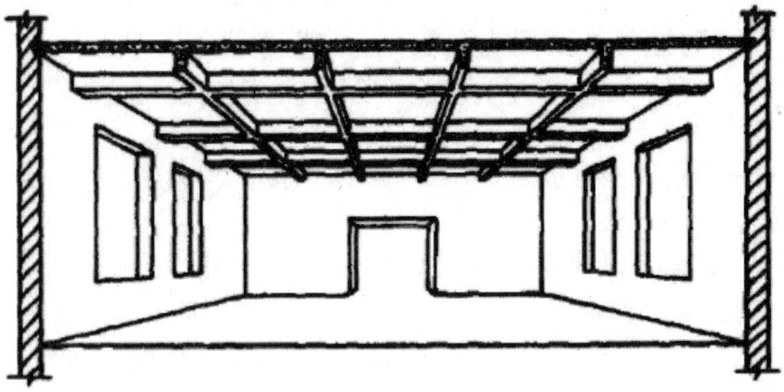

图 2-7　井字形楼板

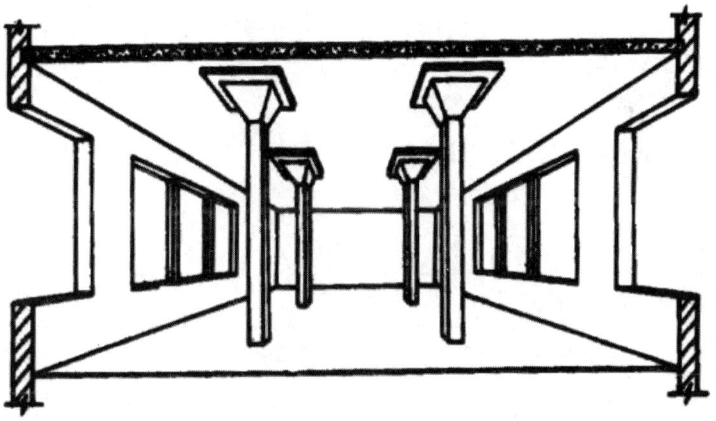

图 2-8　无梁楼板

【例题 1】跨度为 9m，净空高要求较大，平面为正方形的会议厅，宜优先采用的现浇钢筋混凝土楼板类型为（　　）。（2023 年真题）

A．板式楼板　　B．无梁楼板

C．井字形肋楼板　　D．梁板式肋形楼板

【答案】C

【解析】井字形肋楼板没有主梁，都是次梁（肋）。当房间的平面形状近似正方形，跨度在 10m 以内时，常采用这种楼板；具有天棚整齐美观、有利于提高房屋的净空高度等优点，常用于门厅、会议厅等处。

【例题 2】在以下结构中，适合采用现浇钢筋混凝土井字形密肋楼板的是（　　）。（2021 年真题）

A．厨房　　B．会议厅

C．储藏室　　D．仓库

【答案】B

【解析】井字形密肋楼板具有天棚整齐美观，有利于提高房屋的净空高度等优点，常用于门厅、会议厅等处。

【例题 3】现浇钢筋混凝土楼板主要分为（　　）。（2020 年真题）

A．板式楼板　　B．梁式楼板

C．梁板式肋形楼板　　D．井字形肋楼板

E．无梁式楼板

【答案】ACDE

【解析】现浇钢筋混凝土楼板主要分四种：板式楼板、梁板式肋形楼板、井字形肋楼板和无梁式楼板。

【例题 4】对荷载较大、管线较多的商场，比较适合采用的现浇钢筋混凝土楼板是（　　）。（2019 年真题）

A．板式楼板　　B．梁板式肋形楼板

C．井字形肋楼板　　D．无梁式楼板

【答案】D

【解析】无梁楼板的底面平整，增加了室内的净空高度，有利于采光和通风，但楼板厚度较大，这种楼板比较适用于荷载较大、管线较多的商店和仓库等。

考点十四 ▲阳台与雨篷（表 2-14、图 2-9）

阳台与雨篷　　**表 2-14**

阳台	墙承式		结构简单、施工方便、多用于凹阳台
	悬挑式	挑梁式	挑梁压入墙内长度为悬挑长度的 1.5 倍
		挑板式	① 阳台板和墙梁现浇在一起，悬挑长度受限，不宜超过 1.2m ② 楼板直接向外悬挑形成阳台板
	栏杆、栏板净高		6 层及以下 ≥ 1.05mm；7 层及以上 ≥ 1.10mm
	排水处理		阳台地面应低于室内地面 30～50mm，并应沿排水方向做排水坡，泄水管管口外伸至少 80mm
雨篷	支承方式		悬挑式，悬挑长度一般为 0.9～1.5m
	板式		板根部厚度不小于 70mm，板端部厚度不小于 50mm
	梁板式		为使其底面平整，常采用翻梁形式
	防水和排水		雨篷顶面通常采用柔性防水，为保证雨篷排水通畅，雨篷上表面向外侧或向滴水管处或向地漏处应做有 1% 的排水坡度

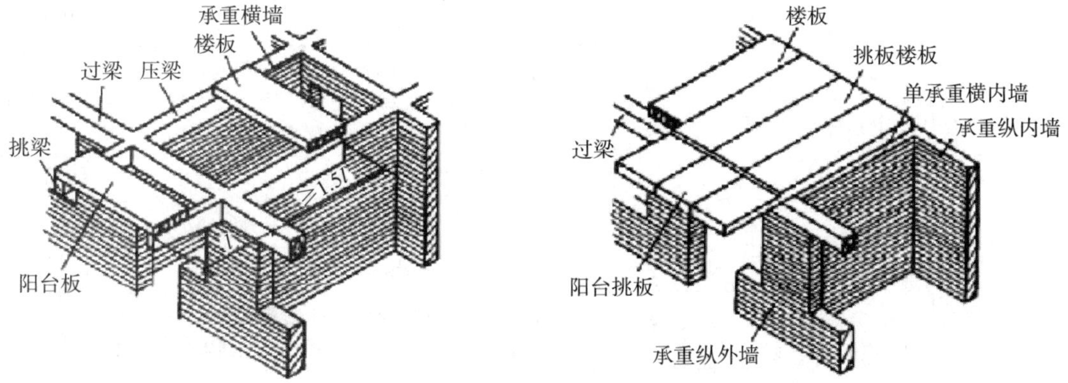

（a）挑梁式　　　　（b）挑板式

图 2-9　悬挑式阳台

【例题 1】将房间楼板直接向悬挑形成的阳台板阳台梁，该阳台梁承重支承方式为（　　）。（2018 年真题）

A．墙承式　　　　B．挑梁式

C．挑板式　　　　D．板承式

【答案】C

【解析】挑板式是将阳台板悬挑，一般有两种做法：一种是将阳台板和墙梁现浇在一起，利用梁上部的墙体或楼板来平衡阳台板，以防止阳台倾覆；另一种是将房间楼板直接向外悬挑形成阳台板。

【例题 2】下列关于阳台和雨篷的说法，正确的是（　　）。

A．砖砌栏板的厚度一般为 100mm，为加强整体性可现浇扶手或加通长钢筋

B．阳台栏板或栏杆净高不应低于 1.10m

C．阳台地面应低于室内地面 30～50mm，并应沿排水方向做排水坡

D．泄水管可采用镀锌钢管或塑料管，管口外伸至少 60mm

E．按结构形式不同，雨篷有板式和梁板式两种

【答案】CE

【解析】选项 A 错误，砖砌栏板的厚度一般为 120mm，为加强其整体性，应在栏板顶部设现浇钢筋混凝土扶手，或在栏板中配置通长钢筋加固；选项 B 错误，阳台栏板或栏杆净高，6 层及以下不应低于 1.05m；7 层及以上不应低于 1.10m；选项 D 错误，泄水管可采用镀锌钢管或塑料管，管口外伸至少 80mm。

考点十五　▲ 楼梯（表 2-15）

楼梯　　　　**表 2-15**

现浇式	板式楼梯	① 由梯段、平台梁和平台板组成 ② 梯段板承受着梯段的全部荷载，然后通过平台梁将荷载传给墙体或柱子
		底面平整、外形简洁，便于施工，梯段跨度不大时采用

续表

<table>
<tr><td rowspan="2">现浇式</td><td colspan="2" rowspan="2">梁式楼梯</td><td colspan="2">① 由斜梁、踏步板、平台梁和平台板组成
② 踏步板把荷载传递给左右斜梁，斜梁把荷载传递给与之相连的上下休息平台梁，最后，平台梁将荷载传给墙体或柱子</td></tr>
<tr><td colspan="2">荷载或楼梯段跨度较大时采用</td></tr>
<tr><td rowspan="8">预制装配式</td><td rowspan="6">小型构件装配式</td><td>组成</td><td colspan="2">将梯段、平台分割成若干部分，分别预制成小构件装配而成</td></tr>
<tr><td>悬挑式</td><td colspan="2">无平台梁，楼梯净空高度大</td></tr>
<tr><td>墙承式</td><td colspan="2">荷载直接传递给两侧的墙体，不需要设梯梁和平台梁
适合直跑楼梯，双跑楼梯阻挡视线，不利于搬运大件</td></tr>
<tr><td rowspan="3">梁承式</td><td>三角形踏步</td><td>采用矩形梯梁</td></tr>
<tr><td>楼梯为踏步</td><td>采用 L 形梯梁</td></tr>
<tr><td>L 形和一字形踏步</td><td>采用锯齿形梯梁</td></tr>
<tr><td colspan="2">中型构件装配式</td><td colspan="2">构件一：楼梯段；构件二：休息平台板（带平台梁）</td></tr>
<tr><td colspan="2">大型构件装配式</td><td colspan="2">楼梯段＋休息平台＋平台梁，合并成一个构件</td></tr>
<tr><td>台阶</td><td colspan="4">台阶一般由面层、垫层及基层组成
在严寒地区，为了防止冻害，在基层与混凝土垫层之间应设砂垫层</td></tr>
</table>

【例题 1】与现浇钢筋混凝土板式楼梯相比，梁式楼梯的主要特点是（　　）。（2023 年真题）

A．便于支撑施工　　B．梯段底面平整，外形简洁

C．当梯段跨度较大时，不经济　　D．当荷载较大时，较为经济

【答案】D

【解析】当荷载或梯段跨度较大时，采用梁式楼梯比较经济。板式楼梯的梯段底面平整，外形简洁，便于支撑施工。

【例题 2】按传力特点区分，预制装配式钢筋混凝土中型楼梯的主要类型包括（　　）。（2021 年真题）

A．悬挑式　　B．梁板式

C．梁承式　　D．板式

E．墙承式

【答案】BD

【解析】中型构件装配式楼梯一般是由楼梯段和带有平台梁的休息平台板两大构件组合而成，楼梯段与现浇钢筋混凝土楼梯类似，有梁板式和板式两种。

【例题 3】建筑物楼梯段跨度较大时，为了经济合理，通常不宜采用（　　）。（2018 年真题）

A．预制装配墙承式楼梯　　B．预制装配梁承式楼梯

C．现浇钢筋混凝土梁式楼梯　　D．现浇钢筋混凝土板式楼梯

【答案】D

【解析】现浇钢筋混凝土板式楼梯当梯段跨度不大时采用。当梯段跨度较大时，梯段板厚度增加，自重较大，不经济。

【例题 4】钢筋混凝土楼梯按楼梯段传力特点划分有（　　）。（2016 年真题）

A．墙承式楼梯　　B．梁式楼梯

C．梁板式楼梯　　D．板式楼梯

E．悬挑式楼梯

【答案】BD

【解析】现浇钢筋混凝土楼梯按楼梯段传力的特点可以分为板式和梁式两种。

考点十六 ★ 门窗、地面节能（表 2-16）

门窗、地面节能　　**表 2-16**

<table>
<tr><td rowspan="4">窗户节能</td><td>控制窗户的面积</td><td colspan="2">窗口面积与房间立面单元面积（即房间层高与开间定位线围成的面积）的比值</td></tr>
<tr><td rowspan="3">减少窗户传热</td><td>减少窗框、窗扇型材的传热耗能</td><td>① 选择导热系数小的框料型材
② 采用导热系数小的材料截断金属框料型材的热桥形成断桥式窗户
③ 利用框料内的空气腔室或利用空气层截断金属矿料型材的热桥</td></tr>
<tr><td colspan="2">减少玻璃的传热耗能。利用热反射玻璃、Low-E 玻璃、中空玻璃、真空玻璃等</td></tr>
<tr><td colspan="2">采用隔热保温窗帘。具有隔热保温、防紫外线的优点，可以有效调节室内温度、节约空调能耗、减少碳排放量</td></tr>
<tr><td rowspan="3">地面保温隔热</td><td rowspan="2">直接与土壤接触地面</td><td>严寒地区</td><td>外墙周边 2m 内设保温层</td></tr>
<tr><td>特别寒冷或保温性能要求高</td><td>整个地面用聚苯板保温</td></tr>
<tr><td>与室外空气接触地板</td><td colspan="2">结构层、粘结层、保温层和纤维增强层</td></tr>
<tr><td rowspan="4">建筑遮阳</td><td>水平式</td><td colspan="2">太阳高度角较大时，适用于南向及南向附近的窗口
北回归线以南低纬度地区的北向窗口也可</td></tr>
<tr><td>垂直式</td><td colspan="2">太阳高度角较小时，适用于东北、北和西北附近的窗口</td></tr>
<tr><td>综合式</td><td colspan="2">水平和垂直结合，主要用于南、东南及西南的窗口</td></tr>
<tr><td>挡板式</td><td colspan="2">太阳高度角较小时，正射阳光，适用于东、西向窗口
容易挡住室内人的视线，对眺望和通风影响大</td></tr>
</table>

【例题 1】严寒地区保温构造方法中，将直接与土壤接触的节能保温地面设置在（　　）。（2022 年补考真题）

A．与外墙接触的地面　　B．房屋中间地面

C．起居室地面　　D．距离外墙 2m 范围内地面

【答案】D

【解析】在严寒地区的冬季，靠近外墙周边地区下土壤层的温度很低。因此，对这部分地面必须进行保温处理，否则大量的热能会由这部分地面损失掉，同时使这部分地面出现冷凝现象。常见的保温构造方法是在距离外墙周边 2m 的范围内设保温层。

【例题 2】 关于水平遮阳，说法正确的是（　　）。

A．适用于南向及南向附近的窗口

B．适用于东北、北和西北附近的窗口

C．适用于南、东南及西南附近的窗口

D．适用于东、西向以及附近朝向的窗口

E．适用于北回归线以南低纬度地区北向窗口

【答案】 AE

【解析】 水平遮阳能够遮挡太阳高度角较大时从窗口上方照射下来的阳光，故水平遮阳板适合于南向及南向附近的窗口。北回归线以南低纬度地区的北向窗口也可用这种遮阳板。

考点十七 ★ 平屋顶构造组成（表 2-17、图 2-10）

平屋顶构造组成　　表 2-17

平屋顶（$i \leq 10\%$）	屋顶作用	① 防御自然界的风、雨、雪、太阳辐射热和冬季低温等的影响 ② 承受自重及风、沙、雨、雪等荷载及施工或屋顶检修人员的活荷载 ③ 建筑物的重要组成部分，对建筑形象的美观起着重要的作用	
	构造组成（从上到下）	隔热层	隔热层分为种植、架空、蓄水三种形式
		保护层	① 作用：防止太阳光的辐射而致防水层过早老化 ② 块体材料、水泥砂浆、细石混凝土保护层与卷材、涂膜防水层之间，应设置隔离层。块体材料、水泥砂浆保护层可采用塑料膜（0.4mm 厚聚乙烯膜或 3mm 厚发泡聚乙烯膜）、土工布（聚酯无纺布）、卷材（石油沥青卷材一层）做隔离层；细石混凝土保护层可采用低强度等级砂浆做隔离层
		防水层	① 卷材防水，使用较多的是合成高分子防水卷材和高聚物改性沥青防水卷材 ② 涂膜防水，正置式屋面（传统屋面构造做法），其构造一般为隔热保温层在防水层的下面；倒置式做法即把传统屋面中防水层和隔热层的层次颠倒，防水层在下面，保温隔热层在上面
		结合层	① 采用沥青为基材的防水层，在施工前应在找平层上涂刷冷底子油做基层处理（用汽油稀释沥青） ② 当采用高分子防水层时，可用专用基层处理剂
		找平层	保温层上的找平层应留设分隔缝，缝宽宜为 5～20mm，纵横缝的间距不宜大于 6m；基层转角处应抹成圆弧形，其半径不小于 50mm；分格缝处应铺设带胎体增强材料的空铺附加层，其宽度为 200～300mm
		保温层	① 平屋顶倒置式保温材料：挤塑聚苯板、泡沫玻璃保温板等 ② 平屋顶正置式保温材料：膨胀聚苯板、挤塑聚苯板、硬泡聚氨酯、石膏玻璃棉板、水泥聚苯板、加气混凝土等 ③ 在可能条件下，平屋顶应优先选用倒置式保温。倒置式屋顶是将传统屋顶构造中保温隔热层与防水层的位置“颠倒”，将保温隔热层设置在防水层之上
		找坡层	结构找坡 3%，材料找坡 2%，檐沟、天沟纵坡不小于 1%

续表

平屋顶（$i \leqslant 10\%$）	构造组成（从上到下）	隔汽层		在北纬 40° 以北地区，室内湿度大于 75% 或其他地区室内空气湿度常年大于 80% 时，保温屋面应设隔汽层 一是阻断水蒸气向上渗透；二是使防水层下水蒸气能直接从透气孔排出
		找平层		常用 15～25mm 厚的 1：2.5～1：3 水泥砂浆，或用 30～35mm 厚的 C20 细石混凝土
		结构层		混凝土楼板
	排水构造	防水等级		屋面工程防水等级应依据工程类别和工程防水使用环境类别分为一级、二级、三级 ① 一级防水：Ⅰ类、Ⅱ类防水使用环境下的甲类工程；Ⅰ类防水使用环境下的乙类工程 ② 二级防水：Ⅲ类防水使用环境下的甲类工程；Ⅱ类防水使用环境下的乙类工程；Ⅰ类防水使用环境下的丙类工程 ③ 三级防水：Ⅲ类防水使用环境下的乙类工程；Ⅱ类、Ⅲ类防水使用环境下的丙类工程
		起坡方式		第一种方法是材料找坡，找坡层的厚度最薄处不小于 20mm，平屋顶材料找坡的坡度宜为 2%；第二种方法是结构起坡，结构找坡的坡度宜为 3%，檐沟、天沟纵向找坡不小于 1%
		排水方式	无组织排水	低层建筑及檐高小于 10m 的屋面采用
			有组织排水	高层建筑屋面宜采用内排水；多层建筑屋面宜采用外排水；严寒地区应采用内排水，寒冷地区宜采用内排水；湿陷性黄土地区宜采用有组织排水
		落水管布置		屋面每个汇水面积内，排水管不宜少于 2 根，落水管间的距离以 10～15m 为宜 单根落水管允许集水面积（水平投影面积）$F = 438D^2/H$（D 为落水管管径，H 为每小时最大降雨量）
	细部构造			包括檐口、檐沟和天沟、女儿墙和山墙、水落口、变形缝等 檐口、檐沟外侧下端及女儿墙压顶内侧下端等部位均应做滴水处理，滴水槽宽度和深度不宜小于 10mm

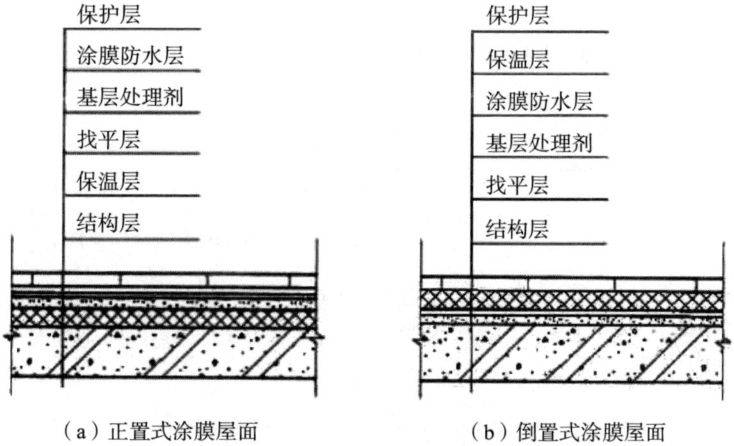

（a）正置式涂膜屋面　　（b）倒置式涂膜屋面

图 2-10　涂膜防水屋面的构造

【例题 1】（　　）可以防止太阳辐射影响防水层的平屋面。（2022 年补考真题）

A. 高效保温材料　　B. 正置型屋面保温

C. 保温找坡结合型　　D. 倒置型屋面保温

【答案】D

【解析】倒置式保温屋顶可以减轻太阳辐射和室外高温对屋顶防水层不利影响，提高防水层的使用年限。

【例题 2】下列关于设置平屋顶卷材防水找平层的说法，正确的有（　　）。（2022 年补考真题）

A. 整体现浇混凝土板上用水泥砂浆找平，厚度 15～20mm

B. 装配式混凝土板上用混凝土找平，厚度 20～25m

C. 整体材料保温层上用水泥砂浆找平，厚度 20～25mm

D. 装配式混凝土板上用混凝土找平，厚度 10～15mm

E. 板状材料保温板上用混凝土找平，厚度 30～35m

【答案】ACE

【解析】装配式混凝土板上用混凝土找平厚度为 30～35mm，选项 B 和选项 D 均错误。

【例题 3】高层建筑的屋面排水应优先选择（　　）。（2019 年真题）

A. 内排水　　B. 外排水

C. 无组织排水　　D. 天沟排水

【答案】A

【解析】高层建筑屋面宜采用内排水；多层建筑屋面宜采用有组织外排水；低层建筑及檐高小于 10m 的屋面，可采用无组织排水。多跨及汇水面积较大的屋面宜采用天沟排水，天沟找坡较长时，宜采用中间内排水和两端外排水。

【例题 4】所谓倒置式保温屋顶指的是（　　）。（2019 年真题）

A. 先做保温层，后做找平层　　B. 先做保温层，后做防水层

C. 先做找平层，后做保温层　　D. 先做防水层，后做保温层

【答案】D

【解析】倒置式防水效果要好，因为先做防水后做保温。

考点十八　▲ 坡屋顶构造组成（表 2-18）

坡屋顶构造组成　　表 2-18

坡屋顶 （$i>10\%$）	承重结构	砖墙承重	砖墙承重结构体系适用于开间较小的房屋
		屋架承重	通常屋架搁置在房屋的纵向外墙或柱上，使房屋有一个较大的使用空间 屋架形式有三角形、梯形、矩形、多边形等 屋架支撑主要有垂直剪刀撑和水平系杆等
		梁架结构	穿斗结构
		钢筋混凝土梁板承重	对于空间跨度不大的民用建筑，钢筋混凝土折板结构是目前坡屋顶建筑使用较为普遍的一种结构形式

续表

坡屋顶（$i>10\%$）	屋面结构	类型	平瓦	为保证有效排水，烧结瓦、混凝土瓦屋面的坡度不得小于 30%，沥青瓦屋面的坡度不得小于 20%
			波形瓦	具有重量轻、耐火性能好等优点，但易折断破碎，强度较低
			小青瓦	可以直接铺设于椽条上，也可铺于望板（屋面板）上
		细部构造	檐口、山墙、斜天沟、泛水、檐沟、落水管	

【例题 1】通常情况下，坡屋顶可以采用的承重结构类型有（　　）。（2021 年真题）

A．钢筋混凝土梁板　　B．屋架

C．柱　　D．硬山搁檩

E．梁架结构

【答案】ABDE

【解析】坡屋顶的承重结构主要有：砖墙承重，又叫硬山搁檩；屋架承重；梁架结构；钢筋混凝土梁板承重。

【例题 2】坡屋面的檐口形式主要有两种，其一是挑出檐口，其二是女儿墙檐口，以下说法正确的有（　　）。（2017 年真题）

A．砖挑檐的砖可平挑出，也可把砖斜放，挑檐砖上方瓦伸出 80mm

B．砖挑檐一般不超过墙体厚度的 1/2，且不大于 240mm

C．当屋面有椽木时，可以用椽木出挑，支撑挑出部分屋面

D．当屋面积水面积大，降雨量大时，檐口可设钢筋混凝土天沟

E．对于不设置屋架的房屋，可以在其纵向承重墙内压砌挑檐木并外挑

【答案】BCD

【解析】砖挑檐每层砖挑长为 60mm，砖可平挑出，也可把砖斜放，用砖角挑出，挑檐砖上方瓦伸出 50mm，故选项 A 错误；对于不设屋架的房屋，可以在其横向承重墙内压砌挑檐木并外挑，用挑檐木支承挑出的檐口，故选项 E 错误。

【例题 3】坡屋顶承重结构划分有（　　）。（2016 年真题）

A．硬山搁檩　　B．屋架承重

C．刚架结构　　D．梁架结构

E．钢筋混凝土梁板承重

【答案】ABDE

【解析】坡屋顶的承重结构主要有：砖墙承重，又叫硬山搁檩；屋架承重；梁架结构；钢筋混凝土梁板承重。

三、工业建筑构造

考点十九 ▲ 工业建筑构造（表 2-19、图 2-11）

工业建筑构造　　表 2-19

承重结构	横向排架			由基础、柱、屋架组成，承受各种竖向荷载
	纵向连系构件			由吊车梁、圈梁、连系梁、基础梁等组成
	支撑系统构件			包括柱间支撑和屋盖支撑，主要传递水平荷载
屋盖结构	类型	有檩体系		刚度差，重量轻，适合中小型、不设保温层的厂房
		无檩体系		整体性好，刚度大，大中型、设保温层的厂房采用
	屋架	钢筋混凝土屋架或屋面梁		构造简单、高度小、重心低、较稳定、耐腐蚀、施工方便，但构件重、费材料。一般跨度 9m 以下时用单坡，跨度 12～18m 为双坡。普通钢筋混凝土屋面梁的跨度一般不大于 15m，预应力钢筋混凝土屋面梁跨度一般不大于 18m
			两铰或三铰拱屋架	实用跨度是 9～15m，刚度较差，对有重型吊车和振动较大的厂房不宜采用
			三角形组合式屋架	自重较轻，受力不太理想，但其上弦坡度却适于使用板瓦等有檩结构的屋面
屋盖结构	屋架	① 钢筋混凝土屋架或屋面梁	拱形屋架	受力最合理，但由于屋架端部屋面坡度太陡，适用于卷材屋防水面中的中、重型厂房
			折线形	引用了拱形屋架的合理外形，改善了屋面坡度，是目前较常采用的一种屋架形式
		② 钢屋架		自重较重，对抗震不利，适用中型、重型厂房
		③ 木、钢木屋架		木屋盖：跨度 ≤ 12m；钢木屋架 18～21m
柱	钢筋混凝土柱	矩形柱		外形简单，受弯性能好，施工方便，容易保证质量要求。但柱截面中间部分受力较小，不能充分发挥混凝土的承载能力，自重也重，仅适用于小型厂房
		工字形柱		比矩形柱复杂，在大、中型厂房内采用较为广泛
		双肢柱		柱的高度和荷载较大，吊车起重量大于 30t，柱的截面尺寸 $b \times h$ 大于 600mm × 1500mm 时，宜选用双肢柱
		管柱		在工厂预制，可采用机械化方式生产，可在现场拼装，受气候影响较小；但因外形是圆的，设置预埋件较困难，与墙的连接也不如其他形式的柱方便
	钢－混凝土组合柱			当柱较高，自重较重，因受吊装设备的限制，为减轻柱重量时一般采用钢－混凝土组合柱，其组合形式为上柱为钢柱，下柱为钢筋混凝土双肢柱
	钢柱			适用吊车吨位大的重型厂房
	柱牛腿			① 牛腿外缘高 $h_k \geq h/3$，且不应小于 200mm ② 外缘与吊车梁的距离为 100mm ③ 牛腿挑出距离 $c > 100$mm 时，牛腿底面的倾斜角 $a \leq 45°$；当 $c \leq 100$mm 时，牛腿底面的倾斜角 a 可以为 0°

续表

吊车梁	T形吊车梁	施工简单，制作方便，但自重大，耗费材料多，不是很经济。一般用于柱距为6m、厂房跨度不大于30m、吨位10t以下的厂房，预应力钢筋混凝土T形吊车梁适用于10～30t的厂房
	工字形吊车梁	工字形吊车梁腹壁薄，节约材料，自重较轻。预应力适用于厂房柱距为6m，厂房跨度为12～33m，吊车起重量为5～25t的厂房
	鱼腹式吊车梁	受力合理，能充分发挥材料的强度和减轻自重，节省材料，可承受较大荷载，梁的刚度大 构造和制作比较复杂，运输、堆放需设专门支垫 适用于厂房柱距不大于12m，厂房跨度为12～33m，吊车起重量为15～150t的厂房

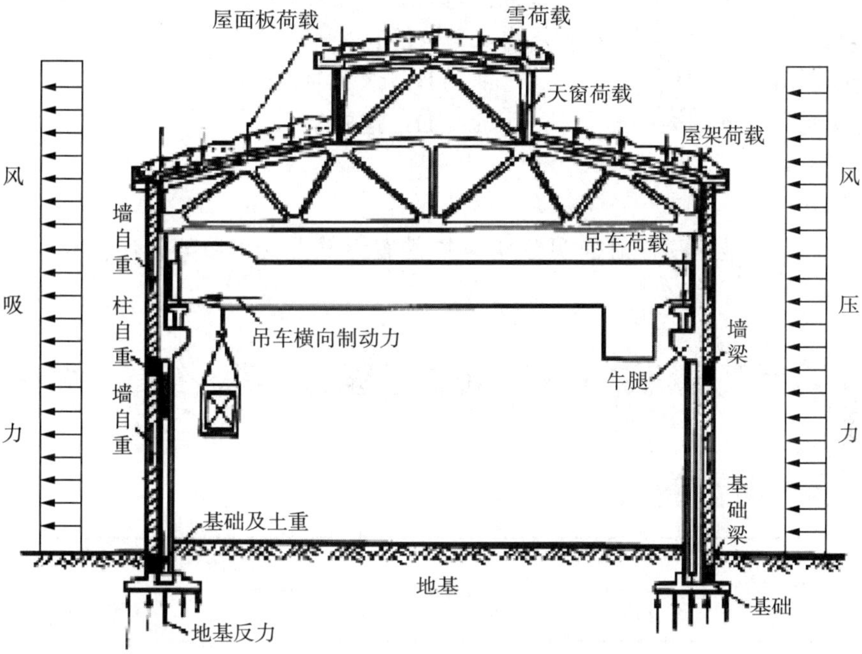

图2-11　单层厂房横向排架示意图

【例题1】下列结构构件中，属于单层厂房承重结构构件的有（　　）。（2022年补考真题）

A．柱　　B．屋架

C．吊车梁　　D．柱间支撑

E．外墙

【答案】ABCD

【解析】选项E为单层厂房的围护结构。

【例题2】某工业厂房柱距6m，跨度30m，最大起重重量12t，其钢筋混凝土吊车梁应优先选哪种方式（　　）。（2021年真题）

A．非预应力混凝土 T 形　　B．预应力工字形
C．预应力混凝土鱼腹式　　D．预应力空腹鱼腹式

【答案】 B

【解析】 非预应力混凝土 T 形截面吊车梁一般用于柱距为 6m、厂房跨度不大于 30m、吨位 10t 以下的厂房；预应力钢筋混凝土 T 形吊车梁适用于 10～30t 的厂房；预应力工字形吊车梁节约材料，自重较轻，适用于厂房柱距为 6m，厂房跨度为 12～33m，吊车起重量为 5～25 的厂房，故选项 B 最经济，应优先选用。预应力混凝土鱼腹式吊车梁适用于厂房柱距不大于 12m，厂房跨度为 12～33m，吊车起重量为 15～150t 的厂房。

【例题 3】 单层工业厂房柱网支撑的作用是（　　）。（2020 年真题）

A．提高厂房局部竖向承载能力　　B．方便检修维护吊车梁
C．提升厂房内部美观效果　　D．加强厂房纵向刚度和稳定性

【答案】 D

【解析】 支撑构件主要传递水平荷载，起保证厂房空间刚度和稳定性的作用。

【例题 4】 单层工业厂房屋盖常见的承重构件有（　　）。（2019 年真题）

A．钢筋混凝土屋面板　　B．钢筋混凝土屋架
C．钢筋混凝土屋面梁　　D．钢屋架
E．钢木屋架

【答案】 BCDE

【解析】 单层工业厂房屋盖常见的承重构件有钢筋混凝土屋架或屋面梁、钢屋架、木屋架、钢木屋架。

第二节　道路、桥梁、涵洞工程的分类、组成及构造

历年真题分值统计

本节内容	历年真题分值统计					
	2019	2020	2021	2022	2022（补考）	2023
一、道路工程	2	4	3	3	2	3
二、桥梁工程	3	2	2	3	2	2
三、涵洞工程	1	0	1	0	2	1
合计	6	6	6	6	6	6

思维导图（图 2-12）

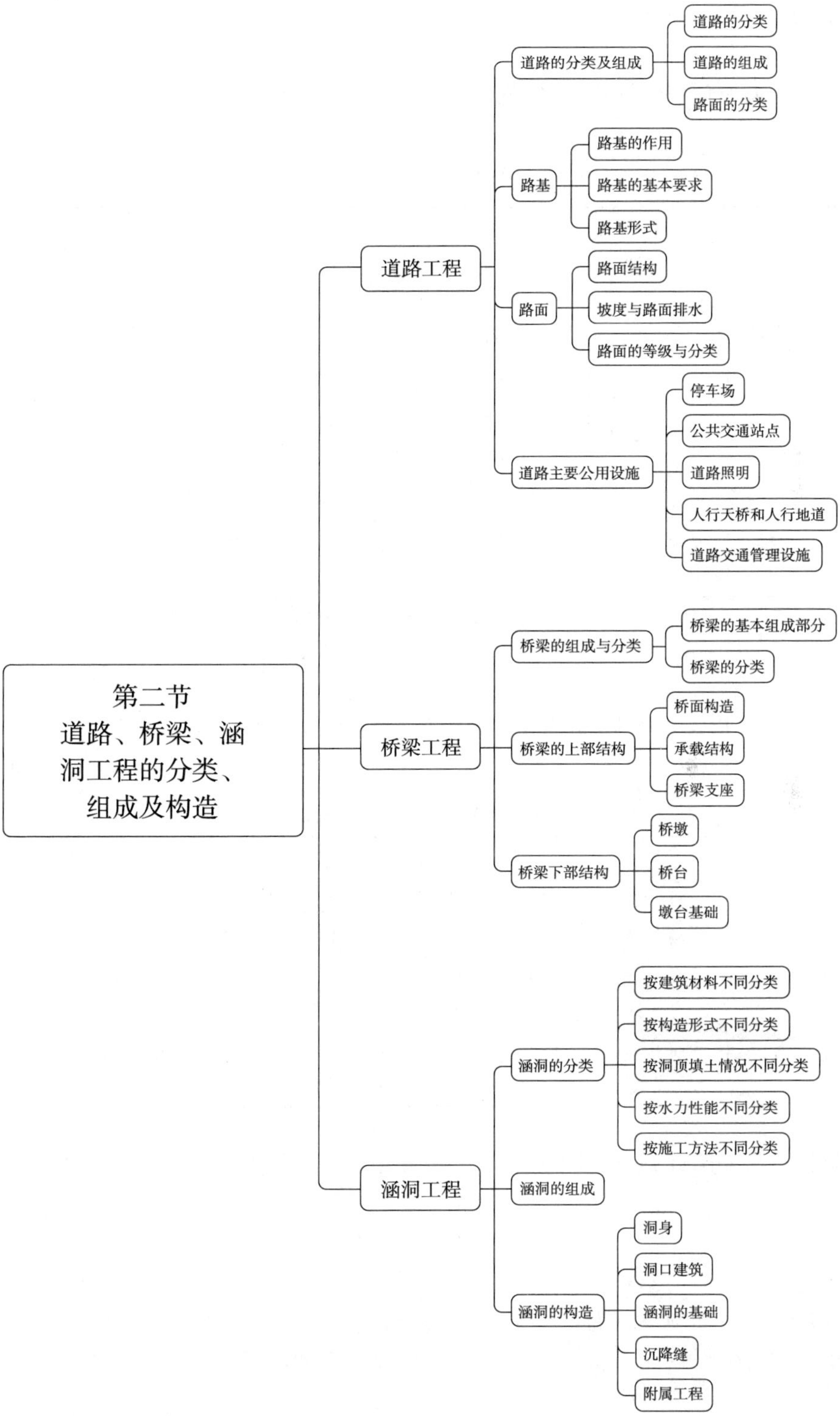

图 2-12 思维导图

考点解析

一、道路工程

考点一 ▲道路的分类及组成（表 2-20）

道路的分类及组成 **表 2-20**

<table>
<tr><td rowspan="2"></td><td rowspan="2">分类</td><td rowspan="2">功能</td><td rowspan="2">分隔带</td><td rowspan="2">双向机动车道（条数）</td><td colspan="3">路面结构类型</td></tr>
<tr><td>沥青路面</td><td>水泥混凝土路面</td><td>砌块路面</td></tr>
<tr><td rowspan="4">道路分类</td><td>快速路</td><td>交通功能为主</td><td>必须设</td><td>≥4</td><td>15 年</td><td>30 年</td><td></td></tr>
<tr><td>主干路</td><td>交通功能为主</td><td>应设</td><td>≥4</td><td>15 年</td><td>30 年</td><td></td></tr>
<tr><td>次干路</td><td>集散交通为主
兼有服务功能</td><td>可设</td><td>2～4</td><td>15 年</td><td>20 年</td><td></td></tr>
<tr><td>支路</td><td>服务功能为主</td><td>不设</td><td>2</td><td>10 年</td><td>20 年</td><td>混凝土预制块
路面：10 年
石材：20 年</td></tr>
<tr><td colspan="2">线形组成</td><td colspan="6">横断面图：宜由机动车道、非机动车道、人行道、分车带、设施带、绿化带等组成，特殊断面还可包括应急车道（当快速路单向机动车道数小于 3 条时）、路肩和排水沟等</td></tr>
<tr><td colspan="2">结构组成</td><td colspan="6">道路工程结构组成一般分为路基、垫层、基层和面层四个部分
高级道路的结构由路基、垫层、底基层、基层、联结层和面层六个部分组成</td></tr>
<tr><td colspan="2" rowspan="4">按路面结构类型分类</td><td rowspan="2">沥青路面</td><td colspan="3">沥青混凝土</td><td colspan="2">适合各种交通等级道路</td></tr>
<tr><td colspan="3">沥青贯入式、沥青表面处置路面</td><td colspan="2">适合支路和停车场</td></tr>
<tr><td>水泥混凝土路面</td><td colspan="5">分类：普通混凝土、钢筋混凝土、连续配筋混凝土与钢纤维混凝土
适合：各种交通等级路面均可使用</td></tr>
<tr><td>砌块路面</td><td colspan="5">适合：支路、广场、停车场、步行街、人行道</td></tr>
<tr><td colspan="2" rowspan="2">按力学特性分类</td><td>柔性路面
沥青路面</td><td colspan="5">弯沉变形较大、抗弯强度小，在反复荷载作用下产生累积变形
它的破坏取决于极限垂直变形和弯拉应变</td></tr>
<tr><td>刚性路面
水泥混凝土路面</td><td colspan="5">抗弯拉强度大，弯沉变形很小，呈现出较大的刚性
它的破坏取决于极限弯拉强度</td></tr>
</table>

【例题】支路采用混凝土预制块路面，其设计使用年限为（　　）。（2023 年真题）

A. 30 年　　B. 20 年

C. 15 年　　D. 10 年

【答案】D

【解析】混凝土预制块路面：10 年；石材路面：20 年。

【例题】相对中级路面而言，高级路面的结构组成增加了（　　）。（2019 年、2014 年真题）

A. 磨耗层　　B. 底基层

C．保护层　　　　　　　　　　　D．联结层

E．垫层

【答案】BD

【解析】道路工程结构组成一般分为路基、垫层、基层和面层四个部分。高级道路的结构由路基、垫层、底基层、基层、联结层和面层六个部分组成，增加了底基层和联结层。

考点二 ★ 路基（表 2-21、图 2-13）

路基　　表 2-21

路基	作用	是路面的基础。高于原地面的填方路基称为路堤；低于原地面的挖方路基称为路堑；路面底面以下 80cm 范围内的路基部分		
	要求	① 整体稳定性；② 足够的强度、刚度、水温稳定性		
	形式	填方路基	填土	粗粒土作为填料，用不同填料填筑路基时，应分层填筑，每一水平层均应采用同类填料
			填石	用不易风化的开山石料填筑的路堤
			砌石路基	砌石顶宽采用 0.8m，砌石高度为 2～15m 砌石路基应每隔 15～20m 设伸缩缝一道
			护肩	坚硬岩石地段陡山坡上的半填半挖路基，当填方不大，但边坡伸出较远不易修筑时，可修筑护肩。应采用当地不易风化片石砌筑，护肩高度一般不超过 2m
			护脚	当填方路基有沿斜坡下滑的倾向，或为加固收回填方坡脚时可采用，断面为梯形，顶宽不小于 1m，高度≤ 5m
		挖方路基		挖方路基分为土质挖方路基和石质挖方路基
		半填半挖		地面自然横坡度陡于 1∶5 的斜坡上修筑路堤时，路堤基底应挖台阶，台阶宽度不得小于 1m，台阶底应有 2%～4% 向内倾斜的坡度。高速公路、一级公路台阶宽度一般为 2m

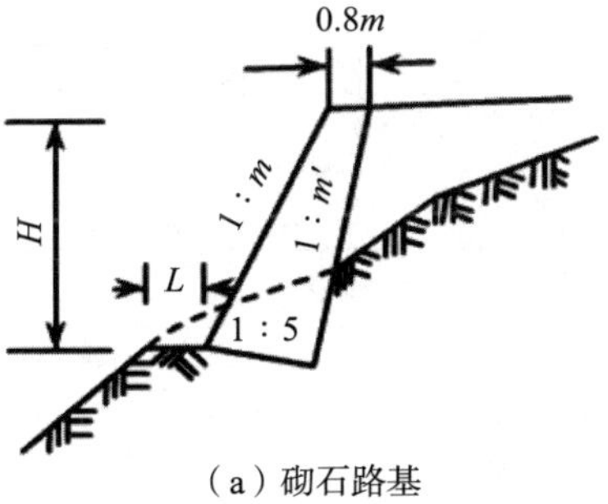

（a）砌石路基

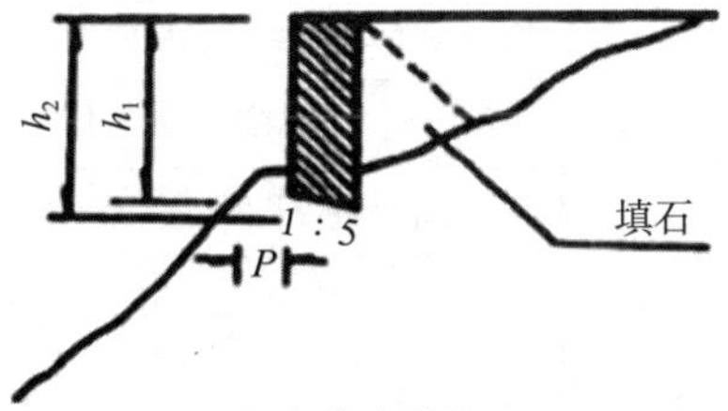

（b）护肩路基

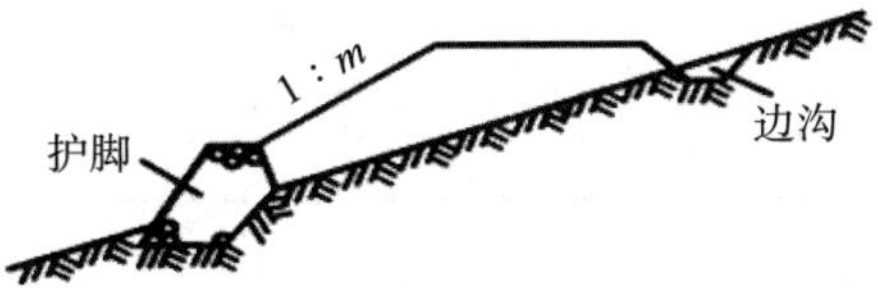

（c）护脚路基

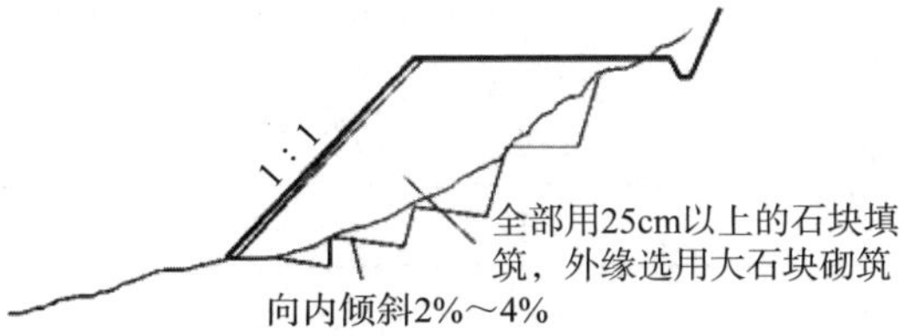

（d）半填半挖路基

图 2-13　路基形式

【例题 1】下列路基形式中，每隔 15～20m 应设置一道伸缩缝的是（　　）。（2022 年真题）

A．填土路基　　　　B．填石路基

C．砌石路基　　　　D．挖方路基

【答案】C

【解析】砌石路基应每隔 15～20m 设伸缩缝一道。

【例题 2】在半填半挖的土质路基填挖衔接处，应采取的施工措施为（　　）。（2021 年真题）

A．防止超挖　　　　B．台阶开挖

C．倾斜开挖　　　　D．超挖回填

【答案】D

【解析】半填半挖土质路基，土质路基填挖衔接处应采取超挖回填措施。

【例题 3】砌石路基沿线遇到基础地质条件明显变化时应（　　）。（2020 年真题）

A．设置挡土墙　　　　B．将地基做成台阶形

C．设置伸缩缝　　　　D．设置沉降缝

【答案】D

【解析】当基础地质条件变化时，应分段砌筑，并设置沉降缝。

考点三　● 路面结构与排水（表 2-22）

路面结构与排水　　　　**表 2-22**

	构造	要求
路面	面层	直接承受行车荷载作用、大气降水和温度变化影响的路面结构层次
路面	基层	应满足强度、扩散荷载的能力以及水稳定性和抗冻性 在沥青路面基层下铺筑的次要承重层称为底基层
路面	垫层	在路基土质较差、水温状况不好时，宜在基层（或底基层）之下设置垫层 垫层应满足强度和水稳定性的要求
路面	尺寸要求	为了保证车轮荷载的向下扩散和传递，下一层应比其上一层的每边宽出 0.25m
横坡坡度	考虑因素	根据路面宽度、路面类型、纵坡及气候条件确定
横坡坡度	坡度	宜采用 1.0%～2.0%。其中快速路及降雨量大的地区宜采用 1.5%～2.0%；严寒积雪地区、透水路面宜采用 1.0%～1.5% 保护性路肩横坡度可比路面横坡度加大 1.0% 路肩横向坡度一般应较路面横向坡度大 1%
路面排水	高速公路 一级公路	由路肩排水与中央分隔带排水组成
路面排水	≤二级公路	由路拱坡度、路肩横坡和边沟排水组成

【例题 1】下列路面结构中，主要保证扩散荷载和水稳定性的有（　　）。（2021 年真题）

A．底面层　　　　B．基层

C. 中间面层　　　　D. 表面层

E. 垫层

【答案】BE

【例题 2】路面结构中的承重层是（　　）。

A. 面层　　　　B. 垫层

C. 基层　　　　D. 路基

【答案】C

【解析】基层是设置在面层之下，并与面层一起将车轮荷载的反复作用传递到底基层、垫层、土基等起主要承重作用的层次。

【例题 3】关于高速公路、一级公路的路面排水组成，说法正确的有（　　）。

A. 路肩排水　　　　B. 中央分隔带排水

C. 路拱坡度　　　　D. 路肩横坡

E. 边沟排水

【答案】AB

【解析】高速公路、一级公路的路面排水，一般由路肩排水与中央分隔带排水组成；二级及二级以下公路的路面排水，一般由路拱坡度、路肩横坡和边沟排水组成。

【例题 4】普通路面的面层宽度为 14m，其垫层宽度应为（　　）。

A. 14m　　　　B. 15m

C. 15.5m　　　　D. 16m

【答案】B

【解析】面层、基层和垫层是路面结构的基本层次，为了保证车轮荷载的向下扩散和传递，下一层应比其上一层的每边宽出 0.25m。

考点四 ★ 路面基层的类型（表 2-23）

路面基层的类型　　　　**表 2-23**

路面类型	应用范围		各种交通路面底基层	高速公路、一级公路基层	二级公路基层
无机结合料稳定类	水泥稳定	粗粒土	可用	可用	可用
		中粒土	可用	可用	可用
		细粒土（水泥土）	可用	不可用	可用
	石灰稳定土		可用	不可用	可用
	石灰工业废渣稳定	粗粒土	可用	可用	可用
		中粒土	可用	可用	可用
		细粒土（二灰土）	可用	不可用	可用
粒料类	级配碎石		可用	可用	可用
	级配砾石		可用	不可用	可用
	填隙碎石		可用	不可用	唯一不可用

【例题 1】填隙碎石可用于（　　）。（2015 年真题）

A．一级公路底基层　　B．一级公路基层

C．二级公路底基层　　D．三级公路基层

E．四级公路基层

【答案】ACDE

【解析】填隙碎石可用于各级公路的底基层和二级以下公路的基层。

【例题 2】级配砾石可用于（　　）。（2014 年真题）

A．高级公路沥青混凝土路面的基层

B．高速公路水泥混凝土路面的基层

C．一级公路沥青混凝土路面的基层

D．各级公路面的底基层

【答案】D

【解析】级配砾石可用于各级公路面的底基层和二级及二级以下的公路基层。

【例题 3】关于路面基层及面层的类型，说法正确的是（　　）。

A．水泥稳定粗粒土、水泥稳定中粒土可适用于各种交通类别的基层和底基层

B．二灰土可用作高级沥青路面及高速公路和一级公路的基层

C．级配碎石可用于高级路面面层及高速公路和一级公路的基层

D．沥青碎石可用于高级路面面层

【答案】A

【解析】选项 B 错误，石灰工业废渣稳定土适用于各级公路的基层与底基层，但其中的石灰工业废渣稳定细粒土（二灰土）不应用作高级沥青路面及高速公路和一级公路的基层；选项 C 错误，级配碎石可用于各级公路的基层和底基层，但适用于中级路面面层；选项 D 错误，沥青碎石可用于次高级路面面层。

考点五　★ 路面面层的类型（表 2-24）

路面面层的类型　　表 2-24

公路等级	路面等级	面层类型	
高速，一、二级	高级路面	热拌热铺沥青混凝土	
		水泥混凝土	① 优点：强度高，稳定性好，耐久性好，养护费用少、经济效益高，有利于夜间行车 ② 缺点：对水泥和水的需要量大，有接缝，开放交通较迟，修复困难
三、四级公路	次高级路面	沥青贯入式	① 适用于三、四级公路的沥青面层 ② 也可作为沥青混凝土路面的联结层
		乳化沥青碎石	① 适用于三、四级公路的沥青面层，二级公路的罩面层施工 ② 各级公路沥青路面的联结层或整平层 ③ 宜采用双层式，单层式只宜在少雨干燥地区或半刚性基层上使用

续表

公路等级	路面等级	面层类型	
三、四级公路	次高级路面	沥青表面处置	① 适用于三、四级公路，城市道路支路，县镇道路，各级公路施工便道的面层 ② 也可用在旧沥青面层上加铺罩面层或磨耗层
四级公路	中级路面	碎、砾石（泥结或级配）	
		半整齐石块	
		其他粒料	
	低级路面	粒料加固土	
		其他当地材料加固或改善土	

【例题 1】适用于三级公路路基面层的有（　　）。（2023 年真题）

A．级配碎石面层　　B．水泥混凝土面层

C．沥青灌入式面层　　D．沥青表面处置面层

E．粒石加固土面层

【答案】CD

【解析】由各级路面所具有的面层类型及其所适用的公路等级可知，三、四级公路的面层多采用沥青贯入式、乳化沥青碎石和沥青表面处置。

【例题 2】下列材料中，可用于高速公路及一级公路路面的是（　　）。（2022 年补考真题）

A．沥青混凝土混合料　　B．乳化沥青碎石

C．沥青碎石混合料　　D．乳化沥青混合料

【答案】A

【解析】由各级路面所具有的面层类型及其所适用的公路等级可知，高速公路及一级公路路面多采用热拌热铺沥青混凝土和水泥混凝土。

【例题 3】三级公路的面层多采用（　　）。（2018 年真题）

A．沥青贯入式路面　　B．粒料加固土路面

C．水泥混凝土路面　　D．沥青混凝土路面

【答案】A

【解析】沥青贯入式路面适用于三、四级公路的面层，也可作为沥青混凝土路面的联结层。选项 B 错误，适用于四级公路的面层；选项 C 和选项 D 错误，热拌热铺沥青混凝土和水泥混凝土主要用于高速、一级公路的面层。

【例题 4】在少雨干燥地区，四级公路适宜使用的沥青路面面层是（　　）。（2017 年真题）

A．沥青碎石混合料

B．双层式乳化沥青碎石混合料

C．单层式乳化沥青碎石混合料

D．沥青混凝土混合料

【答案】 C

【解析】 乳化沥青碎石混合料适用于三、四级公路的沥青面层，二级公路的罩面层施工以及各级公路沥青路面的联结层或整平层。乳化沥青碎石混合料路面的沥青面层宜采用双层式，单层式只宜在少雨干燥地区或半刚性基层上使用。

二、桥梁工程

考点六 ● 桥梁的组成与分类（表 2-25、图 2-14）

桥梁的组成与分类　　表 2-25

基本组成	上部结构	桥面构造、承载结构、桥梁支座			
	下部结构	桥墩、桥台、墩台基础			
桥梁分类	按 L 和 L_K	分类	跨径总长 L（m）		单孔跨径 L_K（m）
		特大桥	$L \geqslant 1000$	或	$L_K \geqslant 150$
		大桥	$1000 > L \geqslant 100$	或	$150 > L_K \geqslant 40$
		中桥	$100 > L > 30$	或	$40 > L_K \geqslant 20$
		小桥	$30 \geqslant L \geqslant 8$	或	$20 > L_K \geqslant 5$
		涵洞	$L < 8$	或	$L_K < 5$
	按桥面在桥跨结构中的位置	分为上承式、中承式和下承式桥			
	按结构形式	分为梁式桥、拱式桥、刚架桥、悬索桥和组合式桥			

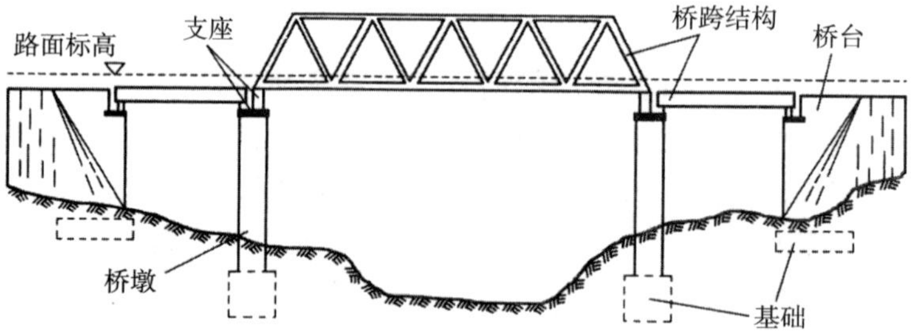

图 2-14　桥梁组成示意图

【例题 1】 以下属于桥梁下部结构的有（　　）。（2022 年真题）

A．桥墩　　B．桥台

C．桥梁支座　　D．墩台基础

E．桥面构造

【答案】 ABD

【解析】 下部结构是指桥梁结构中设置在地基上用于支承桥跨结构，将其荷载传递至地基的结构部分，一般包括桥墩、桥台及墩台基础。

【例题 2】 桥梁按承重结构划分有（　　）。（2016 年真题）

A．格构桥　　B．梁式桥
C．拱式桥　　D．刚架桥
E．悬索桥

【答案】BCDE

【解析】根据桥梁的结构形式，可划分为梁式桥、拱式桥、刚架桥、悬索桥和组合式桥。

【例题 3】属于桥梁的上部结构的是（　　）。

A．桥梁支座　　B．桥墩
C．桥台　　D．墩台基础

【答案】A

【解析】桥梁的上部结构一般包括桥面构造（行车道、人行道、栏杆等）、桥梁跨越部分的承载结构和桥梁支座。下部结构一般包括桥墩、桥台及墩台基础。

考点七 ▲桥面铺装及排水、防水系统（表 2-26）

桥面铺装及排水、防水系统　　表 2-26

桥面铺装	装配式钢筋混凝土、预应力混凝土桥通常采用水泥混凝土或沥青混凝土铺装，其厚度为 60～80mm，强度不低于行车道板混凝土的强度等级	
	沥青混凝土	单层：50～80mm 双层：底层 40～50mm，面层 30～40mm
	防水混凝土	① 在需要防水的桥梁上，当不设防水层时使用 ② 为延长使用年限，铺厚 20mm 的沥青表面作为磨耗层 ③ 为使铺装层具有足够的强度和良好的整体性（亦能起联系各主梁共同受力的作用），在混凝土中铺设 4～6mm 的钢筋网
纵横坡	纵坡	机动车道≤ 4.0%，非机动车道≤ 2.5% 高架桥桥面应设置≥ 0.3% 纵坡
	横坡	1.5%～3%。通常是在桥面板顶面铺设混凝土三角垫层来构成，在比较宽的桥梁中，用三角垫层设置横坡将使混凝土用量与恒载重量增加过多，也可直接将行车道板做成双向倾斜的横坡，但这样会使主梁的构造和施工稍趋复杂
桥面排水和防水设施	桥面排水	在桥梁设计时要有一个完整的排水系统，在桥面上除设置纵横坡排水外，常常需要设置一定数量的泄水管
	防水层	桥面防水层设置在桥面铺装层下面 圬工桥台台身背墙、拱桥拱圈顶面及侧墙背面应设置防水层

【例题 1】桥面采用防水混凝土铺装的（　　）。（2020 年真题）

A．要另设面层承受车轮荷载
B．可不另设面层而直接承受车轮荷载
C．不宜在混凝土中铺设钢筋网
D．不宜在其上面铺筑沥青表面磨耗层

【答案】B

【解析】在需要防水的桥梁上，当不设防水层时，可在桥面板上以厚 80～100mm 且带有横坡的防水混凝土作为铺装层，其强度不低于行车道板混凝土强度等级，其上一般可不另设面层而直接承受车轮荷载。

【例题 2】沥青混凝土铺装在桥跨伸缩缝上坡侧现浇带与沥青混凝土相接处应设置（　　）。（2017 年真题）

A．渗水管　　B．排水管

C．导流管　　D．雨水管

【答案】A

【解析】沥青混凝土铺装在桥跨伸缩缝上坡侧现浇带与沥青混凝土相接处应设置渗水管。

【例题 3】桥面横坡一般采用（　　）。（2013 年真题）

A．0.3%～0.5%　　B．0.5%～1.0%

C．1.5%～3%　　D．3%～4%

【答案】C

【解析】桥面的横坡，一般采用 1.5%～3%。

【例题 4】对较宽的桥梁，可直接将其行车道板做成双向倾斜的横坡，与设置垫层的做法相比，这种做法会（　　）。

A．增加混凝土用量　　B．增加施工的复杂性

C．增加桥面荷载　　D．简化主梁构造

【答案】B

【解析】桥面横坡通常是在桥面板顶面铺设混凝土三角垫层来构成，在比较宽的桥梁中，用三角垫层设置横坡将使混凝土用量与恒载重量增加过多，也可直接将行车道板做成双向倾斜的横坡，但这样会使主梁的构造和施工稍趋复杂。

考点八　▲ 桥面伸缩缝（表 2-27）

桥面伸缩缝　　表 2-27

伸缩缝	设置部位	为满足桥面变形的要求，通常在两梁端之间、梁端与桥台之间或桥梁的铰接位置上设置伸缩缝	
	构造要求	① 两个方向均自由伸缩，牢固可靠，车辆行驶过时平顺、无突跳与噪声 ② 要能防止雨水和垃圾泥土渗入；安装、检查、养护、消除污物都要简易方便 ③ 人行道在桥面断缝处也做伸缩缝，栏杆与桥面铺装都要断开	
	类型	镀锌薄钢板伸缩缝	中小跨径简支梁桥上，当梁变形量在 20～40mm 时常选用
		钢伸缩缝	① 在温差较大地区或跨径较大的桥梁上才采用 ② 跨径很大时，一要加厚钢板，二要采用更完善的梳形钢板伸缩缝
		橡胶伸缩缝	变形量较大的大跨度桥上，可采用橡胶和钢板组合的伸缩缝

【例题】温差较大的地区且跨径较大的桥梁上应选用（　　）。

A．镀锌薄钢板伸缩缝　　B．可不设伸缩缝

C．梳形钢板伸缩缝　　　　D．橡胶伸缩缝

【答案】C

【解析】钢伸缩缝的构造比较复杂，只有在温差较大的地区或跨径较大的桥梁上才采用。当跨径很大时，一方面要加厚钢板，另一方面需要采用更完善的梳形钢板伸缩缝。

考点九 ▲ 承载结构——梁式桥（表 2-28、图 2-15）

承载结构——梁式桥　　**表 2-28**

<table>
<tr><td rowspan="10">梁式桥分类</td><td>特征</td><td colspan="4">支座仅产生垂直反力，而无水平推力</td></tr>
<tr><td rowspan="6">简支梁桥</td><td rowspan="3">简支板桥</td><td rowspan="3">用于小跨度桥梁</td><td>4～8m</td><td>钢筋混凝土实心板桥</td></tr>
<tr><td>6～13m</td><td>钢筋混凝土空心板桥</td></tr>
<tr><td>8～16m</td><td>预应力混凝土空心板桥</td></tr>
<tr><td rowspan="2">肋梁式简支梁桥</td><td rowspan="2">用于中跨度的桥梁</td><td>8～12m</td><td>钢筋混凝土简支梁桥</td></tr>
<tr><td>20～50m</td><td>预应力混凝土简支梁桥</td></tr>
<tr><td>箱形简支梁桥</td><td colspan="3">① 主要用于预应力梁桥
② 适用于桥面较宽和跨度较大的桥</td></tr>
<tr><td colspan="2">连续梁式桥</td><td colspan="3">① 一般采用预应力混凝土结构
② 按其截面形式可分为板式截面连续梁、肋梁式截面连续梁和箱形截面连续梁</td></tr>
<tr><td colspan="2">悬臂梁式桥</td><td colspan="3">悬臂跨与挂孔跨交替布置，通常为奇数跨布置</td></tr>
</table>

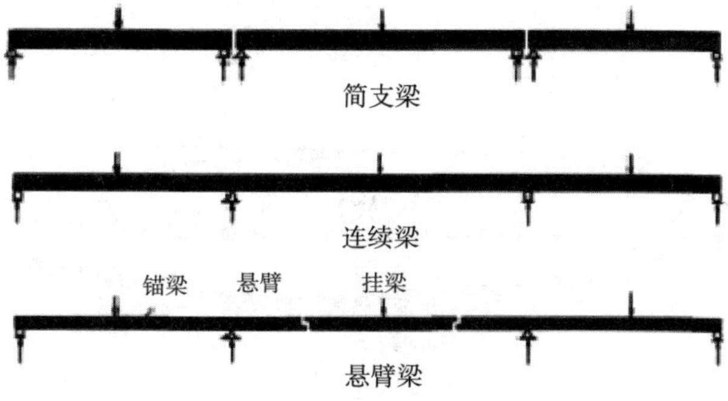

图 2-15　梁式桥示意图

【例题 1】在设计桥面较宽的预应力混凝土梁桥和跨度较大的斜交桥和弯桥时，宜采用的桥梁结构是（　　）。（2022 年、2021 年真题）

A．简支板桥　　　　B．肋梁式简支梁桥

C．箱形简支梁桥　　　　D．悬索桥

【答案】C

【解析】箱形简支梁桥主要用于预应力混凝土梁桥，尤其适用于桥面较宽的预应力混凝土桥梁结构和跨度较大的斜交桥和弯桥。

【例题 2】悬臂梁桥的结构特点是（　　）。（2020 年真题）

A．悬臂跨与替孔跨交替布置　　B．通常为偶数跨布置

C．多跨在中间支座处连接　　D．悬臂跨与挂孔跨分左右岸布置

【答案】A

【解析】悬臂梁桥的结构特点是悬臂跨与挂孔跨交替布置，通常为奇数跨布置，选项 B 和选项 D 均错误；选项 C 为连续梁特点。

考点十　▲ 承载结构——拱式桥、刚架桥、组合式桥（表 2-29、图 2-16）

承载结构——拱式桥、刚架桥、组合式桥　　表 2-29

拱式桥	在竖向荷载作用下，两拱脚处不仅产生竖向反力，还产生水平反力（推力） 对地基要求很高，适合建于地质和地基条件良好的桥址	
	简单体系拱	桥上的全部荷载由主拱单独承受，它们是桥跨结构的主要承重构件，拱的水平推力直接由墩台或基础承受
	组合体系拱	由拱和梁、桁架或刚架等两种以上的基本结构体系组合而成
		根据构造方式及受力特点，可分为桁架拱桥、刚架拱桥、桁式组合拱桥和拱式组合体系桥四大类
刚架桥	由梁式桥跨结构与墩台（支柱、板墙）整体相连而形成的结构体系，其梁柱结点为刚接	
组合式桥	悬索结构与梁式结构的组合式桥，如斜拉桥	① 拉索。拉索是斜拉桥的主要承重构件，拉索在桥横向布置通常有两种基本形式，即双面索和单面索。双面索一般设置在桥面两侧，可布置为垂直索面或相向倾斜索面。单面索一般设置在桥梁纵轴线上，通常作为桥面分车带 ② 主梁。混凝土斜拉桥常用的主梁结构形式有连续梁、悬臂梁、悬臂和连续刚构梁等 ③ 索塔。索塔主要承受轴力，有些索塔也承受较大的弯矩。索塔的高度通常与桥梁主跨有关，主梁的最大跨度与索塔高度的比一般为 3.1～6.3，平均为 5.0

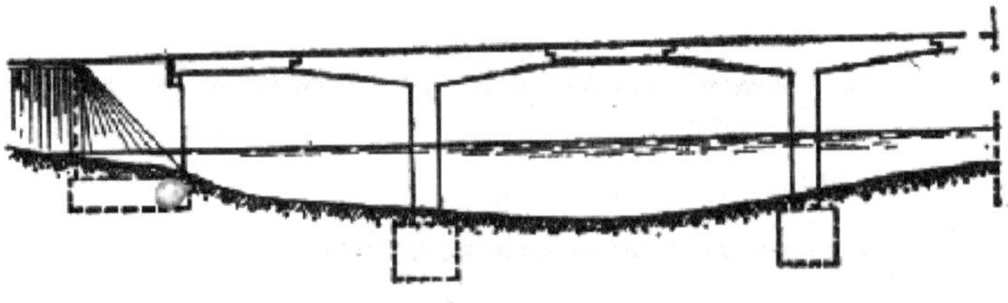

（a）门形刚架桥

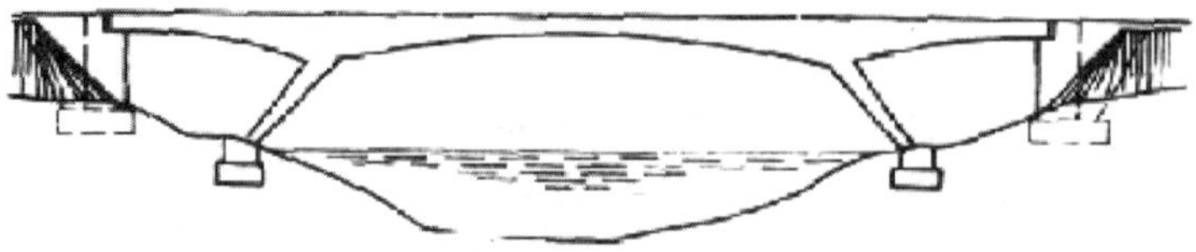

（b）斜腿刚架桥

图 2-16　刚架桥

【例题 1】混凝土斜拉桥属于典型的（　　）。（2019 年真题）

A．梁式桥　　B．悬索桥

C．刚架桥　　　　　　　　　　　D．组合式桥

【答案】D

【解析】组合式桥是由几个不同的基本类型结构所组成的桥。斜拉桥是典型的由悬索结构和梁式结构组合的，并由主梁、拉索及索塔组成的组合结构体系。

【例题 2】关于斜拉桥的方法，正确的有（　　）。（2018 年真题）

A．是典型的悬索结构

B．是典型的梁式结构

C．是悬索结构和梁式结构的组合

D．由主梁、拉索和索塔组成的组合结构体系

E．由主梁和索塔受力，拉索起装饰作用

【答案】CD

【解析】斜拉桥是典型的悬索结构和梁式结构组合的，由主梁、拉索及索塔组成的组合结构体系。

考点十一 ★ 承载结构——悬索桥（表 2-30、图 2-17）

承载结构——悬索桥　　　　表 2-30

桥塔	① 桥塔的高度主要由桥面标高和主缆索的垂跨比 f/L 确定，垂跨比为 1/9～1/12 ② 大跨度悬索桥的桥塔主要采用钢结构和钢筋混凝土结构 ③ 结构形式可分为桁架式、刚架式和混合式三种。刚架式桥塔通常采用箱形截面
主缆索	主要承重构件，可采用钢丝绳钢缆或平行丝束钢缆（适用于大跨度吊桥）
锚碇	是主缆索的锚固构造。主缆索中的拉力通过锚碇传至基础 通常有两种形式：重力式和隧洞式
吊索	也称吊杆，是将加劲梁等恒载和桥面活载传递到主缆索的主要构件
加劲梁	① 是承受风载和其他横向水平力的主要构件 ② 大跨度悬索桥的加劲梁均为钢结构，通常采用桁架梁和箱形梁 ③ 预应力混凝土加劲梁仅适用于跨径 500m 以下的悬索桥，大多采用箱形梁
索鞍	是支撑主缆的重要构件。索鞍可分为塔顶索鞍和锚固索鞍

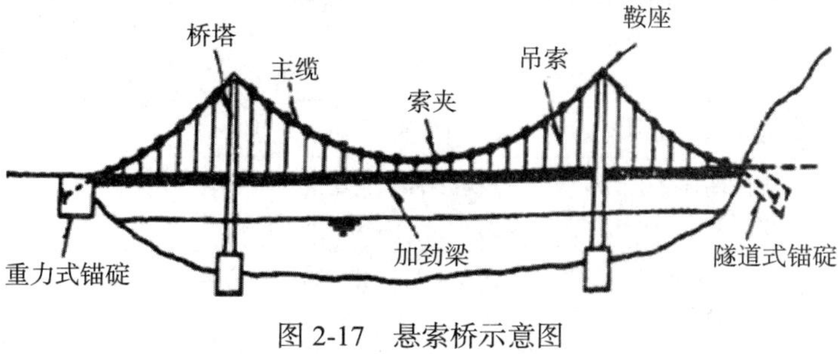

图 2-17　悬索桥示意图

【例题 1】悬索桥最重要的构件是（　　）。（2023 年真题）

A．锚　　　　　　　　　　　B．桥塔

C．主缆索　　　　D．加劲梁

【答案】B

【解析】桥塔是悬索桥最重要的构件。

【例题 2】大跨度吊桥的主缆索多采用（　　）。（2023 年真题）

A．钢绞线束钢缆　　　　B．钢丝绳钢缆

C．封闭性钢索　　　　D．平行钢丝束钢缆

【答案】D

【解析】悬索桥的主要承重构件，可采用钢丝绳钢缆或平行钢丝束钢缆，大跨度吊桥的主缆索多采用后者。

【例题 3】大跨度悬索桥的加劲梁主要用于承受（　　）。（2017 年真题）

A．桥面荷载　　　　B．横向水平力

C．纵向水平力　　　　D．主缆索荷载

【答案】B

【解析】加劲梁是承受风载和其他横向水平力的主要构件。

【例题 4】大跨径悬索桥一般优先考虑采用（　　）。（2016 年真题）

A．平行钢丝束钢缆主缆索和预应力混凝土加劲梁

B．平行钢丝束钢缆主缆索和钢结构加劲梁

C．钢丝绳钢缆主缆索和预应力混凝土加劲梁

D．钢丝绳钢缆主缆索和钢结构加劲梁

【答案】B

【解析】主缆索是悬索桥的主要承重构件，可采用钢丝绳钢缆或平行丝束钢缆，大跨度吊桥的主缆索多采用后者。大跨度悬索桥的加劲梁均为钢结构，通常采用桁架梁和箱形梁。

考点十二　▲ 桥梁下部结构（表 2-31、图 2-18 和图 2-19）

桥梁下部结构　　表 2-31

<table>
<tr><td rowspan="7">桥墩</td><td>实体桥墩</td><td colspan="2">墩帽（大跨径厚度≥ 0.4m，中小跨径厚度≥ 0.3m）、墩身、基础</td></tr>
<tr><td rowspan="2">空心桥墩</td><td>构造要求</td><td>墩身最小壁厚：钢筋混凝土≥ 300mm，素混凝土≥ 500mm
40m 以上的高墩：每 6～10m 设横隔板
薄壁空心墩按计算配筋，一般配筋率在 0.5% 左右</td></tr>
<tr><td>立面形状</td><td>直坡式、台坡式、斜坡式</td></tr>
<tr><td>柱式桥墩</td><td colspan="2">① 一般由基础之上的承台、柱式墩身和盖梁组成
② 盖梁横截面形状一般为矩形或 T 形（或倒 T 形），底面形状有直线形和曲线形两种</td></tr>
<tr><td>柔性墩</td><td colspan="2">① 全桥除在一个中墩上设置活动支座外，其余墩台均采用固定支座
② 多用在墩台高度 5～7m，跨径一般不宜超过 13m 的中、小型桥梁上
③ 单排架墩一般适用于高度不超过 5m。桩墩高度大于 5.0m 时，为避免行车时可能发生的纵向晃动，宜设置双排架墩</td></tr>
<tr><td>框架墩</td><td colspan="2">为轻型结构，由钢筋混凝土或预应力混凝土构件组成</td></tr>
</table>

续表

桥台	重力式	常用的类型有 U 形（设翼墙）、埋置式（不设翼墙，设耳墙）、八字式（设翼墙）、耳墙式（设翼墙）；埋置式桥台将台身埋置于台前溜坡内，不需要另设翼墙，仅由台帽两端耳墙与路堤衔接
	轻型	① 由钢筋混凝土材料建造，其特点是用这种结构的抗弯能力来减少圬工体积而使桥台轻型化 ② 适用于小跨径桥梁，桥跨孔数与轻型桥墩配合使用时不宜超过 3 个
	框架式	适用于地基承载力较低、台身较高、跨径较大的梁桥
	组合式	常见的有锚定板式、过梁式、框架式以及桥台与挡土墙的组合等形式

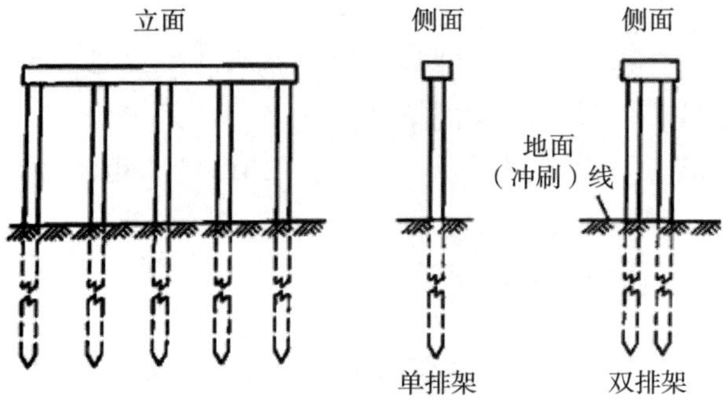

图 2-18　柔性墩示意图

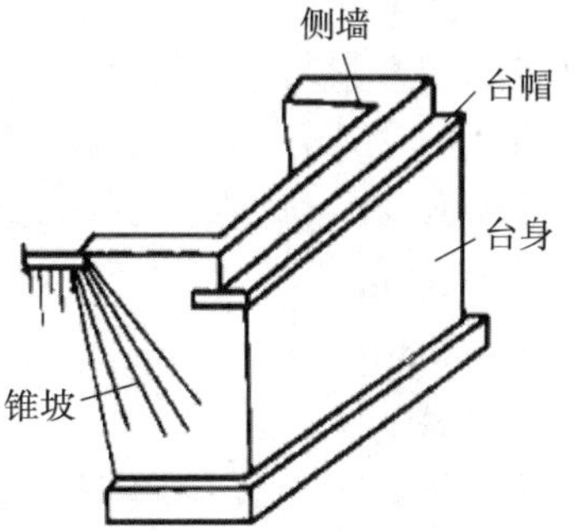

图 2-19　重力式桥台组成示意图

【例题 1】墩台高度 5～7m、跨径 10m 左右的多跨桥梁中墩应优先考虑采用（　　）。（2022 年补考、2019 年真题）

A．实体桥墩　　B．空心桥墩

C．柱式桥墩　　D．柔性桥墩

【答案】D

【解析】柔性桥墩多用在墩台高度 5～7m，跨径一般不宜超过 13m 的中、小型桥梁上。

【例题 2】使桥梁轻量化，除了在桥梁两端设置刚性桥墩外，还在中跨设置（　　）。（2021 年真题）

A．拼装桥墩　　B．柔性桥墩

C．柱式桥墩　　D．框架桥墩

【答案】B

【解析】柔性桥墩是桥墩轻型化的途径之一，它是在多跨桥的两端设置刚性较大的桥台，中墩均为柔性桥墩。

【例题 3】柔性桥墩的主要技术特点在于（　　）。（2018 年真题）

A．桥台和桥墩柔性化　　B．桥墩支座固定化

C．平面框架代替墩身　　D．桥墩轻型化

【答案】D

【解析】柔性桥墩是桥墩轻型化的途径之一，它是在多跨桥的两端设置刚性较大的桥台，中墩均为柔性桥墩。

【例题 4】可不设置翼墙的桥台是（　　）。（2015 年真题）

A．U 形桥台　　B．耳墙式桥台

C．八字式桥台　　D．埋置式桥台

【答案】D

【解析】埋置式桥台将台身埋置于台前溜坡内，不需要另设翼墙，仅由台帽两端耳墙与路堤衔接。

【例题 5】地基承载力较低、台身较高、跨径较大的梁桥，应优先采用（　　）。（2014 年真题）

A．重力式桥台　　B．轻型桥台

C．埋置式桥台　　D．框架式桥台

【答案】D

【解析】框架式桥台是一种在横桥向呈框架式结构的桩基础轻型桥台，它所承受的土压力较小，适用于地基承载力较低、台身较高、跨径较大的梁桥。

【例题 6】中小跨桥梁实体桥墩的墩帽厚度，不应小于（　　）。（2013 年真题）

A．0.2m　　B．0.3m

C．0.4m　　D．0.5m

【答案】B

【解析】大跨径的墩帽厚度一般不小于 0.4m，中小跨梁桥也不应小于 0.3m，并设有 50～100mm 的檐口。

三、涵洞工程

考点十三　▲ 涵洞的分类（表 2-32、图 2-20）

涵洞的分类　　表 2-32

圆管涵	圆管涵受力情况和适应基础的性能较好，两端仅需设置端墙，不需要设置墩台，故圬工数量少，造价低，但低路堤使用受到限制
盖板涵	① 盖板涵在结构形式方面较适合在低路堤上使用，当填土较小时可做成明涵 ② 钢筋混凝土盖板涵适用于无石料地区且过水面积较大的明涵或暗涵 ③ 石盖板涵适用于石料丰富且过水流量较小的小型涵洞
拱涵	超载潜力较大，适用于高路堤和跨越深沟
箱涵	适用于软土地基，但因施工困难且造价较高，较少采用

（a）圆管涵

（b）盖板涵

图 2-20　涵洞示意图

（c）拱涵

（d）箱涵

图 2-20 涵洞示意图（续）

【例题 1】 承载潜力较大、砌筑技术容易掌握，适用于跨越深沟或高路堤的涵洞形式是（ ）。（2023 年真题）

A．箱涵 B．拱涵

C．盖板涵 D．圆管涵

【答案】 B

【解析】 拱涵适用于跨越深沟或高路堤。

【例题 2】 路基顶面高程低于横穿沟渠水面高程时，可优先考虑采用的涵洞形式为（ ）。（2021 年真题）

A．无压式涵洞 B．有压式涵洞

C．倒虹吸式管涵 D．半压力式涵洞

【答案】 C

【解析】 新建涵洞应采用无压力式涵洞；当涵前允许积水时，可采用压力式或半压力式涵洞；路基顶面高程低于横穿沟渠的水面高程时，也可设置倒虹吸式管涵。

【例题 3】 跨越深沟的高路堤公路涵洞，适用的形式是（ ）。（2018 年真题）

A．圆管涵 B．盖板涵

C．拱涵 D．箱涵

【答案】 C

【解析】 拱涵适用于跨越深沟或高路堤。一般超载潜力较大，砌筑技术容易掌握，是一种普遍采用的涵洞形式。

【例题 4】 涵洞工程，以下说法正确的有（ ）。（2017 年真题）

A．圆管涵不需要设置墩台

B．箱涵适用于高路堤

C．圆管涵适用于低路堤

D．拱涵适用于跨越深沟

E．盖板涵在结构形式方面有利于低路堤使用

【答案】 ADE

【解析】 选项 B 错误，箱涵适用于软土地基，但因施工困难且造价较高，较少采用；选项 C 错误，圆管涵受力情况和适应基础的性能较好，两端仅需设置端墙，不需要设置墩台，故圬工数量少，造价低，但低路堤使用受到限制。

考点十四 ▲ 涵洞的构造（表 2-33、图 2-21 和图 2-22）

涵洞的构造　　表 2-33

分类	形式		应用
洞身	截面形式		圆形、拱形、矩形（箱形）三大类 涵洞的孔径，应根据设计洪水流量、河沟断面形态、地质和进出水口沟床加固形式等条件，经水力验算确定
	不采用提高节		交通涵、灌溉涵、圆管涵，涵前不允许有积水
	采用提高节		拱涵、箱涵
	坡度	0.4%～5%	适当纵坡，防止管壁受急流冲刷
		＞5% 时	基础底部每隔 3～5m 设防滑横墙，或做成阶梯形
		＞10% 时	洞身及基础分段做成阶段形
洞口	正交	端墙式	构造简单，但泄水能力较小，适用于流量较小的孔径涵洞或人工渠道及不受冲刷影响的岩石河沟上
		八字式	除有端墙外，端墙前洞口两侧还有张开成八字形的翼墙。八字翼墙泄水能力较端墙式洞口好，多用于较大孔径的涵洞
		井口式	当洞身底低于路基边沟（河沟）底时，进口可采用井口式洞口
	斜交	斜洞口	能适应水流条件，且外形较美观，虽建筑费工较多，但常被采用
		正洞口	只在管涵或斜度较大的拱涵为避免涵洞端部施工困难时才采用
洞身基础	圆管涵基础		分为有基和无基两种
			不得采用无基情况（必须有基础）： ① 岩石地基外，洞顶填土高度超过 5m ② 最大流量时，涵前积水深度超过 2.5m ③ 经常有水的河沟 ④ 沼泽地区 ⑤ 沟底纵坡大于 5%
	拱涵基础	整体基础	适用于小孔径涵洞
		非整体基础	适用于：① 涵洞孔径在 2m 以上；② 地基土壤的允许承载力在 300kPa 及以上；③ 压缩性小的良好土壤（包括密实中砂、粗砂、砾石、坚硬状态的黏土、坚硬砂黏土等）。否则采用整体基础
	盖板涵基础		一般用整体式基础
			当基岩表面接近于涵洞流水槽面标高时，孔径大于或等于 2m 的盖板涵，可采用分离式基础
沉降缝	需要设置		① 地基土质发生变化；② 基础埋深不一；③ 压力变化；④ 填挖交界处；⑤ 填石抬高基础的
	不需要设置		岩石地基上
附属工程	锥体护坡、河床铺砌、路基边坡铺砌及人工水道等		

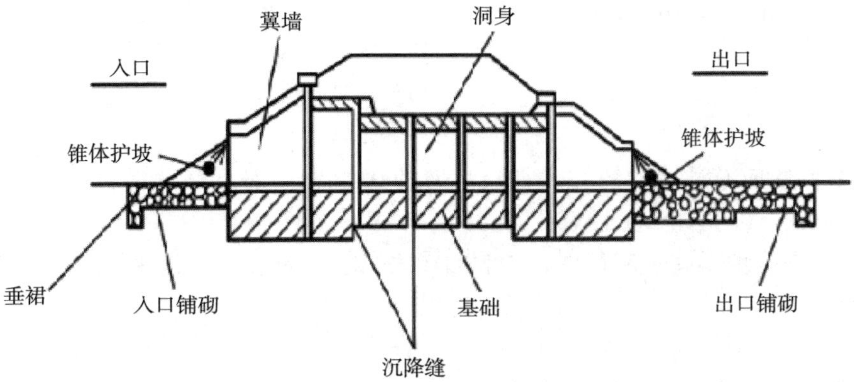

图 2-21　涵洞组成示意图

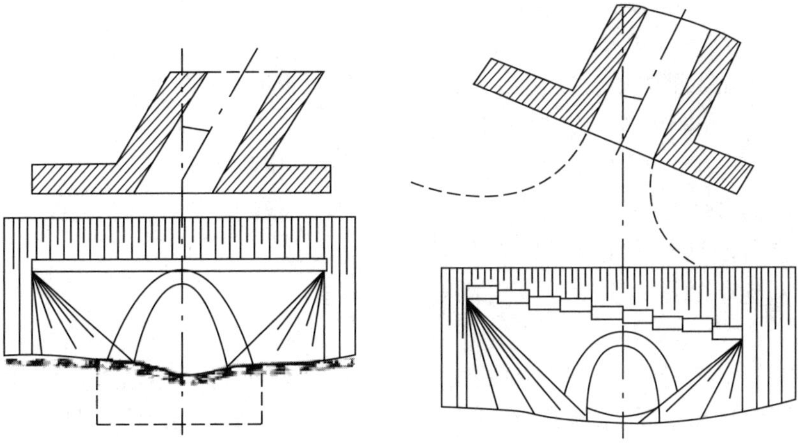

（a）斜交斜做　　（b）斜交正做

图 2-22　正洞口与斜洞口示意图

【例题 1】下列属于涵洞附属工程的有（　　）。（2022 年补考真题）

A．锥体护坡　　B．河床铺砌

C．路基边坡铺砌　　D．人工水道

E．沉降缝

【答案】ABCD

【解析】涵洞附属工程包括锥体护坡、河床铺砌、路基边坡铺砌及人工水道等。

【例题 2】关于涵洞，下列说法正确的是（　　）。（2019 年真题）

A．洞身的截面形式仅有圆形和矩形两类

B．涵洞的孔径根据地质条件确定

C．圆形管涵不采用提高节

D．圆管涵的过水能力比盖板涵大

【答案】C

【解析】交通涵、灌溉涵和涵前不允许有过高积水时，不采用提高节。圆形截面不便设置提高节，所以圆形管涵不采用提高节。

【例题 3】一般圆管涵的纵坡不超过（　　）。（2016 年真题）

A．0.4%　　B．2%

C．5%　　D．10%

【答案】C

【解析】洞底应有适当的纵坡，其最小值为 0.4%，一般不宜大于 5%，特别是圆管涵的纵坡不宜过大，以免管壁受急流冲刷。

【例题 4】根据地形和水流条件，涵洞的洞底纵坡应为 12%，此涵洞的基础应（　　）。（2014 年真题）

A．做成连续纵坡

B．在底部每隔 3～5m 设防滑横墙

C．做成阶梯形

D．分段做成阶梯形

【答案】D

【解析】当洞底纵坡大于 10% 时，涵洞洞身及基础应分段做成阶梯形。

【例题 5】关于涵洞的构造，说法不正确的有（　　）。

A．岩石地基，洞顶填土高度超过 5m 的圆管涵不得采用无基

B．在坚硬的砂黏土中，拱涵基础可采用非整体式基础

C．置于岩石地基上的涵洞可以不设沉降缝

D．基础对地基的压力发生较大变化应设沉降缝

【答案】A

【解析】圆管涵有下列情况之一的，不得采用无基：岩石地基外，洞顶填土高度超过 5m；最大流量时涵前积水深度超过 2.5m；经常有水的河沟；沼泽地区；沟底纵坡大于 5%。

第三节　地下工程的分类、组成及构造

历年真题分值统计

本节内容	历年真题分值统计					
	2019	2020	2021	2022	2022（补考）	2023
一、地下工程的分类	0	0	0	0	0	0
二、主要地下工程组成及构造	2	2	2	2	2	2
合计	2	2	2	2	2	2

思维导图（图 2-23）

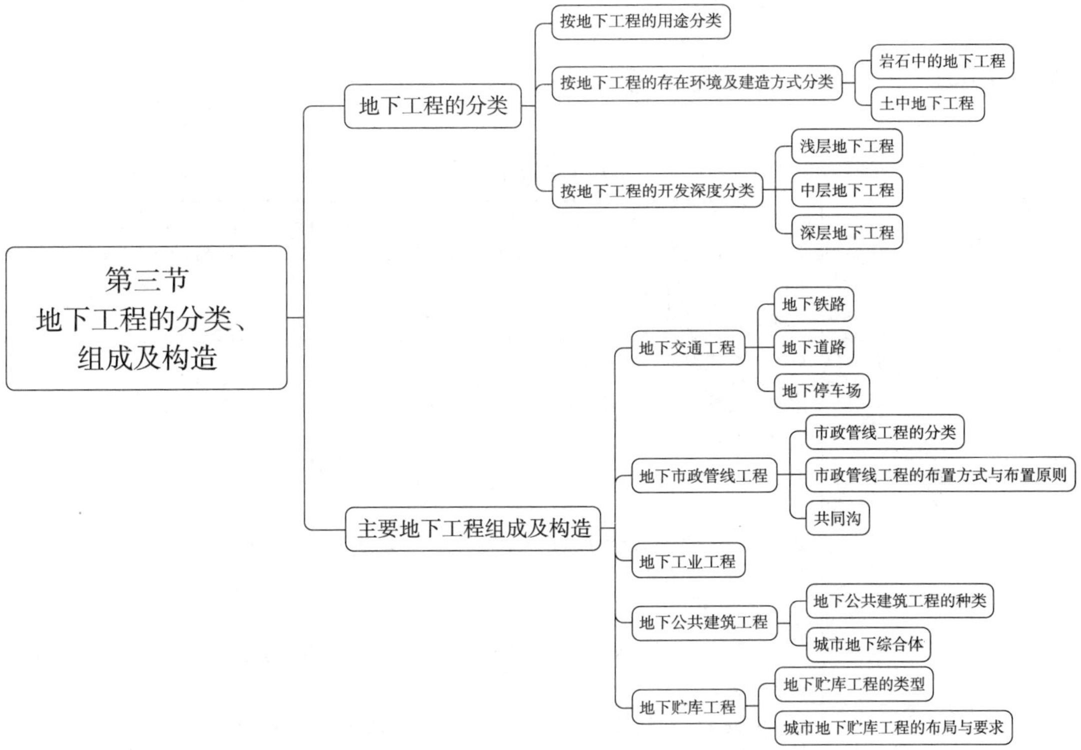

图 2-23 思维导图

考点解析

一、地下工程的分类

考点一 ▲ 地下工程的分类（表 2-34）

地下工程的分类 **表 2-34**

按地下工程的开挖深度分类	浅层	地表～−10m	主要于用商业、文娱和部分业务空间
	中层	−10～−30m	主要用于地下交通，地下污水处理，以及城市水、电、气等公共设施
	深层	−30m 以下	高速地下交通轨道，危险品仓库、冷库、油库等

【例题】地下油库的埋深一般不小于（　　）。（2016 年真题）

A．10m　　B．15m

C．20m　　D．30m

【答案】D

【解析】深层地下工程是指在 −30m 以下建设的地下工程，如高速地下交通轨道，危险品仓库、冷库、油库等。

二、主要地下工程组成及构造

考点二 ▲ 地下交通工程（表 2-35、图 2-24）

地下交通工程　　表 2-35

地下铁路	特点	① 优点：运行速度快、运送能力大；准点、安全；对地面无太大影响（噪声小，无振动，不妨碍城市景观）；不存在人、车混流现象，没有复杂的交通组织问题；不侵占地面空间；环境污染小 ② 缺点：施工条件困难，工期长，工程建设费用较地面高
	建设前提	制约地铁建设的因素：经济性问题
	申报标准	公共财政预算收入应在 300 亿元以上，地区生产总值在 3000 亿元以上，市区常住人口在 300 万人以上
	构造要求	① 由车站主体（站台、站厅、设备用房、生活用房），出入口及通道，通风道及地面通风亭三大部分组成 ② 超高峰设计客流量为该站预测远期高峰小时客流量（或客流控制时期的高峰小时客流量）的 1.1～1.4 倍
	路网类型	① 单线式、单环式、多线式、蛛网式、棋盘式等 ② 蛛网式运送能力很大，可减少旅客的换乘次数，又能避免客流集中堵塞，还能减轻多线式存在的市中心区换乘的负担
地下道路	横断面净空	① 建筑限界，包括车道、路肩、路缘带、人行道等的宽度以及车道，人行道的净高
		② 管道、照明、防灾、监控、运行管理等附属设备所需的空间
		③ 富余量和施工误差
	净空断面形状	为衬砌的内轮廓形状，在浅埋和深埋公路隧道中，多采用矩形或近椭圆形断面
	隧道纵坡	应不小于 0.3%，并不大于 3%

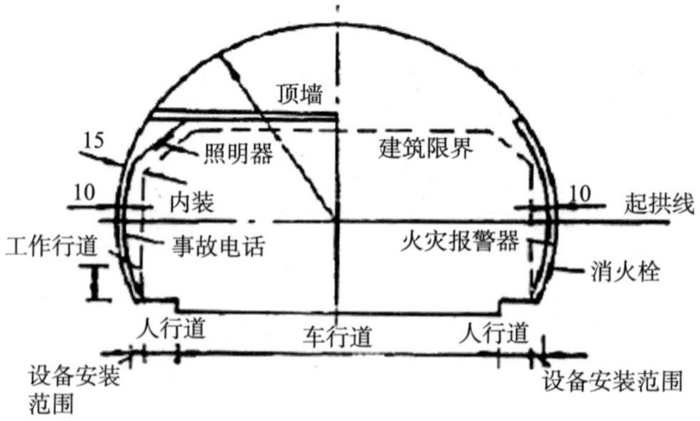

图 2-24　地下道路横断面净空示意图

【例题 1】以下属于地下道路的建筑限界指标为（　　）。（2023 年真题）

A．富余量　　　　B．人行道净高

C．施工允许误差　　　　D．照明设备所需空间

【答案】B

【解析】地下道路的建筑限界包括车道、路肩、路缘带、人行道等的宽度以及车道、人行道的净高。

【例题 2】地铁车站主体包括除了站台站厅还应该包括（　　）。（2021 年真题）

A．设备机房　　B．通风道

C．地面通风亭　　D．出入口通道

【答案】A

【解析】地铁车站通常由车站主体（站台、站厅、设备用房、生活用房），出入口及通道，通风道及地面通风亭三大部分组成。

【例题 3】地铁车站中不宜分期建成的是（　　）。（2020 年真题）

A．地面车站的土建工程　　B．高架车站的土建工程

C．车站地面建筑物　　D．地下车站的土建工程

【答案】D

【解析】地下车站的土建工程宜一次建成。地面车站、高架车站及地面建筑可分期建设。

【例题 4】城市交通建设地下铁路的根本决策依据是（　　）。（2019 年真题）

A．地形与地质条件　　B．城市交通现状

C．公共财政预算收入　　D．市民的广泛诉求

【答案】C

【解析】地铁建设投资巨大，真正制约地下铁路建设的因素是经济性问题。地铁主要服务于城市中心城区和城市总体规划确定的重点地区，申报建设地铁的城市一般公共财政预算收入应在 300 亿元以上，地区生产总值在 3000 亿元以上，市区常住人口在 300 万人以上。

考点三 ★ 地下市政管线工程（表 2-36、图 2-25 和图 2-26）

地下市政管线工程　　表 2-36

市政管线工程一般应包括供水、能源供应、通信和废弃物的排除四大系统		
按覆土深度分类	一般以管线覆土深度超过 1.5m 作为划分深埋和浅埋的分界线	
	北方	由于冰冻线较深，给水、排水以及含有水分的煤气管道，需深埋敷设；而热力管道、电力、电信线路不受冰冻的影响，可采用浅埋敷设
	南方	由于冰冻线不存在或较浅，给水等管道也可以浅埋，而排水管道需要有一定的坡度要求，排水管道往往处于深埋状况
按输送方式分类	压力管道	给水、燃气、热力、灰渣等管道
	重力流管道	排水管道
市政管线工程布置方式与布置原则	工程管网的线路要取直，并尽可能平行建筑红线	
	建筑物与红线之间的地带，用于敷设电缆	

续表

市政管线工程布置方式与布置原则	人行道用于敷设热力管网或通行式综合管道	
	分车带用于敷设自来水、污水、煤气管及照明电缆	
	街道宽度超过 60m 时，自来水和污水管道都应设在街道内两侧	
共同沟	优点	① 减少挖掘道路频率与次数，降低对城市交通和居民生活的干扰 ② 容易并能在必要时期收容物件，方便扩容 ③ 能在共同沟内巡视、检查，容易维修管理 ④ 结构安全性高，有利于城市防灾 ⑤ 由于管线不接触土壤和地下水，避免了酸碱物质的腐蚀，延长了使用寿命 ⑥ 对城市景观有利，为规划发展需要预留了宝贵的空间 ⑦ 对共同沟中管线的管理部门来说，设施设计、保养、管理容易，安全性高，与相关单位协调容易，手续简单
	组成	① 共同沟本体。主要作用是为收容各种城市管线提供物质载体 ② 管线。共同沟中收容的各种管线是共同沟的核心和关键。对于雨水管、污水管等各种重力流管线，进入共同沟将增加共同沟的造价，应慎重对待 ③ 地面设施。包括地面控制中心、人员出入口、通风井、材料投入口等地面设施 ④ 标识系统。在共同沟的日常维护、管理中具有非常重要的作用
	常用形式	① 干线共同沟。主要收容城市种的各种供给主干线，但不直接为周边用户提供服务。设置于道路中央下方，向支线共同沟提供配送服务。特点为结构断面尺寸大、覆土深、系统稳定且输送量大，具有高度的安全性，维修及检测要求高 ② 支线共同沟。主要收容城市中的各种供给支线，为干线共同沟和终端用户之间联系的通道，设于人行道下。特点为有效断面较小，施工费用较少，系统稳定性和安全性较高 ③ 缆线共同沟。埋设在人行道下，直接供应各终端用户。其特点为空间断面较小，埋深浅，建设施工费用较少，不设通风、监控等设备，在维护及管理上较为简单

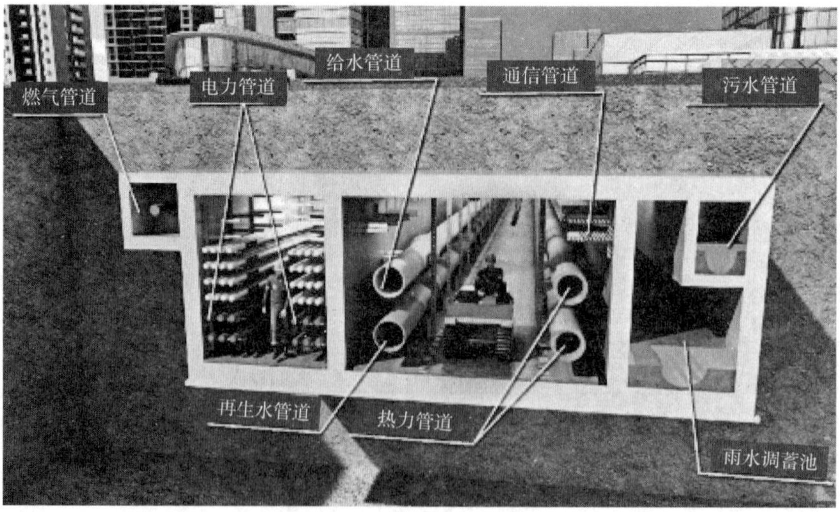

图 2-25　共同沟示意图

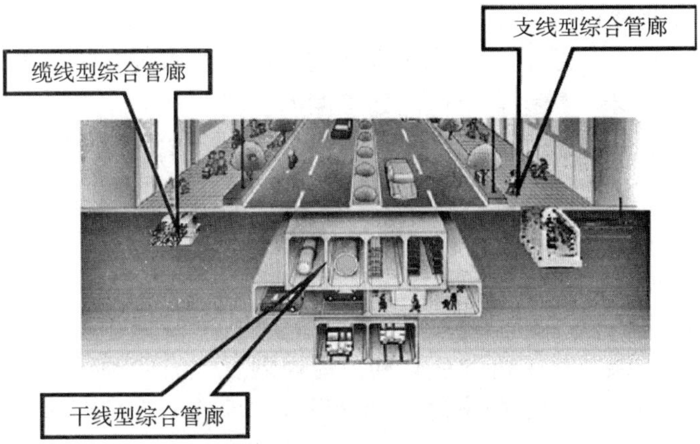

图 2-26　共同沟常用形式

【例题 1】按照其功能定位，浅埋在人行道下、空间断面积小，不设通风、监控等设备的共同沟是（　　）。（2023 年、2022 年真题）

A．干线共同沟　　B．支线共同沟

C．缆线共同沟　　D．主线共同沟

【答案】C

【解析】干线共同沟设置于道路中央下方。支线共同沟设于人行道下。缆线共同沟埋设在人行道下，空间断面较小，埋深浅，建设施工费用较少，不设通风、监控等设备，在维护及管理上较为简单。

【例题 2】下列城市管线中，进入共同沟将增加共同沟工程造价的是（　　）。（2022 年补考、2018 年真题）

A．煤气管道　　B．电信管线

C．空调管线　　D．雨水管道

【答案】D

【解析】原则上各种城市管线都可以进入共同沟，如空调管线、垃圾真空运输管线等，但对于雨水管、污水管等各种重力流管线，进入共同沟将增加共同沟的造价，应慎重对待。

【例题 3】设计城市地下管网时，常规做法是在人行道下方设置（　　）。（2022 年真题）

A．热力管网　　B．自来水管道

C．污水管道　　D．煤气管道

【答案】A

【解析】人行道用于敷设热力管网或通行式综合管道。

【例题 4】在我国，无论是南方还是北方，市政管线埋深均超过 1.5m 的是（　　）。（2016 年真题）

A．给水管道　　B．排水管道

C．热力管道　　D．电力管道

【答案】B

【解析】在北方寒冷地区，由于冰冻线较深，给水、排水以及含有水分的煤气管道，需深埋敷设；在南方地区，由于冰冻线不存在或较浅，给水等管道也可以浅埋，而排水管道需要有一定的坡度要求，排水管道往往处于深埋状况。

【例题 5】关于地下城市管道综合走廊的叙述，正确的有（　　）。

A．减少挖掘道路频率与次数　　B．容易维修管理

C．延长管线的使用寿命　　D．对城市景观不利

E．与相关单位协调困难

【答案】ABC

【解析】选项 D 错误，对城市景观有利，为规划发展需要预留了宝贵的空间；选项 E 错误，对共同沟中管线的管理部门来说，设施设计、保养、管理容易，安全性高，与相关单位协调容易，手续简单。

考点四　★ 地下贮库工程（表 2-37）

地下贮库工程　　表 2-37

贮库布置与交通的关系	① 小城市：起决定作用的是对外运输设备（如车站、码头）的位置 ② 大城市：除对外交通外，还要考虑市内供应线的长短问题 ③ 大库区以及批发和燃料总库：要考虑铁路运输 ④ 贮库不应直接沿铁路干线两侧布置，尤其是地下部分，最好布置在生活居住区的边缘地带，与铁路干线有一定的距离
贮库的分布与居住区、工业区的关系	① 一般危险品贮库应布置在离城 10km 以外的地上与地下 ② 一般食品库应布置在城市交通干道上，不要在居住区内设置 ③ 地下贮库洞口（或出入口）的周围，不能设置对环境有污染的各种贮库 ④ 冷库设备多、容积大，需要铁路运输，一般多设在郊区或码头附近
城市地下贮库工程布局的基本要求	① 地下贮库应设置在地质条件较好的地区 ② 与城市无多大关系的转运贮库，应布置在城市的下游，以免干扰城市居民的生活 ③ 应沿江河多布置一些贮库，但应保证堤岸的工程稳定性

【例题 1】下列地下贮库中，大多设在郊区或码头附近的是（　　）。（2022 年补考真题）

A．地下冷库　　B．一般食品库

C．一般性综合贮库　　D．危险品库

【答案】A

【解析】冷库的设备多、容积大，需要铁路运输，一般多设在郊区或码头附近。

【例题 2】地下批发总贮库的布置应优先考虑（　　）。（2020 年真题）

A．尽可能靠近铁路干线　　B．与铁路干线有一定距离

C．尽可能接近生活居住区中心　　D．尽可能接近地面销售分布密集区域

【答案】B

【解析】贮库不应直接沿铁路干线两侧布置，尤其是地下部分，最好布置在生活居住区的边缘地带，与铁路干线有一定的距离。

【例题 3】一般地下食品贮库应布置在（　　）。（2015 年真题）

A．距离城区 10km 以外　　B．距离城区 10km 以内

C．居住区内的城市交通干道上　　D．居住区外的城市交通干道上

【答案】D

【解析】一般食品库布置的基本要求是：应布置在城市交通干道上，不要在居住区内设置。

【例题 4】城市地下贮库工程的布局与要求，说法不正确的有（　　）。

A．对大城市起决定作用的是对外运输设备的位置

B．地下贮库不应直接沿铁路干线两侧布置

C．冷库设备多容积大一般多设在郊区或码头附近

D．与城市无多大关系的转运贮库布置在城市的上游

E．因为经常会有洪水威胁，尽量少修建沿河的贮库

【答案】ADE

【解析】选项 A 错误，大城市除了要考虑对外交通外，还要考虑市内供应线的长短问题；选项 D 错误，与城市无多大关系的转运贮库，应布置在城市的下游，以免干扰城市居民的生活；选项 E 错误，水运是一种最经济的运输方式，因此，有条件的城市应沿江河多布置一些贮库，但应保证堤岸的工程稳定性。

本章精选习题

一、单项选择题（每题 1 分。每题的备选项中，只有一个最符合题意）

1. 下列属于构筑物的是（　　）。

A．工厂　　B．学校

C．影剧院　　D．水塔

2. 与钢结构相比，型钢混凝土组合结构的优点在于（　　）。

A．承载力大　　B．防火性能好

C．抗震性能好　　D．刚度大

3. 关于民用建筑按承重体系分类中，以下说法不正确的有（　　）。

A．混合结构体系中横墙承重平面使用灵活

B．拱式结构的主要内力是承受轴向压力

C．悬索结构包括索网、边缘构件和下部支承结构

D．圆顶结构壳面主要承受压力，支座环承受拉力

4. 根据《绿色建筑评价标准》GB/T 50378—2019，说法正确的有（　　）。

A．绿色建筑在工程竣工后可进行预评价

B．绿色建筑的评价应以单栋建筑或建筑群为评价对象

C．当满足全部控制项要求时，绿色建筑等级应为一星级

D．绿色建筑总得分达到 80 分为三星级

5. 关于钢筋混凝土基础，说法不正确的是（　　）。

A．设计中应尽力使基础大放脚与基础材料的刚性角一致
B．相同条件下可以节省混凝土材料和挖土工程量
C．锥形基础断面最薄处高度不小于 200mm
D．无垫层时钢筋保护层厚度不小于 70mm

6. 关于地下室防水，下列说法正确的是（　　）。
A．地下室地坪位于最高设计地下水位以上时应做防水处理
B．将防水材料置于背水面对防水较为有利
C．外防外贴施工，卷材铺贴高度高出地下最高水位即可
D．内防水施工简便易于维修，多用于修缮工程

7. 关于砖墙防潮层的说法，不正确的是（　　）。
A．当建筑物墙体两侧不等高时应在每侧地表下 60mm 处分别设置防潮层
B．有抗震要求的建筑中不宜采用油毡防潮层
C．地基会产生微小变形的建筑中不易采用砂浆防潮层
D．整体刚度要求较高的建筑中可采用细石钢筋混凝土防潮层

8. 当圈梁被 1.5m 宽洞口截断，洞口上部设置附加梁，两梁高差 0.6m，附加梁长度为（　　）。
A．2.5m　　B．2.7m
C．3.5m　　D．4.0m

9. 关于外墙内保温的优点，说法正确的是（　　）。
A．内外墙交接处是内保温的薄弱部位
B．热桥保温处理困难，易出现结露现象
C．保温施工不用脚手架或高空作业
D．对提高室内温度的稳定性有利

10. 关于现浇钢筋混凝土板，说法不正确的有（　　）。
A．单向板受力筋一般布置在分布筋的上方
B．悬挑板分布钢筋放在主要受力筋的下方
C．次梁与主梁垂直，并把荷载传递给主梁
D．板支承在次梁上，并把荷载传递给次梁

11. 关于预制装配式钢筋混凝土楼梯，不利于搬运大件物品的是（　　）。
A．悬挑式楼梯　　B．墙承式楼梯
C．L 形梁承式楼梯　　D．一字形梁承式楼梯

12. 关于平屋顶柔性防水构造，说法不正确的是（　　）。
A．高层建筑的防水等级为 I 级，应设两道防水
B．装配式混凝土板上找平层应采用 C20 混凝土且宜加钢筋网片
C．檐口、檐沟外侧下端及女儿墙外侧下端均应做滴水处理
D．涂膜防水倒置式，保温层在防水层之上

13. 对于空间跨度不大的民用建筑，目前坡屋顶建筑使用较为普遍的一种结构形式是（　　）。
A．钢筋混凝土折板结构　　B．混凝土梁板结构

C．硬山搁檩结构　　D．屋架承重结构

14．与水泥砂浆楼地面相比，关于细石混凝土楼地面，说法不正确的是（　　）。

A．耐久性好　　B．防水性好

C．不易起砂　　D．易起灰

15．单层工业厂房承重结构中，主要传递水平荷载的是（　　）。

A．横向排架　　B．纵向连系构件

C．支撑构件　　D．屋盖结构

16．应以集散交通的功能为主，兼有服务功能的是（　　）。

A．快速路　　B．主干路

C．次干路　　D．支路

17．二级公路的基层不可选用的材料是（　　）。

A．填隙碎石　　B．石灰稳定土

C．二灰土　　D．级配碎石

18．属于桥梁上部结构的是（　　）。

A．支座　　B．桥墩

C．桥台　　D．墩台基础

19．关于悬索桥，下列说法正确的是（　　）。

A．主缆索的拉力通过桥塔传至基础

B．大跨度吊桥的主缆索多采用钢丝绳钢缆

C．加劲梁主要承受竖向荷载

D．大跨度悬索桥的桥塔主要采用钢结构

20．在要求通过较大的排洪量、地质条件较差、路堤高度较小的设涵处，常用（　　）。

A．圆管涵　　B．盖板涵

C．拱涵　　D．箱涵

21．非整体式拱涵基础的适用条件是（　　）。

A．拱涵地基为较密实的砂土　　B．拱涵地基为较松散的砂土

C．孔径小于 2m 的涵洞　　D．允许承载力 200～300kPa 的地基

22．关于地铁车站的说法，正确的是（　　）。

A．车站间的距离在城市外围区宜为 1km 左右

B．车站通常由车站主体，出入口及通道，通风道及地面通风亭三大部分组成

C．车站主体是供乘客进出车站的建筑设施

D．出入口及通道是供乘客集散、候车、换车及上下车的地方

23．地下公路的建筑限界不包括（　　）。

A．车道的宽度以及净高　　B．人行道的宽度以及净高

C．路肩、路缘带的宽度　　D．附属设备所需的空间

24．地下市政管线沿道路布置时，以下管线由路边向路中排列合理的是（　　）。

A．污水管、热力管网、电缆　　B．热力管网、污水管、电缆

C．电缆、热力管网、污水管　　D．污水管、电缆、热力管网

二、多项选择题（每题 2 分。每题的备选项中，有 2 个或 2 个以上符合题意，至少有 1 个错项。错选，本题不得分；少选，所选的每个选项得 0.5 分）

1. 全预制装配式结构通常采用柔性连接技术，其特点说法正确的有（　　）。
   A．结构的恢复性能好　　B．结构的整体性良好
   C．施工速度快　　D．适应性大
   E．受季节性影响小
2. 关于剪力墙体系的说法，不正确的是（　　）。
   A．在高层建筑中，剪力墙主要承受水平荷载，墙体既受剪又受弯
   B．平面布置灵活，可形成较大的建筑空间
   C．剪力墙适用于小开间的旅馆和住宅，一般在 180m 高度范围内适用
   D．剪力墙的优点是侧向刚度大，水平荷载作用下的侧移大
   E．剪力墙的缺点是自重大，间距小
3. 下列关于承重结构体系的说法，正确的是（　　）。
   A．剪力墙适用于小开间的住宅
   B．筒体结构是抵抗水平荷载最有效的结构体系
   C．平板网架中交叉桁架体系受力更合理，刚度更大
   D．索的拉力取决于跨中的垂度，垂度越大拉力越大
   E．薄壁空间结构体系主要承受曲面内的轴向压力
4. 下列关于构造柱的说法，正确的是（　　）。
   A．构造柱一般在外墙四角、错层部位、横墙与外纵墙交接处、较大洞口两侧等处设置
   B．6、7 度抗震设防时，底部 1/3 楼层拉结钢筋网片应沿墙体水平通长设置
   C．构造柱必须设置单独基础
   D．施工时应先浇混凝土再砌墙
   E．马牙槎应先进后退
5. 下列有关砖墙细部构造内容，不正确的是（　　）。
   A．油毡防潮层不宜用于下端按固定端考虑的砖砌体和有抗震要求的建筑
   B．多层砌体工业房屋应每层设置现浇混凝土圈梁
   C．构造柱施工时先浇柱再砌墙并留马牙槎
   D．9 度抗震设防时底部 1/2 楼层，拉结钢筋网片应沿墙体水平通长设置
   E．防震缝一般从基础底面开始，沿房屋全高设置
6. 关于楼梯的说法，以下不正确的是（　　）。
   A．楼梯一般由梯段、平台、栏杆与扶手组成
   B．板式楼梯梯段板承受着梯段的全部荷载，然后通过平台梁将荷载传给墙体或柱子
   C．梁承式楼梯不利于搬运大件物品
   D．大型构件装配式楼梯是由楼梯段和带有平台梁的休息平台板两大构件组合而成
   E．严寒地区室外台阶应在基层与混凝土垫层之间设砂垫层
7. 关于平屋顶柔性防水构造，说法不正确的是（　　）。

A．高层建筑的防水等级为Ⅰ级，应设两道防水
B．装配式混凝土板上找平层应采用C20混凝土且宜加钢筋网片
C．保温层上应设分隔缝，纵横间距不小于6m
D．涂膜防水倒置式，保温层在防水层之上
E．檐口、檐沟外侧下端及女儿墙外侧下端均应做滴水处理

8．关于路基的形式，说法正确的有（　　）。
A．填土路基不同填料填筑时可混合填筑
B．砌石路基应每隔15～20m设伸缩缝一道
C．坚硬岩石地段陡山坡上的半填半挖路基，当填方不大，但边坡伸出较远不易修筑时可采用护肩路基
D．护脚由干砌片石砌筑，断面为梯形，顶宽不小于1m，高度不宜超过5m
E．高速公路、一级公路，半填半挖路基台阶宽度不得大于1m

9．二级及二级以下公路的路面排水，一般由（　　）组成。
A．路拱坡度　　B．路肩排水
C．路肩横坡　　D．中央分隔带排水
E．边沟排水

10．关于斜拉桥的方法，正确的有（　　）。
A．是典型的悬索结构
B．是典型的梁式结构
C．是悬索结构和梁式结构的组合
D．由主梁、拉索和索塔组成的组合结构体系
E．由主梁和索塔受力，拉索起装饰作用

11．城市地下贮库工程的布局与要求，说法不正确的是（　　）。
A．对大城市起决定作用的是对外运输设备的位置
B．地下贮库不应直接沿铁路干线两侧布置
C．冷库设备多容积大一般多设在郊区或码头附近
D．与城市无多大关系的转运贮库布置在城市的上游
E．因为经常会有洪水威胁，尽量少修建沿河的贮库

精选习题答案及解析

一、单项选择题

1．**【答案】**D

【解析】建筑物是供人们生活、学习、工作、居住以及从事生产和文化活动的房屋，如工厂、住宅、学校、影剧院等；仅满足功能要求的建筑称为构筑物如水塔、纪念碑等。

2．**【答案】**B

【解析】型钢混凝土组合结构与钢结构相比，具有防火性能好、结构局部和整体稳定性好、节省钢材的优点。

3.【答案】A

【解析】混合结构体系中横墙承重平面使用灵活性差，纵墙承重使用灵活。

4.【答案】B

【解析】绿色建筑评价应在建筑工程竣工后进行，在建筑工程施工图设计完成后，可进行预评价，选项 A 错误；当满足全部控制项要求时，绿色建筑等级应为基本级，选项 C 错误；绿色建筑总得分达到 85 分为三星级，选项 D 错误。

5.【答案】A

【解析】在混凝土基础底部配置受力钢筋，利用钢筋抗拉，这样基础可以承受弯矩，也就不受刚性角的限制。

6.【答案】D

【解析】当地下室地坪位于最高设计地下水位以下时，地下室四周墙体及底板均受水压影响，应有防水功能，选项 A 错误；将防水材料置于迎水面对防水较为有利，选项 B 错误；外防外贴施工，卷材铺贴高度高出地下最高水位 500～1000mm，选项 C 错误。

7.【答案】A

【解析】当建筑物墙体两侧地坪不等高时，在每侧地表下 60mm 处，防潮层应分别设置并在两个防潮层间的墙上加设垂直防潮层。

8.【答案】D

【解析】不小于 $1.5+1.2+1.2=3.9$m。

9.【答案】C

【解析】选项 A 和选项 B 为缺点，选项 D 为外墙外保温的优点。

10.【答案】A

【解析】单向板仅短边受力，该方向所布钢筋为受力筋，另一方向所配钢筋（一般在受力筋上方）为分布筋。

11.【答案】B

【解析】墙承式楼梯不利于搬运大件物品。

12.【答案】C

【解析】檐口、檐沟外侧下端及女儿墙内侧下端均应做滴水处理，故选项 C 错误。

13.【答案】A

【解析】对于空间跨度不大的民用建筑，钢筋混凝土折板结构是目前坡屋顶建筑使用较为普遍的一种结构形式。

14.【答案】D

【解析】水泥砂浆楼地面具有构造简单、施工方便、造价低、耐水、整体性能好等优点，但地面易起灰，无弹性，热传导性高，且装饰效果较差。

15.【答案】C

【解析】支撑构件主要传递水平荷载，起保证厂房空间刚度和稳定性的作用。

16.【答案】C

【解析】次干路应与主干路结合组成干路网，应以集散交通的功能为主，兼有服务功能。

17. 【答案】A

【解析】填隙碎石基层可用于各级公路的底基层和二级以下公路的基层。

18. 【答案】A

【解析】桥梁上部结构包括桥面构造（行车道、人行道、栏杆等）、桥梁跨越部分的承载结构和桥梁支座。桥梁下部结构一般包括桥墩、桥台及墩台基础。

19. 【答案】D

【解析】主缆索中的拉力通过锚碇传至基础，选项 A 错误；大跨度吊桥的主缆索多采用平行钢丝束钢缆，选项 B 错误；加劲梁是承受风载和其他横向水平力的主要构件，选项 C 错误。

20. 【答案】B

【解析】在要求通过较大的排洪、地质条件较差、路堤高度较小的设涵处，常采用盖板涵，且常采用明涵。

21. 【答案】A

【解析】非整体式拱涵基础适用于涵洞孔径在 2m 以上，地基土壤的允许承载力在 300kPa 以上、压缩性小的良好土壤（包括密实中砂、粗砂、砾石、坚硬状态的茹土、坚硬砂黏土等）。

22. 【答案】B

【解析】车站间的距离一般在城市中心区和居民稠密地区宜为 1km 左右，在城市外围区应根据具体情况适当加大车站间的距离，选项 A 错误；车站主体供乘客集散、候车、换车及上下车的地方，选项 C 错误；出入口及通道是供乘客进出车站的建筑设施，选项 D 错误。

23. 【答案】D

【解析】地下公路的建筑限界包括车道、路肩、路缘带、人行道等的宽度以及车道、人行道的净高。公路隧道的横断面净空，除了包括建筑限界之外，还包括通过管道、照明、防灾、监控、运行管理等附属设备所需的空间以及富余量和施工允许误差等。

24. 【答案】C

【解析】建筑物与红线之间的地带，用于敷设电缆；人行道用于敷设热力管网或通行式综合管道；分车带用于敷设自来水、污水、煤气管及照明电缆。

二、多项选择题

1. 【答案】ACE

【解析】恢复性能好，震后只需要对连接部位进行修复即可继续使用，具有较好的经济效益，其优点是生产效率高，施工速度快，构件质量好，受季节性影响小，在建设量较大而又相对稳定的地区，采用工厂化生产可以取得较好的效果。选项 B 和选项 D 属于预制装配整体式混凝土结构特点。

2. 【答案】BD

【解析】建筑平面布置不灵活，不适用于大空间的公共建筑，选项 B 错误；剪力墙的优点是侧向刚度大，水平荷载作用下的侧移小，选项 D 错误。

3.【答案】ABE

【解析】平板网架可分为交叉和架体系和角锥体系两类，角锥体系受力更为合理，刚度更大，选项C错误；索的拉力取决于跨中的垂度，垂度越小拉力越大，选项D错误。

4.【答案】AB

【解析】构造柱可不单独设置基础，但构造柱应伸入室外地面下500mm，或与埋深小于500mm的基础圈梁相连，选项C错误；构造柱按构造配筋，并先砌墙后浇灌混凝土柱的施工顺序制成，选项D错误；马牙槎应先退后进，对称砌筑，选项E错误。

5.【答案】CDE

【解析】构造柱施工时先砌墙并留马牙槎，马牙槎应先退后进，对称砌筑，选项C错误；9度抗震设防时全部楼层，拉结钢筋网片应沿墙体水平通长设置，选项D错误；防震缝一般从基础顶面开始，沿房屋全高设置，选项E错误。

6.【答案】CD

【解析】选项C错误，墙承式楼梯不利于搬运大件物品；选项D错误，大型构件装配式楼梯是将楼梯段与休息平台一起组成一个构件，每层由第一跑及中间休息平台和第二跑及楼层休息平台板两大构件组合而成。

7.【答案】CE

【解析】保温层上的找平层应留设分隔缝，纵横缝的间距不宜大于6m，选项C错误；檐口、檐沟外侧下端及女儿墙压顶内侧下端等部位均应做滴水处理，选项E错误。

8.【答案】BCD

【解析】选项A错误，填土路基宜选用级配较好的粗粒土作填料。用不同填料填筑路基时，应分层填筑，每一水平层均应采用同类填料。选项E错误，高速公路、一级公路，半填半挖路基台阶宽度一般为2m。

9.【答案】ACE

【解析】高速公路、一级公路的路面排水，一般由路肩排水与中央分隔带排水组成；二级及二级以下公路的路面排水，一般由路拱坡度、路肩横坡和边沟排水组成。

10.【答案】CD

【解析】斜拉桥是典型的悬索结构和梁式结构组合的桥，由主梁、拉索及索塔组成的组合结构体系，选项A和选项B错误。拉索是斜拉桥的主要承重构件，选项E错误。

11.【答案】ADE

【解析】大城市除了要考虑对外交通外，还要考虑市内供应线的长短问题，选项A错误；与城市无多大关系的转运贮库布置在城市的下游，选项D错误；水运是一种最经济的运输方式，有条件的城市应沿江河多布置一些贮库，但应保证堤岸的稳定性，选项E错误。

第三章　工 程 材 料

考情分析

本章约占 16 分，2023 版教材在第一节将水泥混凝土的相关内容进行重新修改，其余个别的地方做了删减。

本章内容占全书篇幅较少，需要掌握不同材料的特性和适用范围，属于较容易得分的章节，是本门考试中较容易章节。

重点内容：钢筋、水泥、混凝土、饰面材料、安全玻璃、防水材料、保温隔热材料、防火材料等。

说明：★表示高频考点；▲表示重要考点；●表示一般考点。

第一节　建筑结构材料

历年真题分值统计

本节内容	历年真题分值统计					
	2019	2020	2021	2022	2022（补考）	2023
一、建筑钢材	3	3	3	1	2	4
二、胶凝材料	2	4	2	3	1	3
三、水泥混凝土	3	1	3	5	4	2
四、沥青混合料	0	1	0	0	2	0
五、砌筑材料	1	0	1	0	0	0
合计	9	9	9	9	9	9

思维导图（图 3-1）

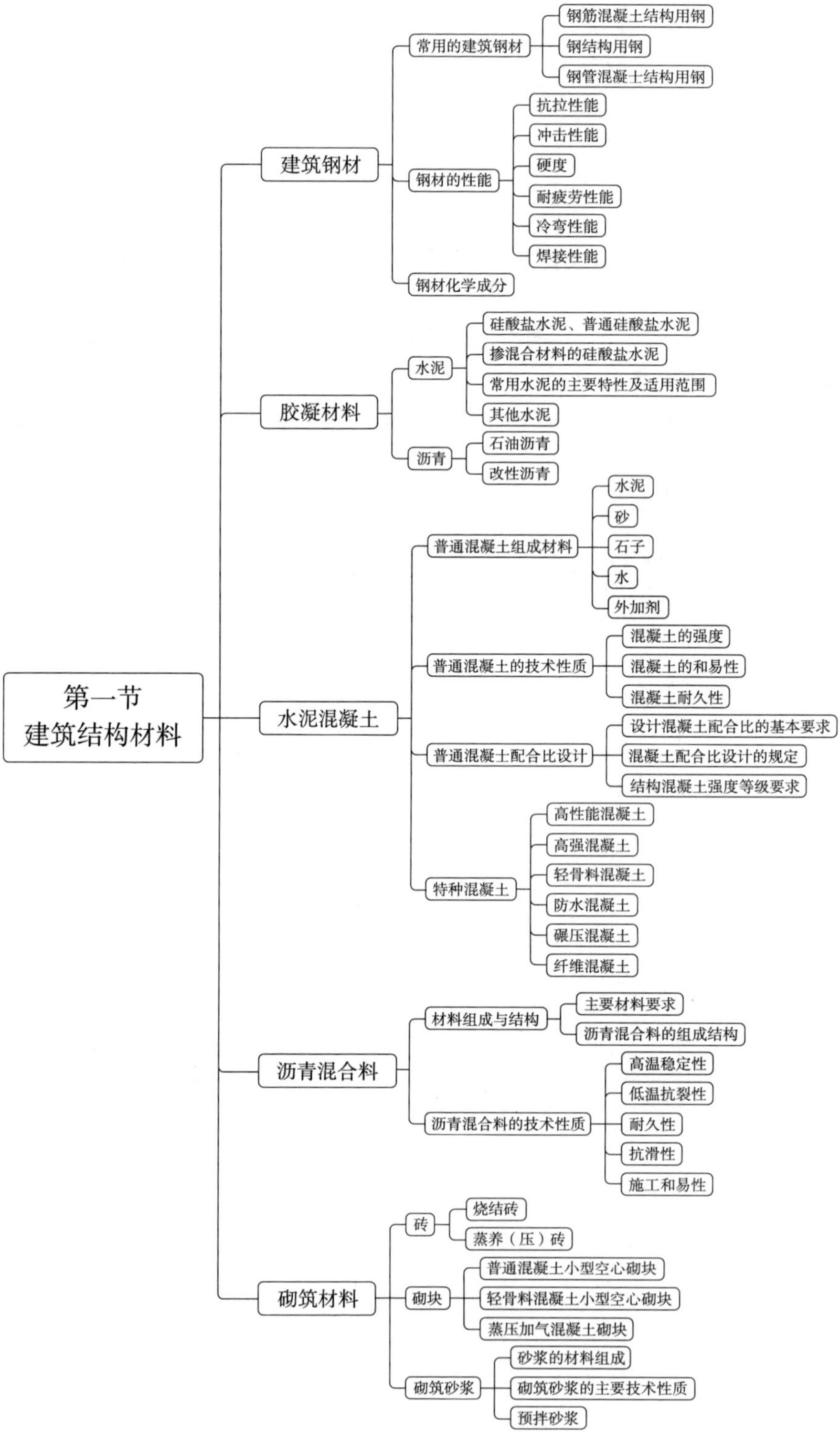

图 3-1 思维导图

考点解析

一、建筑钢材

考点一 ★ 热轧钢筋技术要求（表 3-1、图 3-2）

热轧钢筋技术要求 **表 3-1**

表面形状	牌号	公称直径（mm）	下屈服强度 R_{eL}（MPa）	抗拉强度 R_m（MPa）	断后伸长率 A（%）	最大总伸长率 A_{gt}（%）	冷弯试验 180°（d—弯心直径；a—公称直径）
			不小于				
光圆	HPB300	6.0～22	300	420	25	10	$d=a$
带肋	HRB400 HRBF400	6～25 28～40 ＞40～50	400	540	16	7.5	$d=4a$ $d=5a$ $d=6a$
	HRB400E HRBF400E				—	9.0	
	HRB500 HRBF500	6～25 28～40 ＞40～50	500	630	15	7.5	$d=6a$ $d=7a$ $d=8a$
	HRB500E HRBF500E				—	9.0	
	HRB600	6～25 28～40 ＞40～50	600	730	14	7.5	$d=6a$ $d=7a$ $d=8a$

图 3-2 常用的建筑钢筋

【例题 1】下列钢筋中，抗拉强最高的是（　　）。（2023 年真题）

A．HPB300　　B．HRB400

C．HRB600　　D．HRBF500E

【答案】C

【解析】HPB300 抗拉强度为 420MPa，HRB400 抗拉强度为 540MPa，HRB600 抗拉强度为 730MPa，HRBF500E 抗拉强度为 630MPa。

【例题 2】热轧钢筋的级别提高，则其（　　）。（2014 年真题）

A．屈服强度提高，极限强度下降　　B．极限强度提高，塑性提高

C．屈服强度提高，塑性下降　　　　D．屈服强度提高，塑性提高

【答案】C

【解析】如教材中表 3.1.1 所示，热轧钢筋的级别提高，屈服强度提高，塑性下降。

考点二　★ 钢筋混凝土结构用钢（表 3-2）

钢筋混凝土结构用钢　　　　表 3-2

热轧钢筋		① 热轧光圆钢筋可用于中小型混凝土结构的受力钢筋或箍筋，以及作为冷加工（冷拉、冷拔、冷轧）的原料 ② 热轧带肋钢筋可用于混凝土结构受力筋，以及预应力钢筋
冷加工钢筋	冷拉热轧钢筋	① 如卸荷后立即重新拉伸，卸荷点成为新的屈服点，因此冷拉可使屈服点提高，材料变脆、屈服阶段缩短，塑性、韧性降低 ② 若卸荷后不立即重新拉伸，而是保持一定时间后重新拉伸，钢筋的屈服强度、抗拉强度进一步提高，而塑性、韧性继续降低，这种现象称为冷拉时效
	冷轧带肋钢筋	① CRB550、CRB600H 为普通钢筋混凝土用钢筋 ② CRB650、CRB800、CRB800H 为预应力混凝土用钢筋 ③ CRB680H 既可作为普通钢筋混凝土用钢筋，也可作为预应力混凝土用钢筋 ④ 冷轧带肋钢筋克服了冷拉、冷拔钢筋握裹力低的缺点，具有强度高、握裹力强、节约钢材、质量稳定等优点，但塑性降低，强屈比变小
	冷拔低碳钢丝	① 冷拔低碳钢丝宜作为构造钢筋使用，作为结构构件中纵向受力钢筋使用时应采用钢丝焊接网 ② 冷拔低碳钢丝不得作为预应力钢筋使用 ③ 冷拔低碳钢丝只有 CDW550 一种型号 ④ 除钢筋混凝土排水管、环形混凝土电杆外，不应使用直径 3mm 的冷拔低碳钢丝 ⑤ 除大直径的预应力混凝土桩外，不宜使用直径 8mm 的冷拔低碳钢丝
热处理钢筋		① 热处理的方法有退火、正火、淬火和回火 ② 热处理钢筋强度高，用材省，锚固性好，预应力稳定，主要用作预应力钢筋混凝土轨枕，也可以用于预应力混凝土板、吊车梁等构件
预应力钢丝与钢绞线		① 用优质碳素结构钢经冷加工及时效处理或热处理等工艺过程制得，具有高强度、安全可靠，便于施工等优点 ② 钢丝按外形分为光面钢丝（P）、螺旋肋钢丝（H）和刻痕钢丝（I）三种 ③ 预应力钢丝与钢绞线均属于冷加工强化及热处理钢材，拉伸试验时无屈服点，但抗拉强度远远超过热轧钢筋和冷轧钢筋，并具有很好的柔韧性，应力松弛率低 ④ 适用于大荷载、大跨度及需要曲线配筋的预应力混凝土结构，如大跨度屋架、薄腹梁、吊车梁等大型构件的预应力结构

【例题 1】适用于大跨度屋架、薄腹梁、吊车梁等大型构件的钢材是（　　）。（2022 年补考真题）

A．冷轧带助钢筋　　　　B．冷拔低碳钢筋

C．预应力混凝土热处理钢筋　　　　D．预应力钢丝与钢绞线

【答案】D

【解析】预应力钢丝与钢绞线适用于大荷载、大跨度及需要曲线配筋的预应力混凝土结构，如大跨度屋架、薄腹梁、吊车梁等大型构件的预应力结构。

【例题 2】下列冷扎带肋钢筋中，既可用于普通钢筋混凝土用钢筋，也可以用于预应

力混凝土结构钢筋的是（ ）。（2022 年真题）

A．CRB650　　B．CRB800

C．CRB680H　　D．CRB800H

【答案】C

【解析】CRB680H 既可作为普通钢筋混凝土用钢筋，也可作为预应力混凝土用钢筋。

【例题 3】下列钢筋品牌中，可用于预应力钢筋混凝土的钢筋有（ ）。（2021 年真题）

A．CRB600H　　B．CRB680H

C．CRB800H　　D．CRB650

E．CRB800

【答案】BCDE

【解析】冷轧带肋钢筋分为六种型号。CRB550、CRB600H 为普通钢筋混凝土用钢筋，CRB650、CRB800、CRB800H 为预应力混凝土用钢筋，CRB680H 既可作为普通钢筋混凝土用钢筋，也可作为预应力混凝土用钢筋。

【例题 4】制作预应方混凝土轨枕采用的预应力混凝土钢材应为（ ）。（2022 年真题）

A．钢丝　　B．钢绞线

C．热处理钢筋　　D．冷轧带肋钢筋

【答案】C

【解析】热处理钢筋强度高，用材省，锚固性好，预应力稳定，主要用作预应力钢筋混凝土轨枕，也可以用于预应力混凝土板、吊车梁等构件。

【例题 5】钢材 CDW550 主要用于（ ）。（2022 年真题）

A．地铁钢轨　　B．预应力钢筋

C．吊车梁主筋　　D．构造钢筋

【答案】D

【解析】冷拔低碳钢丝宜作为构造钢筋使用，作为结构构件中纵向受力钢筋使用时应采用钢丝焊接网。冷拔低碳钢丝不得作为预应力钢筋使用。

考点三 ● 钢结构用钢和钢管混凝土用钢（表 3-3）

钢结构用钢和钢管混凝土用钢　　表 3-3

钢结构用钢	热轧型钢	① 按钢材外形有：工字钢、H 型钢、T 形钢、槽钢、等边角钢、不等边角钢等 ② 型钢是钢结构中采用的主要钢材
	冷弯薄壁型钢	薄壁型钢是用薄钢板（通常 2～6mm）冷弯或者模压而成，薄壁轻型钢结构中主要采用薄壁型钢、圆钢和小角钢，多用于轻型钢结构
	钢板和压型钢板	① 钢板规格表示方法为“宽度 × 厚度 × 长度”（单位为 mm） ② 按厚度来分，热轧钢板可分为厚板（厚度大于 4mm）和薄板（厚度不大于 4mm）两种；冷轧钢板只有薄板 ③ 厚板可用于型钢的连接与焊接，组成钢结构承力构件，薄板可用作屋面或墙面等围护结构，或作为薄壁型钢的原料 ④ 压型钢板，在建筑上常用作屋面板、楼板、墙板及装饰板等，还可将其与保温材料等复合，制成复合墙板等，用途十分广泛

续表

钢管混凝土结构用钢	① 钢管混凝土构件是指在钢管内填充混凝土的构件，包括实心和空心钢管混凝土构件，截面可为圆形、矩形及多边形，简称 CFST 构件 ② 承重结构的圆钢管可采用焊接圆钢管、热轧无缝钢管，不宜选用输送流体用的螺旋焊管 ③ 矩形钢管可采用焊接钢管，也可采用冷成型矩形钢管。直接承受动荷载或低温环境下的外露结构，不宜采用冷弯矩形钢管 ④ 多边形钢管可采用焊接钢管，也可采用冷成型多边形钢管

【例题 1】压型钢板多用于（　　）。（2016 年真题）

A．屋面板　　B．墙板

C．平台板　　D．楼板

E．装饰板

【答案】ABDE

【解析】薄钢板经辊压或冷弯可制成截面呈 V 形、U 形、梯形或类似形状的波纹，并采用有机涂层、镀锌等表面保护层的钢板，称其为压型钢板，在建筑上常用作屋面板、楼板、墙板及装饰板等。

【例题 2】钢结构中采用的主要钢材是（　　）。

A．型钢　　B．钢板

C．钢筋　　D．压型钢板

【答案】A

【解析】型钢是钢结构中采用的主要钢材。

【例题 3】关于钢管混凝土结构用钢管，说法正确的有（　　）。

A．钢管混凝土构件截面可为圆形、矩形及三角形

B．承重结构的圆钢管可采用输送流体用的螺旋焊管

C．直接承受动荷载或低温环境下的外露结构，宜采用冷弯矩形钢管

D．矩形钢管、多边形钢管均可采用焊接钢管

【答案】D

【解析】选项 A 三角形错误；选项 B 不宜选用；选项 C 不宜采用。

考点四 ★ 钢材的性能（表 3-4）

钢材的性能　　表 3-4

力学性能	抗拉性能	① 抗拉性能是钢材的最主要性能，表征其性能的技术指标主要是屈服强度、抗拉强度和伸长率 ② 在结构计算时以下屈服点作为材料的屈服强度的标准值 ③ 强屈比越大，反映钢材受力超过屈服点工作时的可靠性越大，因而结构的安全性越高。但强屈比太大，则反映钢材不能有效地被利用 ④ 试件拉断后，标距的伸长与原始标距长度之比的百分率称断后伸长率 ⑤ 拉力达到最大时原始标距的伸长与原始标距之比的百分率称最大伸长率 ⑥ 伸长率的大小与标距长度有关。塑性变形在标距内的分布是不均匀的，颈缩处的伸长较大，离颈缩部位越远变形越小 ⑦ 原标距与试件的直径之比越大，颈缩处伸长值在整个伸长值中的比重越小，计算伸长率越小

续表

力学性能	冲击性能	① 冲击韧性指钢材抵抗冲击载荷的能力，其指标可通过标准试件的弯曲冲击韧性试验确定 ② 发生冷脆时的温度称为脆性临界温度，其数值越低，说明钢材的低温冲击韧性越好
	硬度	钢材的硬度是指表面层局部体积抵抗较硬物体压入产生塑性变形的能力，表征值常用布氏硬度值 HB 表示
	疲劳性能	钢材承受的交变应力越大，则断裂时的交变循环次数越少，相反，交变应力越小，则断裂时的交变循环次数越多；当交变应力低于某一值时，交变循环次数达无限次也不会产生疲劳破坏
工艺性能	冷弯性能	① 冷弯时的弯曲角度越大、弯心直径越小，则表示其冷弯性能越好 ② 冷弯试验能揭示钢材是否存在内部组织不均匀、内应力、夹杂物未溶合和微裂缝等缺陷
	焊接性能	① 影响钢材可焊性的主要因素是化学成分及含量 ② 含碳量超过 0.3% 时，可焊性显著下降；特别是硫含量较多时，会使焊缝处产生裂纹并硬脆，严重降低焊接质量 ③ 正确选用焊接材料和焊接工艺是提高焊接质量的主要措施

【例题 1】下列钢材性能技术指标，表示抗拉性能的有（　　）。（2023 年、2020 年真题）

A. 伸长率　　B. 硬度值

C. 屈服强度　　D. 抗拉强度

E. 冲击韧性值

【答案】ACD

【解析】抗拉性能是钢材的最主要性能，表征其性能的技术指标主要有屈服强度、抗拉强度和伸长率。

【例题 2】下列技术指标中，影响钢材塑性变形能力的是（　　）。（2022 年补考真题）

A. 伸长率　　B. 抗拉强度

C. 屈服强度　　D. 布氏硬度值

【答案】A

【解析】伸长率表征了钢材的塑性变形能力。

【例题 3】钢材的强屈比越大，其结构性能特点正确的为（　　）。（2021 年真题）

A. 结构的安全性越高　　B. 结构的安全性越低

C. 有效利用率越高　　D. 抗冲击性能越低

【答案】A

【解析】强屈比越大，反映钢材受力超过屈服点工作时的可靠性越大，因而结构的安全性越高；但强屈比太大，则反映钢材不能有效地被利用。

考点五 ● 钢材化学成分（表 3-5）

钢材化学成分　　表 3-5

化学成分	常规含量	增减	强度	硬度	塑性	韧性	可焊性	冷脆性	时效敏感性	热脆性
碳	≤ 0.8%	↑	↑	↑	↓	↓	↓↓	↑	↑	
硅	有益元素	↑	↑							

续表

化学成分	常规含量	增减	强度	硬度	塑性	韧性	可焊性	冷脆性	时效敏感性	热脆性
锰	＜1%				影响不大					
	1%～2%		↑		降低		↓			
硫	有害元素	偏析	降低各种机械性能				↓↓			↑
磷	有害元素	↑	↑		↓↓	↓↓	↓↓	↑	提高耐磨、耐腐蚀性	
氮	与磷相似		↑		↓↓	↓↓	↓			
氧	有害杂质		↓		↓	↓	↓			↑
钛			↑		↓↓		改善			

【例题1】下列钢材的化学成分中，决定钢材性质的主要元素是（　　）。（2023年真题）

A．碳　　B．硫

C．磷　　D．氧

【答案】A

【解析】碳是决定钢材性质的重要元素。

【例题2】钢材中，有害的化学元素包括（　　）。

A．碳　　B．硅

C．硫　　D．磷

E．氧

【答案】CD

【解析】选项A是决定钢材性质的重要元素。选项B是有益。选项E是有害杂质，不是有害元素，不建议选该选项。

【例题3】可以改善钢材可焊性的元素是（　　）。

A．碳　　B．硅

C．硫　　D．钛

【答案】D

【解析】钛能减少时效倾向，改善焊接性能。

二、胶凝材料

考点六 ● 胶凝材料分类（表3-6）

胶凝材料分类　　**表3-6**

无机胶凝材料	石灰	气硬性胶凝材料	只能在空气中保持和发展其强度，一般只适用于干燥环境中，而不宜用于潮湿环境，更不可用于水中
	石膏	气硬性胶凝材料	
	水泥	水硬性胶凝材料	既能在空气中，也能更好地在水中硬化、保持和继续发展其强度
有机胶凝材料	沥青、天然树脂、合成树脂		

【例题】无机胶凝结材料中，气硬性胶凝材料包括（　　）。

A．沥青　　　　B．水泥

C．石灰　　　　D．天然树脂

E．石膏

【答案】CE

【解析】选项 A 和选项 D 属于有机胶凝材料；选项 B 是水硬性胶凝材料。

考点七 ▲ 水泥的定义与代号（表 3-7、图 3-3）

水泥的定义与代号　　表 3-7

分类	组成	混合材料	代号
硅酸盐水泥	硅酸盐水泥熟料＋混合材料＋适量石膏	不掺混合料	P·Ⅰ
硅酸盐水泥		0～5% 石混合料	P·Ⅱ
普通硅酸盐水泥		6%～20% 混合材料	P·O
矿渣硅酸盐水泥		20%～70% 粒化高炉矿渣	P·S
火山灰硅酸盐水泥		20%～40% 火山灰质	P·P
粉煤灰硅酸盐水泥		20%～40% 的粉煤灰	P·F

注：水泥的分类主要是根据混合材料的掺量和类别来划分的。

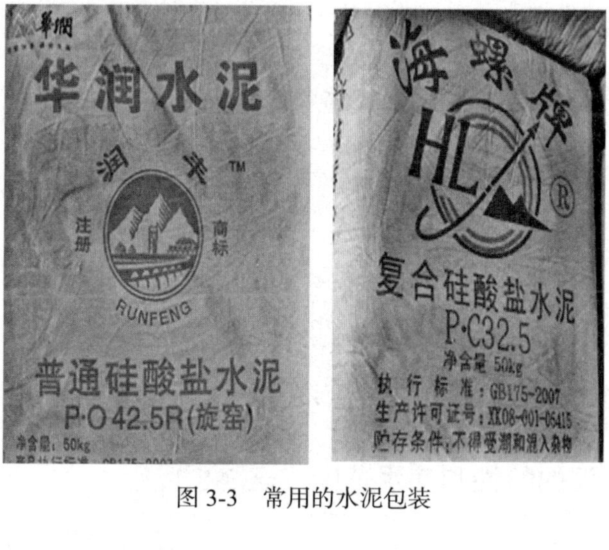

图 3-3　常用的水泥包装

【例题】普通硅酸盐水泥的代号是（　　）。

A．P·Ⅰ　　　　B．P·F

C．P·S　　　　D．P·O

【答案】D

【解析】普通硅酸盐水泥代号是 P·O。

考点八 ★ 水泥技术性质（表 3-8）

水泥技术性质　　表 3-8

水泥技术性质	细度	① 颗粒越细，与水反应的表面积大，水化速度快，早期强度高，但硬化收缩较大，且粉磨时能耗大，成本高 ② 硅酸盐水泥比表面积不小于 300m^2/kg
	凝结时间	① 硅酸盐水泥初凝时间不得早于 45min，终凝时间不得迟于 6.5h ② 普通硅酸盐水泥初凝时间不得早于 45min，终凝时间不得迟于 10h ③ 初凝时间不合格，水泥报废；终凝时间不合格，视为不合格
	体积安定性	① 指水泥在硬化过程中，体积变化是否均匀的性能 ② 引起安定性不良的主要原因是熟料中游离氧化钙、游离氧化镁或石膏含量过多 ③ 安定性不合格的水泥不得用于工程，应废弃
	强度	是指胶砂的强度而不是净浆的强度，是评定水泥强度等级的依据
	碱含量	碱含量不得大于 0.6% 或由供需双方商定

【例题 1】水泥的强度是指（　　）。（2023 年真题）

A．水泥净浆的强度

B．水泥胶砂的强度

C．水泥混凝土的强度

D．水泥砂浆结石强度

【答案】B

【解析】评定水泥强度等级的依据是胶砂的强度而不是净浆的强度。

【例题 2】判定硅酸盐水泥是否废弃的技术指标是（　　）。（2011 年真题）

A．体积安定性

B．水化热

C．水泥强度

D．水泥细度

【答案】A

【解析】初凝时间和安定性不合格的水泥应报废。

考点九 ★ 水泥的特性和使用范围（表 3-9）

水泥的特性和使用范围　　表 3-9

种类	硅酸盐水泥	普通硅酸盐水泥	矿渣硅酸盐水泥	火山灰质硅酸盐水泥	粉煤类硅酸盐水泥
强度等级	42.5，42.5R 52.5，52.5R 62.5，62.5R	42.5，42.5R 52.5，52.5R	32.5，32.5R 42.5，42.5R 52.5，52.5R	32.5，32.5R 42.5，42.5R 52.5，52.5R	32.5，32.5R 42.5，42.5R 52.5，52.5R

续表

种类	硅酸盐水泥	普通硅酸盐水泥	矿渣硅酸盐水泥	火山灰质硅酸盐水泥	粉煤类硅酸盐水泥
主要特性	① 早期强度较高，凝结硬化快 ② 水化热较大 ③ 耐冻性好 ④ 耐热性较差 ⑤ 耐腐蚀及耐水性较差 ⑥ 干缩性较小	① 早期强度较高，凝结硬化较快 ② 水化热较大 ③ 耐冻性较好 ④ 耐热性较差 ⑤ 耐腐蚀及耐水性较差 ⑥ 干缩性较小	① 早期强度低，后期强度增长较快，凝结硬化慢 ② 水化热较小 ③ 耐热性较好 ④ 耐硫酸盐侵蚀和耐水性较好 ⑤ 抗冻性较差 ⑥ 干缩性较大 ⑦ 抗碳化能力差	① 早期强度低，后期强度增长较快，凝结硬化慢 ② 水化热较小 ③ 耐热性较差 ④ 耐硫酸盐侵蚀和耐水性较好 ⑤ 抗冻性较差 ⑥ 干缩性较大 ⑦ 抗渗性较好 ⑧ 抗碳化能力差	① 早期强度低，后期强度增长较快，凝结硬化慢 ② 水化热较小 ③ 耐热性较差 ④ 耐硫酸盐侵蚀和耐水性较好 ⑤ 抗冻性较差 ⑥ 干缩性较小 ⑦ 抗碳化能力较差
适用范围	适用于快硬早强的工程、配制高强度等级混凝土	适用于制造地上、地下及水中的混凝土、钢筋混凝土及预应力钢筋混凝土结构，包括受反复冰冻的结构；也可配制高强度等级混凝土及早期强度要求高的工程	① 适用于高温车间和有耐热、耐火要求的混凝土结构 ② 大体积混凝土结构 ③ 蒸汽养护的混凝土结构 ④ 一般地上、地下和水中混凝土结构 ⑤ 有抗硫酸盐侵蚀要求的一般工程	① 适用于大体积工程 ② 有抗渗要求的工程 ③ 蒸汽养护的混凝土构件 ④ 可用于一般混凝土结构 ⑤ 有抗硫酸盐侵蚀要求的一般工程	① 适用于地上、地下水中及大体积混凝土工程 ② 蒸汽养护的混凝土构件 ③ 可用于一般混凝土工程 ④ 有抗硫酸盐侵蚀要求的一般工程
不适用范围	① 不宜用于大体积混凝土工程 ② 不宜用于受化学侵蚀、压力水（软水）作用及海水侵蚀的工程	① 不适用于大体积混凝土工程 ② 不宜用于化学侵蚀、压力水（软水）作用及海水侵蚀的工程	① 不适用于早期强度要求较高的工程 ② 不适用于严寒地区并处在水位升降范围内的混凝土工程	① 不适用于处在干燥环境的混凝土工程 ② 不宜用于耐磨性要求高的工程 ③ 其他同矿渣硅酸盐水泥	① 不适用于有抗碳化要求的工程 ② 其他同矿渣硅酸盐水泥

【例题 1】水化热较小的硅酸盐水泥有（　　）。（2023 年真题）

A. 硅酸盐水泥　　B. 普通硅酸盐水泥

C. 粉煤灰硅酸盐水泥　　D. 矿渣硅酸盐水泥

E. 火山灰硅酸盐水泥

【答案】CDE

【解析】矿渣硅酸盐水泥、火山灰硅酸盐水泥和粉煤灰硅酸盐水泥的水化热都较小。

【例题 2】下列常用水泥中，耐热性能较好的是（　　）。（2022 年补考，2021 年、2019 年真题）

A. 普通硅酸盐水泥　　B. 矿渣硅酸盐水泥

C. 火山灰硅酸盐水泥　　D. 粉煤灰硅酸盐水泥

【答案】B

【解析】矿渣硅酸盐水泥耐热性较好，适用于高温车间和有耐热、耐火要求的混凝土结构。

【例题 3】下列常用水泥中，适用于大体积混凝土的有（　　）。（2022 年真题）

A．硅酸盐水泥　　B．普通硅酸盐水泥

C．矿渣水泥　　D．火山灰硅酸盐水泥

E．粉煤灰水泥

【答案】CDE

【解析】矿渣硅酸盐水泥、火山灰硅酸盐水泥和粉煤灰硅酸盐水泥的水化热都较小，均适用于大体积混凝土。

【例题 4】干缩性较小的水泥有（　　）。（2020 年真题）

A．硅酸盐水泥　　B．普通硅酸盐水泥

C．矿渣硅酸盐水泥　　D．火山灰硅酸盐水泥

E．粉煤灰硅酸盐水泥

【答案】ABE

【解析】矿渣硅酸盐水泥、火山灰硅酸盐水泥干缩性较大，其余都较小。

考点十 ● 其他水泥使用范围（表 3-10）

其他水泥使用范围　　表 3-10

名称	特点及应用范围
铝酸盐水泥	① 具有快凝、早强、不收缩的特点 ② 宜用于配制早强、抗渗和抗硫酸盐侵蚀等混凝土，适用于浆锚、喷锚支护、抢修、抗硫酸盐腐蚀、海洋建筑等工程 ③ 不宜用于高温施工及处于高温环境的工程
硫铝酸盐水泥	① 早期强度高，凝结硬化快，具有快硬、早强特点，水化热高，放热快且放热量集中，同时具有很强的抗硫酸盐腐蚀作用和较高的耐热性，但抗碱性差 ② 用于工期紧急的工程，如国防、道路和特殊抢修工程等；也可用于抗硫酸盐腐蚀的工程和冬期施工的工程 ③ 不宜用于大体积混凝土工程；不能用于与碱溶液接触的工程；不得与未硬化的硅酸盐水泥混凝土接触使用，更不得与硅酸盐水泥或石灰混合使用；不能蒸汽养护，不宜在高温季节施工
道路硅酸盐水泥	① 主要用于公路路面、机场跑道等工程结构，也可用于要求较高的工厂地面和停车场等工程 ② 按照 28d 抗折强度分为 7.5 和 8.5 两个等级，其初凝时间不得早于 1.5h，终凝时间不得迟于 12h

【例题】配置冬期施工和抗硫酸盐腐蚀施工的混凝土的水泥宜采用（　　）（2018 年真题）

A．铝酸盐水泥　　B．硅酸盐水泥

C．普通硅酸盐水泥　　D．矿渣硅酸盐水泥

【答案】A

【解析】选项 B 和选项 C 不适合抗硫酸盐腐蚀；选项 D 不适合冬期施工。

考点十一 ★ 石油沥青组分、技术性质及选用（表 3-11）

石油沥青组分、技术性质及选用 表 3-11

<table>
<tr><td rowspan="5">石油沥青的组分</td><td>油分</td><td colspan="2">① 是沥青中分子量最小和密度最小的组分，不溶于酒精
② 赋予沥青以流动性</td></tr>
<tr><td>树脂（沥青脂胶）</td><td colspan="2">① 分子量比油分大，使石油沥青具有良好的塑性和粘结性
② 沥青脂胶中绝大部分属于中性树脂，在酒精和丙酮中难溶解或溶解度低，赋予沥青以良好的粘结性、塑性和可流动性
③ 沥青树脂中还含有少量的酸性树脂，是沥青中的表面活性物质，改善了石油沥青对矿物材料的浸润性，特别是提高了对碳酸盐类岩石的黏附性，并有利于石油沥青的可乳化性</td></tr>
<tr><td>地沥青质（沥青质）</td><td colspan="2">① 不溶于酒精，染色力强，对光的敏感性强，感光后不能溶解
② 地沥青质是决定石油沥青温度敏感性、黏性的重要组成部分，其含量越多，则软化点越高，黏性越大，即越硬脆</td></tr>
<tr><td colspan="3">石油沥青中还含有 2%～3% 的沥青碳和似碳物，是石油沥青中分子量最大的，它能降低石油沥青的粘结力</td></tr>
<tr><td colspan="3">石油沥青中还含有蜡，会降低石油沥青的粘结性和塑性，同时对温度特别敏感（即温度稳定性差）。蜡是石油沥青的有害成分</td></tr>
<tr><td rowspan="5">石油沥青技术性质</td><td>防水性</td><td colspan="2">具有良好的防水性，故广泛用于土木工程的防潮、防水材料</td></tr>
<tr><td>黏滞性（黏性）</td><td colspan="2">① 黏滞性的大小与组分及温度有关
② 地沥青质含量较高，油分少，黏滞性较大
③ 当温度升高时，则黏滞性随之降低
④ 测定相对黏度的主要方法是用标准黏度计和针入度仪
⑤ 对于黏稠石油沥青的相对黏度是用针入度仪测定的针入度来表示，反映石油沥青抵抗剪切变形的能力。针入度值越小，表明黏度越大
⑥ 对于液体石油沥青或较稀的石油沥青的相对黏度，可用标准黏度计测定的标准黏度表示</td></tr>
<tr><td>塑性</td><td colspan="2">① 石油沥青的塑性与其组分、温度及沥青膜层厚度有关
② 石油沥青中树脂含量较多，且其他组分含量适当时，则塑性较大；温度升高则塑性增大，膜层越厚期塑性越高
③ 沥青的塑性还反映了沥青开裂后的自愈能力，沥青之所以能制造出性能良好的柔性防水材料，很大程度上取决于沥青的塑性
④ 沥青的塑性对冲击振动荷载有一定吸收能力，并能减少摩擦时的噪声
⑤ 石油沥青的塑性用延度（伸长度）表示。延度越大，塑性越好</td></tr>
<tr><td>温度敏感性</td><td colspan="2">① 当温度升高时，沥青像液体一样发生了黏性流动，称为黏流态
② 当温度降低时又逐渐由黏流态凝固为固态，甚至变硬变脆
③ 土木建筑工程宜选用温度敏感性较小的沥青
④ 石油沥青中地沥青质含量较多，在一定程度上能够减小其温度敏感性
⑤ 加入滑石粉、石灰石粉或其他矿物填料可以减小其温度敏感性
⑥ 沥青中含蜡量较多时，则会增大温度敏感性
⑦ 沥青软化点是反映沥青的温度敏感性的重要指标</td></tr>
<tr><td>大气稳定性</td><td colspan="2">① 石油沥青的大气稳定性常以蒸发损失和蒸发后针入度比来评定
② 蒸发损失百分数越小和蒸发后针入度比越大，则表示大气稳定性越高，“老化”越慢</td></tr>
<tr><td rowspan="3">石油沥青选用</td><td>建筑石油沥青</td><td colspan="2">① 针入度较小（黏性较大），软化点较高（耐热性较好），但延伸度较小（塑性较小）
② 主要用作制造油纸、油毡、防水涂料和沥青嵌缝膏</td></tr>
<tr><td rowspan="2">道路石油沥青</td><td>重交通</td><td>用于高速公路、一级公路路面，机场道面及重要的城市道路路面工程</td></tr>
<tr><td>中、轻交通</td><td>主要用于一般的道路路面、车间地面等工程</td></tr>
</table>

【例题 1】沥青温度敏感性指标是（　　）。（2023 年真题）

A．延度　　B．针入度

C．相对黏度　　D．软化点

【答案】D

【解析】沥青软化点是反映沥青的温度敏感性的重要指标。一般采用环球法软化点仪测定沥青软化点。

【例题 2】决定石油沥青温度敏感性和黏性的重要组分是（　　）。（2022 年真题）

A．油分　　B．树脂

C．沥青质　　D．沥青碳

【答案】C

【解析】地沥青质是决定石油沥青温度敏感性、黏性的重要组成部分，其含量越多，则软化点越高，黏性越大，即越硬脆。

【例题 3】有关石油沥青的技术性质的说法，正确的有（　　）。

A．属于憎水性材料，广泛用作防潮、防水材料

B．地沥青质多，油分少，石油沥青的黏滞性较大

C．石油沥青的塑性与组分、温度及沥青膜层厚度有关

D．石油沥青能否作为柔性防水材料，取决于沥青软化点

E．土木建筑工程宜选用温度敏感性较大的沥青

【答案】ABC

【解析】选项 D 取决于塑性；选项 E 应是温度敏感性较小的沥青。

【例题 4】机场跑道面层用的石油沥青的品种为（　　）。

A．中交通道路石油沥青　　B．重交通道路石油沥青

C．橡胶改性石油沥青　　D．建筑石油沥青

【答案】B

【解析】重交通道路石油沥青用于高速公路、一级公路路面，机场道面及重要的城市道路路面工程。

考点十二 ▲改性石油沥青（表 3-12）

改性石油沥青　　表 3-12

改性石油沥青	橡胶	① 橡胶沥青有较好的混溶性，能使沥青具有橡胶的很多优点，如高温变形性小、低温柔性好 ② 氯丁橡胶改性沥青用于路面的稀浆封层和制作密封材料和涂料等 ③ 丁基橡胶改性沥青用于道路路面工程和制作密封材料和涂料 ④ 热塑性弹性体（SBS）橡胶改性沥青是目前应用最成功和用量最大的一种改性沥青，主要用于制作防水卷材和铺筑高等级公路路面等 ⑤ 再生橡胶改性沥青可以制成卷材、片材、密封材料、胶粘剂和涂料等
	树脂	① 用树脂改性石油沥青，可以改进沥青的耐寒性、耐热性、粘结性和不透气性 ② 聚乙烯树脂改性沥青的耐高温性和耐疲劳性有显著改善，低温柔性也有所改善 ③ 乙烯—乙酸乙烯共聚物（EVA）、无规聚丙烯（APP）制成的改性沥青具有良好的弹塑性、耐高温性和抗老化性，多用于防水卷材、密封材料和防水涂料等

续表

改性石油沥青	橡胶和树脂	① 橡胶和树脂同时用于改善沥青的性质，使沥青同时具有橡胶和树脂的特性 ② 树脂比橡胶便宜，橡胶和树脂又有较好的混溶性，所以效果较好 ③ 主要有卷材、片材，密封材料，防水涂料等
	矿物填充料	① 常用的矿物填充料为粉状的和纤维状的 ② 主要的有滑石粉、石灰石粉、硅藻土和石棉等

【例题 1】下列橡胶改性沥青中，既具有优良耐高温性又具有优异低温柔性和抗疲劳性的为（　　）。（2021 年真题）

A．丁基橡胶改性沥青　　B．氯丁橡胶改性沥青

C．SBS 改性沥青　　D．再生橡胶改性沥青

【答案】C

【解析】SBS 改性沥青具有良好的耐高温性、优异的低温柔性和耐疲劳性，是目前应用最成功和用量最大的一种改性沥青。

【例题 2】耐酸、耐碱、耐热和绝缘的沥青制品应选用（　　）。（2020 年真题）

A．滑石粉填充改性沥青　　B．石灰石粉填充改性沥青

C．硅藻土填充改性沥青　　D．树脂改性沥青

【答案】A

【解析】滑石粉亲油性好（憎水），易被沥青润湿，可直接混入沥青中，以提高沥青的机械强度和抗老化性能，可用于具有耐酸、耐碱、耐热和绝缘性能的沥青制品中。

【例题 3】高等级公路路面铺筑应选用（　　）。（2019 年真题）

A．树脂改性沥青　　B．SBS 改性沥青

C．橡胶树脂改性沥青　　D．矿物填充料改性沥青

【答案】B

【解析】SBS 改性沥青是目前应用最成功和用量最大的一种改性沥青，主要用于制作防水卷材和铺筑高等级公路路面等。

【例题 4】改性石油沥青的品种包括（　　）。

A．建筑石油沥青　　B．道路石油沥青

C．橡胶石油沥青　　D．树脂石油沥青

E．矿物填充料石油沥青

【答案】CDE

【解析】选项 A 和选项 B 属于非改性沥青。

三、水泥混凝土

考点十三 ★ 水泥混凝土的组成（表 3-13）

水泥混凝土的组成　　表 3-13

水泥	① 对于泵送混凝土应选用硅酸盐水泥、普通硅酸盐水泥、矿渣硅酸盐水泥和粉煤灰硅酸盐水泥，不宜采用火山灰质硅酸盐水泥 ② 主要控制指标应包括凝结时间、安定性、胶砂强度和氯离子含量

续表

<table>
<tr><td rowspan="5">砂</td><td>分类</td><td colspan="3">① 按细度模数分为粗、中、细三种规格：3.7～3.1 为粗砂，3.0～2.3 为中砂，2.2～1.6 为细砂。中砂为佳
② 建设用砂按颗粒级配、含泥量或石粉含量、亚甲蓝（MB）值、泥块含量、有害物质、坚固性、压碎指标、片状颗粒含量分为Ⅰ类、Ⅱ类、Ⅲ类</td></tr>
<tr><td>砂用量相同的情况下</td><td colspan="3">① 用于拌制混凝土的砂，不宜过粗，也不宜过细
② 若砂子过粗，则拌制的混凝土黏聚性差，容易产生离析、泌水现象
③ 若砂子过细，砂子的总表面积增大，虽然拌制的混凝土黏聚性较好，不易离析泌水，但水泥用量增大</td></tr>
<tr><td>氯离子含量</td><td colspan="3">普通钢筋混凝土用砂 ≤ 0.03%；预应力混凝土用砂 ≤ 0.01%</td></tr>
<tr><td>含泥量</td><td colspan="3">对于有抗渗、抗冻、抗腐蚀、耐磨或其他特殊要求的混凝土，砂的含泥量和泥块含量分别不应大于 3.0% 和 1.0%；高强混凝土用砂的含泥量和泥块含量分别不应大于 2.0% 和 0.5%</td></tr>
<tr><td>坚固性</td><td colspan="3">建设用砂的坚固性指标不应大于 10%。对于有抗渗、抗冻、抗腐蚀、耐磨或其他特殊要求的混凝土，砂的坚固性指标不应大于 8%</td></tr>
<tr><td rowspan="9">石子</td><td>分类</td><td colspan="3">① 粒径大于 4.75mm 的骨料称为粗骨料（石子），包括碎石和卵石
② 碎石表面粗糙，颗粒多棱角，与水泥浆粘结力强，配制的混凝土强度高，但总表面积和空隙率较大，拌制混凝土水泥用量较多，拌合物和易性较差
③ 卵石表面光滑，少棱角，空隙率及表面积小，拌制混凝土需用水泥浆量少，拌合物和易性好，便于施工，但用其配制的混凝土强度较低
④ 建设用石按卵石含泥量（碎石泥粉含量），泥块含量，针、片状颗粒含量，不规则颗粒含量，硫化物及硫酸盐含量，坚固性，压碎指标，连续级配松散堆积空隙率，吸水率等分为Ⅰ类、Ⅱ类、Ⅲ类</td></tr>
<tr><td rowspan="4">石子最大粒径</td><td colspan="2">石子的最大粒径不得超过结构截面最小尺寸的 1 / 4</td><td rowspan="4">取最小值</td></tr>
<tr><td colspan="2">同时不得大于钢筋间最小净距的 3 / 4</td></tr>
<tr><td colspan="2">对混凝土实心板，骨料最大粒径不宜超过板厚 1 / 3，且 ≤ 40mm</td></tr>
<tr><td colspan="2">泵送混凝土时，碎石（卵石）最大粒径应不大于输送管径的 1/3（1/2.5）</td></tr>
<tr><td rowspan="2">石子颗粒级配</td><td>连续级配</td><td colspan="2">水泥用量稍多，混凝土流动性和黏聚性均较好，泵送混凝土应选用</td></tr>
<tr><td>间断级配</td><td colspan="2">节约水泥，混凝土拌合物易产生离析现象，适用于机械振捣流动性低的干硬性拌合物</td></tr>
<tr><td>强度</td><td colspan="3">① 石子的强度用岩石立方体抗压强度和压碎指标表示
② 当混凝土强度等级为 C60 及以上时，应进行岩石抗压强度检验
③ 在选择采石场或对集料强度有严格要求或对质量有争议时，宜用岩石抗压强度检验
④ 对于经常性的生产质量控制用压碎指标值检验较为方便</td></tr>
<tr><td>坚固性</td><td colspan="3">一般采用硫酸钠溶液浸泡法</td></tr>
<tr><td>水</td><td colspan="4">① 在无法获得水源的情况下，海水可用于素混凝土，但不宜用于装饰混凝土
② 未经处理的海水严禁用于钢筋混凝土和预应力混凝土
③ 混凝土拌合用水应控制 pH 值、硫酸根离子含量、氯离子含量、不溶物含量、可溶物含量
④ 地表水、地下水、再生水在首次使用前应检测放射性</td></tr>
</table>

【例题 1】下列关于粗骨料颗粒级配说法正确的是（　　）。（2022 年真题）

A．混凝土间断级配比连续级配和易性好

B．混凝土连续级配比间断级配易离析

C．相比于间断级配，混凝土连续级配适用于机械振捣流动性低的干硬性拌合物

D．连续级配是现浇混凝土最常用的级配形式

【答案】D

【解析】连续级配比间断级配水泥用量稍多，但其拌制的混凝土流动性和黏聚性均较好，选项 A 错误。间断级配由于颗粒相差较大，混凝土拌合物易产生离析现象，因此间断级配较适用于机械振捣流动性低的干硬性拌合物，选项 B 和选项 C 均错误。

【例题 2】用压碎指标来衡量石子的强度，适用的条件是（　　）。

A．选择采石厂　　B．对石子的强度有严格要求

C．石子质量有争议　　D．经常性的生产质量控制

【答案】D

【解析】其余选项采用的方法是岩石立方体抗压强度。

考点十四 ★ 外加剂（表 3-14）

外加剂　　表 3-14

减水剂	① 保持坍落度不变，掺减水剂可降低单位混凝土用水量，从而降低了水灰比，提高混凝土强度，同时改善混凝土的密实度，提高耐久性 ② 保持用水量不变，掺减水剂可增大混凝土坍落度（流动性） ③ 保持强度不变，掺减水剂可节约水泥用量 ④ 减水剂常用品种有普通减水剂、高效减水剂、高性能减水剂等 ⑤ 高性能减水剂比高效减水剂具有更高减水率、更好坍落度保持性能、较小干燥收缩性，且具有一定引气性能
早强剂	① 多用于抢修工程和冬期施工的混凝土 ② 宜用于蒸养、常温、低温和最低温度不低于－5℃环境中 ③ 不宜用于炎热条件以及环境温度低于－5℃时，也不宜用于大体积混凝土 ④ 常用的早强剂有氯盐、硫酸盐、三乙醇胺和以它们为基础的复合早强剂，其中，三乙醇胺早强剂对钢筋无锈蚀作用
引气剂	① 减少拌合物泌水离析、改善和易性，同时显著提高硬化混凝土抗冻融耐久性的外加剂 ② 松香树脂类的松香热聚物的效果较好，最常使用 ③ 引气减水剂减水效果明显，减水率较大，不但能起到引气作用而且还能提高混凝土强度，弥补由于含气量而使混凝土强度降低的不利，而且节约水泥 ④ 引气减水剂有改性木质素磺酸盐类、烷基芳香磺酸盐类以及由各类引气剂与减水剂组成的复合剂 ⑤ 引气剂及引气减水剂，除用于抗冻、防渗、抗硫酸盐混凝土外，还宜用于泌水严重的混凝土、贫混凝土以及对饰面有要求的混凝土和轻骨料混凝土 ⑥不宜用于蒸养混凝土和预应力混凝土
缓凝剂	① 缓凝剂用于大体积混凝土、炎热气候条件下施工的混凝土或长距离运输的混凝土，不宜单独用于蒸养混凝土 ② 最常用的是糖蜜和木质素磺酸钙，糖蜜的效果最好
泵送剂	① 泵送剂温度不宜高于 35℃，掺泵送剂过量可能造成堵泵现象 ② 泵送剂不宜用于蒸汽养护混凝土和蒸压养护的预制混凝土
膨胀剂	① 当膨胀剂用于补偿收缩混凝土时膨胀率相当于或稍大于混凝土收缩，用于防裂、防水接缝、补强堵塞 ② 掺硫铝酸钙膨胀剂的混凝土，不能用于长期处于环境温度为 80℃以上的工程 ③ 掺硫铝酸钙类或石灰类膨胀剂的混凝土，不宜使用氯盐类外加剂

【例题 1】在抢修工程和冬期施工用混凝土中宜加入的外加剂是（　　）。（2023 年真题）

A．引气剂　　B．早强剂

C．防水剂　　D．泵送剂

【答案】B

【解析】早强剂可以提高混凝土早期强度，并对后期强度无显著影响。早强剂多用于抢修工程和冬期施工的混凝土。

【例题 2】可以改善混凝土拌合物流变性能的外加剂有（　　）。（2022 年补考真题）

A．减水剂　　B．防水剂

C．缓凝剂　　D．引气剂

E．泵送剂

【答案】ADE

【解析】改善混凝土拌合物流变性能的外加剂，包括各种减水剂、引气剂和泵送剂等。

【例题 3】既可以提高混凝土拌合物流变性能又可以提高耐久性的外加剂是（　　）。（2022 年真题）

A．速凝剂　　B．引气剂

C．缓凝剂　　D．加气剂

【答案】B

【解析】引气剂可以减少拌合物泌水离析、改善和易性，同时显著提高硬化混凝土抗冻融耐久性的外加剂。

【例题 4】关于混凝土泵送剂，说法正确的是（　　）。（2020 年真题）

A．应用泵送剂温度不宜高于 25℃

B．过梁渗入泵送剂不会造成堵泵现象

C．宜用于蒸汽养护混凝土

D．泵送剂包含缓凝及减水组分

【答案】D

【解析】泵送剂组分包含缓凝及减水组分、增稠组分（保水剂）、引气组分，以及高比表面无机掺合料。

考点十五　★ 普通混凝土的技术性质（新改内容）（表 3-15）

普通混凝土的技术性质　　表 3-15

立方体抗压强度	① 立方体抗压强度只是一组试件抗压强度的算术平均值，并未涉及数理统计和保证率的概念 ② 立方体抗压强度标准值是按数理统计方法确定，具有不低于 95% 保证率 ③ 混凝土的强度等级是根据立方体抗压强度标准值来确定的
抗拉强度	抗拉强度为抗压强度的 1/10～1/20，且强度越高，该比值越小
抗折强度	道路和机场工程中的重要指标

续表

<table>
<tr><td>立方体抗压强度影响因素</td><td colspan="2">① 混凝土的强度主要取决于水泥石强度及其与骨料表面的粘结强度
② 水泥石强度及其与骨料的粘结强度又与水泥强度等级、水灰比及骨料性质有密切关系
③ 此外混凝土的强度还受施工质量、养护条件及龄期的影响</td></tr>
<tr><td rowspan="3">和易性</td><td>流动性</td><td>在自重或振捣作用下，能自由流动并充满模板的能力</td></tr>
<tr><td>黏聚性</td><td>在施工全部过程中不出现分层离析保持整体均匀性的能力</td></tr>
<tr><td>保水性</td><td>施工中不发生严重的泌水现象</td></tr>
<tr><td colspan="2">和易性评定指标</td><td>坍落度、坍落扩展度试验、维勃稠度试验</td></tr>
<tr><td>和易性影响因素</td><td colspan="2">① 主要因素包括单位体积用水量、砂率、组成材料的性质、时间和温度等
② 最主要因素是单位体积用水量决定水泥浆的数量和稠度
③ 砂率是指混凝土中砂的质量占砂、石总质量的百分率</td></tr>
<tr><td rowspan="4">耐久性指标</td><td>抗冻性</td><td>混凝土的密实度、孔隙的构造特征是影响抗冻性的重要因素</td></tr>
<tr><td>抗渗性</td><td>水灰比对抗渗性起决定性作用</td></tr>
<tr><td>抗侵蚀性</td><td>混凝土的抗侵蚀性与密实度有关，水泥品种、混凝土内部孔隙特征对抗腐蚀性也有较大影响</td></tr>
<tr><td>碳化</td><td>① 使混凝土的碱度降低，减弱了混凝土对钢筋的保护作用
② 影响混凝土碳化的主要因素：二氧化碳浓度、环境湿度、混凝土密实度、水泥品种与掺和料用量</td></tr>
<tr><td>提高耐久性措施</td><td colspan="2">① 合理选用水泥品种
② 控制水灰比及保证足够的水泥用量
③ 级配合理的骨料和合理的砂率
④ 采用合适的外加剂</td></tr>
<tr><td>结构混凝土强度等级要求</td><td colspan="2">对设计工作年限为 50 年的混凝土结构，结构混凝土的强度等级尚应符合下列规定：
① 素混凝土结构构件的混凝土强度等级不应低于 C20
② 钢筋混凝土结构构件的混凝土强度等级不应低于 C25
③ 预应力混凝土楼板结构的混凝土强度等级不应低于 C30，其他预应力混凝土结构构件的混凝土强度等级不应低于 C40
④ 型钢混凝土组合结构构件的混凝土强度等级不应低于 C30
⑤ 承受重复荷载作用的钢筋混凝土结构构件，混凝土强度等级不应低于 C30
⑥ 抗震等级不低于二级的钢筋混凝土结构构件，混凝土强度等级不应低于 C30
⑦ 采用 500MPa 及以上等级钢筋的钢筋混凝土结构构件，混凝土的强度等级不应低于 C30</td></tr>
</table>

【例题 1】设计工作年限为 50 年的钢筋混凝土构件，其混凝土强度等级不应低于（　　）。（2023 年真题）

A．C20　　B．C25

C．C30　　D．C40

【答案】B

【解析】钢筋混凝土结构构件的混凝土强度等级不应低于 C25。

【例题 2】确定混凝土强度等级的是（　　）。（2022 年补考真题）

A．立方体抗压强度　　B．立方体抗压强度标准值

C．劈裂抗拉强度　　D．抗弯强度

【答案】B

【解析】混凝土的强度等级是根据立方体抗压强度标准值来确定的。

【例题 3】混凝土抗渗性起定性作用的是（　　）。（2022 年补考真题）

A．水灰比　　B．外加剂

C．水泥种类　　D．骨料粒径

【答案】A

【解析】影响混凝土抗渗性的因素有水灰比、水泥品种、骨料的粒径、养护方法、外加剂及掺和料等，其中水灰比对抗渗性起决定性作用。

【例题 4】混凝土的耐久性的主要性能指标应包括（　　）。（2021 年真题）

A．保水性　　B．抗冻性

C．抗渗性　　D．抗侵蚀性

E．抗碳化能力

【答案】BCDE

【解析】混凝土耐久性的主要性能指标包括抗冻性、抗渗性、抗侵蚀性、抗碳化。选项 A 属于和易性。

【例题 5】提高混凝土耐久性的措施有（　　）。（2018 年真题）

A．提高水泥用量　　B．合理选用水泥品种

C．控制水灰比　　D．提高砂率

E．掺用合适的外加剂

【答案】BCE

【解析】选项 A 应为保证足够的水泥用量。提高水泥用量导致水化热增大，容易采用裂缝，不利于耐久性。选项 D 应为合理的砂率。

考点十六 ★ 特种混凝土的性质和适用范围（表 3-16）

特种混凝土的性质和适用范围　　表 3-16

高性能混凝土（HPC）	特性	自密实性好，体积稳定性好，高强度（200MPa），水化热低，收缩量小，徐变少，耐久性好，耐高温（火）差	
	制备 HPC 技术途径	优质的水泥和粗细骨料	
		高效减水剂	
		微细粉	
		工艺	① 水泥裹砂混凝土搅拌；② 超声波振动或高频振动密实；③ 真空吸水；④ 机械振动
高强混凝土	定义	采用普通原料和常规工艺，主要依靠高效减水剂，或同时外加一定数量的活性矿物掺和料，使硬化后强度等级不低于 C60 的混凝土	
	优点	① 减少结构断面面积和钢筋用量，增加房屋有效面积和空间 ② 致密坚硬，抗渗，抗冻，耐腐蚀，抗冲击力好 ③ 刚度大、变形小、可加大预应力和早施加预应力，收缩，徐变损失小	

续表

<table>
<tr><td rowspan="7">高强混凝土</td><td>缺点</td><td colspan="2">施工质量管理水平要求高，延性差</td></tr>
<tr><td>抗压性能</td><td colspan="2">高强混凝土的抗压性能与普通混凝土相比有很大提高</td></tr>
<tr><td>早期与后期强度</td><td colspan="2">高强混凝土的水泥用量大，早期强度发展较快，后期强度增长较小</td></tr>
<tr><td>抗拉强度</td><td colspan="2">随着抗压强度的提高而提高，但它们之间的比值却随着强度的增加而降低。在低强度混凝土中，这些比值均要大得多</td></tr>
<tr><td>收缩</td><td colspan="2">最终收缩量与普通混凝土大体相同</td></tr>
<tr><td>耐久性</td><td colspan="2">优于普通混凝土</td></tr>
<tr><td>组成材料要求</td><td colspan="2">① 应选用质量稳定的硅酸盐水泥或普通硅酸盐水泥
② 细骨料细度模数 2.6～3.0，含泥量≤2.0%
③ 粗骨料最大粒径≤25mm
④ 水泥用量≤550kg/m^3</td></tr>
<tr><td>轻骨料混凝土</td><td>物理力学性质</td><td colspan="2">① 强度等级 CL5～CL60 共 13 级
② 表观密度分 12 个等级（0.8～2.0t/m^3），比普通混凝土低
③ 耐久性好
④ 弹性模量比普通混凝土低，保温隔热性能好</td></tr>
<tr><td rowspan="3">防水混凝土</td><td rowspan="3">自防水途径</td><td>提高混凝土密实度</td><td>① 调整混凝土配合比（减少水灰比，提高水泥用量和砂率，改善骨料级配）
② 在混凝土中掺入适量减水剂、三乙醇胺早强剂或氯化铁防水剂均可提高密实度，增加抗渗性
③ 采用膨胀水泥（或普通水泥掺膨胀剂）</td></tr>
<tr><td>改善内部孔隙结构</td><td>掺入引气剂或引气减水剂</td></tr>
<tr><td>施工缝</td><td>尽量不留或少留，必须留时设止水带</td></tr>
<tr><td rowspan="2">碾压混凝土</td><td>定义</td><td colspan="2">由良好的级配骨料，较低的水泥和水的用量，较多的外加剂制成的超干硬性拌合物，经振动碾压而成</td></tr>
<tr><td>特点</td><td colspan="2">① 结构密实强度高
② 干缩性小，耐久性好
③ 水泥用量少，水化热低</td></tr>
<tr><td>纤维混凝土</td><td>定义</td><td colspan="2">以混凝土为基体，外掺各种纤维材料而成，以提高混凝土抗拉强度与降低其脆性</td></tr>
<tr><td rowspan="2">聚合物混凝土</td><td>特点</td><td colspan="2">克服了普通混凝土抗拉强度低、脆性大、易开裂、耐化学腐蚀性差等缺点，扩大了混凝土的使用范围</td></tr>
<tr><td>分类</td><td colspan="2">聚合物浸渍混凝土、聚合物水泥混凝土和聚合物胶结混凝土（树脂混凝土）三类</td></tr>
</table>

【例题 1】关于高性能混凝土，下列说法正确的有（　　）。（2022 年真题）

A．体积稳定好

B．可减少结构断面，降低钢筋用量

C．耐高温性好

D．早期收缩率随着早期强度提高而增大

E．具有较高的密实性和抗渗性

【答案】ADE

【解析】选项 B 为高强混凝土的优点；选项 C 应为耐高温（火）差。

【例题 2】与普通混凝土相比，高性能混凝土的明显特性有（　　）。（2018 年真题）

A．体积稳定性好　　B．耐久性好

C．早期强度发展慢　　D．抗压强度高

E．自密实性差

【答案】ABD

【解析】高性能混凝土抗拉强度与抗压强度值比较高强混凝土有明显增加，高性能混凝土的早期强度发展较快，而后期强度的增长率却低于普通强度混凝土。高性能混凝土的用水量较低，流动性好，抗离析性高，具有较优异的填充性。因此，配合比恰当的大流动性高性能混凝土有较好的自密实性。

【例题 3】混凝土中掺入纤维材料的主要作用有（　　）。（2014 年真题）

A．增强抗冲击性能

B．增强抗裂缝能力

C．增强抗冻能力

D．增强抗磨损能力

E．增强抗碳化能力

【答案】ABD

【解析】大量材料性能和工程结构试验证明，纤维混凝土对增强混凝土早期抗拉强度，防止早期由沉陷、水化热、干缩而产生的内蕴微裂纹，减少表现裂缝和开裂宽度，对增强混凝土的防渗性能、抗磨损抗冲击性能及增强结构整体性有显著作用。

【例题 4】通过提高混凝土的密实度来防水的措施包括（　　）。

A．减小水灰比

B．掺入适量氯化铁

C．掺入适量引气剂

D．施工中应尽量少留或不留施工缝

E．使用膨胀水泥

【答案】ABE

【解析】选项 C 为改善孔隙结构来防水；选项 D 为施工措施，减少接缝来防水。

考点十七 ★ 沥青混合料组成及技术性质（表 3-17、图 3-4）

沥青混合料组成及技术性质　　**表 3-17**

沥青混合料	组成	沥青、粗集料、细集料、矿粉，有的还加入聚合物和木纤维素		
	分类	悬浮密实结构	骨架空隙结构	骨架密实结构
	粗细骨料	粗少细多	粗多细少	粗细正好

续表

沥青混合料	内摩擦角	较小	较高	较高
	黏聚力	较大	较低	较高
	高温稳定性	较差	较好	较好
	代表类型	普通沥青混合料（AC）	沥青碎石混合料（AM）	沥青玛蹄脂混合料（SMA）
	其他		耐久性较差	较理想的结构类型
沥青混合料技术性质	高温稳定性	① 通常采用高温强度与稳定性作为主要技术指标 ② 常用的测试评定方法有马歇尔试验法、无侧限抗压强度试验法、史密斯三轴试验法等 ③ 马歇尔试验法比较简便，既可以于沥青混合料的配合比设计，也便于工地现场质量检验，但该方法仅适用于热拌沥青混合料		
	低温抗裂性	① 低温开裂是由混合料的低温脆化、低温收缩和温度疲劳引起 ② 低温脆化一般用不同温度下的弯拉破坏试验来评定 ③ 低温收缩可采用低温收缩试验来评定 ④ 温度疲劳则可以用低频疲劳试验来评定		
	耐久性	① 沥青混合料的耐久性与组成材料的性质和配合比有密切关系 ② 沥青在大气因素作用下，油分减少，沥青质增加，使沥青的塑性逐渐减小，脆性增加，路面的使用品质下降 ③ 沥青混合料应有较高的密实度和较小的空隙率，但是，空隙率过小，将影响沥青混合料的高温稳定性 ④ 耐久性常用浸水马歇尔试验或真空饱水马歇尔试验评价		
	抗滑性	① 沥青路面的抗滑性能与集料的表面结构（粗糙度）、级配组成、沥青用量等因素有关 ② 为保证抗滑性能，面层集料应选用质地坚硬具有棱角的碎石，通常采用玄武岩 ③ 采取适当增大集料粒径、减少沥青用量及控制沥青的含蜡量等措施，均可提高路面的抗滑性		
	施工和易性	① 影响施工和易性的因素有气温、施工机械条件及混合料性质等 ② 从混合料的材料性质看，影响施工和易性的是混合料的级配和沥青用量		

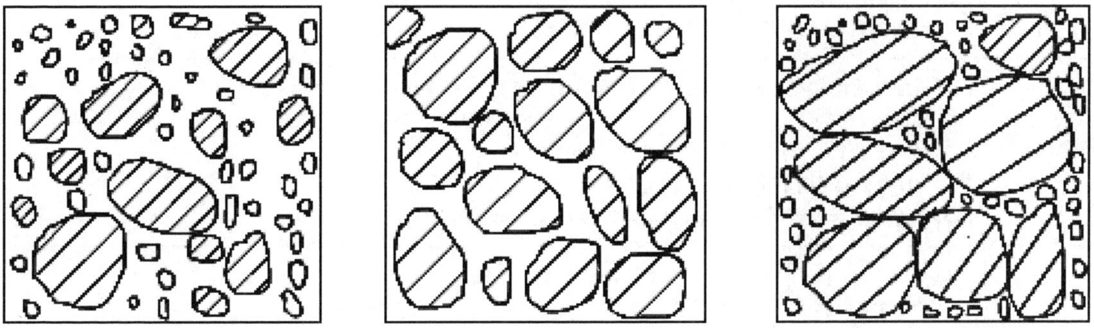

（a）悬浮密实结构　　（b）骨架空隙结构　　（c）骨架密实结构

图 3-4　沥青混合料的三种类型

【例题 1】常用于测试评定沥青混合料高温稳定性的方法有（　　）。（2022 年补考真题）

A. 弯拉破坏试验法　　B. 马歇尔试验法

C. 低频疲劳试验法　　D. 史密斯三轴试验法

E. 无侧限抗压强度试验法

【答案】BDE

【解析】沥青混合料高温稳定性常用的测试评定方法有：马歇尔试验法、无侧限抗压强度试验法、史密斯三轴试验法等。

【例题 2】沥青路面的面层集料采用玄武岩碎石主要是为了保证路面的（　　）。（2020 年真题）

A. 高温稳定性　　B. 低温抗裂性

C. 抗滑性　　D. 耐久性

【答案】C

【解析】为保证抗滑性能，面层集料应选用质地坚硬具有棱角的碎石，通常采用玄武岩。

四、砌筑材料

考点十八 ▲砌筑材料——砖、砌块（表 3-18、图 3-5）

砌筑材料——砖、砌块　　表 3-18

<table>
<tr><td rowspan="4">烧结砖</td><td>烧结普通砖</td><td>① 标准尺寸为 240mm×115mm×53mm
② 具有较高的强度，良好的绝热性、耐久性、透气性和稳定性
③ 可用作墙体材料，砌筑柱、拱、窑炉、烟囱、沟道及基础等</td></tr>
<tr><td>烧结多孔砖</td><td>① 孔洞垂直于大面（即受压面），孔洞率不小于 25%
② 用于 6 层以下建筑物的承重墙体</td></tr>
<tr><td>烧结空心砖</td><td>① 孔洞平行于大面和条面，垂直于顶面，孔洞率不小于 40%
② 多用于非承重墙，如多层建筑内隔墙或框架结构的填充墙等</td></tr>
<tr><td colspan="2">① 砖的耐久性包括抗风化性、泛霜和石灰爆裂等指标
② 抗风化性通常以其抗冻性、吸水率及饱和系数等来进行判别
③ 石灰爆裂与泛霜均与砖中石灰夹杂有关</td></tr>
<tr><td>蒸（养）压砖</td><td colspan="2">① 目前使用的主要有粉煤灰砖、灰砂砖和炉渣砖，与烧结普通砖尺寸规格相同
② 按抗压、抗折强度值可划分为 MU25、MU20、MU15、MU10
③ MU15 以上者可用于基础及其他建筑部位
④ MU10 砖可用于防潮层以上的建筑部位
⑤ 不得用于长期经受 200℃高温、急冷急热或有酸性介质侵蚀的建筑部位</td></tr>
<tr><td>砌块</td><td>普通混凝土小型空心砌块</td><td>① 可用于承重结构和非承重结构
② 吸水率小，吸水速度慢，砌筑前不允许浇水
③ 在气候特别干燥炎热时，可在砌筑前稍喷水湿润
④ 与烧结砖砌体相比，混凝土砌块墙体较易产生裂缝</td></tr>
</table>

续表

砌块	轻骨料混凝土小型空心砌块	① 与普通混凝土小型空心砌块相比，轻骨料混凝土小型空心砌块密度较小、热工性能较好，但干缩值较大，使用时更容易产生裂缝 ② 目前主要用于非承重的隔墙和围护墙
	蒸压加气混凝土砌块	① 用于一般建筑物墙体，还用于多层建筑物的非承重墙及隔墙，也可用于低层建筑的承重墙 ② 体积密度级别低的砌块还用于屋面保温

图 3-5　各种砌块

【例题 1】下列砖中，适合砌筑沟道或基础的为（　　）。（2021 年真题）

A．蒸养砖　　　　B．烧结空心砖

C．烧结多孔砖　　D．烧结普通砖

【答案】D

【解析】烧结普通砖具有较高的强度，良好的绝热性、耐久性、透气性和稳定性，且原料广泛，生产工艺简单，因而可用作墙体材料，砌筑柱、拱、窑炉、烟囱、沟道及基础等。

【例题 2】烧结多孔砖的孔洞率不应小于（　　）。（2019 年真题）

A．20%　　B．25%

C．30%　　D．40%

【答案】B

【解析】烧结多孔砖大面有孔，孔多而小，孔洞垂直于大面（即受压面），孔洞率不小于 25%。

【例题 3】烧结普通砖的耐久性指标包括（　　）。（2016 年真题）

A．抗风化性　　B．抗侵蚀性

C．抗碳化性　　D．泛霜

E．石灰爆裂

【答案】ADE

【解析】砖的耐久性应符合规范规定，其耐久性包括抗风化性、泛霜和石灰爆裂等指标。抗风化性通常以其抗冻性、吸水率及饱和系数等来进行判别。而石灰爆裂与泛霜均与砖中石灰夹杂有关。

【例题 4】下列材料，可用于承重墙的有（　　）。

A．烧结普通砖　　B．烧结多孔砖

C．烧结空心砖　　D．轻骨料混凝土小型空心砌块

E．蒸压加气混凝土砌块

【答案】ABE

【解析】烧结空心砖强度不高，而且自重较轻，因而多用于非承重墙。轻骨料混凝土小型空心砌块密度较小、热工性能较好，但干缩值较大，使用时更容易产生裂缝，目前主要用于非承重的隔墙和围护墙。

考点十九　▲ 砌筑材料——砂浆（表 3-19）

砌筑材料——砂浆　　表 3-19

砂浆材料组成要求	胶凝材料	砂浆强度≤M15	宜选用 32.5 级的通用硅酸盐水泥或砌筑水泥
		砂浆强度＞M15	宜选用 42.5 级通用硅酸盐水泥
	细骨料	① 优先选用中砂，既可满足和易性要求，又可节约水泥 ② 毛石砌体宜选用粗砂 ③ 在保温砂浆、吸声砂浆和装饰砂浆中，采用轻砂（如膨胀珍珠岩）、白色砂或彩色砂等	
	掺合料	① 为改善砂浆和易性而加入的无机材料，如石灰膏、电石膏、黏土膏、粉煤灰、沸石粉等 ② 掺合料对砂浆强度无直接影响 ③ 消石灰粉不能直接用于砌筑砂浆	
	纤维	纸筋、麻刀、木纤维、合成纤维，改善砂浆韧性，提高抗裂性	
	水	① 食用水可用来拌制各类砂浆 ② 若用工业废水和矿泉水时，须经化验合格后才能使用	
砂浆技术性质	流动性	① 砂浆的流动性指砂浆在自重或外力作用下流动的性能，用稠度表示 ② 稠度是以砂浆稠度测定仪的圆锥体沉入砂浆内的深度表示（单位为 mm）。圆锥沉入深度越大，砂浆的流动性越大 ③ 对于吸水性强的砌体材料和高温干燥的天气，要求砂浆稠度要大些；反之，对于密实不吸水的砌体材料和湿冷天气，砂浆稠度可小些 ④ 影响砂浆稠度的因素有：所用胶凝材料种类及数量，用水量，掺合料的种类与数量，砂的形状、粗细与级配，外加剂的种类与掺量，搅拌时间	

续表

砂浆技术性质	保水性	① 用分层度表示，砂浆的分层度不得大于 30mm ② 通过保持一定数量的胶凝材料和掺合料，或采用较细砂并加大掺量，或掺入引气剂等，可改善砂浆保水性
	抗压强度与强度等级	影响砂浆强度的因素除了砂浆的组成材料、配合比、施工工艺、施工及硬化时的条件等因素外，砌体材料的吸水率也对砂浆强度产生影响
预拌砂浆	湿拌砂浆	① 按用途可分为湿拌砌筑砂浆、湿拌抹灰砂浆、湿拌地面砂浆和湿拌防水砂浆 ② 因特种用途的砂浆黏度较大，无法采用湿拌的形式生产，因而湿拌砂浆中仅包括普通砂浆
	干混砂浆	① 既有普通干混砂浆又有特种干混砂浆 ② 普通干混砂浆主要用于砌筑、抹灰、地面及普通防水工程 ③ 特种干混砂浆是指具有特种性能要求的砂浆

【例题】砂浆的流动性指砂浆在自重或外力作用下流动的性能，用（　　）表示。

A．坍落度　　B．坍落扩展度

C．稠度　　D．维勃稠度

【答案】C

【解析】砂浆的流动性指砂浆在自重或外力作用下流动的性能，用稠度表示。

第二节　建筑装饰材料

历年真题分值统计

本节内容	历年真题分值统计					
	2019	2020	2021	2022	2022（补考）	2023
一、建筑饰面材料	1	2	4	2	0	0
二、建筑装饰玻璃	0	0	0	2	1	0
三、建筑装饰涂料	0	0	2	0	2	2
四、建筑装饰塑料	0	2	0	2	0	2
五、建筑装饰钢材	1	0	0	0	0	0
六、建筑装饰木材	0	0	0	0	1	1
合计	2	4	6	6	4	5

思维导图（图 3-6）

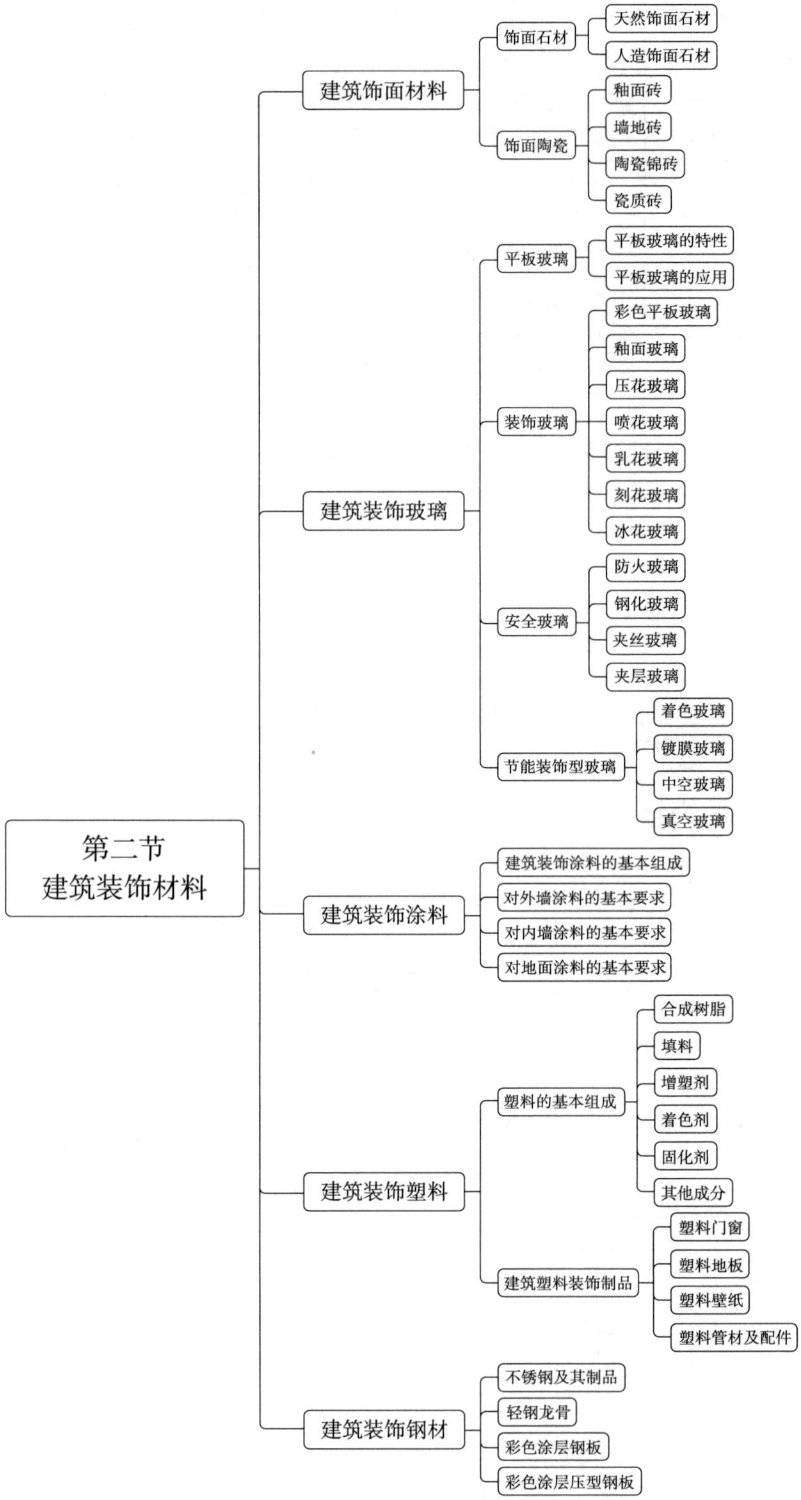

图 3-6 思维导图

考点解析

一、建筑饰面材料

考点一 ▲ 饰面石材（表 3-20）

饰面石材 表 3-20

天然花岗石板材	性质	质地坚硬密实、抗压强度高，耐磨、化学稳定，耐火性能差 多用于室内、室外装修
	技术要求	包括规格尺寸允许偏差、平面度允许公差、角度允许公差、外观质量和物理性能
	物理性能	密度、吸水率、压缩强度、弯曲强度、耐磨性（使用在地面、楼梯踏步、台面等严重踩踏或磨损部位的花岗石石材应检验此项）
	室内环境污染要求	① Ⅰ类民用建筑包括住宅、居住功能公寓、医院病房、老年人照料房屋设施、幼儿园、学校教室、学生宿舍等 ② Ⅱ类民用建筑应包括办公楼、商店、旅馆、文化娱乐场所、书店、图书馆、展览馆、体育馆、公共交通等候室、餐厅等
	按放射性	① A 类产品的产销与使用范围不受限制 ② B 类产品不可用于Ⅰ类民用建筑的内饰面，但可用于Ⅰ类民用建筑的外饰面及其他一切建筑物的内、外饰面 ③ C 类产品只可用于一切建筑物的外饰面
天然大理石板	性质	质地较密实、抗压强度较高、吸水率低、质地较软，属中硬石材 抗风化性能较差，一般不宜用作室外装饰
	技术要求	同花岗石
	物理性能	同花岗石
人造饰面石材	水泥型	用铝酸盐水泥制成的人造石材表面光洁度高，花纹耐久，抗风化性、耐久性及防潮均优于硅酸盐水泥制成的人造石材
	聚酯型	① 国内外人造大理石、花岗石以聚酯型为多 ② 与天然大理石相比，聚酯型人造石材具有强度高、密度小、厚度薄、耐酸碱腐蚀及美观等优点 ③ 耐老化性能不及天然花岗石，故多用于室内装饰
	复合型	由无机胶结料和有机胶结料共同组合而成
	烧结型	经 1000℃左右的高温焙烧而成。如仿花岗石瓷砖，仿大理石陶瓷艺术板等
饰面陶瓷	釉面砖	不应用于室外，会导致釉面开裂，出现剥落、掉皮现象
	墙地砖	建筑物外墙装饰贴面用砖和室内外地面装饰铺贴用砖
	陶瓷锦砖	俗称马赛克，主要用于室内地面铺装
	瓷质砖	① 具有高光度、高硬度、高耐磨、吸水率低（小于 0.5%），色差少以及规格多样化和色彩丰富等优点 ② 装饰在建筑物外墙壁上能起到隔声、隔热的作用 ③ 瓷质砖正逐渐成为天然石材装饰材料的替代产品

【例题 1】下列陶瓷地砖中，可用于室外的是（　　）。（2022 年真题）

A．瓷砖　　B．釉面砖

C．墙地砖　　D．马赛克

【答案】C

【解析】墙地砖可用于建筑物外墙装饰贴面用砖和室内外地面装饰铺贴用砖。

【例题 2】天然花岗岩石板材作为饰面材料的缺点是耐火性差，其根本原因是（　　）。（2021 年真题）

A．吸水率极高　　B．含有石英

C．含有云母　　D．具有块状构造

【答案】B

【解析】由于花岗岩石中含有石英，在高温下会发生晶型转变，产生体积膨胀，因此，花岗石耐火性差，但适宜制作火烧板。

【例题 3】下列饰面砖中，接近且可替代天然饰面石材的为（　　）。（2021 年、2020 年真题）

A．釉面砖　　B．墙地砖

C．陶瓷锦砖　　D．瓷质砖

【答案】D

【解析】瓷质砖是 20 世纪 80 年代后期发展起来的建筑装饰材料，正逐渐成为天然石材装饰材料的替代产品。

【例题 4】下列饰面砖中，普遍用于室内和室外装饰的有（　　）。（2021 年真题）

A．墙地砖　　B．釉面砖一等品

C．釉面砖优等品　　D．陶瓷锦砖

E．瓷质砖

【答案】AE

【解析】釉面砖不应用于室外，因釉面砖砖体多孔，吸收大量水分后将产生湿胀现象，而釉吸湿膨胀非常小，从而导致釉面开裂，出现剥落、掉皮现象，选项 B 和选项 C 均错误。陶瓷锦砖色泽稳定、美观，耐磨、耐污染、易清洗，抗冻性能好，坚固耐用，且造价较低主要用于室内地面铺装，选项 D 错误。

【例题 5】与天然大理石板材相比，装饰用天然花岗石板材的缺点（　　）。（2020 年、2019 年、2017 年真题）

A．吸水率高　　B．耐酸性差

C．耐久性差　　D．耐火性差

【答案】D

【解析】由于花岗岩石中含有石英，在高温下会发生晶型转变，产生体积膨胀，因此，花岗石耐火性差，但适宜制作火烧板。

二、建筑装饰玻璃

考点二 ● 建筑玻璃特点及应用（表 3-21）

建筑玻璃特点及应用　　表 3-21

平板玻璃		会产生暖房效应；热稳定性较差，急冷急热，易发生炸裂
装饰玻璃		① 彩色平板玻璃；② 釉面玻璃；③ 压花玻璃；④ 喷花玻璃；⑤ 乳花玻璃；⑥ 刻花玻璃；⑦ 冰花玻璃
安全玻璃	防火玻璃	用于有防火隔热要求的建筑幕墙、隔断等构造和部位
	钢化玻璃	① 机械强度高、弹性好、热稳定性好、碎后不易伤人，但可发生自爆，使用时不能切割、磨削，边角亦不能碰击挤压 ② 用作建筑物的门窗、隔墙、幕墙及橱窗、家具等
	夹丝玻璃	① 具有安全性、防火性和防盗抢性 ② 用于建筑的天窗、采光屋顶、阳台以及有防盗、防抢功能要求的营业柜台的遮挡部位 ③ 可以切割，但应防止玻璃“锈裂”
	夹层玻璃	① 具有耐久、耐热、耐湿、耐寒等性能 ② 有着较高的安全性，不能切割 ③ 用于高层建筑的门窗、天窗、楼梯栏板和有抗冲击作用要求的商店、银行、橱窗、隔断，以及水下工程等安全性能高的场所或部位等
节能装饰玻璃	着色玻璃	会产生冷室效应；多用作建筑物的门窗或玻璃幕墙
	镀膜玻璃	① 阳光控制镀膜玻璃的镀膜层具有单向透视性，又称单反玻璃 ② 单面镀膜玻璃在安装时，应将膜层面向室内 ③ 低辐射膜玻璃（Low-E）一般不单独使用，往往与普通平板玻璃、浮法玻璃、钢化玻璃等配合，制成高性能的中空玻璃
	中空玻璃	防结露、保温隔热，用于保温隔热、隔声等要求较高的建筑
	真空玻璃	隔热、保温性能优于中空玻璃

【例题 1】下列玻璃中，银行柜台遮挡部位应采用（　　）。（2022 年补考真题）

A. 防火玻璃　　B. 钢化玻璃

C. 夹丝玻璃　　D. 镀膜玻璃

【答案】C

【解析】夹丝玻璃具有安全性、防火性和防盗抢性。夹丝玻璃应用于建筑的天窗、采光屋顶、阳台，以及有防盗、防抢功能要求的营业柜台的遮挡部位。

【例题 2】以下装饰玻璃中，兼具保温、隔热和隔声性能的有（　　）。（2022 年真题）

A. 中空玻璃　　B. 夹层玻璃

C. 真空玻璃　　D. 钢化玻璃

E. 镀膜玻璃

【答案】AC

【解析】中空玻璃具有光学性能良好、保温隔热、降低能耗、防结露、隔声性能好等优点。真空玻璃比中空玻璃有更好的隔热、隔声性能。

【例题 3】对隔热、隔声性能要求较高的建筑物宜选用（　　）。（2018 年真题）

A．真空玻璃　　B．中空玻璃

C．镀膜玻璃　　D．钢化玻璃

【答案】B

【解析】中空玻璃适用于保温隔热、隔声等要求较高的建筑。

【例题 4】节能装饰玻璃包括（　　）。

A．釉面玻璃　　B．着色玻璃

C．镀膜玻璃　　D．中空玻璃

E．真空玻璃

【答案】BCDE

【解析】选项 A 属于装饰玻璃，不属于节能玻璃。

【例题 5】具有暖房效应的玻璃是（　　）。

A．平板玻璃　　B．着色玻璃

C．钢化玻璃　　D．着色玻璃

【答案】A

【解析】选项 A 具有暖房效应，选项 D 有冷室效应。

三、建筑装饰涂料

考点三 ● 建筑涂料特点及应用（表 3-22）

建筑涂料特点及应用　　表 3-22

<table>
<tr><td rowspan="12">建筑装饰涂料</td><td rowspan="9">基本组成</td><td rowspan="5">主要成膜物质</td><td rowspan="3">油料</td><td>干性油</td><td>桐油</td></tr>
<tr><td>半干性油</td><td>大豆油</td></tr>
<tr><td>不干性油</td><td>花生油</td></tr>
<tr><td rowspan="2">树脂</td><td>天然</td><td>虫胶、松香</td></tr>
<tr><td>合成（为主）</td><td>酚醛醇酸、硝酸纤维</td></tr>
<tr><td rowspan="2">次要成膜物质</td><td>颜料</td><td colspan="2">赋予涂料美观的色彩</td></tr>
<tr><td>填料</td><td colspan="2">增加涂膜厚度，提高涂膜的耐磨性和硬度，减少收缩</td></tr>
<tr><td rowspan="2">辅助成膜物质</td><td>助剂</td><td colspan="2">催干剂、增塑剂</td></tr>
<tr><td>溶剂</td><td colspan="2">苯、丙酮、汽油</td></tr>
<tr><td rowspan="3">基本要求</td><td colspan="2">外墙涂料</td><td rowspan="3">耐水性良好、施工方便</td><td>耐候性、耐污染性</td></tr>
<tr><td colspan="2">内墙涂料</td><td>耐碱性、色彩多样性，透气性</td></tr>
<tr><td colspan="2">地面涂料</td><td>耐碱性耐磨性，抗冲击性</td></tr>
</table>

【例题 1】外墙涂料应满足的基本要求有（ ）。（2023 年真题）

A．耐候性良好　B．透气性良好

C．耐磨性良好　D．抗冲击性良好

E．耐污染性良好

【答案】AE

【解析】选项 B 属于内墙涂料基本要求；选项 C 和选项 D 属于地面涂料基本要求。

【例题 2】针对内墙饰面，建筑装饰涂料的基本要求是（ ）。（2022 年补考真题）

A．耐粉化性良好　B．透气性良好

C．耐污染性良好　D．抗冲击性良好

E．耐碱性良好

【答案】ABE

【解析】选项 C 属于外墙涂料基本要求；选项 D 属于地面涂料基本要求。

【例题 3】建筑装饰涂料的辅助成膜物质常用的溶剂为（ ）。（2013 年真题）

A．松香　B．桐油

C．硝酸纤维　D．苯

【答案】D

【解析】溶剂起溶解成膜物质、降低黏度、利于施工的作用，常用的有苯、丙酮、汽油等。

【例题 4】涂料中的主要成膜物质包括（ ）。

A．颜料　B．填料

C．油料　D．树脂

E．助剂

【答案】CD

【解析】选项 A 和选项 B 是次要成膜物质；选项 E 是辅助成膜物质。

四、建筑装饰塑料

考点四 ● 建筑塑料特点及应用（表 3-23、图 3-7）

建筑塑料特点及应用　表 3-23

硬聚氯乙烯（PVC-U）	① 内壁光滑阻力小、不结垢、无毒、无污染、耐腐蚀 ② 使用温度不大于 40℃，为冷水管 ③ 抗老化性能好、难燃，可采用橡胶圈柔性接口安装 ④ 主要应用于给水管道（非饮用水）、排水管道、雨水管道
氯化聚氯乙烯（PVC-C）	① 具有高温机械强度高的特点，适用于受压的场合 ② 连接方法为溶剂粘结、螺纹连接、法兰连接和焊条连接 ③ 阻燃、防火、导热性能低，管道热损失少 ④ 热膨胀系数低，安装附件少，安装费用低 ⑤ 主要应用于冷热水管、消防水管系统、工业管道系统 ⑥ 因其使用的胶水有毒性，一般不用于饮用水管道系统

续表

聚丙烯（PP-R）	① 采用热熔连接方式进行连接 ② 属于可燃性材料，不得用于消防给水系统 ③ 主要应用于饮用水管、冷热水管
丁烯（PB）	① 无毒，易燃，热胀系数大，价格高 ② 主要应用于饮用水、冷热水管 ③ 特别适用于薄壁小口径压力管道，如地板辐射采暖系统的盘管
交联聚乙烯（PEX）	① 有折弯记忆性、不可热熔连接、热蠕动性较小、低温抗脆性较差、原料便宜等性能 ② 可输送冷、热水、饮用水及其他液体 ③ 主要应用于地板辐射采暖系统的盘管

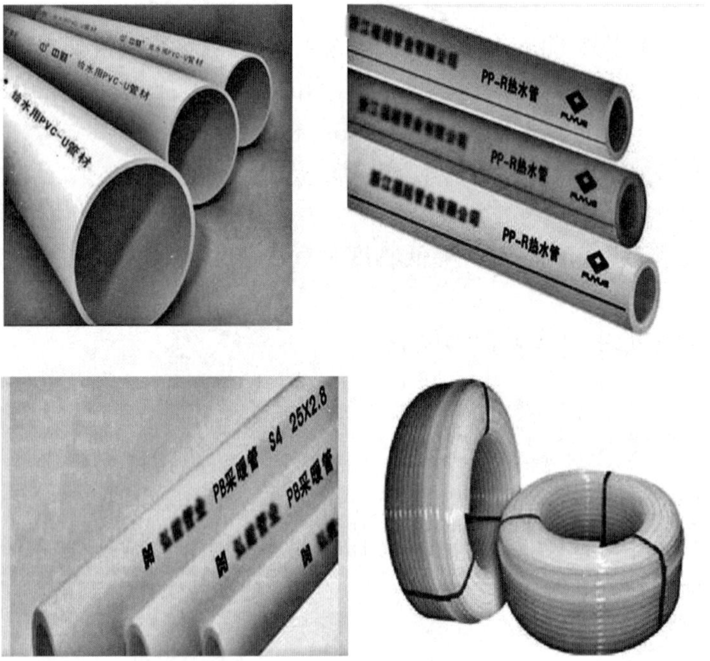

图 3-7　建筑装饰塑料

【例题 1】以下塑料管，可用于冷热水及饮用水的有（　　）。（2023 年真题）

A．硬聚氯乙烯管　　B．氯化聚乙烯管

C．无规共聚聚丙烯　　D．丁烯管

E．交联聚乙烯管

【答案】CDE

【解析】硬聚氯乙烯管只能用于冷水管，选项 A 错误；硬聚氯乙烯管、氯化聚乙烯管不得用于饮用水管，选项 B 错误。

【例题 2】常用的塑料管件中，能饮用水的是（　　）。（2022 年真题）

A．PVC-U　　B．PVC-C

C．PP-R　　D．PB

E．PEX

【答案】CDE

【解析】硬聚氯乙烯管（PVC-U）、氯化聚氯乙烯管（PVC-C）不得用于饮用水管，选项A和选项B均错误。

【例题3】塑料的主要组成材料是（　　）。（2015年真题）

A．玻璃纤维　　B．乙二胺

C．DBP和DOP　　D．合成树脂

【答案】D

【解析】合成树脂是塑料的主要组成材料，在塑料中含量为30%～60%，起胶粘剂作用。

【例题4】可应用于地板辐射采暖系统的盘管是（　　）。

A．硬聚氯乙烯　　B．氯化聚氯乙烯

C．聚丙烯　　D．丁烯

E．交联聚乙烯

【答案】DE

【解析】丁烯管（PB管）特别适用于薄壁小口径压力管道，如地板辐射采暖系统的盘管。交联聚乙烯管（PEX管）可输送冷、热水、饮用水及其他液体；阳光照射下可使PEX管加速老化，缩短使用寿命，避光可使塑料制品减缓老化，使寿命延长；主要应用于地板辐射采暖系统的盘管。

五、建筑装饰木材

考点五 ● 建筑装饰木材特点及应用（表3-24）

建筑装饰木材特点及应用　　表3-24

含水指标	所含水分由自由水、吸附水、化合水三部分组成
	①纤维饱和点是木材物理力学性质是否随含水率而发生变化转折点 ②平衡含水率使用时避免变形或开裂而应控制的含水率指标
变形	木材的变形：顺纹方向最小＜径向较大＜弦向最大
湿胀干缩	①干缩会使木材翘曲、开裂、接榫松动、拼缝不严 ②湿胀可造成表面鼓凸 ③木材使用前干燥：使其接近于与环境湿度相适应平衡含水率
受力	①受力：抗拉（顺横）、抗压（顺横）、抗弯（顺横）和抗剪 ②排序：顺纹抗压强度仅次于顺纹抗拉和抗弯强度
分类	①旋切微薄木、软木壁纸、木质合成金属装饰材料、木地板、人造木材 ②人造木材主要有胶合板、纤维板、胶板夹合板（细木工板）、刨花板

【例题1】木材各种力学强度中最高的是（　　）。（2023年真题）

A．顺纹抗压强度　　B．顺纹抗弯强度

C．顺纹抗拉强度　　D．横纹抗压强度

【答案】C

【解析】木材在顺纹方向的抗拉和抗压强度都比横纹方向高得多，其中在顺纹方向的抗拉强度是木材各种力学强度中最高的，顺纹抗压强度仅次于顺纹抗拉和抗弯强度。

【例题 2】木材物理性能变化的转折点是（　　）。（2022 年补考真题）

A．纤维饱和点

B．平衡含水率

C．顺纹抗拉强度

D．顺纹抗压和抗折强度

【答案】A

【解析】纤维饱和点是木材物理力学性质是否随含水率的变化而发生变化的转折点。

【例题 3】木材在使用前进行烘干的主要目的是（　　）。

A．使其含水率与环境湿度基本平衡

B．减轻重量

C．防虫防蛀

D．就弯取直

【答案】A

【解析】木材使用前干燥是为了使其接近于与环境湿度相适应平衡含水率。

第三节　建筑功能材料

历年真题分值统计

本节内容	历年真题分值统计					
	2019	2020	2021	2022	2022（补考）	2023
一、防水材料	2	2	1	1	0	0
二、保温隔热材料	3	1	0	0	1	1
三、吸声隔声材料	0	0	0	0	0	0
四、防火材料	0	0	0	0	2	1
合计	5	3	1	1	3	2

思维导图（图 3-8）

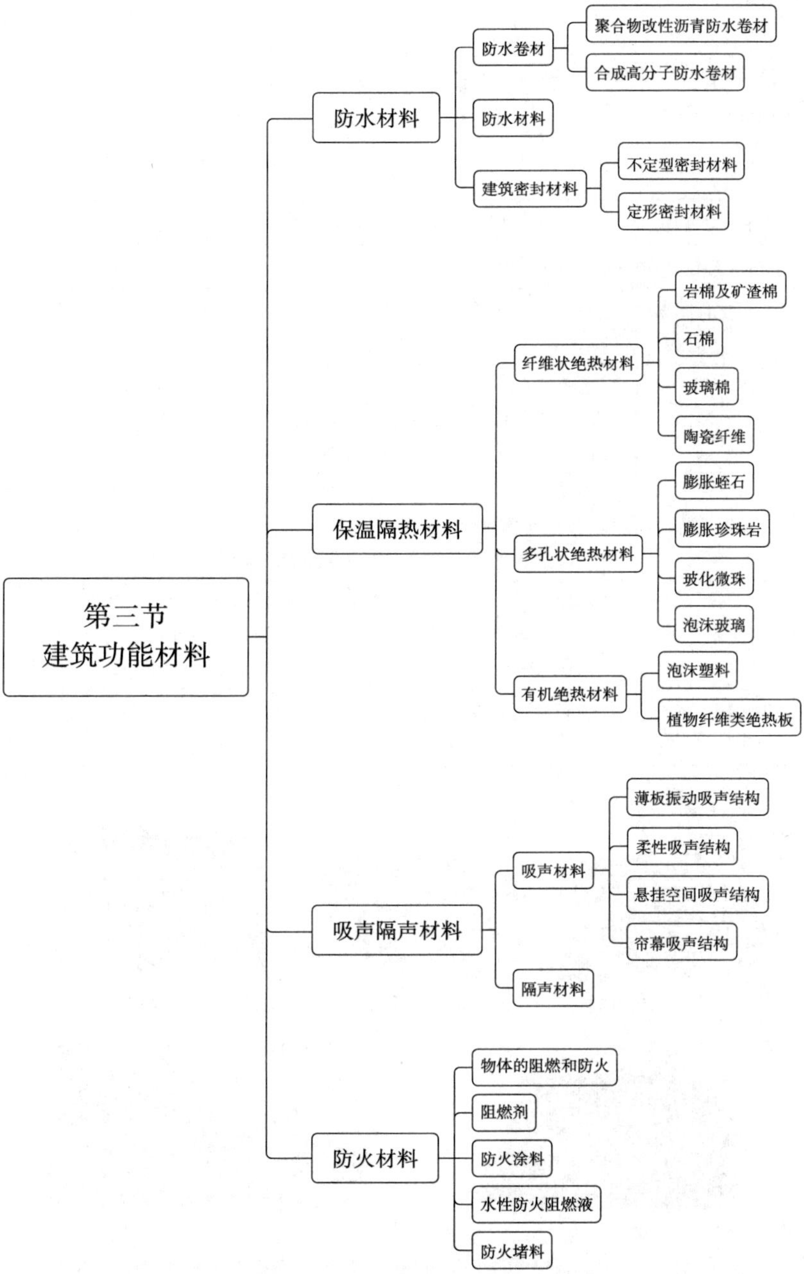

图 3-8　思维导图

考点解析

一、防水材料

考点一 ★ 防水卷材（表 3-25、图 3-9）

防水卷材　　表 3-25

聚合物改性沥青防水卷材	SBS（弹性体）	适用于寒冷地区和结构变形频繁的防水，可热熔施工
	APP（塑性体）	适用于高温或强烈太阳辐射的防水
	沥青复合胎柔性防水卷材	适用于工业与民用建筑的屋面、地下室、卫生间等部位的防水防潮，也可用桥梁、停车场、隧道等建筑物的防水
合成高分子防水卷材	三元乙丙	① 有优良的耐候性、耐臭氧性和耐热性还具有重量轻、使用温度范围宽，抗拉强度高、延伸率大、对基层变形适应性强、耐酸碱腐蚀等特点 ② 适用于防水要求高，耐用年限长的防水
	聚氯乙烯	① 分为 S 型和 P 型。S 型是以煤焦油与聚氯乙烯树脂混熔料为基料的防水卷材；P 型是以增塑聚氯乙烯树脂为基料的防水卷材 ② 适用于各类建筑屋面防水工程和水池、堤坝等防水抗渗工程
	氯化聚乙烯	① 不但具有合成树脂的热塑性能，而且还具有橡胶的弹性 ② 适用于各类工业、民用建筑的屋面防水、地下防水、防潮隔气、室内墙地面防潮、地下室卫生间的防水，以及冶金、化工、水利、环保、采矿业防水防渗工程
	氯化聚乙烯 - 橡胶共混	① 兼有塑料和橡胶的特点 ② 特别适用于寒冷地区或变形较大的土木建筑防水工程

SBS改性沥青卷材

APP改性沥青卷材

沥青复合胎柔性防水卷材

三元乙丙卷材

PVC聚氯乙烯卷材

聚乙烯丙纶卷材

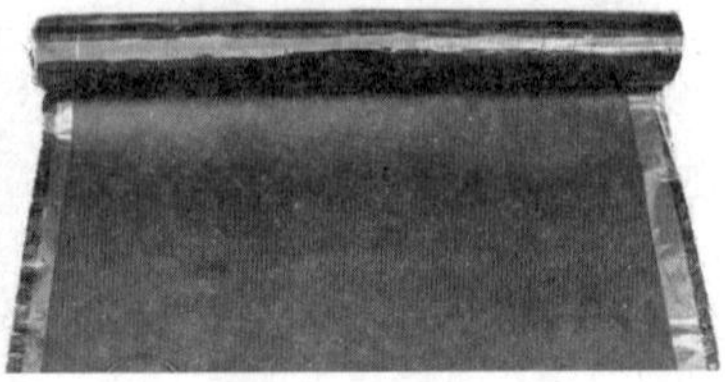
自粘型合成高分子卷材

图 3-9　各种防水卷材

【例题 1】下列防水，尤其适用于有强烈太阳辐射建筑防水的是（　　）。（2022 年真题）

A．SBS 改性沥青防水卷材　　B．APP 改性沥青防水卷材

C．氯化聚乙烯防水卷材　　D．氯化聚乙烯 - 橡胶共混型防水卷材

【答案】B

【解析】APP 改性沥青防水卷材广泛适用于各类建筑防水、防潮工程，尤其适用于高温或有强烈太阳辐射地区的建筑物防水。

【例题 2】下列防水卷材中，更适于寒冷地区建筑工程防水的有（　　）。（2020 年、2019 年真题）

A．SBS 改性沥青防水卷材　　B．APP 改性沥青防水卷材

C．沥青复合胎柔性防水卷材　　D．氯化聚乙烯防水卷材

E．氯化聚乙烯 - 橡胶共混型防水卷材

【答案】AE

【解析】SBS 改性沥青防水卷材广泛适用于各类建筑防水、防潮工程，尤其适用于寒冷地区和结构变形频繁的建筑物防水，并可采用热熔法施工；氯化聚乙烯 - 橡胶共混型防水卷材兼有塑料和橡胶的特点，特别适用于寒冷地区或变形较大的土木建筑防水工程。

【例题 3】采矿业防水防渗工程常用（　　）。（2016 年真题）

A．PVC 防水卷材　　B．氯化聚乙烯防水卷材

C．三元乙丙橡胶防水卷材　　D．APP 改性沥青防水卷材

【答案】B

【解析】氯化聚乙烯防水卷材不但具有合成树脂的热塑性能，而且还具有橡胶的弹性。由于氯化聚乙烯分子结构本身的饱和性以及氯原子的存在，使其具有耐候、耐臭氧和耐油、耐化学药品以及阻燃性能。适用于各类工业、民用建筑的屋面防水、地下防水、防潮隔气、室内墙地面防潮、地下室卫生间的防水，以及冶金、化工、水利、环保、采矿业防水防渗工程。

考点二 ● 防水涂料（表 3-26）

防水涂料　　**表 3-26**

种类	性能	具体分类	特征
高聚物改性沥青防水涂料		① 再生橡胶改性 ② 氯丁橡胶改性沥青 ③ SBS 橡胶改性沥青 ④ 聚氯乙烯改性沥青	适用于各种不规则部位防水
合成高分子防水涂料	高弹性 高耐久性 耐高低温	① 聚氨酯防水涂料 ② 丙烯酸酯防水涂料 ③ 环氧树脂防水涂料 ④ 有机硅防水涂料	

【例题 1】弹性和耐久性较高的防水涂料是（　　）。（2014 年真题）

A．氯丁橡胶改性沥青防水涂料

B．聚氨酯防水涂料

C．SBS 橡胶改性沥青防水涂料

D．聚氯乙烯改性沥青防水涂料

【答案】B

【解析】合成高分子防水涂料具有高弹性、高耐久性及优良的耐高低温性能，品种有聚氨酯防水涂料、丙烯酸酯防水涂料、环氧树脂防水涂料和有机硅防水涂料等。

【例题 2】适用于各种不规则部位的防水材料是（　　）。

A．PVC 防水卷材

B．氯化聚乙烯防水卷材

C．三元乙丙橡胶防水卷材

D．聚氨酯防水涂料

【答案】D

【解析】防水涂料广泛适用于工业与民用建筑的屋面防水工程、地下室防水工程和地面防潮、防渗等，特别适用于各种不规则部位的防水。

考点三　▲ 建筑密封材料（表 3-27、图 3-10）

建筑密封材料　　表 3-27

材料选用，首先考虑粘结性能和使用部位		
不定形	沥青嵌缝油膏	主要作为屋面、墙面、沟槽的防水嵌缝材料
	聚氯乙烯接缝膏	适用于各种屋面嵌缝或表面涂布作为防水层，也可用于水渠、管道等接缝，用于工业厂房自防水屋面嵌缝、大型屋面板嵌缝等
	丙烯酸类密封胶	① 主要用于屋面、墙板、门、窗嵌缝 ② 不宜用于广场、公路、桥面等有交通来往的接缝中，也不宜用于水池、污水厂、灌溉系统、堤坝等水下接缝中
	聚氨脂类密封胶	① 可以作为屋面、墙面的水平或垂直接缝，尤其适用于游泳池工程 ② 是公路及机场跑道的补缝、接缝的好材料，也可用于玻璃、金属材料的嵌缝
	硅硐密封胶	① 具有优异的耐热、耐寒性和良好的耐候性；与各种材料都有较好的粘结性能；耐拉抻 - 压缩疲劳性强，耐水性好 ② 硅酮建筑密封胶按用途分为三类，其中 F 类为建筑接缝用；Gn 类为普通装饰装修镶装玻璃用，不适用于中空玻璃；Gw 类为建筑幕墙非结构性装配用，不适用于中空玻璃 ③ 改性硅酮建筑密封胶按用途分为两类，其中 F 类为建筑接缝用；R 类为干缩位移接缝用，常见于装配式预制混凝土外挂墙板接缝
定形	密封条带止水带	定形密封材料按密封机理的不同可分为遇水非膨胀型和遇水膨胀型两类

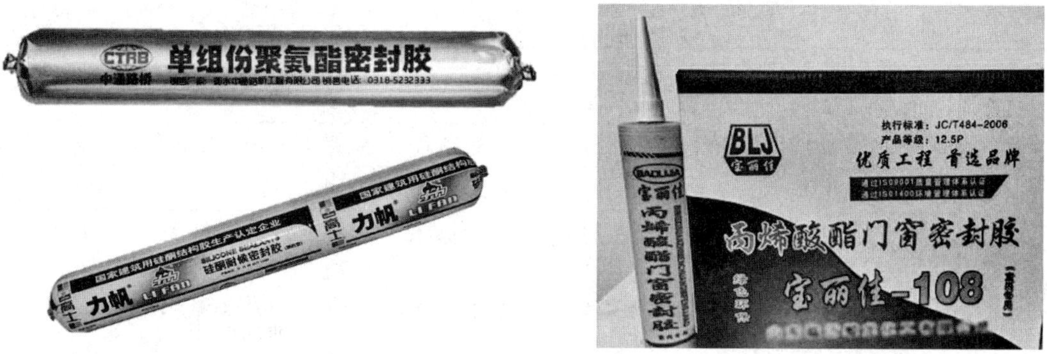

图 3-10 不定型密封材料

【例题 1】丙烯酸类密封膏具有良好的粘结性能，但不宜用于（ ）（2017 年真题）

A．门窗嵌缝　　B．桥面接缝

C．墙板接缝　　D．屋面嵌缝

【答案】B

【解析】丙烯酸类密封胶应符合《丙烯酸酯建筑密封胶》JC/T 484—2006 的要求，主要用于屋面、墙板、门、窗嵌缝，但它的耐水性不算很好，所以不宜用于经常泡在水中的工程，不宜用于广场、公路、桥面等有交通来往的接缝中，也不宜用于水池、污水厂、灌溉系统、堤坝等水下接缝中。

【例题 2】常见于装配式预制混凝土外挂墙板接缝的改性硅酮建筑密封胶为（ ）。

A．F 类　　B．Gn 类

C．Gw 类　　D．R 类

【答案】D

【解析】改性硅酮建筑密封胶按用途分为两类，其中 F 类为建筑接缝用；R 类为干缩位移接缝用，常见于装配式预制混凝土外挂墙板接缝。

二、保温隔热材料

考点四 ★ 保温隔热材料（表 3-28、图 3-11）

保温隔热材料　　表 3-28

定义	保温材料	控制室内热量外流的材料	两者统称为绝热材料
	隔热材料	将防止室外热量进入室内的材料	
	导热系数	孔结构和湿度对导热系数的影响最大	
	燃烧性能	① 划分为 A（不燃性）、B1（难燃性）、B2（可燃性）、B3（易燃性）四个等级 ② 建筑内、外保温系统，宜采用燃烧性能为 A 级的保温材料，不宜采用 B2 级保温材料，严禁采用 B3 级保温材料 ③ 当建筑外墙外保温系统按有关规范要求采用燃烧性能为 B1、B2 级的保温材料时，建筑外墙上门、窗的耐火完整性不应低于 0.5h，还应在保温系统中每层设置水平防火隔离带，防火隔离带应采用燃烧性能等级为 A 级的材料，防火隔离带的高度不应小于 300mm	

续表

纤维状	岩棉 矿渣棉	缺点是吸水性大、弹性小，可作为建筑物的墙体、屋顶、顶棚等处的保温隔热和吸声材料，以及热力管道的保温材料	不燃
	石棉	对人体有害，民用建筑很少使用，目前主要用于工业建筑的隔热、保温及防火覆盖等	不燃
	玻璃棉	用在温度较低的热力设备和房屋建筑中的保温隔热，同时它还是良好的吸声材料	不燃
	陶瓷纤维	具有重量轻、耐高温、热稳定性好、导热率低、比热小及耐机械振动等优点，用于各种高温、高压、易磨损环境中	不燃
多孔状	膨胀蛭石	浇注成板，用于墙、楼板和屋面板等构件的绝热，使用时应注意防潮，以免吸水后影响绝热效果	不燃
	膨胀 珍珠岩	具有吸湿小、无毒、不燃、抗菌、耐腐、施工方便等特点，可制成的一定形状的板、块、管壳等绝热材料	不燃
	玻化微珠	吸水率低，易分散，可提高砂浆流动性，还具有防火、吸音隔热等性能，用于外墙内外保温砂浆、装饰板、保温板的轻质骨料	防火
	泡沫玻璃	是一种高级保温绝热材料，用于砌筑墙体或冷库隔热	不燃
有机绝热 材料	泡沫塑料	① 聚苯乙烯泡沫塑料分为模塑聚苯板（EPS）和挤塑聚苯板（XPS）两种，在同样厚度情况下，XPS 板比 EPS 板的保温效果要好，EPS 板与 XPS 相比，吸水性较高、延展性要好 ② 广泛应用于墙体保温，平面混凝土屋顶及钢结构屋顶的保温等	
		① 聚氨酯泡沫塑料按成型方法又分为喷涂型硬泡聚氨酯和硬泡聚氨酯板材 ② 喷涂型硬泡聚氨酯按其用途分为Ⅰ型、Ⅱ型、Ⅲ型，分别适用于屋面和外墙保温层、屋面复合保温防水层、屋面保温防水层 ③ 硬泡聚氨酯防水性能优异，吸水率很低，用于屋面和墙体保温，可代替传统的防水层和保温层，具有一材多用的功效	
	植物纤维 类绝热板	可用作墙体、地板、顶棚等，也可用于冷藏库、包装箱等	

图 3-11　保温材料（岩棉、矿棉、EPS、XPS）

【例题 1】下列纤维状绝热材料中可承受使用温度最高的是（　　）。（2023 年、2020 年、2019 年真题）

A．矿棉，矿渣棉　　　　B．石棉

C．玻璃棉　　　　D．陶瓷纤维

【答案】D

【解析】陶瓷纤维最高使用温度为 1100～1350℃，可用于高温绝热、吸声。

【例题 2】导热系数小于 0.05W/（m·K）的保温材料称为（　　）。（2022 年补考真题）

A．保温材料　　　　B．防火材料

C．绝热材料　　　　D．高效保温材料

【答案】D

【解析】通常导热系数不大于 0.05W/（m·K）的材料称为高效保温材料。

【例题 3】关于保温隔热材料，下列说法正确的有（　　）。（2019 年真题）

A．装饰材料燃烧性能 B2 级属于难燃性

B．高效保温材料的导热系数不大于 0.14W/（m·k）

C．保温材料主要是防止室外热量进入室内

D．装饰材料按其燃烧性能划分为 A、B1、B2、B3 四个等级

E．采用 B2 级保温材料的外墙保温系统中每层应设置水平防火隔离带

【答案】DE

【解析】B2 级属于可燃性材料，选项 A 错误；导热系数不大于 0.05W/（m·k）的材料称为高效保温材料，选项 B 错误；控制室内热量外流的材料称为保温材料，将防止室外热量进入室内的材料称为隔热材料，选项 C 错误。

【例题 4】常用于高温环境中的保温隔热材料有（　　）。（2018 年真题）

A．泡沫塑料制品　　　　B．玻璃棉制品

C．陶瓷纤维制品　　　　D．膨胀珍珠岩制品

E．膨胀蛭石制品

【答案】CDE

【解析】选项 A 使用温度不超过 120℃；选项 B 不超过 400℃，一般用在温度较低的热力设备或房屋建筑。

【例题 5】膨胀蛭石是一种较好的绝热材料、隔声材料，但使用时应注意（　　）。（2017 年真题）

A．防潮　　　　B．放火

C．不能松散铺设　　　　D．不能与胶凝材料配合使用

【答案】A

【解析】煅烧后的膨胀蛭石可以呈松散状，铺设于墙壁、楼板、屋面等夹层中，作为绝热、隔声材料，但吸水性大、电绝缘性不好，使用时应注意防潮，以免吸水后影响绝热效果。

三、吸声材料

考点五 ● 吸声材料（表 3-29）

吸声材料　　表 3-29

吸声材料性能影响因素	表观密度、厚度、孔隙特征，声音的入射方向、频率	
吸声材料分类	薄板振动吸声结构	具有低频吸声特性，还有助于声波的扩散
	柔性吸声结构	在一定的频率范围内出现一个或多个吸收频率
	悬挂空间吸声结构	声波与吸声材料的两个或两个以上的表面接触，增加了有效的吸声面积，大大提高吸声效果
	帘幕吸声结构	对中、高频都有一定的吸声效果 帘幕吸声体安装拆卸方便，兼具装饰作用

【例题 1】对中、高频均有吸声效果，且安拆便捷，兼具装饰效果的吸声结构为（　　）。（2018 年真题）

A．帘幕吸声结构　　B．柔性吸声结构

C．薄板振动吸声结构　　D．悬挂空间吸声结构

【答案】A

【解析】帘幕吸声结构是具有通气性能的纺织品，安装在离开墙面或窗洞一段距离处，背后设置空气层。这种吸声体对中、高频都有一定的吸声效果。帘幕吸声体安装拆卸方便，兼具装饰作用。

【例题 2】吸声材料性能影响因素包括（　　）。

A．温度　　B．表观密度

C．厚度　　D．孔隙特征

E．化学成分

【答案】BCD

【解析】材料的吸声性能除与材料的表观密度、厚度、孔隙特征有关外，还与声音的入射方向和频率有关。

四、防火材料

考点六 ● 防火材料（表 3-30、图 3-12）

防火材料　　表 3-30

阻燃和防火	可燃物、助燃物和火源通常被称为燃烧三要素
阻燃剂	阻燃剂可分为添加型阻燃剂和反应型阻燃剂两类 反应型阻燃剂则是优点是对聚合物材料使用性能影响较小，阻燃性持久

续表

<table>
<tr><td rowspan="3">钢结构防火涂料分类及应用</td><td>厚质型（H）</td><td>7～45（含）mm</td><td>非膨胀型</td><td>与涂层厚度有关</td></tr>
<tr><td>薄型（B）</td><td>3～7（含）mm</td><td>膨胀型</td><td rowspan="2">与膨胀后发泡层厚度有关</td></tr>
<tr><td>超薄型（CB）</td><td>≤ 3mm</td><td>膨胀型</td></tr>
<tr><td colspan="2">水性防火阻燃液</td><td colspan="3">根据水性防火阻燃液的使用对象，分为木材用水基型阻燃处理剂、织物用水基型阻燃处理剂、木材及织物用水基型阻燃处理剂三类</td></tr>
<tr><td rowspan="3">防火堵料</td><td>有机防火堵料（可塑性防火堵料）</td><td colspan="2">遇火发泡膨胀，可塑性好，优异的防火、水密、气密性能</td><td rowspan="2">适用于经常更换、增减电缆、管道的场合</td></tr>
<tr><td>防火包（枕）</td><td colspan="2">适合于较大孔洞的防火封堵或电缆桥架防火分隔</td></tr>
<tr><td>无机防火堵料</td><td colspan="2">能承一定重量，有一定可拆性</td><td>适用于封堵后不变的场合</td></tr>
</table>

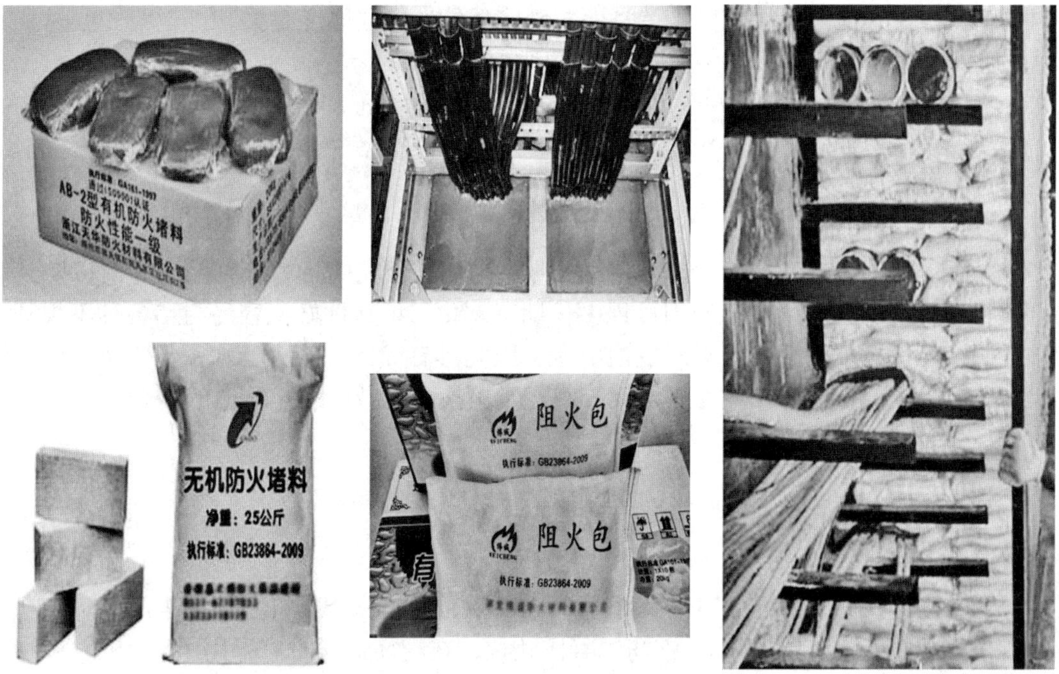

图 3-12　防火堵料

【例题 1】下列防水堵料中，以快硬水泥为胶凝材料的是（　　）。（2023 年真题）

A．耐火包　　　　B．有机防火堵料

C．速固型防火堵料　　　　D．可塑性防火堵料

【答案】C

【解析】无机防火堵料又称速固型防火堵料，是以快干水泥为基料，添加防火剂、耐火材料等经研磨、混合而成的防火堵料，使用时加水拌合即可。

【例题 2】适用于经常更换缆线及管道部位的是（　　）。（2022 年补考真题）

A．有机防火堵料　　　　B．防火枕

C．耐火包　　D．无机防火堵料

E．可塑性有机防火材料

【答案】ABCE

【解析】有机防火堵料又称可塑性防火堵料，尤其适合需经常更换或增减电缆、管道的场合。防火包又称耐火包或阻火包，尤其适合需经常更换或增减电缆、管道的场合。

【例题 3】薄型和超薄型防火涂料的耐火极限一般与涂层厚度无关，与之有关的是（　　）。（2017 年真题）

A．物体可燃性　　B．物体耐火极限

C．膨胀后的发泡层厚度　　D．基材的厚度

【答案】C

【解析】厚质型（H）防火涂料一般为非膨胀型的，厚度大于 7mm 且小于等于 45mm，耐火极限根据涂层厚度有较大差别；薄型（B）和超薄（CB）型防火涂料通常为膨胀型的，前者的厚度大于 3mm 且小于等于 7mm，后者的厚度为小于等于 3mm。薄型和超薄型防火涂料的耐火极限一般与涂层厚度无关，而与膨胀后的发泡层厚度有关。

【例题 4】关于有机防火封堵材料特点的说法，正确的有（　　）。

A．不能重复使用　　B．遇火时发泡膨胀

C．优异的水密性能　　D．优异的气密性能

E．可塑性好

【答案】BCDE

【解析】机防火堵料又称可塑性防火堵料，它是以合成树脂为胶粘剂，并配以防火助剂、填料制成的。此类堵料在使用过程中长期不硬化，可塑性好，容易封堵各种不规则形状的孔洞，能够重复使用。遇火时发泡膨胀，因此具有优异的防火、水密、气密性能。施工操作和更换较为方便，因此尤其适用于需经常更换或增减电缆、管道的场合。

本章精选习题

一、单项选择题（每题 1 分。每题的备选项中，只有一个最符合题意）

1. 受冲击振动荷载的预应力钢筋混凝土轨枕，在配筋选材时应采用（　　）。

A．冷拉热轧钢筋　　B．冷拔低碳钢筋

C．冷轧带肋钢筋　　D．热处理钢筋

2. 关于钢材的说法，不正确的是（　　）。

A．脆性临界温度数值越低，钢材的低温冲击韧性越好

B．屈强比越大表明结构的安全性越高

C．冷弯性是表征钢材在常温状态下承受弯曲变形的能力

D．硫元素加大钢材的热脆性，使其可焊性显著降低

3. 可以表示钢材的塑性变形能力的力学性能指标是（　　）。

A．伸长率　　B．屈服强度

C．屈强比　　D．抗拉强度

4. 可以改善钢材可焊性的元素是（　　）。

A．碳　　B．硅

C．硫　　D．钛

5. 普通硅酸盐水泥的代号是（　　）。

A．P·Ⅰ　　B．P·F

C．P·S　　D．P·O

6. 隧洞和边坡开挖后通常采用喷射混凝土加固保护，以达到快硬、早强和高强度效果，在配置混凝土时应优先选用（　　）。

A．硅酸盐水泥　　B．矿渣硅酸盐水泥

C．火山灰硅酸盐水泥　　D．粉煤灰硅酸盐水泥

7. 会降低水泥强度等级的混合材料是（　　）。

A．砂岩　　B．粉煤灰

C．火山灰质混合材料　　D．粒化高炉矿渣

8. 反映沥青温度敏感性的重要指标是（　　）。

A．针入度　　B．伸长度

C．软化点　　D．蒸发损失

9. 关于石油沥青组分，说法不正确的是（　　）。

A．油分赋予沥青以流动性

B．酸性树脂有利于石油沥青的可乳化性

C．地沥青质含量越多软化点越低

D．沥青碳是石油沥青中分子量最大的

10. 配制混凝土宜优先选用的是（　　）。

A．1 区、粗砂、Ⅰ类砂　　B．1 区、中砂、Ⅲ类砂

C．2 区、中砂、Ⅰ类砂　　D．2 区、细砂、Ⅱ类砂

11. 关于混凝土和易性，说法不正确的是（　　）。

A．包括流动性、黏聚性和保水性三个方面

B．流动性大则黏聚性和保水性好

C．采用坍落度及坍落扩展度试验和维勃稠度试验评定

D．砂率稍高、水泥浆体量较多的拌合物和易性较好

12. 关于提高混凝土的密实度，说法不正确的是（　　）。

A．适当提高砂率　　B．适当提高水灰比

C．掺入适量减水剂　　D．使用膨胀水泥

13. 聚合物胶结混凝土与水泥混凝土相比，说法不正确的是（　　）。

A．快硬、高强　　B．抗渗性能差

C．耐磨、耐腐蚀　　D．抗冻性好

14. 关于沥青混合料的组成结构，说法正确的是（　　）。

A．悬浮密实结构具有较大的黏聚力和较高的稳定性

B．骨架空隙结构内摩擦角较高但热稳定性差

C．骨架密实结构密实度、强度高但稳定性差

D．沥青玛蹄脂混合料是一种理想的结构类型

15. 下列材料，可用于承重墙的有（　　）。

A．烧结普通砖　　B．烧结多孔砖

C．烧结空心砖　　D．轻骨料混凝土小型空心砌块

E．蒸压加气混凝土砌块

16. 具有抗折强度高、耐酸碱、不变色等优点，装饰在建筑物外墙壁上能起到隔声、隔热作用，而且比大理石轻便的饰面材料是（　　）。

A．大理石　　B．陶瓷锦砖

C．同质砖　　D．釉面砖

17. 对内墙涂料的基本要求，说法正确的是（　　）。

A．耐候性好　　B．透气性好

C．耐磨性好　　D．抗冲击性好

18. 适用于寒冷地区，属于弹性体防水材料的是（　　）。

A．SBS 改性沥青防水卷材　　B．APP 改性沥青防水卷材

C．三元乙丙橡胶防水卷材　　D．氯化聚乙烯防水卷材

19. 具有良好的保温隔热、吸声性能的玻璃是（　　）。

A．彩色玻璃　　B．中空玻璃

C．镀膜玻璃　　D．着色玻璃

20. 关于防火堵料，说法不正确的是（　　）。

A．有机防火堵料能够重复使用

B．无机防火堵料遇火时发泡膨胀

C．无机防火堵料主要用于封堵后基本不变的场合

D．防火枕适用于需经常更换或增减电缆、管道场合

二、多项选择题（每题 2 分。每题的备选项中，有 2 个或 2 个以上符合题意，至少有 1 个错项。错选，本题不得分；少选，所选的每个选项得 0.5 分）

1. 关于钢材的说法，不正确的有（　　）。

A．冷拔低碳钢丝可用作预应力钢筋

B．表征抗拉性能的主要指标是屈服强度、抗拉强度和伸长率

C．冷弯性是表征钢材在常温状态下承受弯曲变形的能力

D．在结构计算时以上屈服点作为材料的屈服强度的标准值

E．硫元素加大钢材的热脆性，但可改善焊接性能

2. 无机胶凝结材料中，气硬性胶凝材料包括（　　）。

A．沥青　　B．水泥

C．石灰　　D．天然树脂

E．石膏

3. 水泥中的活性矿物掺合料包括（　　）。

A．石英砂　　B．各种废渣

C．矿渣粉　　D．火山灰质材料

E．石灰石

4. 硅酸盐水泥的技术性质是其具体应用的主要依据，以下说法中正确的有（　　）。

A．水泥的终凝时间指从加水拌合到水泥浆达到标号强度的时间

B．体积安定性是指水泥在硬化过程中体积不收缩的特性

C．水泥的净浆强度是评定水泥强度等级的依据

D．水泥的碱含量不得大于 0.6%

E．硅酸盐水泥不宜用于海岸堤防工程

5. 有抗化学侵蚀要求的混凝土结构，宜采用（　　）。

A．硅酸盐水泥　　B．普通硅酸盐水泥

C．矿渣硅酸盐水泥　　D．火山灰质硅酸盐水泥

E．粉煤灰硅酸盐水泥

6. 有关石油沥青的技术性质的说法，正确的是（　　）。

A．属于憎水性材料，广泛用作防潮、防水材料

B．地沥青质多，油分少，石油沥青的黏滞性较大

C．石油沥青的塑性与组分、温度及沥青膜层厚度有关

D．石油沥青能否作为柔性防水材料，取决于沥青软化点

E．土木建筑工程宜选用温度敏感性较大的沥青

7. 关于塑料管材的说法，正确的有（　　）。

A．无规共聚聚丙烯管（PP-R 管）主要用于消防水管

B．氯化聚氯乙烯管（PVC-C 管）只能用于热水管

C．硬聚氯乙烯管（PVC-U 管）主要用于饮用水管

D．丁烯管（PB 管）主要用于薄壁小口径压力管道

E．交联聚乙烯管（PEX 管）主要用于地暖系统的盘管

8. 关于防火材料的说法，正确的有（　　）。

A．添加型阻燃剂对聚合物材料使用性能影响较小，阻燃性持久

B．薄型和超薄型防火涂料的耐火极限一般与涂层厚度无关

C．厚质型防火涂料一般为非膨胀型的，厚度大于 7mm 且小于等于 45mm

D．无机防火堵料尤其适合需经常更换或增减电缆、管道的场合

E．防火包尤其适用于封堵后基本不变的场合

精选习题答案及解析

一、单项选择题

1.【答案】D

【解析】热处理钢筋强度高，用材省，锚固性好，预应力稳定，主要用作预应力钢筋混凝土轨枕，也可以用于预应力混凝土板、吊车梁等构件。

2.【答案】B

【解析】强屈比越大，反映钢材受力超过屈服点工作时的可靠性越大，因而结构的安全性越高。

3. 【答案】A

【解析】伸长率表征了钢材的塑性变形能力。

4. 【答案】D

【解析】钛能减少时效倾向，改善焊接性能。

5. 【答案】D

【解析】普通硅酸盐水泥代号为 P·O。

6. 【答案】A

【解析】硅酸盐水泥早期强度高，凝结硬化快，其余选项都属于早期强度低，后期强度增长较快，凝结硬化慢。

7. 【答案】A

【解析】水泥熟料掺入非活性混合材料可以增加水泥产量、降低成本、降低强度等级、减少水化热、改善混凝土及砂浆的和易性等，如石灰石和砂岩。

8. 【答案】C

【解析】沥青软化点是反映沥青的温度敏感性的重要指标。

9. 【答案】C

【解析】地沥青质是决定石油沥青温度敏感性、黏性的重要组成部分，含量越多，软化点越高，黏性越大，即越硬脆。

10. 【答案】C

【解析】配制混凝土宜优先选用 2 区砂，Ⅰ类砂应采用级配区 2 区砂。

11. 【答案】B

【解析】黏聚性好的混凝土拌合物，其保水性也好，但流动性较差；如增大流动性，则黏聚性、保水性易变差。

12. 【答案】B

【解析】一般应在保证混凝土拌合物和易性的前提下，减小水灰比，降低孔隙率，减少渗水通道，故选项 B 错误。

13. 【答案】B

【解析】聚合物胶结混凝土（树脂混凝土）可在工厂预制。与水泥混凝土相比，具有快硬、高强和显著改善抗渗、耐蚀、耐磨、抗冻融以及粘结等性能，可现场应用于混凝土工程快速修补、地下管线工程快速修建、隧道衬里等。

14. 【答案】D

【解析】悬浮密实结构具有较大的带聚力，但内摩擦角较小，高温稳定性较差，选项 A 错误；骨架空隙结构内摩擦角较高，但黏聚力较低，受沥青材料性质的变化影响较小，因而热稳定性较好，选项 B 错误；骨架密实结构不仅内摩擦角较高，黏聚力较高，密实度、强度和稳定性都较好，是一种较理想的结构类型，选项 C 错误。

15. 【答案】ABE

【解析】烧结空心砖和轻骨料混凝土小型空心砌块多用于非承重墙，故选项 C 和选项 D 错误。

16. 【答案】C

【解析】瓷质砖又称同质砖、通体砖、玻化砖，装饰在建筑物外墙壁上能起到隔声、隔热的作用，而且它比大理石轻便，质地均匀致密、强度高、化学性能稳定。

17. 【答案】B

【解析】选项 A 属于外墙涂料的基本要求；选项 C 和选项 D 属于地面涂料的基本要求。

18. 【答案】A

【解析】SBS 改性沥青防水卷材属弹性体沥青防水卷材中的一种，广泛适用于各类建筑防水、防潮工程，尤其适用于寒冷地区和结构变形频繁的建筑物防水，并可采用热熔法施工。

19. 【答案】B

【解析】中空玻璃具有光学性能良好、保温隔热、降低能耗、防结露、隔声性能好等优点。

20. 【答案】B

【解析】有机防火堵料在使用过程中长期不硬化，可塑性好，容易封堵各种不规则形状的孔洞，能够重复使用，遇火时发泡膨胀，故选项 B 错误。

二、多项选择题

1. 【答案】ADE

【解析】冷拔低碳钢丝不得作预应力钢筋使用，选项 A 错误；在结构计算时以下屈服点作为材料的屈服强度的标准值，选项 D 错误；硫元素加大钢材的热脆性，显著降低焊接性能，选项 E 错误。

2. 【答案】CE

【解析】只能在空气中硬化，也只能在空气中保持和发展其强度的称为气硬性胶凝材料，如石灰、石膏。

3. 【答案】CD

【解析】常用的活性矿物掺合料有粒化高炉矿渣、矿渣粉、火山灰质材料。

4. 【答案】DE

【解析】终凝时间从水泥加水拌合起，至水泥浆完全失去塑性并开始产生强度所需的时间，选项 A 错误；水泥体积安定性是指水泥在硬化过程中，体积变化是否均匀的性能，选项 B 错误；水泥强度是指胶砂的强度而不是净浆的强度，选项 C 错误。

5. 【答案】CDE

【解析】硅酸盐水泥和普通硅酸盐水泥均耐腐蚀及耐水性较差，不易采用。

6. 【答案】ABC

【解析】沥青之所以能制造出性能良好的柔性防水材料，很大程度上取决于沥青的塑性，故选项 D 错误；土木建筑工程宜选用温度敏感性较小的沥青，故选项 E 错误。

7. 【答案】DE

【解析】PP-R 管属于可燃性材料，不得用于消防给水系统，选项 A 错误；PVC-C 管主要应用于冷热水管、消防水管系统、工业管道系统，选项 B 错误；PVC-U 管主要应用于给水管道（非饮用水）、排水管道、雨水管道，选项 C 错误。

8. **【答案】**BC

【解析】反应型阻燃剂对聚合物材料使用性能影响较小，阻燃性持久，选项A错误；无机防火堵料尤其适合封堵后基本不变的场合，选项D错误；防火包尤其适用于需经常更换或增减电缆、管道的场合，选项E错误。

第四章　工程施工技术

考情分析

本章约占 25 分，2023 版教材在第一节对套管成孔灌注桩进行了修订、对模板类型与基本要求进行了修订，同时进行了大量删减；第二节对路面施工进行了修订，同时个别的地方做了删减；第三节对地下连续墙施工技术相关内容进行了修订，同时个别的地方做了删减。

本章内容占全书篇幅最多，需要记忆的数据及工艺流程非常多，是最不容易得分的章节，属于本门考试中最难的章节，也是第五章学习的基础，应结合第二章内容学习。

重点考查：土石方工程、地基与基础工程、砌体结构工程施工、混凝土结构工程施工、防水工程施工、节能工程施工、道路工程施工、桥梁上部结构施工、地下连续墙施工、隧道工程施工等。

说明：★表示高频考点；▲表示重要考点；●表示一般考点。

第一节　建筑工程施工技术

历年真题分值统计

本节内容	历年真题分值统计					
	2019	2020	2021	2022	2022（补考）	2023
一、土石方工程施工技术	3	2	2	5	4	2
二、地基与基础工程施工技术	4	1	1	2	2	1
三、主体结构施工技术	4	3	5	6	6	7
四、防水工程施工技术	0	2	3	0	0	1
五、节能工程施工技术	0	2	1	0	2	1
六、装饰装修工程施工技术	0	1	1	0	0	1
合计	11	11	13	13	14	13

思维导图（图 4-1）

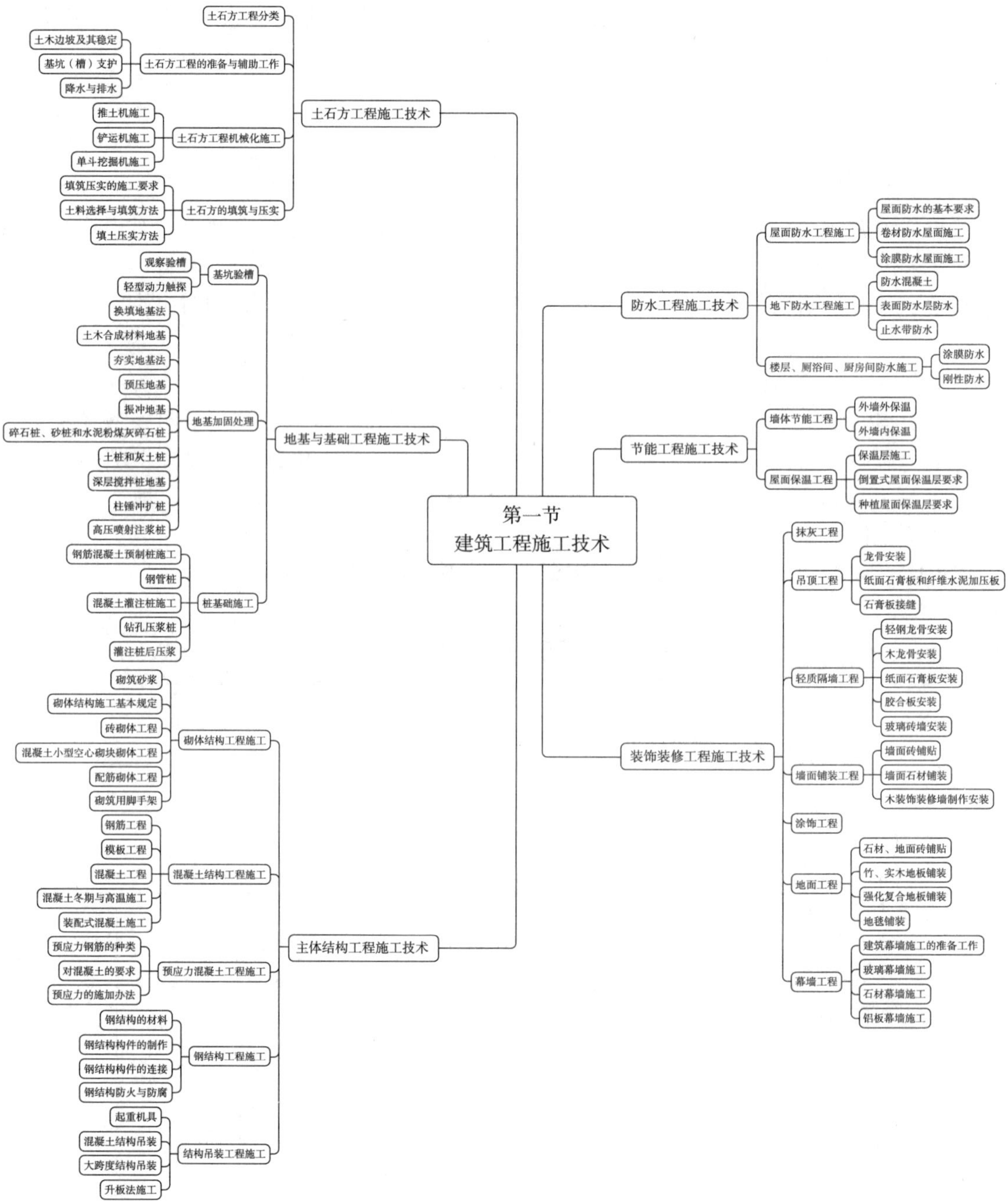

图 4-1 思维导图

考点解析

一、土石方工程施工技术

考点一 ★ 基坑（槽）支护（表 4-1）

基坑（槽）支护　　表 4-1

<table>
<tr><td rowspan="4">横撑式支护</td><td>采用条件</td><td colspan="2">开挖较窄的沟槽时</td></tr>
<tr><td rowspan="3">分类</td><td>间断式水平挡土板</td><td>湿度小的黏性土，挖土深度小于 3m</td></tr>
<tr><td>连续式水平挡土板</td><td>松散、湿度大的土，挖土深度可达 5m</td></tr>
<tr><td>垂直挡土板</td><td>对松散和湿度很高的土，挖深不限</td></tr>
<tr><td rowspan="2">重力式支护</td><td>水泥土搅拌桩</td><td colspan="2">① 具有防渗和挡土的双重功能，开挖深度不宜大于 7m
② 采用格栅形式时，要满足一定的面积转换率，对淤泥质土，不宜小于 0.7；对淤泥，不宜小于 0.8；对一般黏性土、砂土，不宜小于 0.6
③ 对淤泥质土，嵌固深度不宜小于 1.2h（h 为基坑挖深）；对淤泥，嵌固深度不宜小于 1.3h</td></tr>
<tr><td>成桩工艺</td><td colspan="2">① 一次喷浆、二次搅拌：水泥掺量较小
② 二次喷浆、三次搅拌：水泥掺量较大</td></tr>
<tr><td rowspan="2">板式支护</td><td>挡墙系统</td><td colspan="2">① 常用的有槽钢、钢板桩、钢筋混凝土板桩、灌注桩、地下连续墙
② 钢板桩在基础施工完毕后还可拔出重复使用
③ 一般钢板桩、混凝土板桩采用打入法
④ 灌注桩及地下连续墙则采用就地成孔（槽）现浇的方法</td></tr>
<tr><td>支撑（拉锚）系统</td><td colspan="2">① 支撑系统一般用大型钢管、H 型钢、格构式钢，现浇钢筋混凝土
② 拉锚系统一般采用钢筋、钢索、型钢、土锚杆
③ 基坑较浅，挡墙具有一定刚度时，可用悬臂式挡墙而不设支撑点
④ 支撑或拉锚与挡墙系统通过围檩、冠梁等连接成整体</td></tr>
</table>

【例题 1】开挖较窄的沟槽时，适用于湿度较高的松散土质，且挖土深度不限的基坑支护形式是（　　）。（2023 年、2019 年、2015 年真题）

A．重力式支护结构　　B．垂直挡土板式支持

C．间断式水平挡土板支持　　D．连续式水平挡土板支撑

【答案】B

【解析】对松散和湿度很高的土可用垂直挡土板式支撑，其挖土深度不限。

【例题 2】根据受力状态，基坑的支护结构形式有（　　）。（2022 年补考真题）

A．横撑式　　B．悬臂式

C．板式　　D．重力式

E．支撑式

【答案】ACD

【解析】根据受力状态可分为横撑式支护、重力式支护结构、板式支护结构等。其中，板式支护结构又分为悬臂式和支撑式。

【例题 3】开挖深度小于 3m，湿度小的黏性土沟槽，适合采用的支护方式是（　　）。（2022 年真题）

A．重力式支护结构　　B．垂直挡土板支撑

C．水平挡土板支撑　　D．板式支护结构

【答案】C

【解析】横撑式土壁支撑根据挡土板的不同，分为水平挡土板式以及垂直挡土板式两类。前者挡土板的布置又分间断式和连续式两种。湿度小的黏性土挖土深度小于 3m 时，可用间断式水平挡土板支撑。

【例题 4】关于板式支护结构，说法不正确的是（　　）。

A．由挡墙系统和支撑（或拉锚）两大系统组成

B．基坑较浅，挡墙具有一定刚度时，可用悬臂式挡墙而不设支撑点

C．钢板桩在基础施工完毕后还可拔出重复使用

D．混凝土板桩采用就地成孔（槽）现浇的方法

【答案】D

【解析】一般钢板桩、混凝土板桩采用打入法，而灌注桩及地下连续墙则采用就地成孔（槽）现浇的方法。

考点二　★ 降水与排水（表 4-2）

降水与排水　　表 4-2

降水方法	特点
明排水法	① 宜用于粗粒土层，也用于渗水量小的黏土层 ② 集水坑应设置在基础范围以外，地下水走向的上游 ③ 根据地下水量大小、基坑平面形状及水泵能力，集水坑每隔 20～40m 设置一个 ④ 集水坑深度随着挖土的加深而加深，要经常低于挖土面 0.7～1.0m
一级轻型井点	① 当土为细砂和粉砂时采用井点降水法 ② 根据基坑平面的大小与深度、土质、地下水位高低与流向、降水深度要求，轻型井点可采用单排布置、双排布置以及环形布置；当土方施工机械需进出基坑时，也可采用 U 形布置 ③ 单排布置适用于基坑、槽宽度小于 6m，且降水深度不超过 5m 的情况 ④ 双排布置适用于基坑宽度大于 6m 或土质不良的情况 ⑤ 环形布置适用于大面积基坑 ⑥ 采用 U 形布置，则井点管不封闭的一段应设在地下水的下游方向 ⑦ 井点系统的安装顺序：挖井点沟槽、铺设集水总管；冲孔，沉设井点管，灌填砂滤料；弯联管将井点管与集水总管连接；安装抽水设备；试抽
喷射井点	① 当降水深度超过 8m 时，宜采用喷射井点，降水深度可达 8～20m ② 当基坑宽度小于等于 10m 时，井点可单排布置；当大于 10m 时，可双排布置；当基坑面积较大时，宜采用环形布置
电渗井点	在饱和黏土中，特别是淤泥和淤泥质黏土中，由于土的透水性较差，持水性较强，宜增加电渗井点来配合轻型或喷射井点降水
深井井点	降水深度超过 15m 时采用，可降低水位 30～40m，有的甚至可达百米
管井井点	土的渗透系数大、地下水量大的土层中，宜采用管井井点

【例题1】在渗透系数小于0.1m/d的饱和黏土中，当降水深度为10m时，宜优先选用的井水降水法是（　　）。（2022年补考真题）

A．电渗＋轻型　　B．轻型＋管井

C．电渗＋喷射　　D．管井＋喷射

【答案】C

【解析】电渗井点适用于渗透系数小于0.1m/d的饱和黏土；当降水深度超过8m时，宜采用喷射井点，降水深度可达8～20m。

【例题2】关于轻型井点的布置，下列说法正确的有（　　）。（2022年真题）

A．环形布置适用于大面积基坑

B．双排布置适用于土质不良的情况

C．U形布置适用于基坑宽度不大于6m的情况

D．单排布置适用于基坑宽度小于6m，且降水深度小于5m的情况

E．U形布置井点管不封闭的一段应设在地下水的下游方向

【答案】ABDE

【解析】单排布置适用于基坑宽度小于6m，且降水深度小于5m的情况；当土方施工机械需进出基坑时，也可采用U形布置，选项C错误。

【例题3】基坑开挖的电渗井点降水适用于饱和（　　）。（2020年、2019年真题）

A．黏土层　　B．砾石层

C．砂土层　　D．砂砾层

【答案】A

【解析】在饱和黏土中，特别是淤泥和淤泥质黏土中，由于土的透水性较差，持水性较强，用一般喷射井点和轻型井点降水效果较差，此时宜增加电渗井点来配合轻型或喷射井点降水。

【例题4】基坑开挖时，采用明排法施工，其集水坑应设置在（　　）。（2018年真题）

A．基础范围以外的地下水走向的下游

B．基础范围以外的地下水走向的上游

C．便于布置抽水设施的基坑边角处

D．不影响施工交通的基坑边角处

【答案】B

【解析】明排法集水坑应设置在基础范围以外，地下水走向的上游。

考点三　★土石方工程机械化施工（表4-3）

土石方工程机械化施工　　表4-3

推土机	性能	经济运距在100m以内，以30～60m为最佳运距	
	施工方法	下坡推土法	可增大推土机铲土深度和运土数量，提高生产效率
		分批集中一次推送法	在较硬的土中采用，可使铲刀的推送数量增大，缩短运输时间，提高生产效率

续表

推土机	施工方法	并列推土法	并列推土时，铲刀间距 15～30cm，并列台数不宜超过 4 台
		沟槽推土法	能够更有效地利用推土机，缩短运土时间
		斜角推土法	在管沟回填且无倒车余地时可采用
铲运机	性能	① 独立完成铲土、运土、卸土、填筑、压实 ② 常用于坡度在 20° 以内的大面积场地平整，开挖大型基坑、沟槽，以及填筑路基等土方工程 ③ 可在Ⅰ～Ⅲ类土中直接挖土、运土，经济运距 600～1500m，当运距为 200～350m 最有效	
	开行路线	环形路线	挖填交替，而挖填之间距离又较短时采用
		8 字形路线	一个循环中两次转弯方向不同机械磨损较均匀
	施工方法	下坡铲土	一般地面坡度以 5°～7° 为宜
		跨铲（间隔铲土）	土埂高度应不大于 300mm，宽度以不大于拖拉机两履带间净距为宜
		助铲法	一般每 3～4 台铲运机配 1 台推土机助铲
单斗挖掘机	性能	当场地起伏高差较大、土方运输距离超过 1000m，且工程量大而集中时采用	
	按其工作装置的不同分	正铲挖掘机	前进向上，强制切土。能开挖停机面以内的Ⅰ～Ⅳ类土，开挖大型基坑时需设下坡道，宜在土质较好、无地下水的地区工作
		反铲挖掘机	后退向下，强制切土。能开挖停机面以下的Ⅰ～Ⅲ类的砂土或黏土，宜开挖深度 4m 以内的基坑，对地下水位较高处也适用
		拉铲挖掘机	后退向下，自重切土。能开挖停机面以下的Ⅰ～Ⅱ类土，适宜开挖大型基坑及水下挖土
		抓铲挖掘机	直上直下，自重切土。只能开挖Ⅰ～Ⅱ类土，可以挖掘独立基坑、沉井，特别适于水下挖土

【例题 1】抓铲挖掘机，铲土特点是（　　）。（2023 年真题）

A．直上直下，自重切土　　B．直上直下，强制切土

C．后退向下，强制切土　　D．前进向上，强制切土

【答案】A

【解析】抓铲挖掘机的挖土特点是：直上直下，自重切土。

【例题 2】关于土石方工程施工，下列说法正确的是（　　）。（2022 年真题）

A．铲运机的经济运距为 30～60m

B．推土机分批集中一次推送能减少土的散失

C．铲运机适于在坡度在大于 20° 的大面积场地平整

D．抓铲挖掘机特别适于水下挖土

【答案】D

【解析】推土机经济运距在 100m 以内，以 30～60m 为最佳运距，而铲运机经济运距为 600～1500m，当运距为 200～350m 最有效，选项 A 错误；推土机分批集中一次推送在较硬的土中采用，而并列推土法和沟槽推土法能减少土的散失，选项 B 错误；铲运机常用于坡度在 20° 以内的大面积场地平整，选项 C 错误。

【例题 3】与正铲挖掘机相比，反铲挖掘机的显著优点是（　　）。（2020 年真题）

A．对开挖土层级别的适应性宽　　B．对基坑大小的适应性宽

C．对开挖土层的地下水位适应性宽　　D．装车方便

【答案】C

【解析】反铲挖掘机的挖掘力比正铲小，能开挖停机面以下的Ⅰ～Ⅲ类的砂土或黏土，适宜开挖深度 4m 以内的基坑，对地下水位较高处也适用。

【例题 4】水下开挖独立基坑，工程机械应优先选用（　　）。（2019 年真题）

A．正铲挖掘机　　B．反铲挖掘机

C．拉铲挖掘机　　D．抓铲挖掘机

【答案】D

【解析】抓铲挖掘机的挖土特点是：直上直下，自重切土。其挖掘力较小，只能开挖Ⅰ～Ⅱ类土，可以挖掘独立基坑、沉井，特别适于水下挖土。

【例题 5】关于推土机械作业，说法正确的是（　　）。（2016 年真题）

A．土质较软使切土深度较大时可采用分批集中后一次推送

B．并列推土的推土机数量不宜超过 4 台

C．沟槽推土法是先用小型推土机推出两侧沟槽后再用大型推土机推土

D．斜角推土法是指推土机行走路线沿斜向交叉推进

【答案】B

【解析】选项 A 错误，在较硬的土中，推土机的切土深度较小，一次铲土不多，可分批集中，再整批地推送到卸土区；选项 C 错误，沟槽推土法是沿第一次推过的原槽推土，前次推土所形成的土埂能阻止土的散失，从而增加推运量；选项 D 错误，将铲刀斜装在支架上，与推土机横轴在水平方向形成一定角度进行推土。

考点四　▲ 土石方的填筑与压实（表 4-4）

土石方的填筑与压实　　表 4-4

施工要求	① 填方的边坡坡度，应根据填方高度、土的类别、使用期限及其重要性确定 ② 填方宜采用同类土填筑，如采用不同透水性的土分层填筑时，下层宜填筑透水性较大、上层宜填筑透水性较小的填料，或将透水性较小的土层表面做成适当坡度，以免形成水囊 ③ 填方压实工程应由下至上分层铺填，分层压（夯）实，分层厚度及压（夯）实遍数，根据压（夯）实机械、密实度要求、填料种类及含水量确定
土料选择	① 碎石类土、砂土、爆破石渣及含水量符合压实要求的黏性土可作为填方土料 ② 淤泥、冻土、膨胀性土及有机物含量大于 5% 的土，以及硫酸盐含量大于 5% 的土均不能作为填土 ③ 填方土料为黏性土时，填土前应检验其含水量是否在控制范围以内，含水量大的黏土不宜作填土用
填筑方法	当填方位于倾斜的地面时，应先将斜坡挖成阶梯状，然后分层填筑，以防填土横向移动
压实方法	① 碾压法，适用于大面积填土工程。羊足碾一般用于碾压黏性土，不适于砂性土，此外松土不宜用重型碾压机械直接滚压，否则土层有强烈起伏现象，效率不高。如果先用轻碾压实，再用重碾压实就会取得较好效果 ② 夯实法，主要用于小面积回填土，可以夯实黏性土或非黏性土 ③ 振动压实法，对于振实填料为爆破石渣、碎石类土、杂填土和粉土等非黏性土效果较好

【例题 1】关于压实法，下列选项正确的是（　　）。（2022 年补考真题）

A．羊足碾一般用于碾压黏性土，不适用于砂土

B．松土宜先用重型碾压机械压实

C．夯实法主要用于大面积黏性土

D．振动压实法不适宜碎石类土

【答案】C

【解析】松土不宜用重型碾压机械直接滚压，否则土层有强烈起伏现象，效率不高，选项 B 错误；夯实法主要用于小面积回填土，选项 C 错误；振动压实法对于振实填料为爆破石渣、碎石类土、杂填土和粉土等非黏性土效果较好。

【例题 2】为保证填方工程质量，下列工程中可作为填方材料的是（　　）。（2022 年真题）

A．膨胀土　　B．有机物大于 5% 的土

C．砂石、爆破石渣　　D．含水量大的黏土

【答案】C

【解析】碎石类土、砂土、爆破石渣及含水量符合压实要求的黏性土可作为填方土料。淤泥、冻土、膨胀土及有机物含量大于 5% 的土，以及硫酸盐含量大于 5% 的土均不能作填土。含水量大的黏土不宜作填土用。

【例题 3】利用爆破石渣和碎石填筑大型地基，应优先选用的压实机械为（　　）。（2018 年真题）

A．羊足碾　　B．平碾

C．振动碾　　D．蛙式打夯机

【答案】C

【解析】振动碾对于振实填料为爆破石渣、碎石类土、杂填土和粉土等非黏性土效果较好。

【例题 4】土石方在填筑施工时应（　　）。（2017 年真题）

A．先将不同类别的土搅拌均匀　　B．采用同类土填筑

C．分层填筑时需搅拌　　D．将含水量大的黏土填筑在底层

【答案】B

【解析】填方宜采用同类土填筑，如采用不同透水性的土分层填筑时，下层宜填筑透水性较大、上层宜填筑透水性较小的填料，或将透水性较小的土层表面做成适当坡度，以免形成水囊。

二、地基与基础工程施工技术

考点五　▲ 基坑验槽（表 4-5）

基坑验槽　　表 4-5

若地基为必须加固处理的天然地基，当基坑（槽）挖至基底设计标高后，施工单位必须会同勘察、设计、监理单位和业主进行验槽，合格后方能进行基础工程施工	
观察验槽	对难以鉴别的土质，应采用洛阳铲等手段挖至一定深度仔细鉴别

续表

观察验槽	在进行直接观察时，可用袖珍贯入仪作为辅助手段
	观察的重点应以柱基、墙角、承重墙下或其他受力较大的部位为主，如有异常部位，应会同勘察、设计等有关单位进行处理
轻型动力触探	采用轻型动力触探进行基坑（槽）检验时，应检查： ① 地基持力土层的强度和均匀性 ② 是否有浅部埋藏的软弱下卧层 ③ 是否有浅部埋藏直接观察难以发现的坑穴、古墓、古井等
	当贯入 30cm 锤击数大于 100 击或贯入 15cm 锤击数超过 50 击，可停止试验
	基坑（槽）底部深处有承压水层，轻型动力触探可能造成冒水涌砂时，不宜进行轻型动力触探；持力层为砾石或卵石时，且厚度符合设计要求时，一般不需要进行轻型动力触探

【例题】观察验槽应该重点观察（　　）。

A．持力土层的强度　　　　B．浅部埋藏的软弱下卧层

C．柱基和墙角　　　　　　D．承重墙下

E．持力土层的均匀性

【答案】CD

【解析】观察验槽观察的重点应以柱基、墙角、承重墙下或其他受力较大的部位为主，如有异常部位，应会同勘察、设计等有关单位进行处理。其余选项属于轻型动力触探应检查的内容。

考点六　▲ 地基加固处理方法（表 4-6、图 4-2 和图 4-3）

地基加固处理方法　　　　**表 4-6**

换填地基法	灰土地基	① 加固深 1～4m 厚的软弱土、湿陷性黄土、杂填土 ② 作为结构的辅助防渗层
	砂和砂石地基	① 3m 以内的软弱、透水强黏性土地基，包括淤泥、淤泥质土 ② 不宜用于加固湿陷性黄土、渗透系数小的黏性土地基
	粉煤灰	可作为各种软弱土层换填地基的处理，以及大面积地坪的垫层等
土工合成材料地基	土工织物	达到排水、反滤、隔离、加固和补强等方面的目的，以提高土体承载力，减少沉降和增加地基的稳定
	加筋土	由填土、填土中布置的一定量带状筋体（或称拉筋）以及直立的墙面板三部分组成
柱锤冲扩桩	处理深度	不宜超过 6m，复合地基承载力特征值不宜超过 160kPa
	桩位布置	可采用正方形、矩形、三角形布置
	夯填标准	夯填至桩顶设计标高以上 0.5m，上部桩孔用原槽土夯封
	施工顺序	间隔进行
重锤夯实法	① 适用于地下水距地面 0.8m 以上稍湿的黏土、砂土、湿陷性黄土、杂填土和分层填土 ② 有效夯实深度内存在软黏土层时不宜采用 ③ 重锤表面夯实的加固深度一般在 1.2～2m	

续表

强夯法	① 最经济的深层地基处理方法之一 ② 适用于加固碎石土、砂土、低饱和度粉土、黏性土、湿陷性黄土、高填土、杂填土以及“围海造地”地基、工业废渣、垃圾地基等的处理；也可用于防止粉土及粉砂的液化，消除或降低大孔隙土的湿陷性 ③ 对于高饱和度淤泥、软黏土、泥炭、沼泽土，如采取一定技术措施也可采用，还可用于水下夯实 ④ 不得用于不允许对工程周围建筑物和设备有一定振动影响的地基加固，必需时，应采取防振、隔振措施 ⑤ 处理范围应大于建筑物基础范围，每边超出基础外缘的宽度宜为基底下设计处理深度的 1/2～2/3，并不宜小于 3m
预压地基	① 预压地基又称排水固结法地基，适用于处理道路、仓库、罐体、飞机跑道、港口等各类大面积淤泥质土、淤泥及冲填土等饱和黏性土地基 ② 预压荷载是其中的关键问题，因为施加预压荷载后才能引起地基土的排水固结
砂桩和碎石桩	具有挤密、置换、排水、垫层和加筋等作用
水泥粉煤灰碎石桩（CFG 桩）	① 在碎石桩基础上加进一些石屑、粉煤灰和少量水泥，加水拌合制成 ② 褥垫层材料宜用中砂、粗砂、级配砂石和碎石，最大粒径不宜大于 30mm ③ 不宜采用卵石，由于卵石咬合力差，施工时扰动较大、褥垫厚度不容易保证均匀 ④ 褥垫层的位置位于 CFG 桩和建筑物基础之间，厚度可取 200～300mm ⑤ 褥垫层不仅仅用于 CFG 桩，也用于碎石桩、管桩等，以形成复合地基，保证桩和桩间土的共同作用
土桩和灰土桩	① 适用于处理地下水位以上，深度 5～15m 的湿陷性黄土或人工填土地基 ② 不宜采用于地下水位以下或含水量超过 25% 的土 ③ 土桩主要适用于消除湿陷性黄土地基的湿陷性 ④ 灰土桩主要适用于提高人工填土地基的承载力 ⑤ 还可单独采用石灰加固软弱地基的石灰桩
深层搅拌法	① 适用于加固各种成因的淤泥质土、黏土和粉质土等 ② 施工工艺有两种，一种是旋喷桩，另一种是粉喷桩
高压喷射注浆桩	① 适用于处理淤泥、淤泥质土、流塑、软塑或可塑黏性土、粉土、砂土、黄土、素填土和碎石土等地基 ② 高压喷射注浆法分旋喷、定喷和摆喷三种类别 ③ 根据工程需要和土质要求，施工时可分别采用单管法、二重管法、三重管法和多重管法，施工程序基本一致，都是先把钻杆插入或打进预定土层中，自下而上进行喷射作业

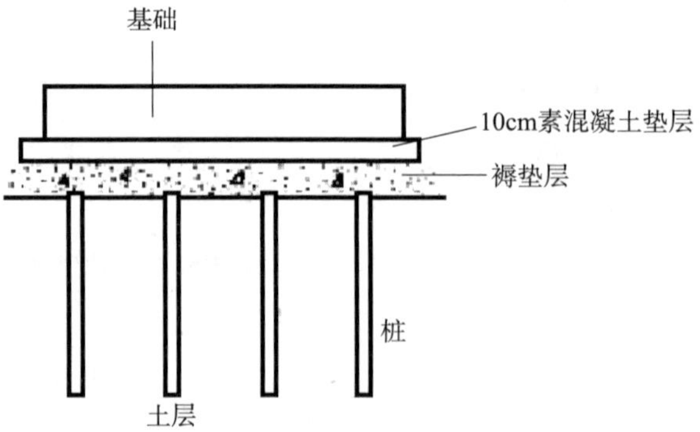

图 4-2　褥垫层示意图

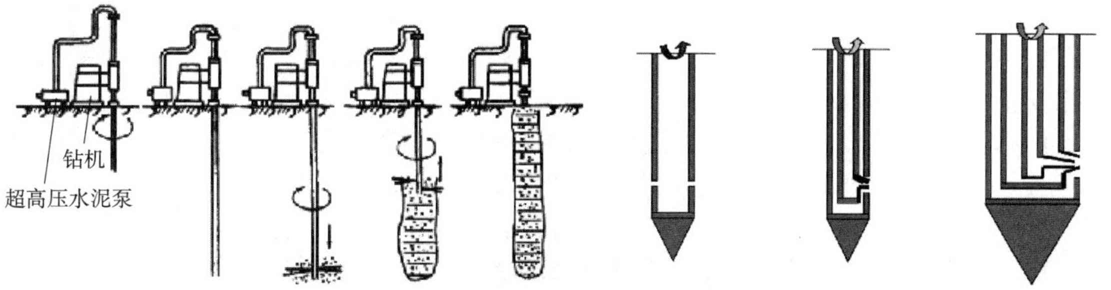

图 4-3　高压喷射注浆桩示意图

【例题 1】地基加固中方法中，排水固结关键问题是（　　）。（2022 年真题）

A．预压荷载　　B．预压时间

C．防振、隔振措施　　D．竖向排水体设置

【答案】A

【解析】预压荷载是其中的关键问题，因为施加预压荷载后才能引起地基土的排水固结。

【例题 2】某建筑物设计基础底面以下有 2～3m 厚的湿陷性黄土需采用换填加固，回填材料应优先采用（　　）。（2019 年真题）

A．灰土　　B．粗砂

C．砂砾石　　D．粉煤灰

【答案】A

【解析】灰土地基适用于加固深 1～4m 厚的软弱土、湿陷性黄土、杂填土等，还可用作为结构的辅助防渗层。

【例题 3】地基处理常采用强夯法，其特点在于（　　）。（2017 年真题）

A．处理速度快、工期短，适用于城市施工

B．不适用于软黏土层处理

C．处理范围应小于建筑物基础范围

D．采取相应措施还可用于水下夯实

【答案】D

【解析】选项 A 错误，不得用于不允许对工程周围建筑物和设备有一定振动影响的地基加固，必需时，应采取防振、隔振措施；选项 B 错误，对于高饱和度淤泥、软黏土、泥炭、沼泽土，如采取一定技术措施也可采用，还可用于水下夯实；选项 C 错误，处理范围应大于建筑物基础范围，每边超出基础外缘的宽度宜为基底下设计处理深度的 1/2～2/3，并不宜小于 3m。

【例题 4】关于褥垫层，说法不正确的是（　　）。

A．宜采用中砂、粗砂、级配砂石和碎石，最大粒径不宜大于 30mm

B．不宜采用卵石，厚度不容易保证均匀

C．位置位于桩和建筑物基础之间，厚度可取 200～300mm

D．仅适用于 CFG 桩，保证桩和桩间土的共同作用

【答案】 D

【解析】 褥垫层不仅仅用于 CFG 桩，也用于碎石桩、管桩等，以形成复合地基，保证桩和桩间土的共同作用。

【例题 5】 关于土桩和灰土桩的说法，正确的有（　　）。

A．土桩和灰土桩挤密地基是由桩间挤密土和填夯的桩体组成

B．用于处理地下水位以下，深度 5～15m 的湿陷性黄土

C．土桩主要用于提高人工填土地基的承载力

D．灰土桩主要用于消除湿陷性黄土地基的湿陷性

E，不宜用于含水量超过 25% 的人工填土地基

【答案】 AE

【解析】 选项 B 错误，适用于处理地下水位以上，深度 5～15m 的湿陷性黄土或人工填土地基；选项 C 错误，土桩主要用于消除湿陷性黄土地基的湿陷性；选项 D 错误，灰土桩主要用于提高人工填土地基的承载力。

考点七 ★ 钢筋混凝土预制桩施工（表 4-7）

钢筋混凝土预制桩施工　　表 4-7

桩的制作	① 长度在 10m 以下的短桩，一般多在工厂预制，否则不便于运输 ② 较长的桩通常就在打桩现场附近露天预制，多用重叠法预制 ③ 重叠层数不宜超过 4 层，层与层之间应涂刷隔离剂，上层桩或邻近桩的灌注，应在下层桩或邻近桩混凝土达到设计强度等级的 30% 以后方可进行	
起吊运输	应在混凝土达到设计强度的 70% 方可起吊，达到 100% 方可运输和打桩	
堆放	堆放层数不宜超过 4 层，不同规格的桩应分别堆放	
沉桩方式	锤击沉桩	① 适用于桩径较小（一般桩径 0.6m 以下），地基土土质为可塑性黏土、砂性土、粉土、细砂以及松散的碎卵石类土的情况 ② 施工速度快，机械化程度高，适应范围广，现场文明程度高，但施工时有挤土、噪声和振动等公害，对城市中心和夜间施工有限制 ③ 当锤重大于桩重的 1.5～2.0 倍时，能取得良好的效果 ④ 当桩重大于 2t 时，可采用比桩轻的桩锤，但亦不能小于桩重的 75% ⑤ 宜采用“重锤低击”，即锤的重量大而落距小，桩锤不易产生回跃，不致损坏桩头，且桩易打入土中，效率高 ⑥基坑不大，中间向两边或四周，先深后浅、先大后小、先长后短
	静力压桩	① 软土地区、城市中心或建筑物密集处的桩基础工程，以及精密工厂的扩建工程 ② 无冲击力，噪声和振动较小，桩顶不易损坏，且无污染，对周围环境的干扰小 ③ 施工工艺顺序：测量定位→压桩机就位→吊桩、插桩→桩身对中调直→静压沉桩→接桩→再静压沉桩→送桩→终止压桩→切割桩头
	射水沉桩	① 在砂夹卵石层或坚硬土层中，一般以射水为主，锤击或振动为辅 ② 在亚黏土或黏土中，为避免降低承载力，一般以锤击或振动为主，以射水为辅
	振动沉桩	① 主要适用于砂土、砂质黏土、亚黏土层。在含水砂层中的效果更为显著，但在砂砾层中采用此法时，尚需配以水冲法 ② 优点是设备构造简单，使用方便，效能高，所消耗的动力少 ③ 缺点是适用范围较窄，不宜用于黏性土及土层中夹有孤石的情况

续表

接桩与拔桩	① 接桩方式有焊接、法兰接及硫黄胶泥锚接等，焊接接桩应用最多 ② 前两种接桩方法适用于各种土层，后者只适用于软弱土层
桩头处理	当桩顶标高在设计标高以下时，在桩位上挖成喇叭口，凿掉桩头混凝土，剥出主筋并焊接接长至设计要求长度，与承台钢筋绑扎在一起，用桩身同强度等级的混凝土与承台一起浇筑接长桩身

【例题 1】锤击沉桩施工钢筋混凝土预制桩，通常采用的锤击方式是（　　）。（2023 年真题）

A．重锤高击　　B．轻锤高击

C．重锤低击　　D．轻锤低击

【答案】C

【解析】在施工中，宜采用“重锤低击”，即锤的重量大而落距小，这样，桩锤不易产生回跃，不致损坏桩头，且桩易打入土中，效率高。

【例题 2】根据桩在土中受力情况，上部结构荷载主要由桩侧的摩擦阻力承担的是（　　）。（2022 年补考真题）

A．摩擦桩　　B．端承摩擦桩

C．端承桩　　D．摩擦端承桩

【答案】A

【解析】端承桩是穿过软弱土层而达到硬土层或岩层的一种桩，上部结构荷载主要依靠桩端反力支撑；摩擦桩是完全设置在软弱土层一定深度的一种桩，上部结构荷载主要由桩侧的摩阻力承担，而桩端反力承担的荷载只占很小的部分。

【例题 3】在城市中心的软土地区，钢筋混凝土预制适宜的沉桩方式是（　　）。（2022 年补考真题）

A．锤击沉桩　　B．静力压桩

C．射水沉桩　　D．振动沉桩

【答案】B

【解析】静力压桩适用于软土地区、城市中心或建筑物密集处的桩基础工程，以及精密工厂的扩建工程。

【例题 4】钢筋混凝土预制桩的起吊和运输，要求混凝土强度至少分别达到设计强度的多少（　　）。（2022 年真题）

A．65%，85%　　B．70%，100%

C．75%，95%　　D．70%，80%

【答案】B

【解析】预制桩应在混凝土达到设计强度的 70% 方可起吊，达到 100% 方可运输和打桩。

【例题 5】钢筋混凝土预制桩在砂夹卵石层和坚硬土层中沉桩，主要沉桩方式应优先考虑（　　）。（2020 年真题）

A．静力压桩　　B．锤击沉桩

C．振动沉桩　　D．射水沉桩

【答案】D

【解析】在砂夹卵石层或坚硬土层中，一般以射水为主，锤击或振动为辅；在亚黏土或黏土中，为避免降低承载力，一般以锤击或振动为主，以射水为辅。

【例题 6】在含水砂层中施工钢筋混凝土预制桩基础、沉桩方法应优先选用（　　）。（2019 年真题）

A．锤击沉桩　　B．静力压桩

C．射水沉桩　　D．振动沉桩

【答案】D

【解析】振动沉桩主要适用于砂土、砂质黏土、亚黏土层。在含水砂层中的效果更为显著，但在沙砾层中采用此法时，尚需配以水冲法。

考点八 ● 钢管桩（表 4-8）

钢管桩　　表 4-8

适用	深度 50～60m 厚的软土层
优缺点	① 优点：重量轻、刚性好，承载力高，桩长易于调节，排土量小，对邻近建筑物影响小，接头连接简单，工程质量可靠，施工速度快 ② 缺点：钢材用量大，工程造价较高；打桩机具设备较复杂，振动和噪声较大；桩材保护不善、易腐蚀
施工顺序	① 钢管桩施工，有先挖土后打桩和先打桩后挖土两种方法 ② 在软土地区，为避免基坑长时间大面积暴露被扰动，同时也为了便于施工作业，一般采取先打桩后挖土的施工法 ③ 桩机安装→桩机移动就位→吊桩→插桩→锤击下沉→接桩→锤击至设计深度→内切钢管桩→精割→焊桩盖→浇筑垫层混凝土→绑钢筋→支模板→浇筑混凝土基础承台

【例题】关于钢管桩的施工，下列叙述不正确的是（　　）。

A．按加工工艺区分为螺旋缝钢管和直缝钢管，直缝钢管工程上使用较多

B．在软土地区一般采取先打桩后挖土的施工法

C．钢管桩的施工顺序中，锤击至设计深度后进行内切钢管桩

D．打桩至桩顶高出地面 60～80cm 时，停止锤击，进行接桩

【答案】A

【解析】钢管桩按加工工艺区分，有螺旋缝钢管和直缝钢管两种，由于螺旋缝钢管刚度大，工程上使用较多。

考点九 ★ 混凝土灌注桩施工（表 4-9）

混凝土灌注桩施工　　表 4-9

灌注桩特点	① 适应地层变化，无须接桩，施工时无振动、无挤土和噪声小 ② 适宜于在建筑物密集地区使用 ③ 灌注桩的桩顶标高至少要比设计标高高出 1.0m

续表

泥浆护壁成孔灌注桩	正循环钻孔灌注桩	适用于黏性土、砂土、强风化、中等到微风化岩石 可用于桩径小于 1.5m、孔深一般小于或等于 50m 场地
	反循环钻孔灌注桩	适用于黏性土、砂土、细粒碎石土及强风化、中等到微风化岩石 可用于桩径小于 2m，孔深一般小于或等于 60m 的场地
	钻孔扩底灌注桩	适用于黏性土、砂土、细粒碎石土、全风化、强风化、中等风化岩石，孔深一般小于或等于 40m
	冲击成孔灌注桩	① 适用于黏性土、砂土、碎石土和各种岩层 ② 对厚砂层软塑－流塑状态的淤泥及淤泥质土应慎重使用
干作业成孔灌注桩	① 指在地下水位以上地层可采用机械或人工成孔并灌注混凝土的成桩工艺 ② 具有施工振动小、噪声低、环境污染少的优点 ③ 常用的有螺旋钻孔灌注桩、螺旋钻孔扩孔灌注桩、机动洛阳铲挖孔灌注桩及人工挖孔灌注桩四种	
人工挖孔灌注桩	① 单桩承载力高，结构受力明确，沉降量小 ② 可直接检查桩直径、垂直度和持力层情况，质量可靠 ③ 施工机具设备简单，工艺操作简单，占场地面积小 ④ 施工无振动、无噪声、无环境污染，对周边建筑无影响	
套管成孔灌注桩	① 有锤击沉管、振动沉管。可采用单打法、反插法或复打法施工 ② 单打法适用于含水量较小的土层，复打法或反插法适用于饱和土层。 ③ 沉管灌注桩成桩过程为：桩机就位→锤击（振动）沉管→上料→边锤击（振动）边拔管，并继续浇筑混凝土→下钢筋笼，继续浇筑混凝土及拔管→成桩 ④ 管内灌满混凝土后应先振动，再拔管。拔管过程中，应分段添加混凝土，保持管内混凝土面不低于地表面或高于地下水位 1～1.5m	
爆扩成孔灌注桩	① 又称爆扩桩，是由桩柱和扩大头两部分组成 ② 成孔方法简便，能节省劳动力，降低成本，做成的桩承载力也较大 ③ 适用范围较广，除软土和新填土外，其他各种土层中均可使用 ④ 爆扩桩成孔方法有两种，即一次爆扩法及两次爆扩法	

【例题 1】关于混凝土灌注桩施工，下列说法正确的有（　　）。（2019 年真题）

A．泥浆护壁成孔灌注桩实际成桩顶标高应比设计标高高出 1.0m

B．地下水位以上地层可采用人工成孔工艺

C．泥浆护壁正循环钻孔灌注桩适用于桩径 2.0m 以下桩的成孔

D．干作业成孔灌注桩采用短螺旋钻孔机一般需分段多次成孔

E．爆扩成孔灌注桩由桩柱、爆扩部分和桩底扩大头三部分组成

【答案】ABD

【解析】灌注桩的桩顶标高至少要比设计标高高出 1.0m；干作业成孔灌注桩系指在地下水位以上地层可采用机械或人工成孔并灌注混凝土的成桩工艺；正循环钻孔灌注桩可用于桩径小于 1.5m、孔深一般小于或等于 50m 场地。干作业成孔灌注桩短螺旋钻孔机为分段多次成孔；爆扩成孔灌注桩又称爆扩桩，是由桩柱和扩大头两部分组成。

【例题 2】现浇混凝土灌注桩，按成孔方法分为（　　）。（2018 年真题）

A．柱锤冲扩桩　　B．泥浆护壁成孔灌注桩

C．干作业成孔灌注桩　　D．人工挖孔灌注桩

E．爆扩成孔灌注桩

【答案】BCDE

【解析】现浇混凝土灌注桩根据成孔工艺不同，分为泥浆护壁成孔、干作业成孔、人工挖孔、套管成孔和爆扩成孔等。

【例题 3】在砂土地层中施工泥浆护壁成孔灌注桩，桩径 1.8m，桩长 52m，应优先考虑采用（　　）。（2016 年真题）

A．正循环钻孔灌注桩　　B．反循环钻孔灌注桩

C．钻孔扩底灌注桩　　D．冲击成孔灌注桩

【答案】B

【解析】反循环钻孔灌注桩适用于黏性土、砂土、细粒碎石土及强风化、中等－微风化岩石，可用于桩径小于 2m，孔深一般小于或等于 60m 的场地。

【例题 4】爆扩成孔灌注桩的主要优点在于（　　）。（2015 年真题）

A．适于在软土中形成桩基础　　B．扩大桩底支撑面

C．增大桩身周边土体的密实度　　D．有效扩大桩柱直径

【答案】B

【解析】选项 A 错误，爆扩桩的适用范围较广，除软土和新填土外，其他各种土层中均可使用；选项 C 和选项 D 均错误，爆扩成孔灌注桩利用爆炸的力量在底部形成扩大头，扩大桩底支撑面，从而使做成的桩承载力也较大。

考点十 ● 钻孔压浆桩、灌注桩后压浆（表 4-10）

钻孔压浆桩、灌注桩后压浆　　表 4-10

钻孔压浆桩	施工流程	钻机就位→钻进→首次注浆→提钻→放钢筋笼和注浆管→放碎石→二次补浆
	优点	① 振动小，噪声低；② 适用各种地层；③ 可解决断桩、缩颈、桩底虚土，提高承载力；④ 不用泥浆护壁；⑤ 施工速度快、工期短；⑥单承载力高
	缺点	① 桩身无砂，脆性大；② 桩身上部混凝土密实度差，静载试验时有发生桩顶压裂现象；③ 水泥浆流失较多；④ 遇到厚流砂层，成桩较难
	适用范围	① 可用于各种土层；② 有无地下水均可成桩；③ 常温低温条件下均可施工
灌注桩后压浆	施工流程	准备工作→管阀制作→灌注桩施工（后压浆管埋设）→压浆设备选型及加筋软管与桩身压浆管连接安装→打开排气阀并开泵放气调试→关闭排气阀压清水开塞→按设计水灰比拌制水泥浆液→水泥浆经过滤至储浆桶（不断搅拌）→待压浆管道通畅后压注水泥浆液→桩检测

【例题】钻孔压浆桩的施工流程，正确的是（　　）。

A．钻机就位→钻进→提出钻杆→首次注浆→放钢筋笼→放碎石→二次补浆

B．钻机就位→钻进→首次注浆→提出钻杆→放钢筋笼→放碎石→二次补浆

C．钻机就位→钻进→提出钻杆→首次注浆→放钢筋笼→二次补浆→放碎石

D．钻机就位→钻进→首次注浆→提出钻杆→放碎石→放钢筋笼→二次补浆

【答案】B

三、建筑工程主体结构施工技术

考点十一　▲ 砌体结构工程施工（表 4-11、图 4-4）

砌体结构工程施工　　表 4-11

砌筑砂浆	① 砌筑砂浆应采用机械搅拌，搅拌时间自投料完起算：水泥砂浆和水泥混合砂浆不得少于 120s；水泥粉煤灰砂浆和掺用外加剂的砂浆不得少于 180s；掺增塑剂的砂浆，从加水开始，搅拌时间不得少于 210s ② 拌制的砂浆应在 3h 内使用完毕；当施工期间最高气温超过 30℃时，应在 2h 内使用完毕 ③ 砌筑砂浆试块强度验收时，其强度合格标准应符合下列规定：同一验收批砂浆试块强度平均值应大于或等于设计强度等级值的 1.10 倍；同一验收批砂浆试块抗压强度的最小一组平均值应大于或等于设计强度等级值的 85%
施工规定	① 基底标高不同时，应从低处砌起，并应由高处向低处搭砌，搭接长度 L 不应小于基础底的高差 H，搭接长度范围内下层基础应扩大砌筑 ② 在墙上留置临时施工洞口，其侧边离交接处墙面不应小于 500mm，洞口净宽度不应超过 1m ③ 砖砌体、小砌块砌体每日砌筑高度宜控制在 1.5m 或一步脚手架高度内；石砌体不宜超过 1.2m
不得设置脚手眼	① 120mm 厚墙、清水墙、料石墙、独立柱和附墙柱 ② 过梁上与过梁成 60° 角的三角形范围及过梁净跨度 1/2 的高度范围内 ③ 宽度小于 1m 的窗间墙 ④ 门窗洞口两侧石砌体 300mm，其他砌体 200mm 范围内；转角处石砌体 600mm，其他砌体 450mm 范围内 ⑤ 梁或梁垫下及其左右 500mm 范围内 ⑥ 轻质墙体、夹心复合墙外叶墙及设计不允许设置脚手眼的部位
砖砌体工程	① 采用铺浆法砌筑砌体，铺浆长度不得超过 750mm；当施工期间气温超过 30℃时，铺浆长度不得超过 500mm ② 多孔砖的孔洞应垂直于受压面砌筑。半盲孔多孔砖的封底面应朝上砌筑 ③ 砖墙灰缝宽度宜为 10mm，且不应小于 8mm，也不应大于 12mm ④ 在抗震设防烈度为 8 度及 8 度以上地区，普通砖砌体斜槎水平投影长度不应小于高度的 2/3，多孔砖砌体的斜槎水平投影长度不应小于高度的 1/2。斜槎高度不得超过一步脚手架的高度 ⑤ 非抗震设防及抗震设防烈度为 6 度、7 度地区的临时间断处，当不能留斜槎时，除转角处外，可留直槎，但直槎必须做成凸槎，且应加设拉结钢筋，埋入长度从留槎处算起每边均不应小于 500mm，对抗震设防烈度 6 度、7 度的地区，不应小于 1000mm，末端应有 90° 弯钩
混凝土小型空心砌块砌体	① 砌筑普通混凝土小型空心砌块砌体，无须对小砌块浇水湿润 ② 小砌块墙体应孔对孔、肋对肋错缝搭砌 ③ 单排孔小砌块的搭接长度应为块体长度的 1/2；多排孔小砌块的搭接长度不宜小于小砌块长度的 1/3，且不应小于 90mm ④ 小砌块应将生产时的底面朝上反砌于墙上 ⑤ 砌体水平灰缝和竖向灰缝的砂浆饱满度，按净面积计算不得低于 90%
配筋砌体	① 填充墙应沿框架柱全高每隔 500～600mm 设 $2\phi 6$ 拉筋，拉筋伸入墙内的长度，6 度、7 度抗震设防时宜沿墙全长贯通，8 度、9 度抗震设防时应全长贯通 ② 墙长大于 5m 时，墙顶与梁宜有拉结；墙长超过 8m 或层高的 2 倍时，宜设置钢筋混凝土构造柱；墙高超过 4m 时，墙体半高宜设置与柱连接且沿墙全长贯通的钢筋混凝土水平系梁 ③ 植筋工艺流程：钻孔→清孔→填充胶粘剂→安装钢筋→凝胶 ④ 在厨房、卫生间、浴室等处采用轻骨料混凝土小型空心砌块、蒸压加气混凝土砌块砌筑墙体时，墙底部宜现浇混凝土坎台，其高度宜为 150mm ⑤ 填充墙与承重主体结构间的空（缝）隙部位施工，应在填充墙砌筑 14d 后进行

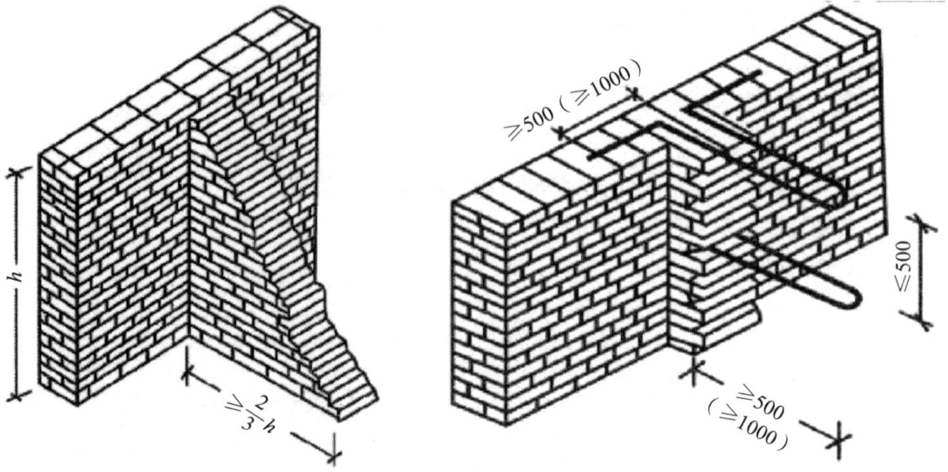

（a）斜槎　　　　（b）直槎

图 4-4　留槎示意图

【例题 1】抗震设防烈度 7 度地区的砖砌体工程，直槎处加设拉结钢筋的埋入长度应（　　）。（2023 年真题）

A．从留槎处算起每边均不应小于 500mm

B．从间断处算起每边均不应小于 500mm

C．从留槎处算起每边均不应小于 1000mm

D．从间断处算起每边均不应小于 1000mm

【答案】C

【解析】拉结钢筋埋入长度从留槎处算起每边均不应小于 500mm，对抗震设防烈度 6 度、7 度的地区，不应小于 1000mm。

【例题 2】砌体结构施工中，当基底标高不同时，砌体应遵循的施工顺序是（　　）。（2022 年补考真题）

A．从高处砌起，并由高处向低处搭砌

B．从高处砌起，并由低处向高处搭砌

C．从低处砌起，并由低处向高处搭砌

D．从低处砌起，并由高处向低处搭砌

【答案】D

【解析】基底标高不同时，应从低处砌起，并应由高处向低处搭砌，搭接长度 L 不应小于基础底的高差 H，搭接长度范围内下层基础应扩大砌筑。

【例题 3】正常施工条件下，石砌体每日可砌筑高度宜为（　　）。（2022 年真题）

A．1.2m　　　　B．1.5m

C．1.8m　　　　D．2.3m

【答案】A

【解析】砖砌体、小砌块砌体每日砌筑高度宜控制在 1.5m 或一步脚手架高度内；石砌体不宜超过 1.2m。

【例题 4】砌筑砂浆试块强度验收合格的标准是，同一验收批砂浆试块强度平均值应

不小设计强度等级值的（　　）。（2019 年真题）

A．90%　　B．100%

C．110%　　D．120%

【答案】C

【解析】同一验收批砂浆试块强度平均值应大于或等于设计强度等级值的 1.10 倍；同一验收批砂浆试块抗压强度的最小一组平均值应大于或等于设计强度等级值的 85%。

【例题 5】关于砖砌体工程，说法正确的有（　　）。

A．采用铺浆法砌筑砌体，施工期间最高气温超过 30℃时，铺浆长度不得超过 750mm

B．抗震设防烈度为 8 度地区，临时间断处应留斜槎

C．抗震设防烈度为 8 度地区，斜槎水平投影长度不应大于高度的 2/3

D．抗震设防烈度为 6 度地区，临时间断处除转角外可留直槎

E．直槎必须做成凸槎，且应加设拉结钢筋，沿墙高间距不应小于 500mm

【答案】BD

【解析】选项 A 错误，采用铺浆法砌筑砌体，施工期间最高气温超过 30℃时，铺浆长度不得超过 500mm；选项 C 错误，在抗震设防烈度为 8 度及 8 度以上地区，普通砖砌体斜槎水平投影长度不应小于高度的 2/3，多孔砖砌体的斜槎长高比不应小于 1/2；选项 E 错误，拉结筋间距沿墙高不应超过 500mm。

考点十二 ★ 砌筑用脚手架（表 4-12、图 4-5）

砌筑用脚手架　　表 4-12

外脚手架	多立杆式脚手架	由立杆、纵向水平杆、横向水平横杆、剪刀撑、横向斜撑、抛撑、连墙杆、脚手板等组成
外脚手架	多立杆式脚手架	① 扣件式钢管脚手架目前应用广泛，属于多立杆式脚手架的一种，不仅可用作外脚手架，还可用作里脚手架、大跨度建筑内部的满堂脚手架和钢筋混凝土结构模板系统的支架等 ② 扣件式钢管脚手架特点是一次性投资较大，但其周转次数多，摊销费用低；装拆方便，杆配件数量少，利于施工操作；搭设灵活，搭设高度大，使用方便
外脚手架	多立杆式脚手架	扣件式钢管脚手架具体搭设要求如下： ① 底座、垫板均应准确地放在定位线上；垫板应采用长度不少于 2 跨、厚度不小于 50mm、宽度不小于 200mm 的木垫板 ② 脚手架一次搭设高度不应超过相邻连墙件两步 ③ 纵向水平杆应设置在立杆内侧，其长度不应小于 3 跨 ④ 两根相邻纵向水平杆的接头不应设置在同步或同跨内；不同步或不同跨两个相邻接头在水平方向错开的距离不应小于 500mm；各接头中心至最近主节点的距离不应大于纵距的 1/3 ⑤ 纵向水平杆搭接长度不应小于 1m，应等间距设置 3 个旋转扣件固定，端部扣件盖板边缘至搭接纵向水平杆杆端的距离不应小于 100mm ⑥ 脚手板对接平铺时，接头处必须设两根横向水平杆，脚手板外伸长应取 130～150mm，两块脚手板外伸长度之和不应大于 300mm ⑦ 脚手板搭接铺设时，接头必须支在横向水平杆上，搭接长度不应小于 200mm，其伸出横向水平杆的长度不应小于 100mm ⑧ 脚手架必须设置纵、横向扫地杆，纵向扫地杆应采用直角扣件固定在距底座上皮不大于 200mm 处的立杆上，横向扫地杆宜采用直角扣件固定在紧靠纵向扫地杆下方的立杆上

续表

外脚手架	多立杆式脚手架	⑨ 当立杆的基础不在同一高度上时，必须将高处的纵向扫地杆向低处延长两跨与立杆固定，高低差不应大于 lm。靠边坡上方的立杆轴线到边坡的距离不应小于 500mm ⑩ 立杆接长除顶层顶步可用搭接外，其余各层各步接头必须采用对接扣件连接 ⑪ 高度 24m 及以下的单、双排脚手架，宜采用刚性连墙件与建筑物可靠连接，亦可采用钢筋与顶撑配合使用的附墙连接方式。严禁使用只有钢筋的柔性连墙件 ⑫ 高度 24m 以上的双排脚手架，必须采用刚性连墙件与建筑物可靠连接 ⑬ 高度在 24m 以下的单、双排脚手架，均必须在外侧两端、转角及中间不超过 15m 的立面上，各设置一道剪刀撑，并应由底至顶连续设置 ⑭ 高度在 24m 及以上的双排脚手架在外侧全立面连续设置剪刀撑
	门式脚手架	① 基本单元由门架、交叉支撑、水平梁架或挂扣式脚手板构成 ② 门架由立杆、横杆及加强杆焊接组成 ③ 可用于搭设外脚手架、里脚手架、施工操作平台和模板支架等
里脚手架	① 主要用于在楼层上砌墙和进行内部装修等施工作业 ② 必须轻便灵活、稳固可靠、搬移和装拆方便 ③ 常用的如折叠式里脚手架和支柱式里脚手架	
拆除	① 拆除作业必须由上而下逐层进行，严禁上下同时作业 ② 同层杆件和构配件必须按先外后内的顺序拆除 ③ 连墙件必须随脚手架逐层拆除，严禁先将连墙件整层拆除后再拆脚手架；分段拆除高差不应大于 2 步，如高差大于 2 步，应增设连墙件加固	

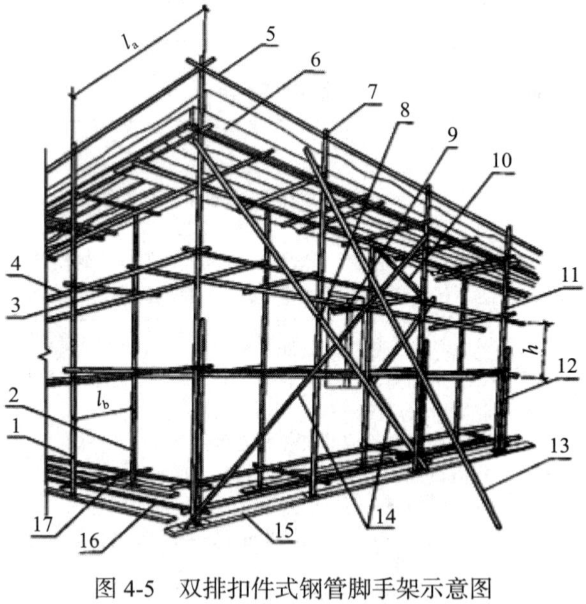

图 4-5　双排扣件式钢管脚手架示意图

1—外立杆；2—内立杆；3—横向水平杆；4—纵向水平杆；5—栏杆；6—挡脚板；7—直角扣件；8—旋转扣件；9—连墙杆；10—横向斜撑；11—主立杆；12—副立杆；13—抛撑；14—剪刀撑；15—垫板；16—纵向扫地杆；17—横向扫地杆

【例题 1】下列关于扣件式外脚手架搭设要求的说法，正确的有（　　）。（2023 年真题）

A．必须设置横向扫地杆，一般不设纵向扫地杆

B．高度 24m 以上的双排脚手架必须采用刚性连墙件

C. 一次搭设高度不应超过相邻连墙件两步

D. 纵向水平杆应设置在立杆内侧，其长度不小 2 跨

E. 主节点处必须设置一根横向水平杆，用直角扣件扣接且严禁拆除

【答案】BCE

【解析】脚手架必须设置纵、横向扫地杆，选项 A 错误；纵向水平杆应设置在立杆内侧，其长度不应小于 3 跨。选项 D 错误。

【例题 2】关于扣件式钢管脚手架的搭设与拆除，下列说法正确的是（　　）。（2022 年真题）

A. 垫板应准确地放在定位线上，宽度不大于 200mm

B. 高度 24m 的双排脚手架必须采用刚性连墙件

C. 同层杆件须先内后外的顺序拆除

D. 连墙件必须随脚手架逐层拆除

【答案】D

【解析】垫板宽度不小于 200mm，选项 A 错误；对高度 24m 以上的双排脚手架，必须采用刚性连墙件与建筑物可靠连接，选项 B 错误；同层杆件和构配件必须按先外后内的顺序拆除，选项 C 错误。

考点十三　★ 钢筋工程（表 4-13）

钢筋工程　　表 4-13

钢筋验收	① 钢筋的抗拉强度实测值与屈服强度实测值的比值不应小于 1.25 ② 钢筋的屈服强度实测值与屈服强度标准值的比值不应大于 1.30 ③ 钢筋的最大力下总伸长率不应小于 9%		
钢筋加工	① 钢筋加工包括冷拉、调直、除锈、剪切和弯曲等，钢筋应一次弯折到位 ② 当采用冷拉方法调直时，光圆钢筋的冷拉率不宜大于 4%，带肋钢筋的冷拉率不宜大于 1%		
钢筋连接	基本要求	① 同一连接区段内，纵向受力钢筋机械连接及焊接的接头面积百分率为该区段内有接头的纵向受力钢筋截面面积与全部纵向受力钢筋截面面积的比值 ② 接头面积百分率在受拉区不宜大于 50% ③ 接头不宜设置在有抗震设防要求的框架梁端、柱端的箍筋加密区；当无法避开时，对等强度高质量机械连接接头，不应大于 50% ④ 直接承受动力荷载的结构构件中，不宜采用焊接接头；当采用机械连接接头时，不应大于 50%	
	焊接方法	闪光对焊	用于钢筋纵向连接及预应力钢筋与螺丝端杆的焊接
		电弧焊	用于钢筋接头、钢筋骨架焊接、装配式结构接头的焊接、钢筋与钢板的焊接及各种钢结构的焊接
		电阻点焊	用于小直径钢筋的交叉连接，如用来焊接钢筋骨架、钢筋网中交叉钢筋的焊接
		电渣压力焊	用于现浇钢筋混凝土结构中直径 14～40mm 的竖向或斜向钢筋的焊接接长
		气压焊	不仅适用于竖向钢筋的连接，也适用于各种方位布置的钢筋连接。当不同直径钢筋焊接时，两钢筋直径差不得大于 7mm

续表

钢筋连接	绑扎搭接	① 同一构件中相邻纵向受力钢筋的绑扎搭接接头宜相互错开 ② 接头中钢筋的横向净距不应小于钢筋直径，且不应小于 25mm ③ 同一连接区段内，对梁类、板类及墙类构件，纵向受拉钢筋搭接接头面积百分率不宜大于 25%；对柱类构件，不宜大于 50%
	机械连接	① 钢筋机械连接包括套筒挤压连接和螺纹套管连接 ② 套筒挤压连接适用竖向、横向及其他方向的较大直径变形钢筋的连接 ③ 螺纹套管连接施工速度快，不受气候影响，自锁性能好，对中性好，能承受拉、压轴向力和水平力，可在施工现场连接同径或异径的竖向、水平或任何倾角的钢筋

【例题 1】钢筋网中交叉钢筋的焊接方式宜采用（　　）。（2022 年补考真题）

A．电弧焊　　B．电阻点焊

C．闪光对焊　　D．电渣压力焊

【答案】B

【解析】电阻点焊主要用于小直径钢筋的交叉连接，如用来焊接钢筋骨架、钢筋网中交叉钢筋的焊接。

【例题 2】适用于竖向较大直径变形的钢筋连接方式是（　　）。（2022 年真题）

A．钢筋螺纹套管连接　　B．钢筋套筒挤压连接

C．电渣压力焊　　D．钢筋绑扎连接

【答案】B

【解析】钢筋套筒挤压连接适用于竖向、横向及其他方向的较大直径变形钢筋的连接。

【例题 3】在钢筋混凝土结构构件中同一钢筋连接区段纵向受力钢筋的接头，对设计无规定的，应满足的要求有（　　）。（2020 年真题）

A．在受拉区接头面积百分率≤ 50%

B．直接承受动荷载的结构中，必须用焊接连接

C．直接承受动荷载的结构中，采用机械连接其接头面积百分率≤ 50%

D．必要时可在构件端部箍筋加密区设高质量机械连接接头，但面积百分率≤ 50%

E．一般在梁端箍筋加密区不宜设置接头

【答案】ACDE

【解析】直接承受动力荷载的结构构件中，纵向钢筋不宜采用焊接接头。

【例题 4】对有抗震要求的框架结构，纵向受力筋应满足（　　）。

A．钢筋的抗拉强度实测值与屈服强度实测值之比不应小于 1.25

B．钢筋的屈服强度实测值和屈服强度标准值之比不应小于 1.30

C．钢筋的最大力下总伸长率不应大于 9%

D．热轧带肋钢筋的冷拉率不宜小于 1%

【答案】A

【解析】选项 B 错误，钢筋的屈服强度实测值和屈服强度标准值之比不应大于 1.30；选项 C 错误，钢筋的最大力下总伸长率不应小于 9%；选项 D 错误，热轧带肋钢筋的冷拉率不宜大于 1%。

考点十四 ★钢筋安装（表 4-14）

钢筋安装 表 4-14

钢筋安装	柱钢筋绑扎	① 柱钢筋的绑扎应在柱模板安装前进行 ② 每层柱第一个钢筋接头位置距楼地面高度不宜小于 500mm，取柱净高的 1/6 及柱截面长边（或直径）中的较大值 ③ 框架梁、牛腿及柱帽等钢筋，应放在柱子纵向钢筋内侧 ④ 柱中的竖向钢筋搭接时，角部钢筋的弯钩应与模板成 45°，中间钢筋的弯钩应与模板成 90° ⑤ 箍筋的接头（弯钩叠合处）应交错布置在四角纵向钢筋上；箍筋转角与纵向钢筋交叉点均应扎牢（箍筋平直部分与纵向钢筋交叉点可间隔扎牢），绑扎箍筋时绑扣相互间应成“8”字形 ⑥当柱中纵向受力钢筋直径大于 25mm 时，应在搭接接头两个端面外 100mm 范围内各设置两个箍筋，其间距宜为 50mm
	墙钢筋绑扎	① 墙钢筋的绑扎，也应在模板安装前进行 ② 墙（包括水塔壁、烟囱筒身、池壁等）的垂直钢筋每段长度不宜超过 4m（钢筋直径不大于 12mm）或 6m（直径大于 12mm）或层高加搭接长度，水平钢筋每段长度不宜超过 8m，以利绑扎。钢筋的弯钩应朝向混凝土内 ③ 采用双层钢筋网时，在两层钢筋间应设置撑铁或绑扎架，以固定钢筋间距
	梁板钢筋绑扎	① 连续梁、板的上部钢筋接头位置宜设置在跨中 1/3 跨度范围内，下部钢筋接头位置宜设置在梁端 1/3 跨度范围内 ② 当梁的高度较小时，梁的钢筋架空在梁模板顶上绑扎，然后再落位；当梁的高度较大（大于等于 1.0m）时，梁的钢筋宜在梁底模上绑扎，其两侧模板或一侧模板后装；板的钢筋在模板安装后绑扎 ③ 梁纵向受力钢筋采用双层排列时，两排钢筋之间应垫以直径不小于 25mm 的短钢筋，以保持其设计距离；箍筋的接头（弯钩叠合处）应交错布置在两根架立钢筋上，其余同柱 ④ 板的钢筋网绑扎，四周两行钢筋交叉点应每点扎牢，中间部分交叉点可相隔交错扎牢，但必须保证受力钢筋不位移；双向主筋的钢筋网，则须将全部钢筋相交点扎牢；采用双层钢筋网时，在上层钢筋网下面应设置钢筋撑脚，以保证钢筋位置正确；绑扎时应注意相邻绑扎点的钢丝扣要做成“8”字形，以免网片歪斜变形 ⑤ 应注意板上部的负筋，要防止被踩下；特别是雨篷、挑檐、阳台等悬臂板，要严格控制负筋位置，以免拆模后断裂 ⑥ 板、次梁与主梁交叉处，板的钢筋在上，次梁的钢筋居中，主梁的钢筋在下；当有圈梁或垫梁时，主梁的钢筋在上

【例题 1】关于钢筋安装，下列说法正确的是（　　）。（2019 年真题）

A．框架梁钢筋应安装在柱纵向钢筋的内侧

B．牛腿钢筋应安装在柱纵向钢筋的外侧

C．柱帽钢筋应安装在柱纵向钢筋的外侧

D．墙钢筋的弯钩应沿墙面朝下

【答案】A

【解析】框架梁、牛腿及柱帽等钢筋，应放在柱子纵向钢筋内侧。墙钢筋的弯钩应朝向混凝土内。

【例题 2】框架结构的主梁，次梁与板交叉处，其上部钢筋从上往下的顺序是（　　）。

A．板、主梁、次梁　　　　B．板、次梁、主梁

C．次梁、板、主梁　　　　D．主梁、次梁、板

【答案】B

【解析】板、次梁与主梁交叉处，板的钢筋在上，次梁的钢筋居中，主梁的钢筋在下；当有圈梁或垫梁时，主梁的钢筋在上。

考点十五 ▲模板工程（新改内容）（表 4-15）

模板工程　　表 4-15

模板类型	木模板	优点是制作、拼装灵活，较适用于外形复杂或异型混凝土构件，以及冬期施工的混凝土工程；缺点是制作量大、木材资源浪费大等
	胶合板	优点是自重轻、板幅大、板面平整、施工安装方便简单等；缺点是功效低、损耗大等
	组合中小钢模板	优点是轻便灵活、拆装方便、通用性强、周转率高等；缺点是接缝多且严密性差，导致混凝土成型后外观质量差
	铝合金模板	优点是强度高、整体性好、拼装灵活、拆装方便、周转率高、占用机械少等；缺点是拼缝多、人工拼装、倒运频繁等
	大模板	优点是模板整体性好、抗振动性强、拼缝少等；缺点是模板重量大，移动安装需起重机械吊运
	滑升模板	① 适用于现场浇筑高耸的构筑物和高层建筑物等，如烟囱、筒仓、电视塔、竖井、沉井、双曲线冷却塔和剪力墙体系及筒体体系的高层建筑等 ② 可以节约模板和支撑材料、加快施工速度和保证结构的整体性；但模板一次性投资多、耗钢量大，对建筑的立面造型和构件断面变化有一定限制
	爬升模板	① 是施工剪力墙体系和筒体体系的钢筋混凝土结构高层建筑的一种有效的模板体系 ② 由于自爬的模板上悬挂有脚手架，所以还省去了结构施工阶段的外脚手架，因为能减少起重机械的数量、加快施工速度而经济效益较好
	台模	① 主要用于浇筑平板式或带边梁的楼板 ② 可省去模板的装拆时间，能降低劳动消耗和加速施工，但一次性投资较大
	早拆模板	优点是部分模板可早拆，加快周转，节约成本
模板安装要求		对跨度不小于 4m 的钢筋混凝土梁、板，其模板应按设计要求起拱；当设计无具体要求时，起拱高度宜为跨度的 1/1000～3/1000
模板拆除	拆模的混凝土强度	底模及其支架拆除时的混凝土强度应符合设计要求： ① 跨度＞8m 结构和悬臂结构要≥100% 设计强度 ② 跨度≤2m 的板要≥50% 设计强度 ③ 其余≥75% 设计强度
		侧模：拆除时混凝土强度应能保证其表面及其棱角不受损伤
	拆模顺序	后张法：侧模板张拉前拆除，底模板张拉后拆除
		先拆非承重部分，后拆承重部分
		先拆侧模，后拆底模
		框架结构模板的拆除顺序是柱、楼板、梁侧模、梁底模

【例题 1】对于设计无具体要求时，跨度为 6m 板底模拆除时混凝土强度为设计强度的（　　）。（2023 年真题）

A．50%　　　　B．75%

C. 100%　　　　D. 30%

【答案】B

【解析】跨度＞8m 结构和悬臂结构要≥100% 设计强度；跨度≤2m 的板要≥50% 设计强度；其余≥75% 设计强度。

【例题 2】框架结构模板的拆模顺序为（　　）。（2022 年补考真题）

A. 柱、楼板、梁侧模、梁底模　　B. 柱、梁侧模、楼板、梁底模

C. 柱、梁侧模、梁底模、楼板　　D. 柱、梁底模、楼板、梁侧模

【答案】A

【解析】框架结构模板的拆除顺序是柱、楼板、梁侧模、梁底模。

【例题 3】在剪力墙体系和筒体体系高层建筑的混凝土结构施工时，高效、安全且一次性投资少的模板形式应为（　　）。（2018 年真题）

A. 组合模板　　B. 滑升模板

C. 爬升模板　　D. 台模

【答案】C

【解析】仅选项 B 和选项 C 可用于剪力墙体系和筒体体系高层建筑的混凝土结构施工，滑升模板一次性投资多、耗钢量大，对建筑的立面造型和构件断面变化有一定的限制；爬升模板由于其自爬的模板上悬挂有脚手架，所以还省去了结构施工阶段的外脚手架，因为能减少起重机械的数量、加快施工速度而经济效益较好。

考点十六　★ 混凝土工程（表 4-16）

混凝土工程　　表 4-16

混凝土搅拌	混凝土搅拌机	自落式	适用于搅拌塑性混凝土
		强制式	比自落式搅拌机强烈，宜于搅拌干硬性混凝土和轻骨料混凝土
	搅拌站	固定式	生产规模较小的混凝土生产装置，整套设备简单，投资少，建设快，适用中、小型混凝土预制构件厂
		拆装式	由几个大型组件拼装而成，投资少，比较经济，生产量小，在施工现场之间转移拆装方便，适用混凝土用量不大的工地
		移动式	搅拌站的混凝土生产装置安装在一台或几台拖车上，可随时转移，主要用于一些短期工程项目中
		搅拌楼	建成大型的生产混凝土的工厂，具有自动化程度高、生产能力大等优点，主要用在商品混凝土工厂、大型预制构件厂和水利工程
混凝土浇筑	一般规定	① 混凝土输送宜采用泵送方式。混凝土粗骨料最大粒径不大于 25mm 时，可采用内径不小于 125mm 的输送泵管；混凝土粗骨料最大粒径不大于 40mm 时，可采用内径不小于 150mm 的输送泵管 ② 柱、墙模板内的混凝土浇筑时，粗骨料料径大于 25mm 时，自由倾落高度不宜超过 3m；粗骨料料径不大于 25mm 时，自由倾落高度不宜超过 6m；当不能满足时，应加设串筒、溜管、溜槽等装置 ③ 在浇筑与柱和墙连成整体的梁和板时，应在柱和墙浇筑完毕后停歇 1～1.5h，再继续浇筑 ④ 梁和板宜同时浇筑，有主、次梁的楼板宜顺着次梁方向浇筑，单向板宜沿板的长边方向浇筑；拱和高度大于 1m 时的梁等结构，可单独浇筑混凝土	

续表

混凝土浇筑	大体积混凝土浇筑	① 由于承受的荷载大，整体性要求高，往往不允许留设施工缝，要求一次连续浇筑完毕 ② 混凝土入模温度不宜大于 30℃；混凝土浇筑体最大温升不宜大于 50℃ ③ 混凝土浇筑体表面以内 40～100mm 位置处的温度与混凝土浇筑体表面温度差值不宜大于 25℃ ④ 应优先选用水化热低的水泥；在满足设计强度要求的前提下，尽可能减少水泥用量；掺入适量的粉煤灰（粉煤灰的掺量一般以 15%～25% 为宜）；降低浇筑速度和减小浇筑层厚度；采取蓄水法或覆盖法进行人工降温；必要时经过计算和取得设计单位同意后可留后浇带或施工缝分层分段浇筑 ⑤ 大体积混凝土结构的浇筑分为全面分层、分段分层和斜面分层。全面分层法要求的混凝土浇筑强度较大，斜面分层法混凝土浇筑强度较小，施工中可根据结构物的具体尺寸、捣实方法和混凝土供应能力，认真选择浇筑方案。目前应用较多的是斜面分层法
	振动密实成型	用于振动捣实混凝土拌合物的振动器按其工作方式可分为内部振动器、外部振动器、表面振动器和振动台四种
	施工缝留置及处理	① 宜留置在结构受剪力较小且便于施工的部位 ② 柱子宜留在基础顶面、梁或吊车梁牛腿的下面、吊车梁的上面、无梁楼盖柱帽的下面 ③ 与板连成整体的大断面梁应留在板底面以下 20～30mm 处，当板下有梁托时，留置在梁托下部 ④ 单向板应留在平行于板短边的任何位置 ⑤ 有主、次梁楼盖宜顺着次梁方向浇筑，留在次梁的中间 1/3 跨度范围内 ⑥ 楼梯应留在楼梯段跨度端部 1/3 长度范围内 ⑦ 可留在门洞口过梁跨中 1/3 范围内，也可留在纵横墙的交接处 ⑧ 后浇带应在主体结构保留一段时间（若设计无要求，则至少保留 28d）后再浇筑，将结构连成整体；填充后浇带，可采用微膨胀混凝土、强度等级比原结构强度提高一级，并保持至少 14d 湿润养护
混凝土养护	标准养护	温度为（20±2）℃，相对湿度为 95% 以上的潮湿环境或水中进行的养护，用于对混凝土立方体试件进行养护
	加热养护	常用的热养护方法是蒸汽养护
	自然养护	① 应在浇筑完毕后的 12h 以内对混凝土加以覆盖并保湿养护；干硬性混凝土应于浇筑完毕后立即进行养护 ② 保湿养护可采用洒水、覆盖、喷涂养护剂等方式 ③ 采用硅酸盐水泥、普通硅酸盐水泥或矿渣硅酸盐水泥配制的混凝土，不应少于 7d；采用其他品种水泥时，养护时间应根据水泥性能确定 ④ 采用缓凝型外加剂、大掺量矿物掺和料配制的混凝土，不应少于 14d ⑤ 抗渗混凝土、强度等级 C60 及以上的混凝土，不应少于 14d ⑥ 后浇带混凝土的养护时间不应少于 14d ⑦ 地下室底层和上部结构首层柱、墙混凝土带模养护时间，不宜少于 3d

【例题 1】大体积混凝土结构施工方案，常用的施工方案有（　　）。（2023 年真题）

A. 全面分层　　B. 全面分段

C. 斜面分层　　D. 斜面分段

E. 分段分层

【答案】ACE

【解析】大体积混凝土结构的浇筑方案，一般分为全面分层、分段分层和斜面分层三种。

【例题 2】对于钢筋较密的柱、梁、墙等构件的混凝土密实成型，宜选用的振动器是（　　）。（2022 年补考真题）

A．插入式振动器　　B．附着式振动器

C．表面式振动器　　D．平板式振动器

【答案】B

【解析】外部振动器又称附着式振动器，适用于振捣断面较小或钢筋较密的柱、梁、墙等构件。

【例题 3】在浇筑与混凝土柱和墙相连的梁和板混凝土时，正确的施工顺序应为（　　）。（2021 年真题）

A．与柱同时进行　　B．与墙同时进行

C．与柱和墙协调同时进行　　D．在浇筑柱和墙完毕后 1～1.5h 后进行

【答案】D

【解析】在浇筑与柱和墙连成整体的梁和板时，应在柱和墙浇筑完毕后停歇 1～1.5h，再继续浇筑。

【例题 4】混凝土浇筑应符合的要求为（　　）。（2019 年真题）

A．梁、板混凝土应分别浇筑，先浇梁、后浇板

B．有主、次梁的楼板宜顺着主梁方向浇筑

C．单向板宜沿板的短边方向浇筑

D．高度大于 1.0m 的梁可单独浇筑

【答案】D

【解析】梁和板宜同时浇筑混凝土，有主、次梁的楼板宜顺着次梁方向浇筑，单向板宜沿着板的长边方向浇筑；拱和高度大于 1m 时的梁等结构，可单独浇筑混凝土。

【例题 5】建筑主体结构采用泵送方式输送混凝土，其技术要求应满足（　　）。（2017 年真题）

A．粗骨科粒径大于 25mm 时，出料口高度不宜超过 6m

B．粗骨科最大粒径在 40mm 以内时可采用内径 150mm 的泵管

C．大体积混凝土浇筑入模温度不宜大于 50℃

D．粉煤灰掺量可控制在 25%～30%

【答案】B

【解析】选项 A 错误，柱、墙模板内的混凝土浇筑时，粗骨料料径大于 25mm 时，自由倾落高度不宜超过 3m；选项 C 错误，大体积混凝土浇筑入模温度不宜大于 30℃，混凝土浇筑体最大温升不宜大于 50℃；选项 D 错误，掺入适量的粉煤灰（粉煤灰的掺量一般以 15%～25% 为宜）。

【例题 6】关于施工缝留置及处理，说法正确的有（　　）。

A．施工缝宜留在结构受剪力小且便于施工部位

B．单向板应留在平行于板长边的任何位置

C．有主、次梁的楼板应留在次梁跨中 1/3 范围内

D．后浇带应保持至少 28d 湿润养护

E．填充后浇带可采用微膨胀混凝土，强度与原结构强度相同

【答案】AC

【解析】选项 B 错误，单向板应留在平行于板短边的任何位置；选项 D 错误，后浇带应保持至少 14d 湿润养护；选项 E 错误，填充后浇带，可采用微膨胀混凝土、强度等级比原结构强度提高一级。

考点十七 ▲ 混凝土冬期与高温施工（表 4-17）

混凝土冬期与高温施工　　表 4-17

<table>
<tr><td rowspan="5">混凝土冬期施工</td><td>定义</td><td colspan="2">当室外日平均气温连续 5d 稳定低于 5℃时，应采取冬期施工措施</td></tr>
<tr><td>措施</td><td colspan="2">① 宜采用硅酸盐水泥或普通硅酸盐水泥；采用蒸汽养护时，宜采用矿渣硅酸盐水泥
② 降低水灰比，减少用水量，使用低流动性或干硬性混凝土
③ 浇筑前将混凝土或其组成材料加温，提高混凝土的入模温度，使混凝土既早强又不易冻结（宜加热拌合水、粗细骨料；水泥、外加剂、矿物掺和料不得直接加热，应事先贮于暖棚内预热，但水泥不能与 80℃以上的水直接接触）
④ 对已经浇筑的混凝土采取保温或加温措施，人工制造一个适宜的温湿条件，对混凝土进行养护
⑤ 采用非加热养护方法时，混凝土中宜掺入引气剂、引气型减水剂或含有引气组分的外加剂，混凝土含气量宜控制在 3%～5%</td></tr>
<tr><td rowspan="3">养护方法</td><td>三要素</td><td>混凝土的入模温度、维护层的总传热系数和水泥水化热值</td></tr>
<tr><td>不加热</td><td>蓄热法、掺外加剂法</td></tr>
<tr><td>加热</td><td>电热法、蒸汽加热法、暖棚法</td></tr>
<tr><td rowspan="2">混凝土高温施工</td><td>定义</td><td colspan="2">当日平均气温达到 30℃及以上时，应按高温施工要求采取措施</td></tr>
<tr><td>措施</td><td colspan="2">① 宜采用低水泥用量的原则，并可采用粉煤灰取代部分水泥，宜选用水化热较低的水泥
② 混凝土坍落度不宜小于 70mm
③ 混凝土宜采用白色涂装的混凝土搅拌运输车运输，对混凝土输送管应进行遮阳覆盖，并应洒水降温
④ 混凝土浇筑入模温度不应高于 35℃
⑤ 混凝土浇筑宜在早间或晚间进行，且宜连续浇筑
⑥ 当水分蒸发速率大于 1kg/（m^2·h）时，应在施工作业面采取挡风、遮阳、喷雾等措施
⑦ 混凝土浇筑前，施工作业面宜采取遮阳措施，并应对模板、钢筋和施工机具采用洒水等降温措施，但浇筑时模板内不得有积水
⑧ 浇筑完成后，应及时进行保湿养护，侧模拆除前宜采用带模湿润养护</td></tr>
</table>

【例题 1】混凝土冬期施工时，应注意（　　）。（2017 年真题）

A．不宜采用普通硅酸盐水泥　　B．适当增加水灰比

C．适当添加缓凝剂　　D．适当添加引气剂

【答案】D

【解析】选项 A 错误，宜采用硅酸盐水泥或普通硅酸盐水泥；选项 B 错误，降低水灰比，减少用水量，使用低流动性或干硬性混凝土；选项 C 错误，加入适量的防冻剂、早强剂、减水剂及加气剂，可使混凝土在负温下进行水化作用，增强强度。

【例题 2】混凝土在高温施工环境下施工，可采取的措施有（　　）。

A．在早间施工　　B．在晚间施工
C．喷雾　　D．连续浇筑
E．吹风

【答案】ABCD

【解析】在高温施工环境下施工，混凝土浇筑宜在早间或晚间进行，且宜连续浇筑；当水分蒸发速率大于 1kg/（m^2·h）时，应在施工作业面采取挡风、遮阳、喷雾等措施。

考点十八　★ 装配式混凝土施工（表 4-18）

装配式混凝土施工　　表 4-18

材料要求	① 预制构件的混凝土强度等级不宜低于 C30 ② 预应力混凝土预制构件的混凝土强度等级不宜低于 C40，且不应低于 C30 ③ 现浇混凝土的强度等级不应低于 C25 ④ 预制构件吊环应采用未经冷加工的 HPB300 钢筋制作
构造要求	① 纵向钢筋采用套筒灌浆连接时，预制剪力墙中钢筋接头处套筒外侧钢筋的混凝土保护层厚度不应小于 15mm；预制柱中钢筋接头处套筒外侧箍筋的混凝土保护层厚度不应小于 20mm；套筒之间的净距不应小于 25mm ② 直径大于 20mm 的钢筋不宜采用浆锚搭接连接，直接承受动力荷载构件的纵向钢筋不应采用浆锚搭接连接 ③ 预制梁端面应设置键槽且宜设置粗糙面 ④ 预制剪力墙侧面与后浇混凝土的结合面应设置粗糙面，也可设置键 ⑤ 预制柱的底部应设置键槽且宜设置粗糙面，柱顶应设置粗糙面 ⑥ 粗糙面的面积不宜小于结合面的 80%，预制板的粗糙面凹凸深度不应小于 4mm，预制梁端、预制柱端、预制墙端的粗糙面凹凸深度不应小于 6mm ⑦ 预制楼梯端部在支承构件上的最小搁置长度 6、7 度抗震设防时为 75mm，8 度抗震设防时为 100mm
构件储运	① 当采用靠放架堆放或运输构件时，靠放架应具有足够的承载力和刚度，与地面倾斜角度宜大于 80°，构件应对称靠放，每层不大于 2 层；墙板宜对称靠放且外饰面朝外，构件上部宜采用木垫块隔离 ② 水平运输时预制梁、柱构件叠放不宜超过 3 层，板类构件叠放不宜超过 6 层
结构施工	① 吊索水平夹角不宜小于 60°，且不应小于 45°；对尺寸较大或形状复杂的预制构件，宜采用有分配梁或分配桁架的吊具 ② 预制构件吊装就位后，应及时校准并采取临时固定措施，每个预制构件的临时支撑不宜少于 2 道 ③ 对预制柱、墙板构件的上部斜支撑，其支撑点距离板底的距离不宜小于构件高度的 2/3，且不应小于构件高度的 1/2 ④ 多层预制剪力墙底部采用座浆材料时，其厚度不宜大于 20mm ⑤ 连接钢筋偏离套筒或孔洞中心线不宜超过 5mm ⑥ 灌浆作业应采用压浆法从下口灌注，当浆料从上口流出后应及时封堵，必要时可设分仓进行灌浆，灌浆料拌合物应在制备后 30min 内用完

【例题 1】关于装配式混凝土施工，下列说法正确的是（　　）。（2019 年真题）

A．水平运输梁、柱构件时，叠放不宜超过 3 层

B．水平运输板类构件时，叠放不宜超过 7 层

C．钢筋套筒连接灌浆施工时，环境温度不得低于 10℃

D．钢筋套筒连接施工时，连接钢筋偏离孔洞中心线不宜超过 10mm

【答案】A

【解析】水平运输时，预制梁、柱构件叠放不宜超过 3 层，板类构件叠放不宜超过 6 层。灌浆施工时，环境温度不应低于 5℃；连接钢筋偏离套筒或孔洞中心线不宜超过 5mm。

【例题 2】装配式混凝土结构施工时，直径大于 20mm 或直接受动力荷载构件的纵向钢筋不宜采用（　　）。（2018 年真题）

A．套筒灌浆连接　　B．浆锚搭接连接

C．机械连接　　D．焊接连接

【答案】B

【解析】直径大于 20mm 的钢筋不宜采用浆锚搭接连接，直接承受动力荷载构件的纵向钢筋不应采用浆锚搭接连接。

【例题 3】关于装配式混凝土施工，说法正确的是（　　）。

A．吊索水平夹角不宜小于 60° 且不应小于 45°

B．预制构件吊装就位后每个构件临时支撑不少于 2 道

C．多层预制剪力墙底部采用座浆材料时，其厚度不宜大于 20mm

D．采用钢筋套筒连接时，连接钢筋偏离套筒或孔洞中心线不宜超过 5mm

E．钢筋套筒灌浆施工时，灌浆料拌合物在制备后 1h 内用完

【答案】ABCD

【解析】选项 E 错误，钢筋套筒灌浆施工时，灌浆料拌合物在制备后 30min 内用完。

考点十九　★ 预应力混凝土工程施工（表 4-19、图 4-6 和图 4-7）

预应力混凝土工程施工　　表 4-19

<table>
<tr><td colspan="2">先张法</td><td>① 通过预应力筋与混凝土的粘结力，使混凝土产生预压应力
② 用于预制构件厂生产定型的中小型构件，也常用于生产预应力桥跨结构等
③ 预应力筋放张时，混凝土强度不应低于设计的混凝土立方体抗压强度标准值的 75%，先张法预应力筋放张时不应低于 30MPa</td></tr>
<tr><td rowspan="2">后张法</td><td>有粘结</td><td>① 预应力的传递主要靠预应力筋两端的锚具
② 用于现场生产大型预应力构件、特种结构和构筑物，可作为一种预应力预制构件的拼装手段
③ 灌浆孔的间距：对预埋金属螺旋管不宜大于 30m；对抽芯成形孔道不宜大于 12m；在曲线孔道的曲线波峰部位应设置排气管兼作泌水管，必要时可在最低点设置排水孔
④ 孔道留设的方法：钢管抽芯法只可留设直线孔道；胶管抽芯法不仅可留设直线孔道，也能留设曲线孔道；预埋波纹管法，波纹管与混凝土有良好的粘结力，波纹管预埋在构件中，浇筑混凝土后永不抽出
⑤ 张拉预应力筋时，构件混凝土的强度应不低于设计的混凝土立方体抗压强度标准值的 75%
⑥ 对后张法预应力梁和板，现浇结构混凝土的龄期分别不宜小于 7d 和 5d
⑦ 灌浆用水泥浆拌合后至灌浆完毕的时间不宜超过 30min
⑧ 灌浆施工宜先灌注下层孔道，后灌注上层孔道</td></tr>
<tr><td>无粘结</td><td>优点是不需要预留孔道和灌浆，施工简单，张拉时摩阻力较小，预应力筋易弯成曲线形状，适用于曲线配筋的结构</td></tr>
</table>

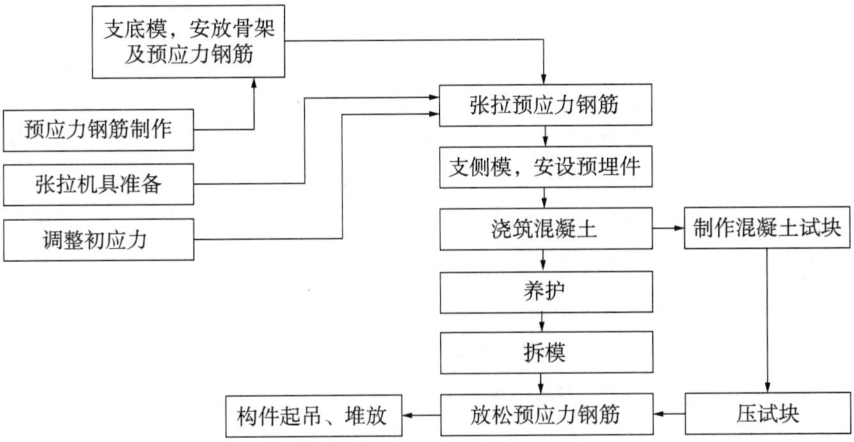

图 4-6　先张法工艺流程

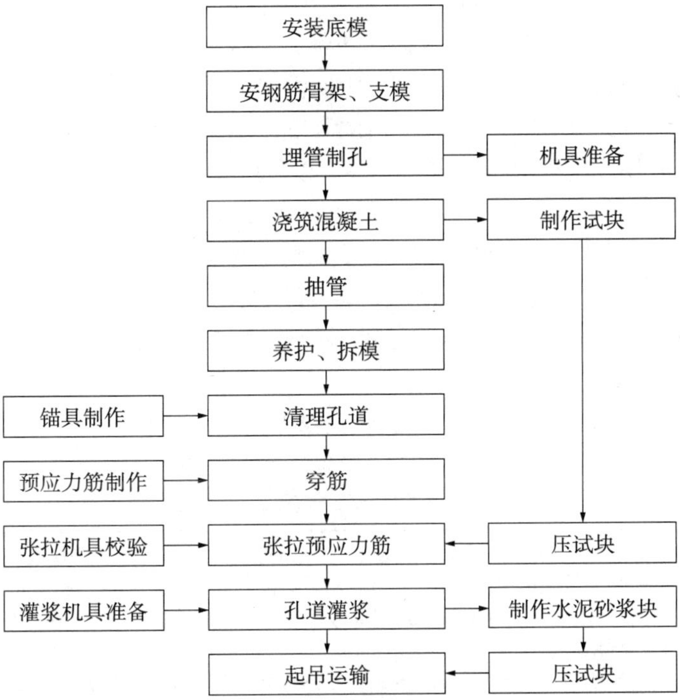

图 4-7　有粘结后张法工艺流程

【例题 1】在预应力混凝土工程中，后张法预应力的传递主要靠（　　）。（2022 年真题）

A．预应力筋　　B．预应力筋两端的锚具

C．孔道灌浆　　D．锚固夹具

【答案】B

【解析】后张法预应力的传递主要靠预应力筋两端的锚具。锚具作为预应力构件的组成部分，永远留在构件上，不能重复使用。

【例题 2】下列预应力混凝土构件中，通常采用先张法施工的构件为（　　）。（2021 年真题）

A．桥跨结构　　　　　　　　　　　　B．现场生产的大型构件
C．特种结构　　　　　　　　　　　　D．大型构筑物构件

【答案】A

【解析】先张法多用于预制构件厂生产定型的中小型构件，也常用于生产预应力桥跨结构等。

【例题 3】先张法预应力混凝土构件施工，其工艺流程为（　　）。（2017 年真题）

A．支底模—支侧模—张拉钢筋—浇筑混凝土—养护、拆模—放张钢筋
B．支底模—张拉钢筋—支侧模—浇筑混凝土—放张钢筋—养护、拆模
C．支底模—预应力钢筋安放—张拉钢筋—支侧模—浇筑混凝土—拆模—放张钢筋
D．支底模—钢筋安放—支侧模—张拉钢筋—浇筑混凝土—放张钢筋—拆模

【答案】C

【解析】见教材图 4.1.28。

【例题 4】关于预应力后张法的施工工艺，下列说法正确的是（　　）。（2014 年真题）

A．灌浆孔的间距，对预埋金属螺旋管不宜大于 40m
B．张拉预应力筋时，设计无规定的，构件混凝土的强度不低于设计强度等级的 75%
C．对后张法预应力梁，张拉时现浇结构混凝土的龄期不宜小于 5d
D．孔道灌浆所用水泥浆拌合后至灌浆完毕的时间不宜超过 35min

【答案】B

【解析】选项 A 错误，灌浆孔的间距，对预埋金属螺旋管不宜大于 30m；选项 C 错误，对后张法预应力梁和板，现浇结构混凝土的龄期分别不宜小于 7d 和 5d；选项 D 错误，孔道灌浆所用水泥浆拌合后至灌浆完毕的时间不宜超过 30min。

考点二十 ● 钢结构工程施工（表 4-20）

钢结构工程施工　　　　　　　　表 4-20

连接方法	焊接	① 焊工应经考试合格并取得资格证书，应在认可的范围内进行焊接作业，严禁无证上岗 ② 施工单位首次采用的钢材、焊接材料、焊接方法、接头形式、焊接位置、焊后热处理制度以及焊接工艺参数、预热和后热措施等各种参数及参数的组合，应在钢结构制作及安装前进行焊接工艺评定试验 ③ 焊缝缺陷通常分为：裂纹、孔穴、固体夹杂、未熔合、未焊透、形状缺陷和其他缺陷。可采用补焊或铲去缺陷部分的焊缝金属重新焊接的方式来处理
	高强度螺栓	① 按连接形式通常分为摩擦连接、张拉连接和承压连接等。其中，摩擦连接是目前广泛采用的基本连接形式 ② 安装时应先使用安装螺栓和冲钉。高强度螺栓不得兼作安装螺栓 ③ 高强度大六角头螺栓连接副施拧可采用扭矩法或转角法。同一接头中，高强度螺栓连接副的初拧、复拧、终拧应在 24h 内完成。高强度螺栓连接副初拧、复拧和终拧原则上应以接头刚度较大的部位向约束较小的方向、螺栓群中央向四周的顺序进行 ④ 高强度螺栓和焊接并用的连接节点，当设计文件无规定时，宜按先螺栓紧固后焊接的施工顺序
防火与防腐	防腐涂料涂装	① 通常情况下，钢结构应先进行防腐涂料涂装，再进行防火处理 ② 施工流程为：基面处理→底漆涂装→中间漆涂装→面漆涂装→检查验收 ③ 钢结构防腐涂装施工宜在钢构件组装和预拼装工程检验批的施工质量验收合格后进行。涂装完毕后，宜在构件上标注构件编号；大型构件应标明重量、重心位置和定位标记

续表

防火与防腐	防火涂装	① 室内隐蔽构件，宜选用非膨胀型防火涂料 ② 设计耐火极限大于 1.50h 的构件，不宜选用膨胀型防火涂料 ③ 非膨胀型防火涂料涂层的厚度不应小于 10mm ④ 涂装施工通常采用喷涂方法施涂，对于薄型钢结构防火涂料的面装饰涂装也可采用刷涂或滚涂等方法施涂

【例题】关于钢结构高强度螺栓连接，下列说法正确的有（　　）。（2021 年真题）

A．高强度螺栓可以兼作安装螺栓

B．摩擦连接是目前广泛采用的基本连接形式

C．同一接头中，连接副的初拧、复拧、终拧应在 12h 内完成

D．高强度螺栓群连接副的施拧，应从中央向四周顺序进行

E．设计文件无规定的高强度螺栓和焊接并用的连接节点，宜先焊接再螺栓紧固

【答案】BD

【解析】高强度螺栓不得兼做安装螺栓，选项 A 错误；同一接头中，高强度螺栓连接副的初拧、复拧、终拧应在 24h 内完成，选项 C 错误；高强度螺栓和焊接并用的连接节点，当设计文件无规定时，宜按先螺栓紧固后焊接的施工顺序，选项 E 错误。

考点二十一　▲ 结构吊装工程施工（表 4-21）

结构吊装工程施工　　　　**表 4-21**

起重机械	① 履带式起重机。优点是操作灵活，使用方便，起重杆可分节接长，在装配式钢筋混凝土单层工业厂房结构吊装中得到广泛的使用；缺点是稳定性较差，未经验算不宜超负荷吊装 ② 汽车起重机。汽车起重机作业时，必须先打开支腿，以增大机械的支承面积，保证必要的稳定性。因此，汽车起重机不能负荷行驶。但它机动灵活性好，能够迅速转移场地，广泛应用于土木工程 ③ 轮胎起重机。优点是行驶速度较高，能迅速地转移工作地点，对路面破坏小；缺点是不适合在松软或泥泞的地面上工作 ④ 轨道式塔式起重机。这是土木工程中使用最广泛的一种起重机。它可带重行走，作业范围大，非生产时间少，生产效率高 ⑤ 爬升式塔式起重机。优点是起重机以建筑物作为支承，塔身短，起重高度大，而且不占建筑物外围空间；缺点是司机作业往往不能看到起吊全过程，需靠信号指挥，施工结束后拆卸复杂，一般需设辅助起重机拆卸 ⑥ 附着式塔式起重机。多为小车变幅，因起重机械在结构近旁，司机能看到吊装的全过程，自身的安装与拆卸不妨碍施工过程 ⑦ 桅杆式起重机。优点是构造简单、装拆方便、起重能力较大，受施工场地限制小；缺点是设较多的缆风绳，移动困难。另外，其起重半径小，灵活性差。因此，桅杆式起重机一般多用于构件较重、吊装工程比较集中、施工场地狭窄，而又缺乏其他合适的大型起重机械时
混凝土结构吊装	① 预制构件如柱、屋架、梁、桥面板等一般在现场预制或工厂预制。预制时尽可能采用叠浇法，重叠层数一般不超过 4 层，上层构件的浇筑应等到下层构件混凝土达到设计强度的 30% 以后才可进行 ② 对构件运输时的混凝土强度要求是不应低于设计的混凝土强度标准值的 75% ③ 柱的绑扎，有斜吊绑扎法和直吊绑扎法。斜吊绑扎法用于柱的宽面抗弯能力满足吊装要求时，此法无须将预制柱翻身，但因起吊后柱身与杯底不垂直，对线就位较难；直吊绑扎法用于柱宽面抗弯能力不足，必须将预制柱翻身后窄面向上，刚度增大，再绑扎起吊，它需要较长的起重杆

续表

混凝土结构吊装	④ 柱的起吊方法，按柱在吊升过程中柱身运动的特点分为旋转法和滑行法。旋转法特点是柱吊升中所受震动较小，但对起重机的机动性要求高，一般采用自行式起重机；滑行法特点是起重机只需转动吊杆，即可将柱子吊装就位，较安全，但滑行过程中柱子受振动，故只有起重机、场地受限时才采用此法 ⑤ 起重机械选择：起重机的起重量必须大于所安装构件的质量（Q_1）与索具重量（Q_2）之和；起重机的起重高度对于吊装单层厂房必须满足 $H \geqslant h_1 + h_2 + h_3 + h_4$ ⑥ 起重机的平面布置。起重机的布置方案主要根据房屋平面形状、构件重量、起重机性能及施工现场环境条件等确定。一般有四种布置方案分别为单侧布置、双侧布置、跨内单行布置和跨内环形布置 a．单侧布置。当房屋平面宽度较小，构件也较轻时，塔式起重机可单侧布置。此时起重半径应满足：$R \geqslant b + a$，其中，a＝外脚手的宽度＋1/2 轨距＋0.5m b．双侧布置。当建筑物平面宽度较大或构件较大，单侧布置起重力矩满足不了构件的吊装要求时，起重机可双侧布置，每侧各布置一台起重机，其起重半径应满足：$R \geqslant b/2 + a$ ⑦ 分件吊装法的优点：由于每次均吊装同类型构件，可减少起重机变幅和索具的更换次数，从而提高吊装效率，能充分发挥起重机的工作能力，构件供应与现场平面布置比较简单，也能给构件校正、接头焊接、灌筑混凝土和养护提供充分的时间；缺点：不能为后继工序及早提供工作面，起重机的开行路线较长 ⑧ 综合吊装法的优点：开行路线短，停机点少，吊完一个节间，其后续工种就可进入节间内工作，使各个工种进行交叉平行流水作业，有利于缩短工期；缺点：每次吊装不同构件需要频繁变换索具，工作效率低，使构件供应紧张和平面布置复杂，构件的校正困难
大跨度结构吊装	① 大跨度结构整体吊装法施工。整体吊升法是焊接球节点网架吊装的一种常用方法。此法无需高大的拼装支架，高空作业少，易保证整体焊接质量，但需要大起重量的起重设备，技术较复杂。因此，此法较适合焊接球节点钢管网架 ② 大跨度结构滑移法施工。滑移法所需的牵引力较大，但高空拼装作业地点集中在起点一端，搭设脚手架较少。滑移法可采用一般土建单位常用的施工机械，同时还有利于室内土建施工平行作业，特别是场地狭窄，起重机械无法出入时更为有效。故这种新工艺在大跨度桁架结构和网架结构安装中常常采用 ③ 大跨度结构高空拼装法施工。对施工场地，起重设备的能力要求不高，但要搭设满堂或部分拼装支架，高空作业量大，且网架几何尺寸的总调整较麻烦，特别是拼装支架发生移动、沉降时，校正困难，影响网架的安装精度。此法用于螺栓连接（包括螺栓球、高强度螺栓）的非焊接节点的各种类型网架较为适宜。此方法目前多用于钢网架结构的吊装 ④ 大跨度结构整体顶升法施工。此法所需设备简单，顶升能力大，容易掌握。但为满足顶升需要，柱的截面尺寸一般较大。目前此法在国内还只适用于净空不高和尺寸不大的薄壳结构吊装中

【例题 1】与综合装法相比，分件吊装法的特点是（　　）。（2023 年真题）

A．构件的校正困难

B．有利于各工种交叉平行流水作业，缩短工期

C．开行线路短，停机点少

D．可减少起重机变幅和索具的更换次数，提高吊装效率

【答案】D

【解析】分件吊装法优点是：由于每次均吊装同类型构件，可减少起重机变幅和索具的更换次数，从而提高吊装效率，能充分发挥起重机的工作能力，构件供应与现场平面布置比较简单，也能给构件校正、接头焊接、灌注混凝土和养护提供充分的时间。缺点是：不能为后继工序及早提供工作面，起重机的开行路线较长。其余选项均为综合吊装法的特点。

【例题 2】柱的吊装过程中，斜吊绑扎法的使用条件是（　　）。（2022 年补考真题）

A．柱的宽面抗弯能力不足　　B．柱的宽面抗弯能力满足吊装要求

C．柱的窄面抗变形能力不足　　D．柱的窄面抗变形能力满足吊装要求

【答案】B

【解析】斜吊绑扎法用于柱的宽面抗弯能力满足吊装要求时，此法无须将预制柱翻身，但因起吊后柱身与杯底不垂直，对线就位较难。

【例题 3】单层工业厂房的结构安装中，与分件吊装法相比，综合吊装法的优点有（　　）。（2022 年真题）

A．停机点少　　B．开行路线短

C．工作效率高　　D．构件供应与现场平面布置简单

E．起重机变幅和索具更换次数少

【答案】AB

【解析】综合吊装法的优点：开行路线短，停机点少，吊完一个节间，其后续工种就可进入节间内工作，使各个工种进行交叉平行流水作业，有利于缩短工期；缺点：每次吊装不同构件需要频繁变换索具，工作效率低，使构件供应紧张和平面布置复杂，构件的校正困难。

【例题 4】关于自行杆式起重机的特点，以下说法正确的是（　　）。（2021 年真题）

A．履带式起重机的稳定性高　　B．轮胎起重机不适合在松软地面上工作

C．汽车起重机可以负荷行驶　　D．履带式起重机的机身回转幅度小

【答案】B

【解析】轮胎起重机的优点是行驶速度较高，能迅速地转移工作地点，对路面破坏小。但这种起重机不适合在松软或泥泞的地面上工作。

【例题 5】钢结构单层厂房的吊车梁安装选用较多的起重机械是（　　）。（2018 年真题）

A．拔杆　　B．桅杆式起重机

C．履带式起重机　　D．塔式起重机

【答案】C

【解析】吊车梁吊装的起重机械，常采用自行杆式起重机，以履带式起重机应用最多。有时也可采用塔式起重机、拔杆、桅杆式起重机等进行吊装。

考点二十二 ★ 屋面防水工程施工（表 4-22）

屋面防水工程施工　　表 4-22

屋面防水基本要求	① 混凝土结构层宜采用结构找坡，坡度不应小于 3%；当采用材料找坡时，宜采用质量轻、吸水率低和有一定强度的材料，坡度宜为 2% ② 保温层上的找平层应在水泥初凝前压实抹平，并应留设分格缝，缝宽宜为 5～20mm，纵横缝的间距不宜大于 6m ③ 找平层设置的分格缝可兼作排汽道，排汽道的宽度宜为 40mm，排汽道纵横间距宜为 6m，屋面面积每 $36m^2$ 宜设置一个排汽孔 ④ 涂膜防水层的胎体增强材料宜采用无纺布或化纤无纺布；胎体增强材料长边搭接宽度不应小于 50mm，短边搭接宽度不应小于 70mm；上下层胎体增强材料的长边搭接缝应错开，且不得小于幅宽的 1/3；上下层胎体增强材料不得相互垂直铺设	
卷材防水屋面施工	铺贴方法	① 当卷材上有重物覆盖或基层变形较大时，应优先采用空铺法、点粘法、条粘法或机械固定法，但距屋面周边 800mm 内以及叠层铺贴的各层之间应满粘 ② 高聚物改性沥青防水卷材的施工方法有热熔法、冷粘法和自粘法等 ③ 合成高分子防水卷材的施工方法有冷粘法、自粘法、焊接法和机械固定法

续表

卷材防水屋面施工	铺贴顺序与卷材接缝	① 卷材防水层施工时，先细部构造处理，然后由屋面最低标高向上铺贴 ② 檐沟、天沟卷材施工时，宜顺檐沟、天沟方向铺贴，搭接缝应顺流水方向 ③ 卷材宜平行屋脊铺贴，上下层卷材不得相互垂直铺贴 ④ 平行于屋脊的搭接缝应顺流水方向 ⑤ 同一层相邻两幅卷材短边搭接缝错开不应小于 500mm ⑥ 上下层卷材长边搭接缝应错开，且不应小于幅宽的 1/3 ⑦ 叠层铺贴的各层卷材，在天沟与屋面的交接处，应采用叉接法搭接，搭接缝应错开；搭接缝宜留在屋面与天沟侧面，不宜留在沟底
涂膜防水屋面施工	① 涂膜防水层的施工应按“先高后低，先远后近”的原则进行 ② 遇高低跨屋面时，一般先涂高跨屋面，后涂低跨屋面 ③ 对同一屋面上，先涂布排水较集中的水落口、天沟、檐沟、檐口等节点部位，再进行大面积涂布 ④ 膜应根据防水涂料的品种分层分遍涂布，待先涂的涂层干燥成膜后，方可涂后一遍涂料，且前后两遍涂料的涂布方向应相互垂直 ⑤ 需铺设胎体增强材料时，屋面坡度小于 15% 时，可平行屋脊铺设，屋面坡度大于 15% 时应垂直于屋脊铺设；最上面的涂膜厚度不应小于 1.0mm ⑥ 涂膜防水层应沿找平层分隔缝增设带有胎体增强材料的空铺附加层，其空铺宽度宜为 100mm	

【例题 1】涂膜防水屋面防水层的施工顺序是（　　）。（2023 年真题）

A．先低后高，先近后远　　B．先低后高，先远后近

C．先高后低，先近后远　　D．先高后低，先远后近

【答案】D

【解析】涂膜防水层的施工应按“先高后低，先远后近”的原则进行。

【例题 2】关于屋面防水施工，以下说法正确的是（　　）。（2022 年补考真题）

A．卷材应垂直屋脊铺贴

B．卷材铺贴从屋脊由上而下铺贴

C．大坡面防水卷材施工应采用满粘法

D．热熔法和焊接法施工温度不低于 10℃

【答案】C

【解析】卷材宜平行屋脊铺贴，上下层卷材不得相互垂直铺贴，选项 A 错误；卷材防水层施工时，应由屋面最低标高向上铺贴，选项 B 错误；冷粘法和热粘法不宜低于 5℃，选项 D 错误。

【例题 3】关于涂膜防水屋面施工方法，下列说法正确的有（　　）。（2021 年真题）

A．高低跨屋面，一般先涂高跨屋面，后涂低跨屋面

B．相同高度的屋面，按照距离上料点“先近后远”的原则进行涂布

C．同一屋面，先涂布排水集中的节点部位，再进行大面积涂布

D．采用双层胎体增强材料时，上下两层垂直铺设

E．涂膜应根据防水涂料的品种分层分遍涂布，且前后两边涂布方向

【答案】AC

【解析】涂膜防水层的施工应按“先高后低，先远后近”的原则进行，选项 B 错误；采用二层胎体增强材料时，上下层不得相互垂直铺设，选项 D 错误；前后两遍涂料的涂布方向应相互垂直，选项 E 错误。

【例题 4】屋面防水工程应满足的要求是（　　）。（2017 年真题）

A．结构找坡不应小于 3%

B．找平层应留设间距不小于 6m 的分格缝

C．分格缝不宜与排气道贯通

D．涂膜防水层的无纺布，上下胎体搭接缝不应错开

【答案】A

【解析】选项 B 错误，保温层上的找平层应在水泥初凝前压实抹平，并应留设分格缝，缝宽宜为 5～20mm，纵横缝的间距不宜大于 6m；选项 C 错误，找平层设置的分格缝可兼作排汽道，排汽道的宽度宜为 40mm，排汽道纵横间距宜为 6m，屋面面积每 $36m^2$ 宜设置一个排汽孔；选项 D 错误，涂膜防水层的无纺布，上下层胎体增强材料的长边搭接缝应错开，且不得小于幅宽的 1/3。

【例题 5】卷材防水屋面施工时，卷材铺贴正确的有（　　）。

A．距屋面周边 800mm 内以及叠层铺贴的各层卷材之间可采用点粘法

B．先进行细部构造处理，然后由屋面低处向上铺贴

C．平行于屋脊的搭接缝应顺流水方向搭接

D．采用满粘法施工，找平层分隔缝处卷材防水层应空铺

E．当卷材防水层上有重物覆盖或基层变形较大时，优先采用满粘法

【答案】BCD

【解析】当卷材上有重物覆盖或基层变形较大时，应优先采用空铺法、点粘法、条粘法或机械固定法，但距屋面周边 800mm 内以及叠层铺贴的各层之间应满粘，选项 A 和选项 E 均错误。

考点二十三　★ 地下防水工程施工（表 4-23）

地下防水工程施工　　　　表 4-23

防水混凝土	分类	① 普通防水混凝土、外加剂防水混凝土、膨胀水泥防水混凝土 ② 抗渗等级根据工程埋置深度来确定，设计抗渗等级有 P6、P8、P10、P12 ③ 防水混凝土的施工配合比应通过试验确定，强度等级不应低于 C25，试配混凝土的抗渗等级应比设计要求提高 0.2MPa
	注意事项	① 采用预拌混凝土时，入泵坍落度宜控制在 120～140mm ② 防水混凝土浇筑时的自落高度不得大于 1.5m ③ 防水混凝土应采用机械振捣，并保证振捣密实 ④ 防水混凝土应自然养护，养护时间不少于 14d ⑤ 喷射混凝土终凝 2h 后应采取喷水养护，养护时间不得少于 14d；当气温低于 5℃时，不得喷水养护 ⑥ 防水混凝土结构的变形缝、施工缝、后浇带、穿墙管、埋设件等设置和构造必须符合设计要求
	防水构造	① 防水混凝土应连续浇筑，宜少留施工缝 ② 墙体水平施工缝，应留在高出底板表面不小于 300mm 的墙体上 ③ 拱（板）墙结合的水平施工缝，宜留在拱（板）墙接缝线以下 150～300mm ④ 直施工缝应避开地下水和裂隙水较多的地段，并宜与变形缝相结合 ⑤ 贯穿防水混凝土的铁件，为保证地下建筑的防水要求，可在铁件上加焊一道或数道止水铁片 ⑥ 埋设件端部或预留孔、槽底部的混凝土厚度不得少于 250mm

续表

<table>
<tr><td rowspan="4">表面防水层防水</td><td colspan="2">① 水泥砂浆防水层。优点：具有良好的韧性和延伸性，可以适应一定的结构振动和微小变形，防水效果较好，目前仍作为地下工程的一种防水方案而被较广泛采用。缺点：沥青油毡吸水率大，耐久性差，机械强度低，直接影响防水层质量，而且材料成本高，施工工序多，操作条件差，工期较长，发生渗漏后修补困难</td></tr>
<tr><td colspan="2">② 涂膜防水。具有较大的随意性，无论是形状复杂的基面，还是面积狭小的节点，凡是能涂刷到的部位，均可做涂抹防水层，因此在地下工程中广泛应用</td></tr>
<tr><td rowspan="2">③ 卷材防水层</td><td>外贴法是指在地下建筑墙体做好后，直接将卷材防水层铺贴墙上，然后砌筑保护墙
优点：构筑物与保护墙有不均匀沉降时，对防水层影响较小；防水层做好后即可进行漏水试验，修补方便
缺点：工期较长，占地面积较大；底板与墙身接头处卷材易受损</td></tr>
<tr><td>内贴法施工是指在地下建筑墙体施工前，先砌筑保护墙，然后将卷材防水层铺贴在保护墙上，最后进行地下建筑墙体浇筑
优点：防水层的施工比较方便，不必留接头；施工占地面积小
缺点：构筑物与保护墙有不均匀沉降时，对防水层影响较大；保护墙稳定性差；竣工后如发现漏水较难修补</td></tr>
<tr><td>止水带</td><td colspan="2">① 橡胶及塑料止水带均为柔性材料，抗渗、适应变形能力强，是常用的止水带材料
② 氯丁橡胶止水板是一种新的止水材料，具有施工简便、防水效果好、造价低且易修补的特点
③ 金属止水带一般仅用于高温环境条件下，而无法采用橡胶止水带或塑料止水带时
④ 止水带构造形式有粘贴式、可卸式和埋入式等。目前较多采用的是埋入式</td></tr>
</table>

【例题 1】与内贴法相比，地下防水施工外贴的优点是（　　）。（2021 年真题）

A．施工速度快

B．占地面积小

C．墙与底板结合处不容易受损

D．构筑物与保护墙有不均匀沉降时，对防水层影响较小

【答案】D

【解析】外贴法的优点是构筑物与保护墙有不均匀沉降时，对防水层影响较小；防水层做好后即可进行漏水试验，修补方便。其缺点是工期较长，占地面积较大；底板与墙身接头处卷材易受损。

【例题 2】地下防水工程防水混凝土正确的防水构造措施有（　　）。

A．竖向施工缝应设置在地下水和裂隙水较多的地段

B．竖向施工缝尽量与变形缝相结合

C．贯穿防水混凝土的铁件应在铁件上加焊止水铁片

D．贯穿铁件端部混凝土覆盖厚度不少于 250mm

E．水平施工缝应避开底板与侧墙交接处

【答案】BCDE

【解析】选项 A 错误，直施工缝应避开地下水和裂隙水较多的地段，并宜与变形缝相结合。

【例题 3】可用于地下砖石结构和防水混凝土结构的加强层，且施工方便、成本较低的表面防水层应为（　　）。（2018 年真题）

A．水泥砂浆防水层　　　　B．涂膜防水层

C．卷材防水层　　　　　　　　　D．涂料防水层

【答案】A

【解析】水泥砂浆防水层取材容易，施工方便，防水效果较好，成本较低，适用于地下砖石结构的防水层或防水混凝土结构的加强层。

【例题 4】防水混凝土施工应满足的工艺要求有（　　）。（2017 年真题）

A．混凝土中不宜掺和膨胀水泥

B．入泵坍落度宜控制在 120～140mm

C．浇筑时混凝土自落高度不得大于 1.5m

D．后浇带应按施工方案设置

E．当气温低于 5℃时喷射混凝土不得喷水养护

【答案】BCE

【解析】选项 A 错误，膨胀水泥防水混凝土是利用膨胀水泥在水化硬化过程中形成大量体积增大的结晶，改善混凝土的孔结构，提高混凝土的抗渗性能；选项 D 错误，防水混凝土结构的变形缝、施工缝、后浇带、穿墙管、埋设件等设置和构造必须符合设计要求。

考点二十四　★ 节能工程施工技术（表 4-24）

节能工程施工技术　　　　表 4-24

屋面保温	常用屋面保温材料有聚苯板、硬质聚氨酯泡沫塑料等有机材料，保温层厚度为 25～80mm；水泥膨胀珍珠岩板、水泥膨胀蛭石板、加气混凝土等无机材料，保温层厚度为 80～260mm	
	保温层施工操作要点	① 当设计有隔汽层时，先施工隔汽层，然后再施工保温层。隔汽层四周应向上沿墙面连续铺设，并高出保温层表面不得小于 150mm ② 块状材料保温层施工时，相邻板块应错缝拼接，分层铺设的板块上下层接缝应相互错开，板间缝隙应采用同类材料嵌填密实。铺贴方法有干铺法、粘贴法和机械固定法 ③ 纤维材料保温层施工时，应避免重压，并应采取防潮措施；屋面坡度较大时，宜采用机械固定法施工 ④ 喷涂硬泡聚氨酯保温层施工时，喷嘴与基层的距离宜为 800～1200mm；一个作业面应分遍喷涂完成，每遍喷涂厚度不宜大于 15mm；当日施工作业面应连续施工完成；喷涂后 20min 严禁上人 ⑤ 现浇泡沫混凝土保温层施工时，浇筑出口离基层的高度不宜超过 1m，泵送时应采取低压泵送；泡沫混凝土应分层浇筑，一次浇筑厚度不宜超过 200mm，保湿养护时间不得少于 7d ⑥ 保温层施工环境温度要求：干铺的保温材料可在负温度下施工；用水泥砂浆粘贴的块状保温材料不宜低于 5℃；喷涂硬泡聚氨酯宜为 15～35℃，空气相对湿度宜小于 85%，风速不宜大于三级；现浇泡沫混凝土宜为 5～35℃；雨天、雪天、五级风以上的天气停止施工
	倒置式屋面保温层	① 倒置式屋面基本构造自下而上宜由结构层、找坡层、找平层、防水层、保温层及保护层组成 ② 倒置式屋面坡度不宜小于 3%。当大于 3% 时，应在结构层采取防止防水层、保温层及保护层下滑的措施；坡度大于 10% 时，应在结构层上沿垂直于坡度方向设置防滑条 ③ 当采用二道防水设防时，宜选用防水涂料作为其中一道防水层；硬泡聚氨酯防水保温复合板可作为次防水层 ④ 倒置式屋面保温层的设计厚度应按照计算厚度增加 25% 取值，且最小厚度不得小于 25mm ⑤ 低女儿墙和山墙的保温层应铺到压顶下；高女儿墙和山墙内侧的保温层应铺到顶部；保温层应覆盖变形缝挡墙的两侧；屋面设施基座与结构层相连时，保温层应包裹基座的上部 ⑥ 保温层板材施工，坡度不大于 3% 的不上人屋面可采用干铺法，上人屋面宜采用粘结法；坡度大于 3% 的屋面应采用粘结法，并应采用固定防滑措施

续表

屋面保温	种植屋面保温层	① 种植屋面不宜设计为倒置式屋面。屋面坡度大于 50% 时，不宜做成种植屋面 ② 种植屋面防水层应采用不少于两道防水设防，上道应为耐根穿刺防水材料；两道防水层应相邻铺设且防水层的材料应相容 ③ 当屋面坡度大于 20% 时，绝热层、防水层、排（蓄）水层、种植土层均应采取防滑措施 ④ 种植屋面绝热材料可采用喷涂硬泡聚氨酯、硬泡聚氨酯板、挤塑聚苯乙烯泡沫塑料保温板、硬质聚异氰脲酸酯泡沫保温板、酚醛硬泡保温板等轻质绝热材料，不得采用散状绝热材料 ⑤ 耐根穿刺防水材料的厚度要求：改性沥青防水卷材不应小于 4mm；聚氯乙烯防水卷材、热塑性聚烯烃防水卷材、高密度聚乙烯土工膜、三元乙丙橡胶防水卷材等均不应小于 1.2mm；聚乙烯丙纶防水卷材不应小于 0.6mm；喷涂聚脲防水涂料不应小于 2mm ⑥ 种植平屋面的基本构造层次包括（从下而上）：基层、绝热层、找（坡）平层、普通防水层、耐根穿刺防水层、保护层、排（蓄）水层、过滤层、种植土层和植被层等 ⑦ 排水坡度不宜小于 2%；天沟、檐沟的排水坡度不宜小于 1% ⑧ 种植坡屋面的绝热层应采用粘结法和机械固定法施工

【例题 1】 聚苯板、硬质聚氨酯泡沫塑料等有机材料作为屋面保温层时，其保温厚度应为（　　）mm。（2023 年真题）

A．10～20　　B．90～120

C．25～80　　D．150～260

【答案】 C

【解析】 常用屋面保温材料有聚苯板、硬质聚氨酯泡沫塑料等有机材料，保温层厚度为 25～80mm；水泥膨胀珍珠岩板、水泥膨胀蛭石板、加气混凝土等无机材料，保温层厚度为 80～260mm。

【例题 2】 关于屋面保温工程中保温层的施工要求，下列说法正确的为（　　）。（2021 年真题）

A．倒置式屋面高女儿墙和山墙内侧的保温层应铺到压顶下

B．种植屋面的绝热层应采用粘结法和机械固定法施工

C．种植屋面宜设计为倒置式

D．坡度不大于 3% 的倒置式上人屋面，保温层板材施工可采用干铺法

【答案】 B

【解析】 低女儿墙和山墙的保温层应铺到压顶下；高女儿墙和山墙内侧的保温层应铺到顶部；保温层应覆盖变形缝挡墙的两侧；屋面设施基座与结构层相连时，保温层应包裹基座的上部。

【例题 3】 屋面保温层施工应满足的要求有（　　）。（2020 年真题）

A．先施工隔汽层再施工保温层

B．隔汽层沿墙面高于保温层

C．纤维材料保温层不宜采用机械固定法施工

D．现浇泡沫混凝土保温层浇筑的自落高度≤ 1m

E．泡沫混凝土一次浇筑厚度≤ 200mm

【答案】 ABDE

【解析】 纤维材料保温层施工时，应避免重压，并应采取防潮措施；屋面坡度较大时，宜采用机械固定法施工。

第二节　道路、桥梁与涵洞工程施工技术

历年真题分值统计

本节内容	历年真题分值统计					
	2019	2020	2021	2022	2022（补考）	2023
一、道路工程施工技术	6	2	6	3	5	1
二、桥梁工程施工技术	3	2	1	3	1	3
三、涵洞工程施工技术	0	1	0	1	0	1
合计	9	5	7	7	6	5

思维导图（图 4-8）

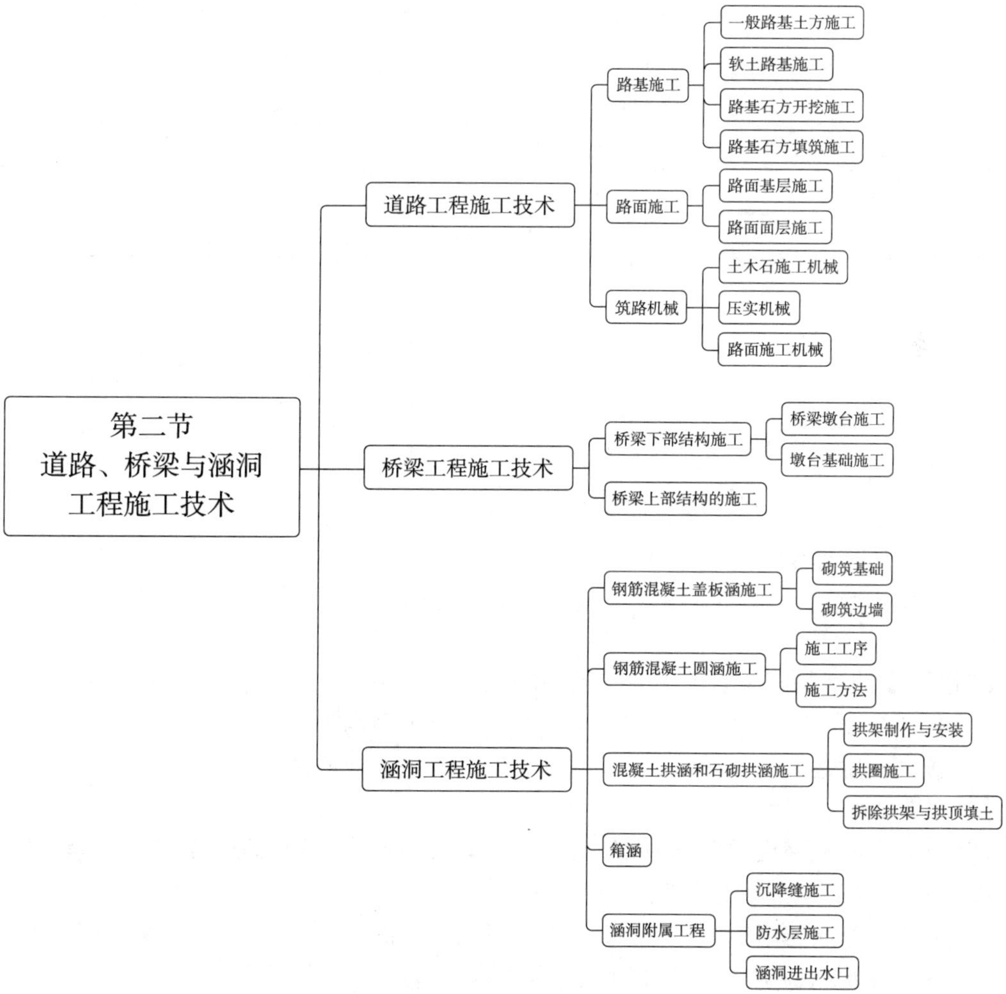

图 4-8　思维导图

考点解析

一、道路工程施工技术

考点一 ▲基底处理与填料选择（表 4-25、图 4-9）

基底处理与填料选择　　表 4-25

五环节	开挖、运输、填堆、压实和整修		
基底处理	① 当基底为松土或耕地时，应先清除有机土、种植土、草皮等，清除深度应达到设计要求，一般不小于 150mm		
	② 基底应在填筑前进行压实，基底原状土的强度不符合要求时，应进行换填，换填深度应不小于 300mm		
	③ 基底土密实稳定	地面横坡缓于 1∶10，填方高＞0.5m 时，不处理	
		地面横坡缓于 1∶10，填方高＜0.5m，清除杂草	
		横坡 1∶10～1∶5 时，清除草皮杂物再填筑	
		横坡陡于 1∶5，清除草皮杂物坡面挖成＞2m 台阶	
填料选择	优先采用	碎石、卵石、砾石、粗砂	透水性好，强度高
	也可采用	亚砂土、亚黏土	压实后强度高
	不宜作填料	粉性土	水稳定性差
	慎用	重黏土、黏性土、植物土	透水性差

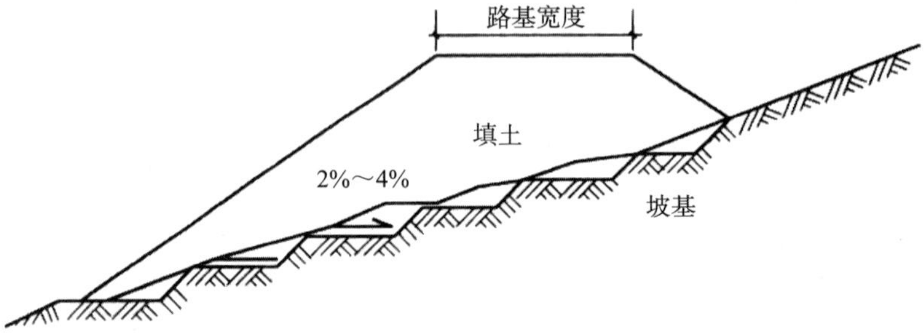

图 4-9　填方陡于 1∶5 时挖台阶

【例题 1】路基基底原状土土开挖换填的主要目的在于（　　）。（2020 年真题）

A．便于导水　　B．便于蓄水

C．提高稳定性　　D．提高作业效率

【答案】C

【解析】为保证路堤的强度和稳定性，在填筑路堤时，要处理好基底，选择良好的填料，保证必需的压实度及正确选择填筑方案。

【例题 2】关于一般路基土方施工，下列说法正确的是（　　）。（2019 年真题）

A．填筑路堤时，对一般的种植土、草皮可不清除

B．高速公路路堤基底的压实度不应小于 90%

C．基底土质湿软而深厚时，按一般路基处理

D．填筑路堤时，为便于施工，尽量采用粉性土

【答案】B

【解析】当基底为松土或耕地时，应先清除有机土、种植土、草皮等；高速公路、一级公路、二级公路路堤基底的压实度应不小于90%，当路堤填土高度小于路床厚度（0.8m）时，基底的压实度不宜小于路床的压实度标准；当基底土质湿软而深厚时，应按软土地基处理；粉性土水稳定性差，不宜作路堤填料。

【例题3】路堤填筑时应优先选用的填筑材料为（　　）。（2018年真题）

A．卵石　　B．粉性土

C．重黏土　　D．亚砂土

【答案】A

【解析】路堤填筑时，一般情况下，碎石、卵石、砾石、粗砂等具有良好透水性，且强度高、稳定性好，因此可优先采用。亚砂土、亚黏土等经压实后也具有足够的强度，故也可采用。粉性土水稳定性差，不宜作路堤填料。重黏土、黏性土、捣碎后的植物土等由于透水性差，作路堤填料时应慎重采用。

【例题4】路堤填筑时，基底可以不处理的情况是（　　）。

A．基底为松土或耕地时

B．基底原状土的强度不符合要求

C．地面横坡缓于1∶10，填方高度大于0.5m时

D．地面横坡位于1∶10～1∶5时

【答案】C

【解析】底土密实稳定且地面横坡缓于1∶10，填方高大于0.5m时，基底可不处理；路堤填方高低于0.5m的地段，应清除原地表杂草。横坡为1∶10～1∶5时，应清除地表草皮杂物再填筑；横坡陡于1∶5时，应按设计要求挖台阶，或设置成坡度向内并大于4%、宽度大于2m的台阶。

考点二 ▲路堤填筑方法（表4-26）

路堤填筑方法　　表4-26

分类	适用范围	备注
水平分层填筑	不同类型的土	透水性弱在上面 透水性强在下面
纵向分层填筑法	原地面纵坡陡于12%地段	不易碾压密实
竖向填筑法	地面纵坡＞12%的深谷陡坡 填土过厚不易压实	采取措施： ① 选用高效能压实机械 ② 采用沉陷量较小的砂性土或附近开挖路堑的废石方，并一次填足路堤全宽 ③ 在底部进行拨土夯实
混合填筑法		下层竖向，上层水平

【例题 1】路基填土施工时应特别注意（　　）。（2015 年真题）

A．优先采用竖向填筑法

B．尽量采用水平分层填筑

C．纵坡大于 12% 时不宜采用混合填筑

D．不同性质的土不能任意混填

【答案】D

【解析】沿线的土质经常在变化，为避免将不同性质的土任意混填，而造成路基病害，应选择正确的填筑方法。

【例题 2】道路工程施工中，正确的路堤填筑方法有（　　）。

A．不同性质的土混填

B．弱透水性土置于透水性土之上

C．不同性质的土水平分层填筑

D．堤身较高时可采用混合填筑法

E．竖向填筑时应采用高效能夯实机械

【答案】BCDE

【解析】沿线的土质经常在变化，为避免将不同性质的土任意混填，而造成路基病害，应选择正确的填筑方法。

考点三　▲ 路堑开挖（表 4-27）

路堑开挖　　表 4-27

横挖法	单层横向全宽挖掘法	适用于挖掘浅且短的路堑
	多层横向全宽挖掘法	适用于挖掘深且短的路堑
纵挖法	分层纵挖法	适用于较长的路堑开挖
	通道纵挖法	适于路堑较长、较深、两端地面纵坡较小的路堑开挖
	分段纵挖法	适用于路堑过长，弃土运距过长的傍山路堑，其一侧堑壁不厚的路堑开挖
混合法	该法适用于路线纵向长度和挖深都很大的路堑开挖	

【例题 1】土质路堑的开挖方法有（　　）。（2022 年补考真题）

A．横向挖掘法

B．纵向挖掘法

C．水平挖掘法

D．竖向挖掘法

E．混合式挖掘法

【答案】ABE

【解析】土质路堑的开挖方法有横向挖掘法、纵向挖掘法和混合式挖掘法三种。

【例题 2】下列路堑开挖方法中，适用于浅且短的路堑开挖方法是（　　）。（2022 年真题）

A．单层横向全宽挖掘法

B．多层横向全宽挖掘法

C．分层纵挖法　　　　　　　　　　D．通道纵挖法

【答案】A

【解析】单层横向全宽挖掘法是从开挖路堑的一端或两端按断面全宽一次性挖到设计标高，逐渐向纵深挖掘，挖出的土方一般都是向两侧运送，适用于挖掘浅且短的路堑。

【例题 3】在路线纵向长度和挖深均较大的土质路堑开挖时，应采用的开挖方法为（　　）。（2021 年真题）

A．单层横向全宽挖掘法　　　　　　B．多层横向全宽挖掘法

C．分层纵挖法　　　　　　　　　　D．混合式挖掘法

【答案】D

【解析】混合式挖掘法先沿路线纵向挖通道，然后沿横向坡面挖掘，以增加开挖面。该法适用于路线纵向长度和挖深都很大的路堑开挖。

【例题 4】路基开挖宜采用通道纵挖法的是（　　）。（2015 年真题）

A．长度较小的路堑　　　　　　　　B．深度较浅的路堑

C．两端地面纵坡较小的路堑　　　　D．不宜采用机械开挖的路堑

【答案】C

【解析】通道纵挖法是先沿路堑纵向挖一通道，继而将通道向两侧拓宽以扩大工作面，并利用该通道作为运土路线及场内排水的出路。该法适合于路堑较长、较深、两端地面纵坡较小的路堑开挖。

考点四　★软土路基施工（表 4-28、图 4-10 ～图 4-12）

软土路基施工　　　　**表 4-28**

表层处理法	砂垫层		① 主要起浅层水平排水作用 ② 主要用于路堤高度小于 2 倍极限高度软土层及其硬壳较薄，或软土表面渗透性很低的硬壳等情况 ③ 有排水砂垫层、换土砂垫层、砂垫层和土工布混合使用等形式 ④ 适用于施工期限不紧迫、材料来源充足、运距不远的施工环境
	反压护道		反压护道用于路堤高度不大于 1.5～2 倍的极限高度，非耕作区和取土不太困难的地区。
	土工聚合物处置	土工布	① 土工布在软土地基加固中的作用包括排水、隔离、应力分散和加筋补强 ② 土工布连接一般采用搭接法或缝接法。缝接法有一般缝法、丁缝法和蝶形法 ③ 当土工布铺设两层以上时，层与层之间要夹 100～200mm 的砂或砂砾垫层，以提高基底透水性
		土工格栅	① 格栅表面与土的摩擦作用 ② 格栅孔眼对土的锁定作用 ③ 格栅肋的被动抗阻作用
换填法	开挖换填法		对于软基较浅（1～2m）的泥沼地
	抛石挤淤法		适用于常年积水，厚度为 3～4m 的软土；石料丰富、运距较短的情况
			① 抛投顺序，应先从路堤中部开始，中部向前突进后再渐次向两侧扩展，使淤泥向两旁挤出 ② 当软土或泥沼底面有较大的横坡时，抛石应从高的一侧向低的一侧扩展，并在低的一侧多抛填一些

续表

换填法	爆破排淤法	① 先填后爆，适用于稠度较大的软土或泥沼 ② 先爆后填，适用于稠度较小，回淤较慢软土 ③ 爆破排淤法用于当淤泥（泥炭）层较厚，稠度大，路堤较高和施工期紧迫时
重压法	堆载预压法	对各类软弱地基均有效，适合工期要求不紧的项目
	真空预压法	适用于含水量高、孔隙比大、强度低、渗透系数和固结系数均较小的黏土
	真空预压加堆载预压法	预压时间缩短了一半
垂直排水法		① 用于解决软土地基的沉降问题 ② 由排水系统和堆载系统两部分组成 ③ 排水系统在天然地基中设竖向排水体，如普通砂井、袋装砂井、塑料排水板等 ④ 堆载系统分为欠载、等载、超载预压；也可以采用真空预压法用于软黏土地基
稳定剂处置法		① 用生石灰、熟石灰、水泥等稳定材料，掺入软弱的表层黏土中，以改善地基的压缩性和强度特征 ② 稳定材料，以 1d 使用量为宜，最长不宜超过 3d 的使用量 ③ 用水泥和熟石灰稳定处理土应在最后一次拌合后立即压实 ④ 处置土强度增长不均衡，则应做约一周时间的养生
振冲置换（砂桩、碎石桩）		用于软弱黏性土地基，抗剪强度较低的软黏土慎用

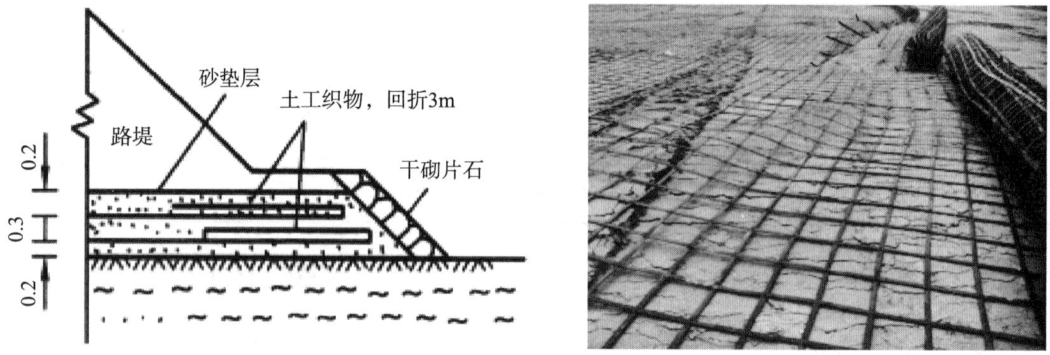

（a）土工布　　（b）土工格栅

图 4-10　土工聚合物处置

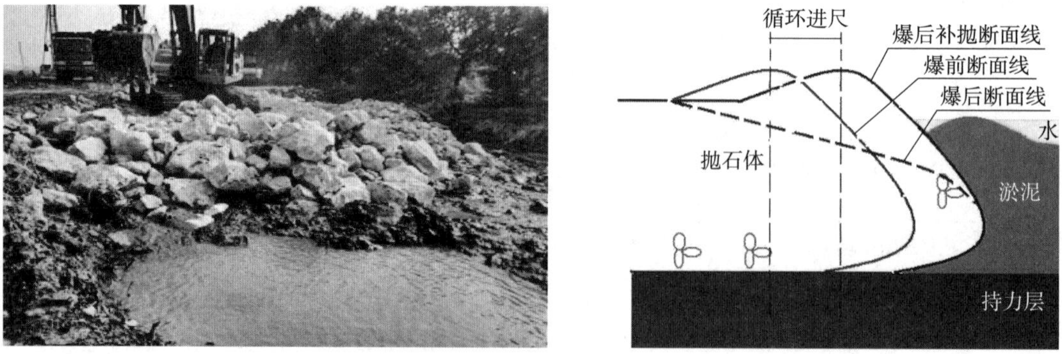

（a）抛石挤淤法　　（b）爆破排淤法

图 4-11　换填法

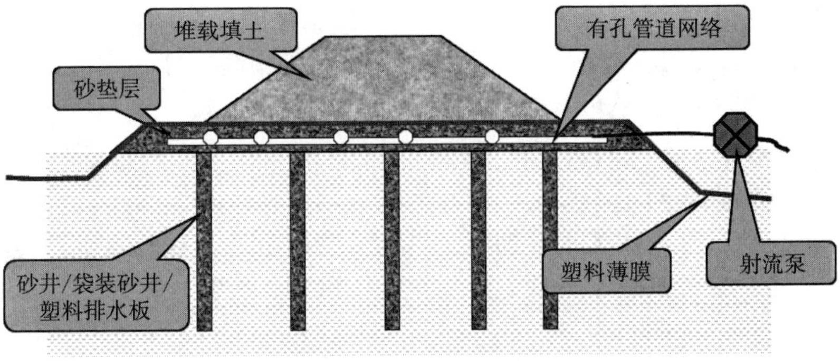

图 4-12　真空堆载预压法

【例题 1】用表层处理法进行软土路基施工时，软土层顶面铺砂垫层的主要作用是（　　）。（2023 年真题）

A．浅层水平排水　　　　　　　　B．提高路堤填土压实效果

C．减少路基填土量　　　　　　　D．取代土工聚合物处置

【答案】A

【解析】砂垫层是在软土层顶面铺砂垫层，主要起浅层水平排水作用，使软土在路堤自重的压力作用下，加速沉降发展，缩短固结时间。

【例题 2】路基施工中，地表下 0.5～3m 的软土处置方法宜采用（　　）。（2022 年补考真题）

A．稳定剂处置法　　　　　　　　B．重压法

C．表层处理法　　　　　　　　　D．换填法

【答案】D

【解析】换填法一般适用于地表下 0.5～3m 的软土处置。

【例题 3】根据加固性质，下列施工方法中，适用于软土地基的有（　　）。（2022 年真题）

A．分层压实法　　　　　　　　　B．表层处理法

C．竖向填筑法　　　　　　　　　D．换填法

E．重压法

【答案】BDE

【解析】按加固性质，软土路基施工主要有以下方法：表层处理法、换填法、重压法、垂直排水固结法、稳定剂处置法、振冲置换法。

【例题 4】用水泥和熟石灰稳定剂处置法处理软土路基，施工时关键应做好（　　）。（2020 年真题）

A．稳定土的及时压实工作　　　　B．土体自由水的抽排工作

C．垂直排水固结工作　　　　　　D．土体真空预压工作

【答案】A

【解析】稳定剂处置法是利用生石灰、熟石灰、水泥等稳定材料，掺入软弱的表层黏土中，以改善地基的压缩性和强度特征，保证机械作业条件，提高路堤填土稳定及压实效果。

【例题 5】软土路基施工时，采用土工格栅的主要目的是（　　）。（2019 年真题）

A．减少开挖深度　　　　　　　　　　B．提高施工机械化程度
C．约束土体侧向位移　　　　　　　　D．提高基底防渗性

【答案】C

【解析】土工格栅加固土的机理在于格栅与土的相互作用。一般可归纳为格栅表面与土的摩擦作用、格栅孔眼对土的锁定作用和格栅肋的被动抗阻作用。三种作用均能充分约束土的颗粒侧向位移，从而大大地增加了土体的自身稳定性，对土的加固效果，明显高于其他土工织物，可迅速提高地基承载力，加快施工进度，控制软基地段沉降量发展，缩短工期，使公路尽早投入使用。

考点五　★ 路基石方开挖（表 4-29）

路基石方开挖　　表 4-29

路基爆破施工	光面爆破	形成一个光滑平整的边坡
	预裂爆破	使拟爆体与山体分开，作为隔振减振带
	微差爆破	称为微差爆破，亦称毫秒爆破
	定向爆破	按照拟定的方向，搬移到一定的位置并堆积成路堤
	洞室爆破	减少爆破后的清方工作量，可根据地形和路基断面形式，采用抛掷爆破、定向爆破、松动爆破方法
装药	集中药包	不能保证岩石均匀破碎
	分散药包	爆炸后可以使岩石均匀地破碎
	药壶药包	适用于结构均匀致密的硬土、次坚石和坚石、量大而集中的石方施工
	坑道药包	它适用于土石方大量集中、地势险要或工期紧迫的路段，以及一些特殊的爆破工程
起爆	中小型爆破	可用雷管、引火剂或导火索等从炮孔的外部引入炮孔的药室使炸药爆炸
	深孔爆破和药室爆破	导爆线起爆速度快（6800～7200m/s），可以提高爆破效果 塑料导爆管起爆具有抗杂电、操作简单、使用安全可靠、成本较低等优点，有逐渐取代导火索和导爆线起爆的趋势
清方	① 工期所要求的生产能力 ② 工程单价 ③ 爆破岩石的块度和岩堆的大小 ④ 机械设备进入工地的运输条件 ⑤ 爆破时机械撤离和重新进入工作面是否方便等	

【例题 1】关于路基石方施工中的爆破作业，下列说法正确的有（　　）。（2021 年真题）

A．浅孔爆破适合使用潜孔钻机凿孔

B．采用集中药包可以使岩石均匀破碎

C．坑道药包用于大型爆破

D．导爆线起爆爆速快，成本较低

E．塑料导爆管起爆使用安全，成本较低

【答案】CE

【解析】 浅孔爆破通常用手提式凿岩机凿孔，深孔爆破常用冲击式钻机或潜孔钻机凿孔，选项A错误；采用分散药包可以使岩石均匀破碎，选项B错误；导爆线起爆爆速快，但塑料导爆管起爆使用安全，成本较低，选项D错误。

【例题2】 路基石方爆破工，同等爆破方量条件下，清方量较小的爆破方式为（　　）。（2017年真题）

A．光面爆破　　B．微差爆破

C．预裂爆破　　D．定向爆破

E．洞室爆破

【答案】 DE

【解析】 洞室爆破：为使爆破设计断面内的岩体大量抛掷（抛坍）出路基，减少爆破后的清方工作量，保证路基的稳定性，可根据地形和路基断面形式，采用抛掷爆破、定向爆破、松动爆破方法。

【例题3】 石方爆破清方时应考虑的因素是（　　）。（2017年真题）

A．根据爆破块度和岩堆大小选择运输机械

B．根据工地运输条件决定车辆数量

C．根据不同的装药形式选择挖掘机械

D．运距在300m以内优先选用推土机

【答案】 A

【解析】 当石方爆破后，必须按爆破次数分次清理。在选择清方机械时应考虑以下技术经济条件：① 工期所要求的生产能力。② 工程单价。③ 爆破岩石的块度和岩堆的大小。④ 机械设备进入工地的运输条件。⑤ 爆破时机械撤离和重新进入工作面是否方便等。

【例题4】 石方爆破施工作业正确的顺序是（　　）。（2016年真题）

A．凿孔→装药→敷设起爆网络→起爆

B．凿孔→确定炮位→敷设起爆网络→装药起爆

C．确定炮位→敷设起爆网络→凿孔→装药起爆

D．设置警戒线→敷设起爆网络→确定炮位→装药起爆

【答案】 A

【解析】 爆破作业的施工程序为：对爆破人员进行技术学习和安全教育→对爆破器材进行检查→试验→清除表土→选择炮位→凿孔→装药→堵塞→敷设起爆网路→设置警戒线→起爆→清方等。

【例题5】 关于路基石方施工，说法正确的有（　　）。（2016年真题）

A．爆破作业时，炮眼的方向和深度直接影响爆破效果

B．选择清方机械应考虑爆破前后机械撤离和再次进入的方便性

C．为了确保炮眼堵塞效果通常用铁棒将堵塞物捣实

D．运距较远时通常选择挖掘机配自卸汽车进行清方

E．装药方式的选择与爆破方法和施工要求有关

【答案】 ABDE

【解析】 选项C错误，应为木棒。

【例题6】 使拟爆体与山体分开，作为隔振减振带的方法是（　　）。

A．光面爆破　　　　　　　　　　B．微差爆破

C．预裂爆破　　　　　　　　　　D．定向爆破

【答案】C

【解析】在开挖限界处按适当间隔排列炮孔，在没有侧向临空面和最小抵抗线的情况下，用控制药量的方法，预先炸出一条裂缝，使拟爆体与山体分开，作为隔振减振带，起保护开挖限界以外山体或建筑物和减弱振动对其破坏的作用。

考点六 ▲ 路基石方回填（表 4-30）

路基石方回填　　　　表 4-30

竖向填筑法（倾填法）	主要用于二级及二级以下，且铺设低级路面的公路，也可用在陡峻山坡施工特别困难或大量以爆破方式挖开填筑的路段，以及无法自下而上分层填筑的陡坡、断岩、泥沼地区和水中作业的填石路堤。该方法施工路基压实、稳定问题较多
分层压实法（碾压法）	① 自下而上水平分层，逐层填筑，逐层压实，是普遍采用并能保证填石路堤质量的方法 ② 高速公路、一级公路和铺设高级路面的其他等级公路的填石路堤采用
冲击压实法	具有分层压实法连续性的优点，又具有强力夯实法压实厚度深的优点；缺点是在周围有建筑物时，使用受到限制
强力夯实法	① 机械设备简单，击实效果显著，施工中无须铺撒细粒料，施工速度快，有效地解决了大块石填筑地基厚层施工的夯实难题 ② 对强夯施工后的表层松动层，采用振动碾压法进行压实

【例题】填石路堤施工的填筑方法主要有（　　）。（2018 年真题）

A．竖向填筑法　　　　　　　　B．分层压实法

C．振冲置换法　　　　　　　　D．冲击压实法

E．强力夯实法

【答案】ABDE

【解析】选项 C 为软土路基的处理方法。

考点七 ▲ 路面施工（表 4-31）

路面施工　　　　表 4-31

<table>
<tr><td rowspan="6">路面基层施工</td><td>（一）</td><td>石灰稳定土基层</td><td>水泥稳定土基层</td></tr>
<tr><td>材料与拌合</td><td colspan="2">城区施工应采用厂拌（强制式拌合机）方式，不得使用路拌方式</td></tr>
<tr><td>运输与摊铺</td><td>石灰土类混合料摊铺时路床应润湿；降雨时应停止施工</td><td>水泥稳定土材料自搅拌至摊铺完成≤ 3h；施工气温≥ 5℃</td></tr>
<tr><td rowspan="2">压实</td><td>石灰稳定土当天碾压成活</td><td>土宜在水泥初凝前碾压成型；纵、横接缝（槎）均应设直槎；纵向接缝宜设在路中线处，横向接缝应尽量减少</td></tr>
<tr><td colspan="2">直线和不设超高的平曲线段，应由两侧向中心碾压（由低到高）
设超高的平曲线段，应由内侧向外侧碾压（由低到高）</td></tr>
</table>

续表

路面基层施工	养护	石灰土压实成活后应立即浇水（或覆盖）养护，保持湿润，直至上部结构施工为止；养护期应封闭交通	水泥土分层摊铺时，应在下层养护 7d 后方可摊铺上层材料。 养护期应封闭交通
	（二）	石灰粉煤灰稳定砂砾（碎石）基层（二灰混合料）	级配砂砾（碎石） 级配砾石（碎砾石）基层施工
	材料与拌合	采用厂拌（异地集中拌合）方式，强制式拌合机拌制；混合料含水量宜略大于最佳含水量	采用厂拌（异地集中拌合）方式，强制式拌合机拌制
	运输与摊铺	应在春末和夏季组织施工，施工期的日最低气温应在 5℃以上；根据试验确定的松铺系数控制虚铺厚度	宜采用机械摊铺；压实系数均应通过试验段确定，每层应按虚铺厚度一次铺齐
	压实	压实厚度：100～200mm 碾压时：先轻、后重型压路机 禁止：薄层贴补法找平	级配碎石及级配碎砾石视压实碎石的缝隙情况撒布嵌缝料；碎石压实后及成活中适量洒水
	养护	采用湿养，保持表面潮湿，也可采用沥青乳液和沥青下封层进行养护；养护期≥ 7d	未铺装上层前不得开放交通

筑路机械	土石方施工机械	平地机、破碎筛分机械				
	压实机械	静力压路	光轮压路机	轻型（6～8t）	二轮二轴	用于城市道路、简易公路路面压实和临时场地压实及公路养护工作
				中型（8～12t）	二轮二轴	多用来压实、压平各种路面
					三轮二轴	用于压实路基、地基以及初压铺砌层
				重型（12～15t 及以上）	三轮二轴	用于路基和其他基础层终压
			轮胎压路机		① 压实砂质土壤和黏性土壤都能取得良好效果 ② 在压实碎石路面时，不会破坏碎石的棱角，不会出现假象压实	
		振动压路	① 在沥青混凝土路面施工时，初压和终压适宜静压，在复压时可以使用振动碾压 ② 新型压路机有轮胎驱动光轮式振动压路机和轮胎驱动凸块式振动压路机，适用于各种土质的碾压，压实厚度可达 150cm ③ 适宜边坡、路肩、堤岸、水渠、人行道、管道沟槽等狭窄地段施工的手扶振动压路机 ④ 适用黏土坝坝面板压实的平斜面两用振动压路机等			
		夯实机械	① 适用于黏性土壤和非黏性土壤，夯实厚度 1～1.5m ② 在筑路施工中，可用在桥背涵侧路基夯实、路面坑槽的振实，以及路面养护维修的夯实、平整			
	路面施工机械	摊铺机	① 沥青混凝土摊铺机自行式又分为履带式与轮胎式两种 ② 履带式摊铺机的最大优点是对路基的不平度敏感性差，因而摊铺工作稳定性好，又因其接地压力低，具有较大的牵引力，所以很少出现打滑现象，多用于新建公路及大规模的城市道路施工 ③ 轮胎式沥青混凝土摊铺机的最大优点是机动性好，适用经常转移工地或较大距离的运行。但在摊铺宽度较大、厚度超厚时，轮胎易出现打滑现象，轮胎式摊铺机多用于城市道路施工			

续表

筑路机械	路面施工机械	摊铺机	① 水泥混凝土摊铺机因移动形式不同分轨道式摊铺机和滑模式摊铺机两种 ② 水泥混凝土摊铺机适用于水泥混凝土路面（公路、机场跑道、大面积地坪等）的混凝土摊铺
		洒布机	① 沥青洒布机按运行方式可分为自行式和拖式两种 ② 自行式是将整套沥青洒布设施装在汽车底盘上，其沥青油箱容量大，适用于大型路面工程和距离沥青供应基地较远的野外筑路工程 ③ 拖式沥青洒布机构造简单，适用于路面维修

【例题 1】下列关于路面施工机械特征描述，说法正确的有（　　）。（2021 年真题）

A．履带式沥青混凝土摊铺机，对路基的不平度敏感性高

B．履带式沥青混凝土摊铺机，易出现打滑现象

C．轮胎式沥青混凝土摊铺机的机动性好

D．水泥混凝土摊铺机因其移动形式不同分为自行式和拖式

E．水泥混凝土摊铺机主要由发动机、布料机、平整机等组成

【答案】CE

【解析】履带式摊铺机的最大优点是对路基的不平度敏感性差，因而摊铺工作稳定性好，又因其接地压力低，具有较大的牵引力，所以很少出现打滑现象，选项 A 和选项 B 均错误；水泥混凝土摊铺机因其移动形式不同分为轨道式摊铺机和滑模式摊铺机两种，选项 D 错误。

【例题 2】关于道路工程压实机械的应用，下列说法正确的有（　　）。（2019 年真题）

A．重型光轮压路机主要用于最终压实路基和其他基础层

B．轮胎压路机适用于压实砾石、碎石路面

C．新型振动压路机可以压实平、斜面作业面

D．夯实机械适用于黏性土壤和非黏性土壤的夯实作业

E．手扶式振动压路机适用于城市主干道的路面压实作业

【答案】ABCD

【解析】手扶振动压路机适宜边坡、路肩、堤岸、水渠、人行道、管道沟槽等狭窄地段施工，选项 E 错误。

【例题 3】压实黏性土壤路基时，可选用的压实机械有（　　）。（2014 年真题）

A．平地机　　B．光轮压路机

C．轮胎压路机　　D．振动压路机

E．夯实机械

【答案】BCDE

【解析】平地机工作装置有推土铲和松土器，可进行地面平整、挖沟、刮土、推土、松土、除雪等多种作业，但不能压实作业，选项 A 错误。

【例题 4】在压实碎石路面时，不会破坏碎石的棱角，不会出现假象压实的是（　　）。

A．平地机　　B．重型光轮压路机

C．轮胎压路机　　D．振动压路机

【答案】C

【解析】轮胎对被压实材料既有一定的静负荷，又有一定的缓冲作用，故压实砂质土壤和黏性土壤都能取得良好的效果，即压实时不破坏原有的黏度，使各层间有良好的结合性能。在压实碎石路面时，不会破坏碎石的棱角。由于前轮能够摆动，故压实较均匀，不会出现假象压实。

二、桥梁工程施工技术

考点八 ● 桥梁下部结构施工（表 4-32）

桥梁下部结构施工　　　　表 4-32

墩台施工	整体式墩台	石砌墩台	① 砌石时所采用的施工脚手架应环绕墩台搭设 ② 6m 以下墩台采用固定式轻型脚手架 ③ 25m 以下墩台采用简易活动脚手架 ④ 较高的墩台可用悬吊脚手架
		混凝土墩台	① 当墩台高度小于 30m 时采用固定模板施工 ② 当高度大于或等于 30m 时常用滑动模板施工 ③ 为大体积混凝土，水泥应优先选用矿山渣水泥、火山灰水泥，采用普通水泥时强度等级不宜过高 ④ 当墩台截面小于或等于 $100m^2$ 时应连续灌注混凝土，以保证混凝土的完整性；当墩台截面大于 $100m^2$ 时，允许适当分段浇筑 ⑤ 宜水平分层浇筑，每层高度宜为 1.5～2.0m ⑥ 分块浇筑时，接缝应与墩台截面尺寸较小的一边平行
	装配式墩台		① 适用于山谷架桥、跨越平缓无漂流物的河沟、河滩等的桥梁，特别是在工地干扰多、施工场地狭窄、缺水与砂石供应困难地区 ② 有砌块式、柱式和管节式或环圈式墩台等
墩台基础施工	明挖扩大基础施工		基坑开挖基底尺寸比设计平面尺寸每边增宽 0.5～lm
			水中基础开挖最常用围堰法：土围堰、木（竹）笼围堰、钢板桩围堰、套箱围堰
	桩与管柱基础施工		锤击沉桩、射水沉桩、振动沉桩、静力压桩、水中沉桩

【例题 1】下列关于混凝土桥梁墩台施工工艺要求的说法正确的有（　　）。（2023 年真题）

A．墩台截面小于 $100m^2$ 时应连续灌注混凝土

B．当墩台高度高于 30m 时，常采用固定模板施工

C．墩台混凝土分块浇筑时，邻层分块接缝宜错开

D．墩台混凝土宜水平分层浇筑，每层高度宜为 1.2～1.8m

E．实体墩台为大体积混凝土时，应优先选用矿渣水泥或火山灰水泥

【答案】ACE

【解析】根据施工经验，当墩台高度小于 30m 时采用固定模板施工，当高度大于或等于 30m 时常用滑动模板施工，选项 B 错误；墩台混凝土宜水平分层浇筑，每层高度宜为 1.5～2.0m，选项 D 错误。

【例题 2】关于桥梁墩台施工，下列说法正确的是（　　）。（2022 年真题）

A．墩台混凝土宜垂直分层浇筑

B．实体墩台为大体积混凝土的，水泥应选用硅酸盐水泥

C．墩台混凝土分块浇筑时，接缝应与墩台截面尺寸较大的一边平行

D．墩台混凝土分块浇筑时，邻层接缝宜做成企口形

【答案】D

【解析】墩台混凝土宜水平分层浇筑，每层高度宜为 1.5～2.0m，选项 A 错误；墩台混凝土特别是实体墩台均为大体积混凝土时，水泥应优先选用矿山渣水泥，火山灰水泥，采用普通水泥时强度等级不宜过高，选项 B 错误；墩台混凝土分块浇筑时，接缝应与墩台截面尺寸较小的一边平行，邻层分块接缝应错开，接缝宜做成企口形，选项 C 错误。

【例题 3】关于桥梁墩台施工的说法，正确的是（　　）。（2013 年真题）

A．简易活动脚手架适宜于 25m 以下的砌石墩台施工

B．当墩台高度超过 30m 时宜采用固定模板施工

C．墩台混凝土适宜采用固定模板施工

D．6m 以下的墩台可采用悬吊脚手架施工

【答案】A

【解析】选项 B 应为滑动模板；选项 C 要根据高度来确定采用何种模板；选项 D 应采用固定式轻型脚手架。

考点九 ★ 桥梁上部结构施工（表 4-33、图 4-13）

桥梁上部结构施工　　表 4-33

支架现浇法	① 就地浇筑施工无需预制场地，而且无需大型起吊、运输设备，梁体的主筋可不中断，桥梁整体性好 ② 缺点主要是工期长．施工质量不容易控制；对预应力混凝土梁由于混凝土的收缩、徐变引起的应力损失比较大；施工中的支架、模板耗用量大，施工费用高；搭设支架影响排洪、通航，施工期间可能受到洪水和漂流物的威胁		
预制安装法	① 由于是工场生产制作，构件质量好，有利于确保构件的质量和尺寸精度，并尽可能多地采用机械化施工 ② 上下部结构可以平行作业，因而可缩短现场工期 ③ 能有效利用劳动力，并由此而降低了工程造价 ④ 由于施工速度队可适用于紧急施工工程 ⑤ 将构件预制后由于要存放一段时间，因此在安装时已有一定龄期，可减少混凝土收缩、徐变引起的变形		
悬臂施工法	① 悬臂浇筑法	施工简便，结构整体性好，施工中可不断调整位置	跨径＞100m
	② 悬臂拼装法	施工速度快，桥梁上下部结构可平行作业，施工精度要求高	跨径＜100m
	③ 可不用或少用支架，施工不影响通航或桥下交通		
	悬浇梁体四大部分：0 号块→0 号块两侧对称悬浇梁段→边孔支架现浇梁段→主梁跨中合龙段		
	连续梁合龙顺序：先边跨，后次跨，最后中跨		

续表

转体施工法	① 施工期间不断航，不影响桥下交通 ② 施工设备少，工序简单；节省用料 ③ 适合于单跨和三跨桥梁
顶推法施工	① 简单设备建造长大桥梁，施工费用低。结构整体性好 ② 顶推施工时，用钢量较高 ③ 宜在等截面梁上使用，以中等跨径的桥梁为宜，桥梁的总长也以 500～600m 为宜
移动模架逐孔施工法	① 不影响通航和桥下交通，施工安全、可靠 ② 机械化、自动化程度高，降低劳动强度，上下平行作业，缩短工期 ③ 设备投资大，施工准备和操作都较复杂 ④ 宜在桥梁跨径＜50m 的多跨长桥上使用
横移法施工	① 横移法施工常在钢桥上使用 ② 横向位移施工多用于正常通车线路上的桥梁工程的换梁

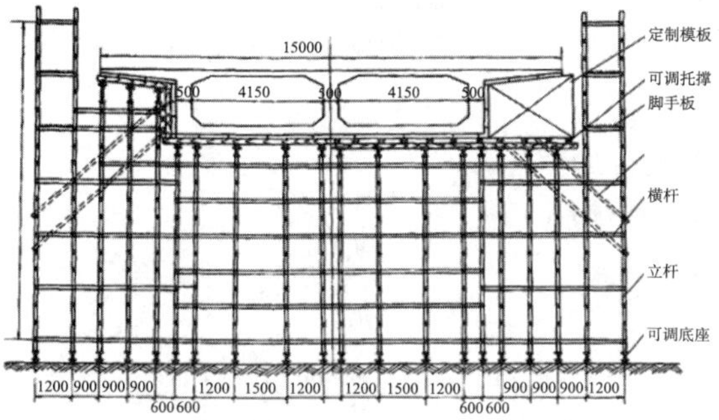

（a）支架现浇法

（b）预制安装法

（c）悬臂施工法

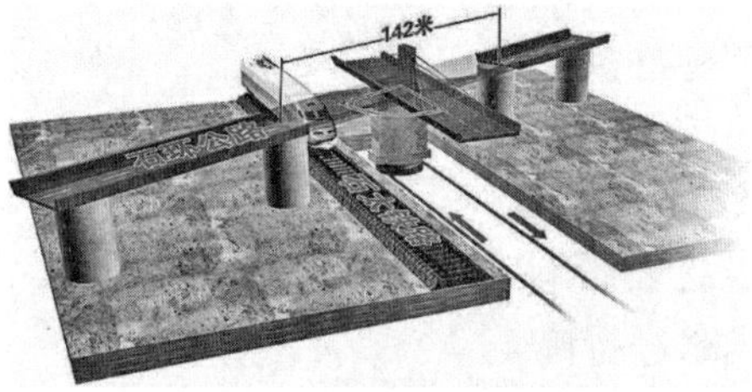

（d）转体施工法

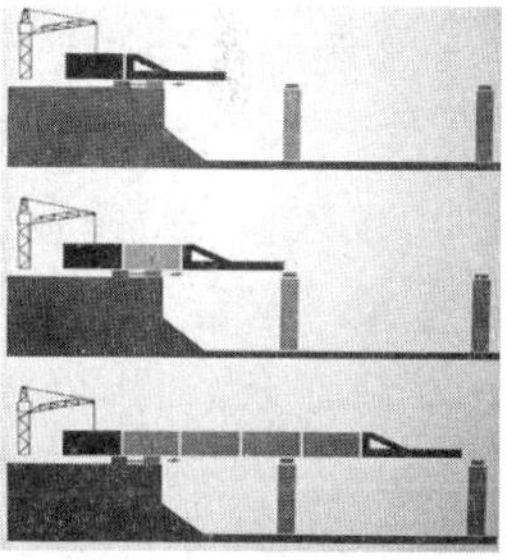

（e）顶推法

（f）移动模架逐孔施工法

（g）横移法施工

图 4-13　桥梁上部结构施工方法

【例题 1】在跨越通车线路上进行大跨及特大路桥上部结构施工，宜采用的施工方法是（　　）。（2023 年真题）

A．支架现浇法　　B．悬臂施工法

C．转体施工法　　D．顶推施工法

【答案】C

【解析】大跨径桥梁采用转体施工将会取得良好的技术经济效益，转体重量轻型化、多种工艺综合利用，是大跨及特大路桥施工有力的竞争方案。

【例题 2】对于正常通车线路的桥梁换梁，适宜的施工方法为（　　）。（2022 年补考真题）

A．支架现浇法　　B．悬臂浇筑法

C．顶推法施工　　D．横移法施工

【答案】D

【解析】横向位移施工多用于正常通车线路上的桥梁工程的换梁。

【例题 3】下列桥梁上部结构的施工方法中，施工期间不影响通航或桥下交通的有（　　）。（2022 年真题）

A．悬臂施工法　　B．支架现浇法

C．预制安装法　　D．转体施工法

E．提升浮动施工法

【答案】ACD

【解析】支架现浇法搭设支架影响排洪、通航，施工期间可能受到洪水和漂流物的威胁，选项 B 错误；提升浮动施工法结构下面需要有一个适宜的地面，也可能影响通航或桥下交通，选项 E 错误。

【例题 4】桥梁上部结构转体法施工的主要特点有（　　）。（2019 年真题）

A．构件须在预制厂标准加工制作

B．施工设备和工序较复杂

C．适合大跨及特大桥施工

D．施工期间对桥下交通影响小

E．可以跨越通车线路进行施工

【答案】CDE

【解析】转体施工是将桥梁构件先在桥位处岸边（或路边及适当位置）进行预制，待混凝土达到设计强度后旋转构件就位的施工方法。施工设备少，装置简单，容易制作并便于掌握。大跨径桥梁采用转体施工将会取得良好的技术经济效益，转体重量轻型化、多种工艺综合利用，是大跨及特大路桥施工有力的竞争方案。施工期间不断航，不影响桥下交通，可在跨越通车线路上进行桥梁施工。

【例题 5】采用移动模架施工桥梁承载结构，其主要优点有（　　）。（2014 年真题）

A．施工设备少，装置简单，易于操作

B．无需地面支架，不影响交通

C．机械化程度高，降低劳动强度

D．上下部结构可平行作业，缩短工期

E．模架可周转使用，可在预制厂生产

【答案】BCDE

【解析】选项 A 移动模架设备投资大，施工准备和操作都较复杂。

三、涵洞工程施工技术

考点十 ● 涵洞施工（表 4-34）

涵洞施工 **表 4-34**

<table>
<tr><td rowspan="5">钢筋
混凝土圆涵</td><td>围堰（筑坝）</td><td>坝顶比施工期间可能出现的最高水位至少要高出 0.5～1m，以防淹没</td></tr>
<tr><td>接缝处理</td><td>① 涵管接缝采用柔性接口，并设有预制钢筋混凝土套环
② 管道接缝基本硬化后就进行护管，即浇捣管座
③ 护管应在涵管两侧同时进行</td></tr>
<tr><td>拱圈施工</td><td>① 采用混凝土块砌拱圈时，砌块应提前制作，宜比封顶时间提前 4 个月
② 混凝土块砌拱圈时，也应在拱脚处开始砌筑，向拱顶方向进行</td></tr>
<tr><td>拱圈施工</td><td>① 就地灌筑的混凝土拱圈：混凝土的灌筑应由拱脚向拱顶同时对称进行
② 要求全拱一次灌完，不能中途间歇
③ 如因工程量大，一次难以完成全拱时，可按基础沉降缝分节进行，每节应一次连续灌完，决不可水平分段（因为拱圈受力是沿着拱轴线），也不宜按拱圈辐射方向分层（无模板控制，很难保证辐射方向）</td></tr>
<tr><td>拆除拱架与
拱顶填土</td><td>① 当拱圈中砂浆强度达到设计强度的 70% 时，即可拆除拱圈支架，但须待达到设计强度的 100% 后，方可填土
② 当拱圈支架未拆除，拱圈中砂浆强度达到设计强度的 70% 时，可进行拱顶填土，但应待拱圈中砂浆强度达到设计强度 100% 后，方能拆除拱圈支架</td></tr>
<tr><td>箱涵</td><td colspan="2">箱涵与盖板涵的区别是：
① 盖板涵的台身与盖板是分开浇筑的，台身还可以采用砌石圬工，成为简支结构
② 箱涵的上下顶板、底板与左右墙身是连续浇筑的，成为刚性结构</td></tr>
<tr><td>沉降缝施工</td><td colspan="2">① 涵洞和急流槽、端墙、翼墙、进出水口急流槽等，需在结构分段处设置沉降缝（但无圬工基础的圆管涵仅于交接处设置沉降缝，洞身范围不设），以防止由于受力不均、基础产生不均衡沉降而使结构物破坏
② 斜交正做涵洞，沉降缝与涵洞中心线垂直；斜交斜做涵洞，沉降缝与路基中心线平行。但拱涵、管涵的沉降缝应与涵洞中心线垂直</td></tr>
</table>

【例题 1】斜交斜做箱涵伸缩缝位置，下列说法正确的是（ ）。（2023 年真题）

A．与路基中心线平行　　B．与路基中心线垂直

C．与涵洞中心线平行　　D．与涵洞中心线垂直

【答案】A

【解析】斜交正做涵洞，沉降缝与涵洞中心线垂直；斜交斜做涵洞，沉降缝与路基中心线平行。

【例题 2】涵洞沉降缝适宜设置在（ ）。（2020 年真题）

A．涵洞和翼墙交界处　　B．洞身范围中段

C．进水口外缘面　　D．端墙中心线处

【答案】A

【解析】涵洞和急流槽、端墙、翼墙、进出水口急流槽等，需在结构分段处设置沉降缝（但无圬工基础的圆管涵仅于交接处设置沉降缝，洞身范围不设），以防止由于受力不均、基础产生不均衡沉降而使结构物破坏。

【例题 3】关于涵洞施工，说法不正确的有（　　）。

A．围堰坝顶比施工期间可能出现的最高水位至少要高出 0.5～1m，以防淹没

B．混凝土块砌拱圈时，也应在拱脚处开始砌筑，向拱顶方向进行

C．圆管涵接缝一般采用刚性接口

D．圆管涵管道接缝基本硬化后就可浇捣管座

E．拆除拱架与拱顶填土这两项工作可同时进行

【答案】CE

【解析】选项 C 应为柔性，当拱圈中砂浆强度达到设计强度的 70% 时，即可拆除拱圈支架，但须待达到设计强度的 100% 后，方可填土。当拱圈支架未拆除，拱圈中砂浆强度达到设计强度的 70% 时，可进行拱顶填土，但应待拱圈中砂浆强度达到设计强度的 100% 后，方能拆除拱圈支架，所以选项 E 错误。

第三节　地下工程施工技术

历年真题分值统计

本节内容	历年真题分值统计					
	2019	2020	2021	2022	2022（补考）	2023
一、建筑工程深基坑施工技术	2	1	0	0	2	1
二、地下连续墙施工技术	0	0	1	1	2	1
三、隧道工程施工技术	3	0	1	1	1	3
四、地下工程特殊施工技术	0	0	3	3	0	2
合计	5	1	5	5	5	7

思维导图（图 4-14）

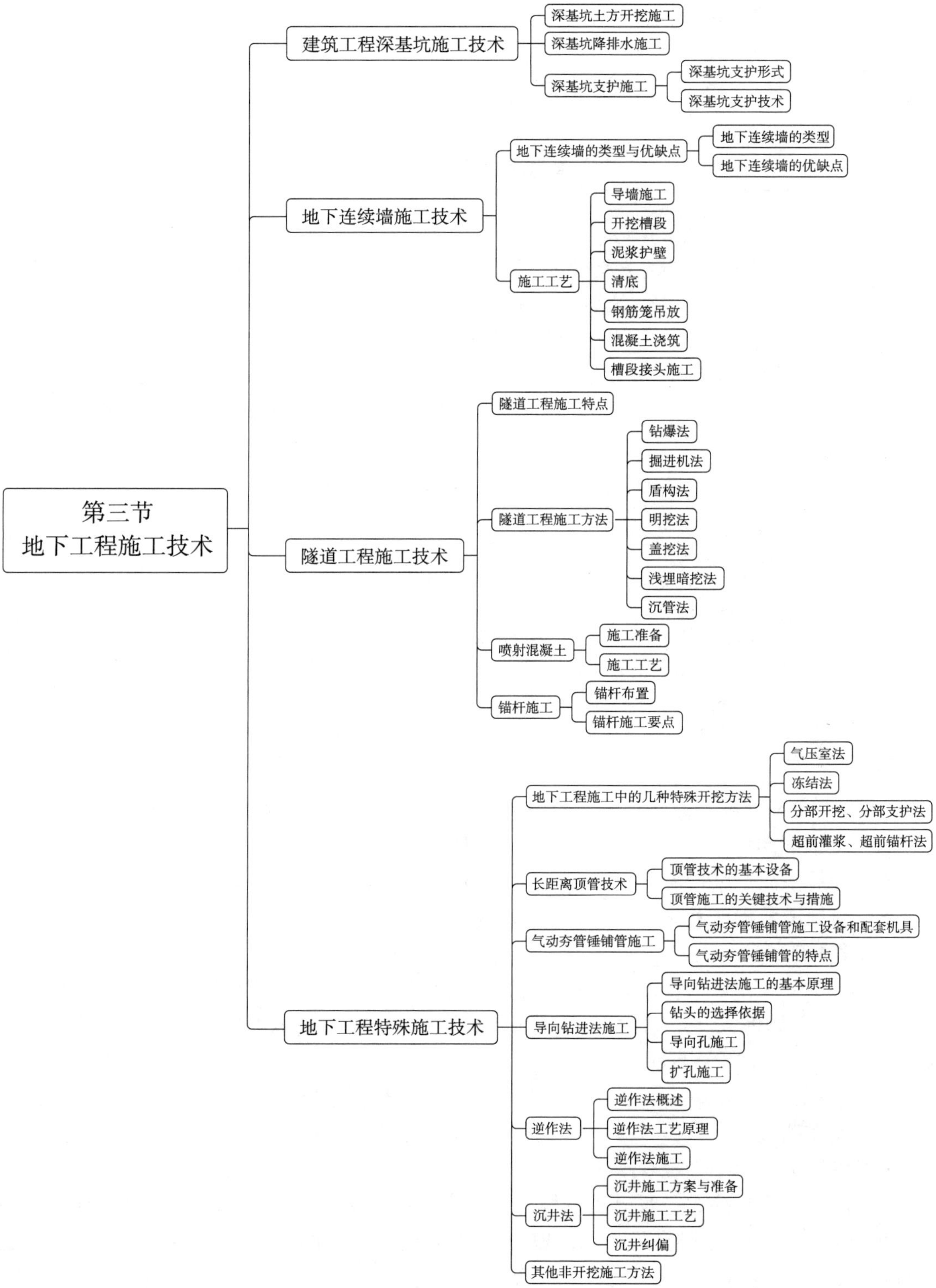

图 4-14　思维导图

考点解析

一、建筑工程深基坑施工技术

考点一 ● 深基坑支护形式适用范围（表4-35）

深基坑支护形式适用范围　　表4-35

排桩与桩墙式	①适用于基坑侧壁安全等级为一、二、三级 ②悬臂式结构在软土场地中≤5m ③当地下水位高于基坑底面时，宜采用降水、排桩与水泥土桩组合截水帷幕或采用地下连续墙
水泥土桩墙式	①基坑侧壁安全等级宜为二、三级 ②水泥土墙施工范围内地基承载力≤150kPa ③基坑深度≤6m
边坡稳定式（土钉锚杆）	①基坑侧壁安全等级宜为二、三级非软土场地 ②土钉墙基坑深度≤12m ③喷锚开挖深度≤18m 当地下水位高于基坑底面时，应采取降水或截水措施
逆作挡墙式	①基坑侧壁安全等级宜为二、三级 ②淤泥和淤泥质土场地不宜采用 ③拱墙轴线的矢跨比≥1/8 ④坑深≤12m ⑤地下水位高于基坑底面时，应采取降水或截水措施
放坡开挖式	①基坑侧壁安全等级宜为三级 ②基坑周围场地应满足放坡条件，土质较好 ③当地下水位高于坡脚时，应采取降水措施

【例题1】深基坑支护形式中，属于板墙式的有（　　）。（2022年补考真题）

A．型钢横挡板　　B．土钉墙

C．加筋水泥土围护墙　　D．现浇地下连续墙

E．预制装配式地下连续墙

【答案】DE

【解析】深基坑支护形式中，板墙式有现浇地下连续墙和预制装配式地下连续墙。

【例题2】场地大、空间大、土质好的深基坑，地下水位低的深基坑，采用的开挖方式为（　　）。（2018年真题）

A．水泥挡墙式　　B．排桩与桩墙式

C．逆作墙式　　D．放坡开挖式

【答案】D

【解析】放坡开挖式：对土质较好，地下水位低，场地开阔的基坑采取规范允许的坡度放坡开挖，或仅在坡脚叠袋护脚，坡面作适当保护。此种方法不用支撑支护，需加强边坡稳定监测，土方量大，需外运。

【例题3】水泥土桩墙式深基坑支护方式不宜用于（　　）。（2013年真题）

A．基坑侧壁安全等级为一级　　B．施工范围内地基承载力小于 150kPa
C．基坑深度小于 6m　　D．基坑周围工作面较宽

【答案】 A

【解析】 水泥土桩墙式适用的基坑侧壁安全等级宜为二、三级。

【例题 4】 适于基坑侧壁安全等级为一级的支护形式有（　　）。

A．放坡开挖式　　B．逆作挡墙式
C．水泥土桩墙式　　D．排桩与桩墙式

【答案】 D

【解析】 选项 D 适用于一、二、三级的基坑。

考点二　▲ 深基坑支护技术（表 4-36）

深基坑支护技术　　表 4-36

复合土钉墙支护技术	土钉选择	① 可用于回填土、淤泥质土、黏性土、砂土、粉土等常见土层，施工时可不降水 ② 地下水位以上：钢管土钉、钢筋土钉 ③ 地下水位以下：钢管土钉（不需要打孔）
	原则	超前支护，分层分段，逐层施作，限时封闭，严禁超挖
	坡比	墙面垂直高度与水平宽度的比值不宜大于 1：0.2
	布置	① 土钉水平和竖向间距宜 1～2m ② 土钉倾角宜为 5°～20°，保护层厚度≥ 25mm ③ 预应力锚杆复合土钉墙宜采用钢绞线锚杆；锚杆应设置自由端，长度应超过土钉墙坡体潜在滑动面；应采用槽钢或混凝土设置腰梁 ④ 钢筋网宜在喷射一层混凝土后铺设，采用双层钢筋网时，第二层钢筋网应在第一层钢筋网被混凝土覆盖后铺设
	时间	① 开挖后及时封闭临空面，应在 24h 内完成土钉安放和喷射混凝土面层 ② 淤泥质土层开挖时，应在 12h 内成土钉安放和喷射混凝土面层 ③ 应分段分片进行，同一段内自下而上，一次喷射厚度≤ 120mm ④ 上一层土钉完成注浆≥ 48h 后，才可开挖下层土方
	注浆	① 应采用两次注浆工艺施工 ② 第一次注浆宜为水泥砂浆，注浆量≥钻孔体积的 1.2 倍 ③ 第二次压注纯水泥浆，注浆量为第一次注浆量的 30%～40%，注浆压力宜为 0.4～0.6MPa
组合内支撑技术	① 钢支撑吊装就位焊接→加预应力→系杆安装→临时钢立柱安装 ② 钢支撑拆除：地下工程施工到支撑下 1.0m，混凝土强度≥ 80% ③ 拆除顺序：自下而上，先水平构件，后垂直构件（钢立柱）。具体步骤：先行拆除斜撑、纵向系杆、柱箍，再用千斤顶卸载主撑，撤除撑端的钢楔块，用塔式起重机将钢支撑吊出基坑	
SMW 工法	① 目前国内主要在软土地区有成功应用 ② 型钢主要用来承受弯矩和剪力，水泥土主要用来防渗，同时对型钢还有围箍作用	
冻结排桩法基坑支护	① 适用于大体积深基础开挖施工、含水量高的地基基础和软土地基基础以及地下水丰富的地基基础施工 ② 由排桩、压顶梁、钢筋混凝土支撑和立柱桩组成	

【例题 1】土钉墙施工过程中，开挖淤泥质土层后的临空面应在（　　）h 内完成钉安放和喷射混凝土面层。（2023 年真题）

A．12　　B．24

C．36　　D．48

【答案】A

【解析】开挖后应及时封闭临空面，应在 24h 内完成土钉安放和喷射混凝土面层。在淤泥质土层开挖时，应在 12h 内完成土钉安放和喷射混凝土面层。

【例题 2】冻结排桩法施工技术主要适用于（　　）。（2020 年真题）

A．基岩比较坚硬，完整的深基坑施工

B．表土覆盖比较浅的一般基坑施工

C．地下水丰富的深基坑施工

D．岩土体自支撑能力较强的浅基坑施工

【答案】C

【解析】冻结排桩法适用于大体积深基础开挖施工、含水量高的地基基础和软土地基基础以及地下水丰富的地基基础施工。

【例题 3】关于深基坑土方开挖采用冻结排桩法支护技术，下列说法正确的是（　　）。（2019 年真题）

A．冻结管应置于排桩外侧

B．卸压孔应置于冻结管和排桩之间

C．冻结墙的主要作用是支撑土体

D．排桩的主要作用是隔水

【答案】A

【解析】冻结排桩法施工，即在基坑开挖之前，根据基坑开挖深度，利用钻孔灌注桩技术沿基坑四周超前施工一排灌注桩，并用现浇钢筋混凝土梁把排桩顶端固定在一起使排桩形成支撑结构体系，并在排桩外侧按设计要求施作一排冻结孔，同时在冻结孔外侧据其中心一定位置处插花布设多个卸压孔；然后利用人工冻结技术形成冻土墙隔水帷幕，与超前施作的排桩支撑结构体系一道形成一临时支护结构，在此支护结构的保护下进行基坑开挖，并随着开挖深度的增加支设内支撑以保证支护结构的稳定，当开挖至设计标高时，浇筑垫层混凝土。

【例题 4】关于深基坑土方开挖采用型钢水泥土复合搅拌桩支护技术，下列说法正确的是（　　）。（2019 年真题）

A．搅拌水泥土终凝后方可加设横向型钢

B．型钢的作用是增强搅拌桩的抗剪能力

C．水泥土作为承受弯矩的主要结构

D．型钢应加设在水泥土墙的内侧

【答案】B

【解析】型钢主要用来承受弯矩和剪力，水泥土主要用来防渗，同时对型钢还有围箍作用。

二、地下连续墙施工技术

考点三 ★ 地下连续墙分类及优缺点（表 4-37）

地下连续墙分类及优缺点　　表 4-37

分类	按槽孔形式	壁板式和桩排式两种
	按开挖方式及机械分	抓斗冲击式、旋转式和旋转冲击式
	按施工方法	现浇、预制和二者组合成墙等
	按功能用途	作承重基础或地下构筑物的结构墙、挡土墙、防渗水墙、阻滑墙、隔振墙等
	按墙体材料	钢筋混凝土、素混凝土、黏土、自凝泥浆混合墙
优点	① 全盘机械化噪声低，适用于城市密集建筑群及夜间施工 ② 具有防渗、截水、承重、挡土、防爆等多功能用途，强度可靠，承压力大 ③ 地层适应性强，除熔岩地质外，均可用 ④ 可以在各种复杂的条件下施工 ⑤ 开挖基坑无须放坡，降低成本，缩短施工时间 ⑥ 用触变泥浆保护孔壁和止水，施工安全可靠，保证质量 ⑦ 可将地下连续墙与“逆作法”施工结合起来	
缺点	① 每段连续墙之间的接头质量较难控制 ② 墙面虽可保证垂直度，但比较粗糙 ③ 施工技术要求高 ④ 制浆及处理系统占地面积较大，易造成现场泥泞和污染	

【例题 1】关于地下连续墙施工，说法正确的有（　　）。（2016 年真题）

A．机械化程度高

B．强度大，挡土效果好

C．必须放坡开挖，施工土方量大

D．相邻段接头部位容易出现质量问题

E．作业现场容易出现污染

【答案】ABDE

【解析】地下连续墙施工开挖基坑无须放坡，降低成本，缩短施工时间，选项 C 错误。

【例题 2】地下连续墙的缺点，主要表现在（　　）。

A．每段连续墙之间的接头质量较难控制

B．对开挖的地层适应性差

C．防渗、承重、截水效果较差

D．制浆及处理系统占地面积大且易造成污染

E．施工技术要求高

【答案】ADE

【解析】地下连续墙，地层适应性强，除熔岩地质外均可用，选项 B 错误。具有防渗、截水、承重、挡土、防爆等多功能用途，强度可靠，承压力大，选项 C 错误。

考点四 ★ 地下连续墙施工工艺（表 4-38）

地下连续墙施工工艺 表 4-38

导墙施工	作用：① 作为挡土墙；② 作为测量的基准；③ 作为重物支承；④ 存储泥浆；⑤ 防止雨水流入槽内；⑥ 引导挖槽方向		
	导墙宜采用混凝土结构，且混凝土强度等级≥C20，导墙埋深≥1.5m		
	施工顺序：平整场地→测量定位→挖槽及处理弃土→绑扎钢筋→支模板→浇筑混凝土→拆模板并设置横撑→导墙外侧回填土		
开挖沟槽	工作	① 单元槽段的划分；② 挖槽机械的选择与正确使用；③ 制定防止槽壁坍塌的措施等	
	挖槽方法	① 多头钻施工法适用于黏性土、砂质土、砂砾层及淤泥等土层 ② 钻抓斗施工法适用于黏性土和 $N<30$ 的砂性土，不适用于软黏土 ③ 冲击式施工法适用于老翻性土、硬土和夹有孤石等地层	
	单元槽段划分	① 地质条件；② 地面荷载；③ 起重机的起重能力；④ 单位时间混凝土供应能力；⑤ 泥浆池（罐）的容积；⑥ 防水性能	
泥浆护壁	① 泥浆的主要成分：膨润土、掺和物和水 ② 一般情况下泥浆搅拌后应静置 24h 后使用 ③ 泥浆作用：护壁、携砂、冷却和润滑，其中以护壁为主 ④ 在确定泥浆配合比时，要测定其黏度、相对密度、含砂量、稳定性、胶体率、静切力、pH 值、失水量和泥皮厚度 ⑤ 对新生产的泥浆、回收重复利用的泥浆、浇筑混凝土前槽内的泥浆，主要测定其黏度、相对密度和含砂量		
	泥浆循环	正循环	泥浆的流速不大，出渣率较低
		反循环	出渣率较高，对于较深的槽段效果更为显著
	泥浆再生处理	对于携带土渣的泥浆，一般采用重力沉降和机械处理等两种方法，最好是将这两种方法组合使用	
清底	① 清底的方法一般有沉淀法和置换法两种 ② 我国多采用置换法进行清底 ③ 清底后槽内泥浆的相对密度应在 $1.15g/cm^3$ 以下		
钢筋笼加工与吊放	钢筋笼的拼接一般应采用焊接，且宜用帮条焊，不宜采用绑扎搭接接头		
混凝土浇筑	① 混凝土强度等级一般为 C30～C40；水与胶凝材料比不应大于 0.55，水泥用量不宜小于 $400kg/m^3$，入槽坍落度不宜小于 180mm，具有良好的和易性和流动性 ② 槽段长度小于 4m 时，可使用一根导管；若槽段长度不大于 6m 时，混凝土宜采用两根导管同时浇筑；槽段长度大于 6m 时，混凝土宜采用三根导管同时浇筑 ③ 导管内径约为粗骨料粒径的 8 倍，不得小于粗骨料粒径的 4 倍 ④ 混凝土浇筑面宜高于地下连续墙设计顶面 500mm		
槽段接头施工	施工接头	有接头管（也称锁口管）接头、接头箱接头、隔板式接头三种形式，接头管是目前地下连续墙施工中采用最多的一种施工接头	
	结构接头	有预埋连接钢筋法、预埋连接钢板法、预埋剪力连接件法等，预埋连接钢筋法是应用最多的一种结构接头	

【例题 1】地下连续墙施工过程中，泥浆的首要作用是（　　）。（2023 年真题）

A．护壁　　B．携砂

C．冷却　　D．润滑

【答案】A

【解析】泥浆的作用主要有护壁、携砂、冷却和润滑，其中以护壁为主。

【例题 2】关于地下连续墙的导墙，下列说法正确的是（　　）。（2022 年补考真题）

A．导墙是地下连续墙挖槽之后修筑的导向墙

B．导墙属于临时结构，混凝土强度等级不宜高于 C20

C．导墙底面可以设置在新近填土上，但埋深不宜小于 1.5m

D．两片导墙之间的距离即为地下连续墙的厚度

【答案】D

【解析】先修筑导墙之后挖槽，选项 A 错误；导墙宜采用混凝土结构，且混凝土强度等级不宜低于 C20，选项 B 错误；导墙底面不宜设置在新近填土上，且埋深不宜小于 1.5m，选项 C 错误。

【例题 3】地下连续墙的混凝土浇筑，除混凝土的级配满足结构强度要求外，还应满足的要求是（　　）。（2022 年补考真题）

A．施工环境温度不低于 5℃

B．水下混凝土施工要求

C．水泥用量小于 400kg/m

D．入槽坍落度小于 180mm

【答案】B

【解析】地下连续墙的混凝土的级配除了满足结构强度要求外，还要满足水下混凝土施工的要求。

【例题 4】地下连续墙混凝土顶面应比设计高度超浇（　　）。（2022 年真题）

A．0.4m 以内　　B．0.4m 以上

C．0.5m 以内　　D．0.5m 以上

【答案】D

【解析】在浇筑完成后的地下连续墙墙顶存在一层浮浆层，因此混凝土顶面需要比设计高度超浇 0.5m 以上。

【例题 5】地下连续墙挖槽时，遇到硬土和孤石时，优先的施工方法是（　　）。（2021 年真题）

A．多头钻施工　　B．钻抓式

C．潜孔钻　　D．冲击式

【答案】D

【解析】冲击式施工法适用于老黏性土、硬土和夹有孤石等地层，多用于排桩式地下连续墙成孔。

三、隧道工程施工技术

考点五 ★ 隧道施工方法（表 4-39）

隧道施工方法　　表 4-39

隧道施工方法	山岭隧道	钻爆法、TBM 法（掘进法）
	浅埋及软土隧道	明挖法、盖挖法、浅埋暗挖法、盾构法
	水底隧道	沉管法、盾构法
钻爆法施工技术	① 优点：比较灵活，可以很快地开挖施工；可以开挖各种形状、尺寸、大小的地下洞室；既可采用比较简单便宜的施工设备，也可采用先进、高效的施工设备；可以适应坚硬完整的围岩，也可以适应较为软弱破碎的围岩 ② 缺点：通风困难，不能及时散烟，会影响工期 ③ 适用于短洞、地下大洞室、不是圆形的隧洞、地质条件变化大的地方 ④ 不适用于长洞，又没有条件布置施工支洞、施工斜井的，或者地质条件很差，特别软弱的地方 ⑤ 基本工序为：钻孔、装药、放炮、散烟、清撬、出渣、支护、衬砌；开挖工作的机械化和先进与否，主要体现在钻孔、出渣和支护这三个工序中 ⑥ 钻孔最简单的方法是手风钻，比较灵活，但操作起来劳动强度很大；目前一般用得较多的是气腿风钻，即用压缩空气支承与加力，比较灵活，且劳动强度大大减轻；另外还有潜孔钻、钻车、钻机 ⑦ 为了提高爆破效果，减少爆破对周围建筑及围岩的破坏，一个断面上有的采用毫秒延迟雷管分段起爆 ⑧ 通风方式有两种：一种是压入式，另一种是吸出式；前者风管为柔性的管壁，一般是加强的塑料布之类；后者需要刚性的排气管，一般由薄钢板卷制而成	
TBM 法施工技术	① 全断面掘进机优点：适宜于打长洞，对通风要求较低；开挖洞壁比较光滑；对围岩破坏较小，对围岩稳定有利；超挖少，衬砌混凝土回填量少 ② 独臂钻适宜于开挖软岩，不适宜于开挖地下水较多、围岩不太稳定的地层 ③ 天井钻是专门用来开挖竖井或斜井的大型钻具 ④ 带盾构的 TBM 法适用于围岩是软弱破碎带时，若用常规的 TBM 法掘进，常会因围岩塌落，造成事故	
盾构施工	① 是一种在软土或软岩中修建隧道的特殊施工方法 ② 由钢壳、推进机系统、衬砌拼装系统三部分构成 ③ 盾构壳体一般由切口环、支承环和盾尾三部分组成。切口环部分位于盾构的最前端；支承环位于切口环之后，是与后部的盾尾相连的中间部分，是盾构结构的主体；盾尾部分是由盾构外壳钢板延长构成 ④ 选择适合土质条件的、确保工作面稳定的盾构机种及合理的辅助工法是确定盾构工法最重要的	
明挖法	一般当覆盖层厚度小于 5m 时，可考虑明挖法	
盖挖法	① 适用于松散的地质条件、隧道处于地下水位线以上、地下工程明作时需要穿越公路、建筑等障碍物的情况 ② 优点：对结构的水平位移小，安全系数高；对地面影响小，封锁地面交通时间短，施工受外界气候影响小 ③ 缺点：盖板上竖井少，开挖土方水平运输，出土不便；施工作业空间较小，速度慢，工期较长；费用较高	
浅埋暗挖法	① 在距离地表较近的地下进行各种类型地下洞室暗挖施工的一种方法，在土质隧道开挖中应用较广 ② 施工中必须坚持“管超前、严注浆、短开挖、强支护、快封闭、勤量测” ③ 适用条件：首先，浅埋暗挖法不允许带水作业；其次，要求开挖面具有一定的自立性和稳定性。对开挖面前方地层的预加固和预处理是浅埋暗挖法的必要前提，其目的就在于加强开挖面的稳定性，增加施工的安全性	

续表

沉管法	钢壳方式	① 无须修建特殊船坞，用浮在水上的钢壳箱体作为模板制造管段 ② 适用于双车道公路、单线铁路、下水管道等管段在 10m 以内的 ③ 干舷高度 30～50cm，拖航；水上向管段投入砂和混凝土，沉放
	船坞方式	① 在干船坞内制造箱体，而后浮运、沉放 ② 适用于多车道宽度大的公路（铁道、人行道并置的情况也在内） ③ 干舷高度 10cm 左右，拖航；用管段内的水平衡方法，沉放

【例题 1】盾构壳体构造中，位于盾构最前端的部分是（　　）。（2023 年真题）

A．千斤顶　　B．支承环

C．切口环　　D．衬砌拼装系统

【答案】C

【解析】盾构壳体一般由切口环、支承环和盾尾三部分组成。切口环部分位于盾构的最前端，施工时切入地层，并掩护作业，切口环前端制成刃口，减少切口阻力和对地层的扰动。

【例题 2】关于隧道工程采用掘进机施工，下列说法正确的是（　　）。（2019 年真题）

A．全断面掘进机的突出优点是可实现一次成型

B．独臂钻适宜于围岩不稳定的岩层开挖

C．天井钻开挖是沿着导向孔从上往下钻进

D．带盾构的掘进机主要用于特别完整岩层的开挖

【答案】A

【解析】独臂钻的开挖施工适宜于开挖软岩，不适宜于开挖地下水较多、围岩不太稳定的地层，选项 B 错误；天井钻开挖是先在钻杆上装较小的钻头，从上向下钻一直径为 200～300mm 的导向孔，达到竖井或斜井的底部，再在钻杆上换直径较大的钻头，由下向上反钻竖井或斜井，选项 C 错误；当围岩是软弱破碎带时，若用常规的 TBM 掘进，常会因围岩塌落，造成事故，要采用带盾构的 TBM 法，选项 D 错误。

【例题 3】隧道工程施工时，通风方式通常采用（　　）。（2017 年真题）

A．钢管压入式通风　　B．PVC 管抽出式通风

C．塑料布管压入式通风　　D．PR 管抽出式通风

【答案】C

【解析】地下工程的主要通风方式有两种：一种是压入式，即新鲜空气从洞外鼓风机一直送到工作面附近；另一种是吸出式，用抽风机将混浊空气由洞内排向洞外。前者风管为柔性的管壁，一般是加强的塑料布之类；后者则需要刚性的排气管，一般由薄钢板卷制而成。我国大多数工地均采用压入式。

【例题 4】下列关于沉井施工工艺要求的说法，正确的有（　　）。（2023 年真题）

A．沉井下沉至标高，应进行 8h 沉降观测

B．沉降观测时，若 8h 内下沉量小于或等 10mm，方可封底

C．沉井制作高度较大时，基坑上应铺设一定厚度的砂垫层

D．沉井采用不排水挖土下沉，要确保井内外水面在同一高度

E．采用不排水封底法时，封底混凝土用导管法灌注

【答案】ABCE

【解析】沉井下沉至标高，应进行沉降观测，当 8h 内下沉量小于或等于 10mm 时，方可封底。封底可分为干封底和湿封底两种。当沉井制作高度较大时，重量会增大，为避免不均匀沉降，基坑上应铺设一定厚度的砂垫层。不排水挖土下沉时下沉中要使井内水面高出井外水面 1～2m，以防流砂。湿封底即不排水封底，封底混凝土用导管法灌注，选项 D 错误。

考点六 ★★ 隧道施工技术——喷射混凝土（表 4-40）

隧道施工技术——喷射混凝土 **表 4-40**

施工机具	混凝土喷射机分为干式和湿式，干式喷射设备简单，价格较低，能进行远距离压送，易加入速凝剂，喷嘴脉冲现象少，但施工粉尘多，回弹比较严重
顺序	① 喷射作业区段 1.5～2.0m 宽 ② 对水平坑道，其喷射顺序为先墙后拱、自下而上 ③ 侧墙应自墙基开始，拱应自拱脚开始，封拱区宜沿轴线由前向后
施工工艺	① 干式喷射混凝土和湿式喷射混凝土 ② 干式喷射混凝土工艺不得用于大断面隧道、大型洞室、C30 及以上强度等级喷射混凝土、非富水围岩地质条件

考点七 ● 锚杆施工（表 4-41）

锚杆施工 **表 4-41**

锚杆布置	① 在拱圈处间距较小，在边墙处间距相对较大 ② 锚杆的方向为垂直隧道开挖轮廓线，锚杆的方向要尽可能与岩层层面垂直相交	
锚杆施工要点	普通水泥砂浆锚杆施工	① 以普通水泥砂浆作为胶粘剂的全长粘结式锚杆 ② 砂浆强度等级不低于 M20；水灰比宜为 0.45～0.50，砂的粒径≥ 3mm ③ 杆体材料宜用 HRB335 钢筋，一般采用 HPB300 钢筋 ④ 钻孔方向宜尽量与岩层主要结构面垂直 ⑤ 粘结砂浆应拌合均匀，随拌随用，一次拌合砂浆应在初凝前用完
	早强水泥砂浆锚杆施工	① 早强水泥砂浆的粘结剂：由硫酸铝盐早强水泥砂，Ⅱ型早强剂和水组成 ② 快硬水泥卷的三个主要参数：快硬水泥卷的直径 d；快硬水泥卷长度 L；快硬水泥卷的质量 G ③ 早强药包的浸泡宜在清水中进行，随泡随用，药包必须泡透 ④ 药包直径宜较钻孔直径小 20mm 左右，药卷长度一般为 20～30cm ⑤ 钻孔深度应比锚杆长度短 4～5cm ⑥ 采用树脂药包时，20℃时固化时间为 5min；温度下降 5℃时固化时间约会延长 1 倍，即 15℃时为 10min；10℃时为 20min；地下工程在正常温度下，搅拌时间约为 30s，当温度在 10℃以下时，搅拌时间可适当延长为 45～60s
	缝管式摩擦锚杆施工	① 一般要求杆体材料具有较高的弹性极限 ② 随钻眼随安设锚杆，也可集中钻孔与安设锚杆，不得隔班隔日安设锚杆 ③ 安设锚杆前应吹孔，并核对孔深是否符合设计要求，安设前应检查风压，不得小于 0.4MPa ④ 若作为永久支护，则应作防锈处理，并灌注有膨胀性的砂浆
	胀壳式内锚头预应力锚索施工	常用于中等以上的围岩中，常用于高边坡、大坝以及在大跨度地下隧道洞室的抢修加固及支护

【例题 1】 用于隧道喷锚支护的锚杆，其安设方向一般应垂直于（　　）。（2018 年真题）

A．开挖面　　B．断层面

C．裂隙面　　D．岩层面

【答案】 D

【解析】 如岩石为倾斜或齿状等时，锚杆的方向要尽可能与岩层层面垂直相交，以达到较好的锚固效果。

【例题 2】 常用于中等以上的围岩中，常用于高边坡、大坝以及在大跨度地下隧道洞室的抢修加固及支护的锚杆形式为（　　）。

A．普通水泥砂浆锚杆　　B．早强水泥砂浆锚杆

C．缝管式摩擦锚杆　　D．胀壳式内锚头预应力锚索

【答案】 D

【解析】 胀壳式内锚头预应力锚索常用于中等以上的围岩中，可在较小的施工现场中作业，常用于高边坡、大坝以及在大跨度地下隧道洞室的抢修加固及支护。

四、地下工程特殊施工技术

考点八　▲ 长距离顶管技术（表 4-42）

长距离顶管技术　　表 4-42

特殊开挖方法	① 气压室法	速度慢，不得已时采用		
	② 冷冻法	投资大，一般不采用		
	③ 分部开挖，分部支护法	在软弱地层中开挖较大的洞室 形式有：双侧导坑法、正台阶法、中隔壁法、“眼镜”法、中洞法		
	④ 超前灌浆、超前锚杆法	地下水很丰富地方，如海底隧道、河底隧道，采用超前灌浆法 在软岩或地下水多的软岩中，锚杆可能强度不够，打入钢管		
长距离顶管技术	基本设备	① 管段前端的工具管	地位	关键设备
			作用	定向、纠偏、防止塌方、出泥
			组成	冲泥仓、操作室和控制室
		② 管段后部顶进设备、出泥与气压设备、通风照明等设施		
	关键技术	① 顶力问题。目前有两种方法，即采用润滑剂减阻和中继接力技术 ② 方向控制。管段能否按设计轴线顶进，是长距离顶管成败的关键 ③ 制止正面坍方。深层顶管中，制止坍方实际是制服地下水的问题		
	技术措施	① 穿墙；② 纠偏与导向；③ 局部气压；④ 触变泥浆减阻；⑤ 中继接力顶进也就是在管道中设置中继环，分段克服摩擦阻力，从而解决顶力不足问题		

【例题 1】 地下工程长距离顶管施工中，主要技术关键有（　　）。（2022 年真题）

A．顶进长度　　B．顶力问题

C．方向控制　　D．顶进设备

E．制止正面塌方

【答案】BCE

【解析】长距离顶管的主要技术关键有顶力问题、方向控制、制止正面塌方。

【例题 2】在软弱地层中开挖较大的洞室，一般采用的方法是（　　）。

A．气压室法　　B．冷冻法

C．分部开挖，分部支护法　　D．超前灌浆、锚杆

【答案】C

【解析】在软弱地层中开挖较大的洞室，目前常用的办法是先开挖一小部分，然后用喷锚支护做全断面保护，再逐步扩挖，逐步支护。形式有：双侧导坑法、正台阶法、中隔壁法、“眼镜”法、中洞法等。

【例题 3】长距离顶管的关键设备是（　　）。

A．顶进设备　　B．工具管

C．出泥与气压设备　　D．通风照明设施

【答案】B

【解析】工具管是长距离顶管的关键设备，它安装在管道前端，外形与管道相似，其作用是定向、纠偏、防止塌方、出泥等。工具管从前向后由冲泥仓、操作室和控制室组成。

考点九 ● 气动夯管锤铺管施工和导向钻进法施工（表 4-43）

气动夯管锤铺管施工和导向钻进法施工　　表 4-43

气动夯管锤铺管特点	① 地层适用范围广。夯管锤铺管几乎适用于除岩层以外的所有地层 ② 铺管精度较高。气动夯管锤铺管属不可控向铺管，但由于其以冲击方式将管道夯入地层，在管端无土楔形成，而且在遇障碍物时可将其击碎穿越，所以具有较好的目标准确性 ③ 对地表的影响较小。即使钢管铺设深度很浅，地表也不会产生隆起或沉降现象 ④ 适合较短长度的管道铺设，按钢管直径（以 mm 为单位）除以 10 就得到夯进长度（以 m 为单位） ⑤ 施工条件要求简单，施工进度快，材料消耗少，施工成本较低 ⑥ 工作坑要求低。只需很小施工深度，无须进行很复杂的深基坑支护作业 ⑦ 穿越河流时，无须在施工中清理管内土体，无渗水现象，能确保施工人员安全		
导向钻进法施工	钻头选择	淤泥质黏土	较大尺寸钻头
		干燥软黏土	中等尺寸钻头
		硬黏土	较小尺寸钻头
		钙质土层	较小尺寸钻头
		粗粒砂层	中等尺寸钻头（硬质合金钻头）
		砂质淤泥	中等到大尺寸钻头效果较好
		致密砂层	小尺寸锥形钻头
		砾石层	小尺寸硬质合金钻头
		固结岩层	孔内动力钻具

注：气动夯管锤铺管法和导向转进法都属于非开挖管线工程施工技术，一般适用于管径小于 900mm 的管线铺设工程。

【例题 1】地下工程施工中，气动夯管锤铺管的主要特点有（　　）。（2021 年真题）

A. 夯管锤对钢管动态夯进，产生强烈的冲击和振动

B. 不适合于含卵砾石地层

C. 属于不可控向铺管，精密度低

D. 对地表影响小，不会引起地表隆起或沉降

E. 工作坑要求高，需进行深基坑支护作业

【答案】AD

【解析】夯管锤铺管几乎适应除岩层以外的所有地层，选项 B 错误；气动夯管锤铺管属不可控向铺管，但由于其以冲击方式将管道夯入地层，在管端无土楔形成，而且在遇障碍物时可将其击碎穿越，所以具有较好的目标准确性，选项 C 错误；工作坑要求低，只需很小施工深度，无须进行很复杂的深基坑支护作业，选项 E 错误。

【例题 2】采用导向钻进法施工，适合中等钻头的岩土层为（　　）。（2021 年真题）

A. 砾石层　　B. 致密砂层

C. 干燥黏土层　　D. 钙质土层

【答案】C

【解析】在干燥软黏土中施工，采用中等尺寸钻头一般效果最佳。

考点十　▲沉井施工（表 4-44）

沉井施工　　表 4-44

沉井工序	测量放线、开挖基坑和搭设工作台→铺设垫层（≥ 0.6m 砂垫层）、承垫木→沉井制作→抽取垫木→挖土下沉→封底、回填、浇筑其他部分结构	
沉井下沉	排水	排水时不致产生流砂现象，可采用
	不排水	使井内水面高出井外水面 1～2m，防流砂
沉井封底	① 当 8h 内下沉量≤ 10mm 时 ② 封底可分为干封底和湿封底两种	
沉井纠偏	① 矩形沉井长边产生偏差，可用偏心压重纠偏 ② 沉井向某侧倾斜，可在高的一侧多挖土使其恢复水平再均匀挖土 ③ 采用触变泥浆润滑套时，可采用导向木纠偏 ④ 小沉井或矩形沉井短边产生偏差，应在下沉少的一侧外部用压力水冲井壁附近的土并加偏心压重；在下沉多的一侧加一水平推力来纠偏 ⑤ 当沉井中心线与设计中心线不重合时，可先在一侧挖土，使沉井倾斜，然后均匀挖土，使沉井沿倾斜方向下沉到沉井底面中心线接近设计中心线位置时再纠偏	

【例题 1】下列关于沉井施工工艺要求的说法，正确的有（　　）。（2023 年真题）

A. 沉井下沉至标高，应进行 8h 沉降观测

B. 沉降观测时，若 8h 内下沉量小于或等 10mm，方可封底

C. 沉井制作高度较大时，基坑上应铺设一定厚度的砂垫层

D. 沉井采用不排水挖土下沉，要确保井内外水面在同一高度

E．采用不排水封底法时，封底混凝土用导管法灌注

【答案】ABCE

【解析】沉井下沉至标高，应进行沉降观测，当 8h 内下沉量小于或等于 10mm 时，方可封底。封底可分为干封底和湿封底两种。当沉井制作高度较大时，重量会增大，为避免不均匀沉降，基坑上应铺设一定厚度的砂垫层。不排水挖土下沉时下沉中要使井内水面高出井外水面 1～2m，以防流砂。湿封底即不排水封底，封底混凝土用导管法灌注。

【例题 2】沉井下沉达到设计标高封底时，需要满足观测的条件是（　　）。（2022 年真题）

A．5h 内下沉量小于等于 8mm　　B．6h 内下沉量小于等于 8mm

C．7h 内下沉量小于等于 10mm　　D．8h 内下沉量小于等于 10mm

【答案】D

【解析】沉井下沉至标高，应进行沉降观测，当 8h 内下沉量小于等于 10mm 时，方可封底。

【例题 3】沉井的排水挖土下沉法适用于（　　）。（2022 年真题）

A．透水性较好的土层　　B．涌水量较大的土层

C．排水时不致产生流砂的土层　　D．地下水较丰富的土层

【答案】C

【解析】当沉井所穿过的土层透水性较差，涌水量不大，排水时不致产生流砂现象，可采用排水挖土下沉。若沉井穿过的土层中有较厚的亚砂土和粉砂土，地下水丰富，土层不稳定，有产生流砂的可能性时，沉井就宜采用不排水挖土下沉，下沉中要使井内水面高出井外水面 1～2m，以防流砂。

【例题 4】深井施工中，在“沉井制作”和“挖土下沉”之间的工序是（　　）。

A．铺设承垫木　　B．铺设垫层

C．抽取垫木　　D．封底回填

【答案】C

【解析】沉井法施工的主要工序为：测量放线、开挖基坑和搭设工作台→铺设垫层、承垫木→沉井制作→抽取垫木→挖土下沉→封底、回填、浇筑其他部分结构。

本章精选习题

一、单项选择题（每题 1 分。每题的备选项中，只有一个最符合题意）

1．关于基坑（槽）支护，说法不正确的是（　　）。

A．开挖较窄的沟槽可采用横撑式土壁支护

B．重力式支护具有防渗和挡土的双重功能

C．悬臂式板桩支护不需要设支撑

D．钢板桩在基础施工完毕后永久留在地下

2．当基础较深，地下水位较高，降水深度超过 8m，较为经济的降水方法，应选用（　　）。

A．明排水法　　　　B．轻型井点
C．喷射井点　　　　D．管井井点

3. 管沟回填且无倒车余地时，宜采用（　　）。
A．下坡推土法　　　　B．分批集中，一次推送
C．间隔铲土　　　　D．斜角推土法

4. 关于单斗挖掘机作业特点，说法正确的是（　　）。
A．正铲挖掘机：前进向下，自重切土
B．反铲挖掘机：后退向上，强制切土
C．拉铲挖掘机：后退向下，自重切土
D．抓铲挖掘机：前进向上，强制切土

5. 关于地基夯实加固处理，说法正确的是（　　）。
A．砂土、杂填土和软黏土层适宜采用重锤夯实
B．地下水距地面 0.8m 以上的湿陷性黄土不宜采用重锤夯实
C．碎石土、砂土、软黏土不宜采用强夯法
D．工业废渣、垃圾地基适宜采用强夯法

6. 关于钢筋混凝土预制桩施工，下列叙述不正确的是（　　）。
A．桩堆放时应设置垫木，各层垫木应上下对齐
B．钢筋混凝土预制桩应在混凝土达到设计强度的 70% 方可起吊
C．施工中宜采用重锤低击，效率高
D．当桩基的设计标高不同时，打桩顺序易先浅后深

7. 钻孔压浆桩的施工流程，正确的是（　　）。
A．钻机就位→钻进→提出钻杆→首次注浆→放钢筋笼→放碎石→二次补浆
B．钻机就位→钻进→首次注浆→提出钻杆→放钢筋笼→放碎石→二次补浆
C．钻机就位→钻进→提出钻杆→首次注浆→放钢筋笼→二次补浆→放碎石
D．钻机就位→钻进→首次注浆→提出钻杆→放碎石→放钢筋笼→二次补浆

8. 关于砌体结构施工，说法不正确的是（　　）。
A．基底标高不同时，应从低处砌起，并应由高处向低处搭砌
B．在墙上留置临时洞口，洞口净宽不应大于 1m
C．转角处石砌体 650mm 范围内不得留设脚手眼
D．正常施工条件下，石砌体每日砌筑高度不宜超过 1.2m

9. 关于脚手架设置的说法，正确的是（　　）。
A．纵向水平杆应设置在立杆外侧，其长度不应小于 3 跨
B．纵向水平杆接长只能采用对接扣件连接
C．立杆接长必须采用对接扣件连接
D．主节点处必须设置一根横向水平杆

10. 对有抗震要求的框架结构，纵向受力筋应满足（　　）。
A．钢筋的抗拉强度标准值与屈服强度实测值之比不应大于 1.30
B．钢筋的抗拉强度实测值与屈服强度实测值之比不应小于 1.25
C．钢筋的屈服强度实测值和屈服强度标准值之比不应小于 1.30

D．钢筋的最大力下总伸长率不应大于 9%

11. 剪力墙和筒体体系的高层建筑施工应优先选用（　　）。

A．组合模板　　B．大模板

C．台模　　D．隧道模板

12. 关于装配式混凝土施工，说法正确的是（　　）。

A．预应力混凝土预制构件的混凝土强度等级不宜低于 C30

B．直接承受动力荷载构件的纵向钢筋不应采用套筒灌浆连接

C．吊索水平夹角不宜小于 60° 且不应小于 45°

D．灌浆作业应采用压浆法从上口灌注，当浆料从下口流出后应及时封堵

13. 关于预应力混凝土施工，说法不正确的是（　　）。

A．当采用钢绞线作预应力钢筋时，混凝土强度等级不宜低于 C40

B．当工程所处环境温度低于 −15℃时，不宜进行预应力筋张拉

C．胶管抽芯留孔不仅可留设直线孔道，也能留设曲线孔道

D．先张法预应力的传递主要靠预应力筋两端的锚具

14. 某厂房平面宽度为 72m，外搭脚手架宽度为 3m，采用轨距为 2.8m 塔式起重机施工，塔式起重机为双侧布置，其最大起重半径不得小于（　　）。

A．40.4m　　B．40.9m

C．41.9m　　D．76.9m

15. 关于钢结构工程施工的说法，正确的是（　　）。

A．焊工应在认可的范围内进行焊接作业，无须持证上岗

B．焊缝缺陷可采用补焊或铲去缺陷部分的焊缝金属重新焊接的方式来处理

C．高强度螺栓连接原则上应以四周向螺栓群中央的顺序进行

D．室内隐蔽构件宜选用膨胀型防火涂料

16. 关于卷材防水屋面施工，说法正确的是（　　）。

A．卷材防水层施工时由屋脊向下铺贴

B．上下层卷材短边搭接缝应错开，且不应小于幅宽的 1/3

C．热熔法和热粘法不宜低于 −10℃

D．上下层卷材不得互相垂直铺设

17. 在软土路基施工中，关于振冲置换法叙述不正确的是（　　）。

A．可使桩体和周围的地基土构成复合地基来提高地基承载力

B．碎石桩的承载力和沉降量取决于周围软土对碎石桩的约束作用

C．适用于软弱黏性土地基

D．置换后应做约一周时间的养生

18. 在桥梁工程中，不属于桥梁上部承载结构悬臂施工法特点的是（　　）。

A．节省木材、节省施工用料

B．可不用或少用支架，施工不影响通航或桥下交通

C．悬臂拼装法可在跨径 100m 以下的大桥中选用

D．预应力混凝土连续梁合龙顺序是先边跨、后次跨、最后中跨

19. 在深基坑支护中，适用于大体积深基础开挖施工、含水量高、软土以及地下水丰

富的地基基础施工的方法是（　　）。

A．复合土钉墙支护技术　　B．组合内支撑技术

C．SMW 工法　　D．冻结排桩法

20. 关于水泥土挡墙适用条件，说法不正确的是（　　）。

A．基坑侧壁安全等级为一级

B．施工范围内地基承载力不宜大于 150kPa

C．基坑深度不宜大于 6m

D．基坑周围具备水泥土墙的施工宽度

21. 在稳定性差的破碎岩层中开挖隧道，在不允许钻爆法施工的情况下，应优先考虑采用（　　）。

A．全断面掘进机开挖　　B．独臂钻开挖

C．天井钻开挖　　D．带盾构的掘进机开挖

22. 采用全断面掘进机进行岩石地下工程施工的说法，正确的是（　　）。

A．对通风要求较高，适宜于打短洞

B．开挖洞壁比较光滑

C．对围岩破坏较大，不利于围岩稳定

D．超挖大，混凝土衬砌材料用量大

23. 地下连续墙浇筑混凝土的要求，正确的是（　　）。

A．槽段长度超过 6m 的宜采用 2 根导管同时浇筑

B．混凝土浇筑面与设计高度一致为宜

C．混凝土搅拌好之后，以 1.5h 内浇注完毕为原则

D．接头管直径一般比墙后大 50mm

二、多项选择题（每题 2 分。每题的备选项中，有 2 个或 2 个以上符合题意，至少有 1 个错项。错选，本题不得分；少选，所选的每个选项得 0.5 分）

1. 根据基坑平面大小、深度、土质、地下水位高低与流向以及降水深度要求，轻型井点的平面布置可采用（　　）。

A．单排布置　　B．十字交叉布置

C．双排布置　　D．环形布置

E．U 形布置

2. 关于灌注桩施工，下列说法正确的是（　　）。

A．反循环钻孔灌注桩可用于桩径小于 2.0m，孔深一般≤ 60m 的场地

B．对厚砂层软塑 - 流塑状态的淤泥及淤泥质土应慎重使用冲击成孔灌注桩

C．泥浆护壁成孔灌注桩在灌注水下混凝土前需要进行二次清孔

D．套管成孔灌注桩采用复打法混凝土用量小，施工速度快

E．爆扩成孔灌注桩适于在软土中成桩，成本低承载力大

3. 防水混凝土施工应满足的工艺要求有（　　）。

A．防水混凝土可采用人工振捣，并保证振捣密实

B．防水混凝土应自然养护，养护时间不少于 14d

C．浇筑时混凝土自落高度不得大于 1.5m

D．后浇带应按施工方案设置

E．当气温低于 5℃时喷射混凝土不得喷水养护

4. 地下防水施工中，外贴法施工卷材防水层的主要特点有（　　）。

A．施工占地面积较小

B．底板与墙身接头处卷材易受损

C．结构不均匀沉降对防水层影响大

D．可及时进行漏水试验，修补方便

E．施工工期较长

5. 关于屋面保温工程，说法正确的有（　　）。

A．当设有隔汽层时，先施工保温层再施工隔汽层

B．干铺的保温材料不宜低于 5℃

C．倒置式屋面坡度不大于 3% 的不上人屋面，保温板可采用干铺法

D．屋面坡度大于 50% 时不宜做成种植屋面

E．种植平屋面排水坡度不宜小于 2%

6. 关于软土路基施工，说法正确的有（　　）。

A．在软土层顶面铺砂垫层，主要起浅层水平排水作用

B．反压护道可使路堤下的软基向两侧隆起的趋势得到平衡

C．抛石挤淤法抛投顺序应先从路堤中部开始，向前突进后再渐次向两侧扩展

D．爆破排淤法先填后爆适用于稠度较小的软土

E．爆破排淤法先爆后填适用于稠度较大的软土

7. 下列关于采用预制安装法施工桥梁承载结构，说法正确的有（　　）。

A．构件质量好，尺寸精度高

B．桥梁整体性好，但施工费用高

C．不便于上下平行作业，相对安装工期长

D．减少或避免了混凝土的徐变变形

E．施工速度快，故可适用于紧急施工工程

8. 深基坑支护基本形式中，组合内支撑技术说法不正确的有（　　）。

A．土方开挖按照自下而上分层进行，每层由中间向两侧

B．支护体系拆除的顺序为自上而下，先水平构件再垂直构件

C．适用于周围建筑密集、场地狭小、软土场地

D．组合式钢结构构件截面灵活可变，加工方便

E．复杂环境下施工速度快，支撑可拆卸重复利用

精选习题答案及解析

一、单项选择题

1. **【答案】**D

【解析】钢板桩在基础施工完毕后还可拔出重复使用。

2. 【答案】C

【解析】当基坑较深而地下水位又较高时，需要采用多级轻型井点，会增加基坑的挖土量，延长工期并增加设备数量，是不经济的，因此，当降水深度超过 8m 时，宜采用喷射井点。

3. 【答案】D

【解析】一般在管沟回填且无倒车余地时可采用斜角推土法。

4. 【答案】C

【解析】正铲挖掘机的挖土特点是：前进向上，强制切土，选项 A 错误；反铲挖掘机的特点是：后退向下，强制切土，选项 B 错误；抓铲挖掘机的挖土特点是：直上直下，自重切土，选项 D 错误。

5. 【答案】D

【解析】重锤夯实法适用于地下水距地面 0.8m 以上稍湿的黏土、砂土、湿陷性黄土、杂填土和分层填土，但在有效夯实深度内存在软黏土层时不宜采用，选项 A 和选项 B 均错误；碎石土、砂土、软黏土均可采用强夯法，选项 C 错误。

6. 【答案】D

【解析】当桩基的设计标高不同时，打桩顺序易先深后浅；当桩的规格不同时，打桩顺序宜先大后小、先长后短。

7. 【答案】B

【解析】见教材 P181。

8. 【答案】C

【解析】门窗洞口两侧石砌体 300mm，其他砌体 200mm 范围内；转角处石砌体 600mm，其他砌体 450mm 范围内不得留设脚手眼，选项 C 错误。

9. 【答案】D

【解析】纵向水平杆应设置在立杆内侧，其长度不应小于 3 跨，选项 A 错误；纵向水平杆接长应采用对接扣件连接或搭接，选项 B 错误；立杆接长除顶层顶步可采用搭接外，其余各层各步接头必须采用对接扣件连接，选项 C 错误。

10. 【答案】B

【解析】钢筋的抗拉强度实测值与屈服强度实测值的比值不应小于 1.25；钢筋的屈服强度实测值与屈服强度标准值的比值不应大于 1.30；钢筋的最大力下总伸长率不应小于 9%。

11. 【答案】B

【解析】大模板是目前我国剪力墙和筒体体系的高层建筑施工用得较多的一种模板。

12. 【答案】C

【解析】预应力混凝土预制构件的混凝土强度等级不宜低于 C40 且不应低于 C30，选项 A 错误；直接承受动力荷载构件的纵向钢筋不应采用浆锚搭接连接，选项 B 错误；灌浆作业应采用压浆法从下口灌注，当浆料从上口流出后应及时封堵，选项 D 错误。

13.【答案】D

【解析】后张法预应力的传递主要靠预应力筋两端的锚具。

14.【答案】B

【解析】$R=b/2+a=72/2+3+2.8/2+0.5=40.9$m。

15.【答案】B

【解析】焊工应经考试合格并取得资格证书，应在认可的范围内进行焊接作业，严禁无证上岗，选项 A 错误；高强度螺栓连接副初拧、复拧和终拧原则上应以接头刚度较大的部位向约束较小的方向、螺栓群中央向四周的顺序进行，选项 C 错误；室内隐蔽构件宜选用非膨胀型防火涂料，选项 D 错误。

16.【答案】D

【解析】卷材防水层施工时由屋面最低标高向上铺贴，选项 A 错误；上下层卷材长边搭接缝应错开，且不应小于幅宽的 1/3，选项 B 错误；热熔法和焊接法不宜低于 −10℃；冷粘法和热粘法不宜低于 5℃；自粘法不宜低于 10℃，选项 C 错误。

17.【答案】D

【解析】稳定剂处置法由于土质与施工条件不同，处置土强度增长不均衡，则应做约一周时间的养生，选项 D 错误。

18.【答案】A

【解析】选项 A 属于转体施工的特点。

19.【答案】D

【解析】冻结排桩法适用于大体积深基础开挖施工、含水量高的地基基础和软土地基基础以及地下水丰富的地基基础施工。

20.【答案】A

【解析】水泥土桩墙适用条件：基坑侧壁安全等级宜为二、三级；水泥土墙施工范围内地基承载力不宜大于 150kPa；基坑深度不宜大于 6m；基坑周围具备水泥土墙的施工宽度。

21.【答案】D

【解析】当围岩是软弱破碎带时，若用常规的 TBM 法掘进，常会因围岩塌落，造成事故，要采用带盾构的 TBM 法。

22.【答案】B

【解析】全断面掘进机主要优点是：适宜于打长洞，因为它对通风要求较低，开挖洞壁比较光滑；对围岩破坏较小，所以对围岩稳定有利；超挖少，衬砌混凝土回填量少。

23.【答案】C

【解析】槽段长度超过 6m 的宜采用 3 根导管同时浇筑，选项 A 错误；混凝土浇筑面宜高于地下连续墙设计顶面 500mm，选项 B 错误；接头管直径一般比墙后小 50mm，选项 D 错误。

二、多项选择题

1.【答案】ACDE

【解析】轻型井点可采用单排布置、双排布置以及环形布置；当土方施工机械需进出基坑时，也可采用 U 形布置。

2.【答案】ABC

【解析】套管成孔灌注桩采用单打法施工速度快，混凝土用量较小，但桩的承载力较低，选项 D 错误；爆扩桩的适用范围较广，除软土和新填土外，其他各种土层中均可使用，选项 E 错误。

3.【答案】BCE

【解析】防水混凝土应采用机械振捣，并保证振捣密实，选项 A 错误；变形缝、施工缝、后浇带、穿墙管、埋设件等设置和构造必须符合设计要求，选项 D 错误。

4.【答案】BDE

【解析】外贴法的优点是构筑物与保护墙有不均匀沉降时，对防水层影响较小；防水层做好后即可进行漏水试验修补方便。其缺点是工期较长，占地面积较大；底板与墙身接头处卷材易受损。选项 A 和选项 C 均属于内贴法的特点。

5.【答案】CDE

【解析】当设计有隔汽层时，先施工隔汽层，然后再施工保温层，选项 A 错误；干铺的保温材料可在负温度下施工，选项 B 错误。

6.【答案】ABC

【解析】爆破排淤分为两种：一种方法是先在原地面上填筑低于极限高度的路堤，再在基底下爆破适用于稠度较大的软土或泥沼；另一种方法是先爆后填，适用于稠度较小、回淤较慢的软土。

7.【答案】ADE

【解析】能有效利用劳动力，并由此而降低了工程造价，选项 B 错误；上下部结构可以平行作业，因而可缩短现场工期，选项 C 错误。

8.【答案】AB

【解析】土方开挖按照自上而下分层进行每层由中间向两侧开挖，选项 A 错误；支护体系拆除的顺序为自下而上，先水平构件，后垂直构件（钢立柱），选项 B 错误。

第五章 工 程 计 量

考情分析

本章约占 30 分，2023 版教材在第一节根据《房屋建筑与装饰工程消耗量定额》TY01—31—2021 对消耗量定额的相关内容进行了修订、根据《混凝土结构施工图平面整体表示方法制图规则和构造详图》22G101 系列图集对平法标准图集进行了修订，个别的地方做了删减。

本章出题量最大分值最高，基本每页都可能是考点，尤其是面积计算规范、工程量计算规则与方法等内容必须通过大量的做题去对比各种规则之间的区别与联系，总结异同，从而减少记忆量，也为案例科目的学习打下基础。

重点考查：工程量计算规范和消耗量定额、平法标准图集、建筑面积计算规则、工程量计算规则与方法。

说明：★表示高频考点；▲表示重要考点；●表示一般考点。

第一节 工程计量的基本原理与方法

历年真题分值统计

本节内容	历年真题分值统计					
	2019	2020	2021	2022	2022（补考）	2023
一、工程计量的有关概念	0	0	0	0	0	0
二、工程量计算的依据	0	0	0	0	0	0
三、工程量计算规范和消耗量	3	2	3	2	4	3
四、平法标准图集	1	1	1	4	1	2
五、工程量计算的方法	0	0	1	0	0	0
合计	4	3	5	6	5	5

思维导图（图 5-1）

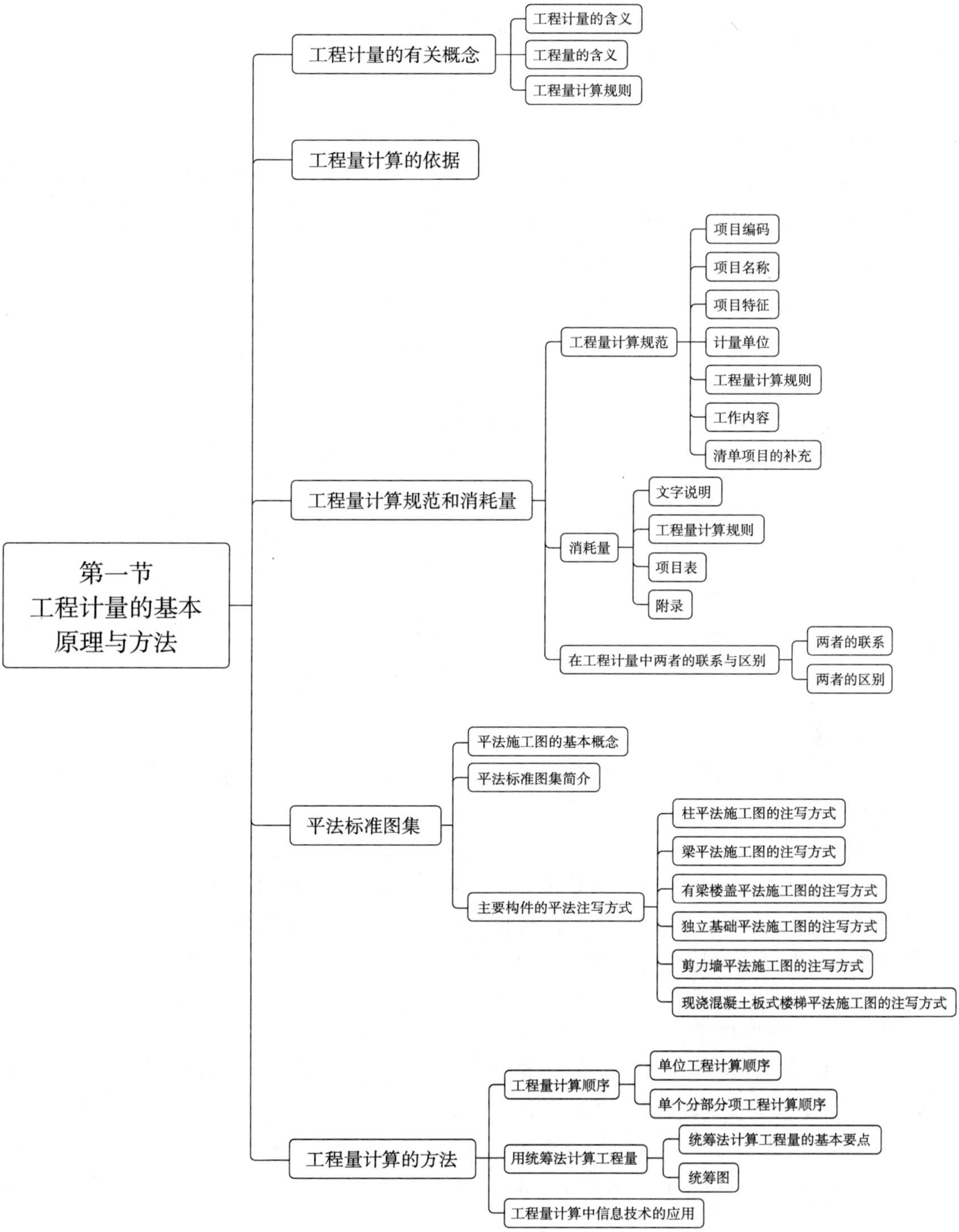

图 5-1 思维导图

考点解析

考点一 ▲ 工程量计算规范和消耗量定额

（一）相关概念

1. 项目编码（图 5-2）

项目编码是指分部分项工程和措施项目清单名称中的阿拉伯数字标识。工程量清单项目编码用 12 位阿拉伯数字表示，1～9 位应按计量规范附录规定设置，10～12 位应根据拟建工程的工程量清单项目名称设置，同一招标工程的项目编码不得有重码。

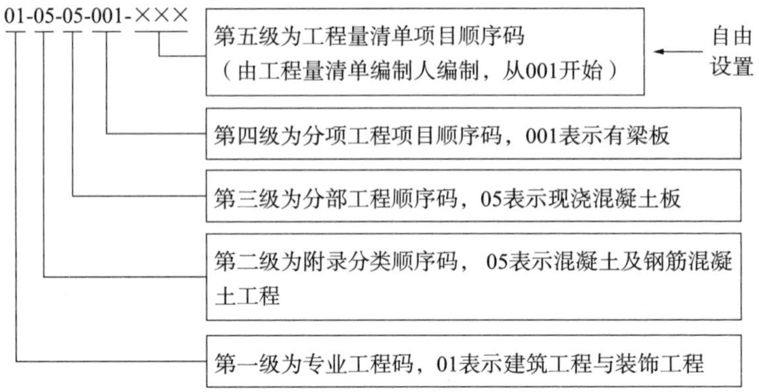

图 5-2　项目编码的 12 位数字的含义

2. 项目名称

工程量清单的分部分项工程和措施项目的项目名称应按工程量计算规范附录中的项目名称结合拟建工程的实际确定。

3. 项目特征

项目特征是表征构成分部分项工程项目、措施项目自身价值的本质特征。

工程量清单项目特征描述的重要意义在于：① 项目特征是区分具体清单项目的依据；② 项目特征是确定综合单价的前提；③ 项目特征是履行合同义务的基础。

4. 计量单位

在同一个建设项目（或标段、合同段）中，有多个单位工程的相同项目计量单位必须保持一致。不同的计量单位汇总后的有效位数也不相同，根据工程量计算规范规定，工程计量时每一项目汇总的有效位数应遵守下列规定：

（1）以“t”为单位，应保留小数点后三位数字，第四位小数四舍五入；

（2）以“m、m^2、m^3、kg”为单位，应保留小数点后两位数字，第三位小数四舍五入；

（3）以“个、件、根、组、系统”为单位，应取整数。

5. 工程量计算规则（略）

6. 工作内容

工作内容是指为了完成工程量清单项目所需要发生的具体施工作业内容。

工作内容不同于项目特征。项目特征体现的是清单项目质量或特性的要求或标准，工作内容体现的是完成一个合格的清单项目需要具体做的施工作业和操作程序，对于一项明确的分部分项工程项目或措施项目，工作内容决定了其工程成本。不同的施工工艺和方法，工作内容也不一样，工程成本也就有了差别。在编制工程量清单时，一般不需要描述工作内容。

7. 清单项目的补充

在编制工程量清单时，当出现规范附录中未包括的清单项目时，编制人应进行补充，并报省级或行业工程造价管理机构备案，省级或行业工程造价管理机构应汇总报住房和城乡建设部标准定额研究所。

工程量清单项目的补充应涵盖项目编码、项目名称、项目特征、计量单位、工程量计算规则以及包含的工作内容，按工程量计算规范附录中相同的列表方式表述。不能计量的措施项目，需附有补充项目的名称、工作内容及包含范围。

补充项目的编码由专业工程代码（工程量计算规范代码）、大写字母 B，以及三位阿拉伯数字组成，并应从 ××B001 起顺序编制，同一招标工程的项目不得重码。

（二）消耗量定额

消耗量定额的主要内容包括文字说明、工程量计算规则、定额项目表及附录。

（三）在工程计量中工程量计算规范和消耗量定额的联系与区别（表 5-1）

在工程计量中工程量计算规范和消耗量定额的联系与区别　　表 5-1

项目		工程量计算规范	消耗量定额
相同点		① 规范附录顺序基本一致 ② 基本计算方法一致	
不同点	用途	计算工程量	工程计价（或组价）
	项目划分	基于综合实体 体现功能单元	基于施工工序 体现施工单元
	计算口径	完工后的净量	考虑施工方法、施工工艺和现场情况
	计量单位	基本物理计量单位 （t 保留三位小数） （kg 保留两位小数） 自然计量单位（取整）	扩大物理计量单位 自然计量单位

【例题 1】根据《房屋建筑与装饰工程工程量计算规范》GB 50854—2013 规定，下列关于清单项目工作内容的说法，正确的是（　　）。（2023 年真题）

A．体现清单项目质量或特性的要求或标准

B．对于一项明确的分部分项工程项目，无法体现其工程成本

C．体现施工所用材料的规格

D．体现施工过程中的工艺和方法

【答案】D

【解析】项目特征体现的是清单项目质量或特性的要求或标准，工作内容体现的是完

成一个合格的清单项目需要具体做的施工作业和操作程序，对于一项明确的分部分项工程项目或措施项目，工作内容决定了其工程成本。

【例题 2】根据《房屋建筑与装饰工程工程量计算规范》GB 50854—2013 规定，下列关于工程计量时不同计量单位工程量数据汇总后的计取方法，正确的是（　　）。（2023 年真题）

A．以“t”为单位，应取整数

B．以“m、m^2”为单位，应保留小数点后两位数字，第三位小数四舍五入

C．以“m、kg”为单位，应保留小数点后三位数字，第四位小数四舍五入

D．以“个、根”为单位，应保留小数点后两位数字，第三位小数四舍五入

【答案】B

【解析】① 以“t”为单位，应保留小数点后三位数字，第四位小数四舍五入。② 以“m、m^2、m^3、kg”为单位，应保留小数点后两位数字，第三位小数四舍五入。③ 以“个、件、根、组、系统”为单位，应取整数。

【例题 3】某工程量清单中 010401003001 实心砖墙项目，其中第三、四位编码是（　　）。（2022 年补考真题）

A．专业工程代码　　B．分部工程顺序码

C．分项工程顺序码　　D．附录分类顺序码

【答案】D

【解析】第一、二位编码为专业工程代码；第三、四位编码为附录分类顺序码。

【例题 4】工程量清单编制过程中，砌筑工程中砖基础的编制，特征描述包括（　　）。（2021 年真题）

A．砂浆制作　　B．防潮层铺贴

C．基础类型　　D．运输方式

【答案】C

【解析】其余选项均为工作内容。

【例题 5】关于工程量计算规范与消耗量定额的描述，下列说法正确的有（　　）。（2021 年真题）

A．消耗量定额一般是按施工工序划分项目的，体现功能单元

B．工程量计算规范是按“综合实体”划分清单项目，工作内容相对单一

C．工程量计算规范规定的项目计量主要是图纸（不含变更）的净量

D．消耗量定额的计量考虑了施工现场实际情况

E．消耗量定额与工程量计算规范中的工程量基本计算方法一致

【答案】DE

【解析】消耗量定额体现施工单元，包括的工作内容相对单一，选项 A 错误；工程量计算规范清单项目体现功能单元，包括的工作内容往往不止一项，选项 B 错误；工程量计算规范规定的工程量主要是完工后的净量［或图纸（含变更）的净量］，选项 C 错误。

【例题 6】工程量清单特征描述主要说明（　　）。（2019 年真题）

A．措施项目的质量安全要求

B．确定综合单价需考虑的问题

C．清单项目的计算规则

D．分部分项项目和措施项目的区别

【答案】B

【解析】项目特征是区分具体清单项目的依据；项目特征是确定综合单价的前提；项目特征是履行合同义务的基础。

考点二　★《混凝土结构施工图平面整体表示方法制图规则和构造详图》22G101——特点和适用范围（表 5-2、图 5-3）

《混凝土结构施工图平面整体表示方法制图规则和构造详图》22G101——特点和适用范围

表 5-2

<table>
<tr><td>平法施工图优点</td><td colspan="3">① 减少图纸数量
② 实现平面表示，整体标注</td></tr>
<tr><td>包括两个部分</td><td colspan="3">① 平法制图规则；② 标准构造详图</td></tr>
<tr><td>适用范围</td><td colspan="3">适用于抗震设防烈度为 6～9 度地区的现浇混凝土结构施工图的设计</td></tr>
<tr><td>柱注写方式</td><td colspan="3">① 列表注写方式；② 截面注写方式</td></tr>
<tr><td rowspan="3">梁注写方式</td><td rowspan="2">平面注写方式</td><td>集中标注</td><td>梁顶面标高高差（选注值）</td></tr>
<tr><td>原位标注</td><td>原位标注优先于集中标注</td></tr>
<tr><td>截面注写方式</td><td colspan="2"></td></tr>
<tr><td rowspan="2">有梁楼盖注写方式
（平面注写）</td><td>板块集中标注</td><td colspan="2"></td></tr>
<tr><td>板支座原位标注</td><td colspan="2"></td></tr>
</table>

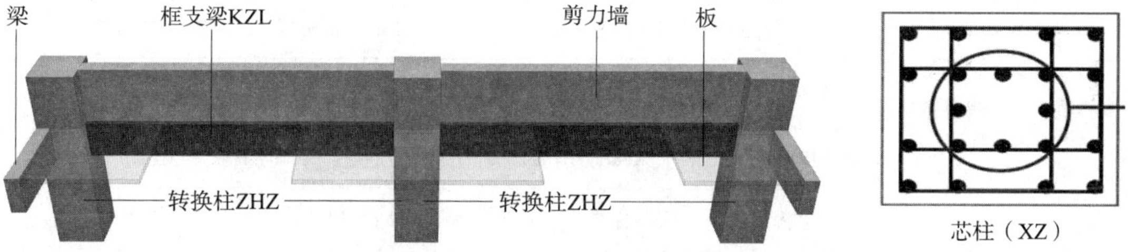

图 5-3　柱的类型与代号示意图

【例题 1】国家建筑标准设计图集《混凝土结构施工图平面整体表示方法制图规则和构造详图》16G101 的优点在于（　　）。（2017 年真题）

A．适用于所有地区现浇混凝土结构施工图设计

B．用图集表示了大量的标准结构详图

C．适当增加图纸数量，表达更为详细

D．识图简单一目了然

【答案】B

【解析】选项 A 错误，平法施工图适用于抗震设防烈度为 6～9 度地区的现浇混凝土

结构施工图的设计，不适用于非抗震结构和砌体结构。选项 C，应为减少了图纸数量。选项 D，识图比原来复杂。

【例题 2】根据平法对柱标注规定，平法标注中 ZHZ 表示（　　）。

A．墙柱　　　　B．芯柱

C．转换柱　　　　D．桩柱

【答案】C

【解析】柱编号由柱类型代号和序号组成，柱的类型代号有框架柱（KZ）、转换柱（ZHZ）、芯柱（XZ）。

考点三　★ 梁平法施工图的注写方式（表 5-3、图 5-4 和图 5-5）

梁平法施工图的注写方式　　表 5-3

梁的类型代号	楼层框架梁（KL）、楼层框架扁梁（KBL）、屋面框架梁（WKL）、框支梁（KZL）、托柱转换梁（TZL）、非框架梁（L）、悬挑梁（XL）、井字梁（JZL）
悬挑类型及代号	A 为一端悬挑，B 为两端悬挑，悬挑不计跨数；如 KL7（5A）表示 7 号楼层框架梁，5 跨，一端悬挑
梁截面尺寸	当为等截面梁时，用 $b \times h$ 表示 当为竖向加腋梁时，用 $b \times h$、$Yc_1 \times c_2$ 表示，其中 c_1 为腋长，c_2 为腋高 当为水平加腋梁时，用 $b \times h$、$PYc_1 \times c_2$ 表示，其中 c_1 为腋长，c_2 为腋宽 当有悬挑梁且根部和端部的高度不同时，用斜线分隔，即为 $b \times h_1/h_2$
梁箍筋	ф8@100（4）/150（2），表示箍筋为 HPB300 钢筋，直径为 8mm，加密区间距为 100mm，四肢箍；非加密区间距为 150mm，两肢箍
梁上部通长筋或架立筋配置	如“2⌀22＋（4ф12）”用于六肢箍，表示 2⌀22 为通长钢筋，4ф12 为架立筋；“3⌀22；3⌀22”表示梁的上部配置 3⌀22 的通长钢筋，梁的下部配置 3⌀22 的通长钢筋
梁侧面纵向构造钢筋或受扭钢筋配置	当梁腹板高度 $h_w \geqslant 450$mm 时，需配置纵向构造钢筋 如 G4ф12 表示梁的两个侧面配置 4ф12 的纵向构造钢筋，每侧面各配置 2ф12；如 N6⌀22 表示梁的两个侧面配置 6⌀22 的受扭纵向钢筋，每侧面各配置 3⌀22
梁顶面标高高差	该项为选注值。梁顶面标高高差，系指相对于结构层楼面标高的高差值，对于位于结构夹层的梁，则指相对于结构夹层楼面标高有高差时，须将其写入括号内，无高差时不注
梁支座上部纵筋	如梁支座上部纵筋注写为“6⌀25 4/2”表示上一排纵筋为 4⌀25，下一排纵筋为 2⌀25；当同排纵筋有两种直径时，用加号“＋”将两种直径的纵筋相联，注写时将角部纵筋写在前面，如梁支座上部有四根纵筋，2⌀25 放在角部，2⌀22 放在中部，在梁支座上部应注写为 2⌀25＋2⌀22
梁下部纵筋	如梁下部纵筋注写为“2⌀25＋3⌀22（−3）/5⌀25”表示上排纵筋为 2⌀25 和 3⌀22，其中 3⌀22 的不伸入支座，下排纵筋为 5⌀25，全部伸入支座
当在梁上集中标注的内容不适用时	当在多跨梁的集中标注中已注明加腋，而该梁某跨的根部不需要加腋时，则应在该跨原位注明等截面的 $b \times h$，以修正集中标注中加腋信息

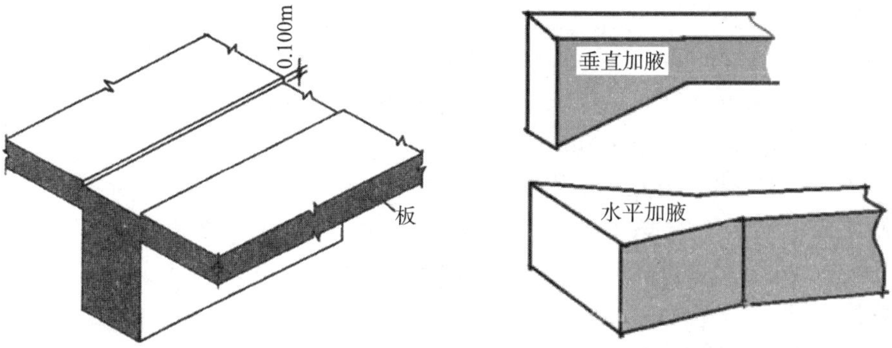

图 5-4　水平与竖向加腋梁及梁顶面高差示意图

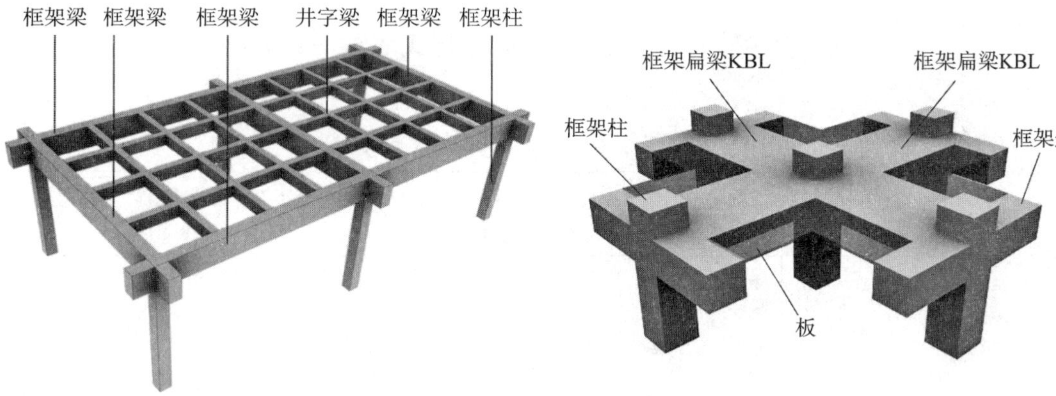

图 5-5　梁的类型示意图

【例题 1】以下关于梁钢筋平法正确的是（　　）。（2022 年真题）

A．KL（5）300×700，Y300×400，Y 代表水平加腋

B．梁侧面钢筋 G4Φ12 代表两侧各有 2Φ12 的纵向构造钢筋

C．梁上部钢筋与架立筋规格相同时可合并标注

D．板支座原位标注包含板上部贯通筋

【答案】B

【解析】Y 代表竖向加腋，PY 代表水平加腋，选项 A 错误；当同排纵筋中既有通长筋又有架立筋时，应用“＋”将通长筋和架立筋相联，选项 C 错误；板支座原位标注的内容为板支座上部非贯通纵筋和悬挑板上部受力钢筋，选项 D 错误。

【例题 2】根据国家建筑标准设计图集（图集号：16G101）中的平法施工图注写方式，以下含义正确的有（　　）。（2017 年真题）

A．LZ 表示梁上柱

B．梁 300×700Y400×300 表示梁规格为 300×700，水平加腋长、宽分别为 400、300

C．XL300×600/400 表示根部和端部不同高的悬挑梁

D．ϕ10@120（4）/150（2）表示ϕ10 的钢筋加密区间距 120，4 肢箍，非加密区间距 150，2 肢箍

E．KL3（2A）400×600 表示 3 号楼层框架梁，2 跨，一端悬挑

【答案】ACDE

【解析】选项B，梁300×700Y400×300中的Y为竖向加腋，PY才为水平加腋。

【例题3】梁支座上部纵筋原位标注，注写为2⌀25＋2⌀22，说法不正确的是（　　）。

A．梁支座上部有4根纵筋

B．2⌀25放在中部，2⌀22放在角部

C．梁支座上部纵筋分成两层，上层2根直接为⌀25，下层2根直接为⌀22

D．2⌀22，代表2根直径是22mm的二级钢筋

【答案】A

【解析】选项B，2⌀25（角部）＋2⌀22（中部）。选项C，是一层，共4根钢筋。选项D，2⌀22代表三级钢筋。

考点四 ★有梁楼盖板平法施工图的注写方式（表5-4）

有梁楼盖板平法施工图的注写方式　　表5-4

结构平面的坐标方向	当两向轴网正交布置时，图面从左至右为 *X* 向，从下至上为 *Y* 向；当轴网向心布置时，切向为 *X* 向，径向为 *Y* 向
板类型及代号，	楼面板（LB）、屋面板（WB）、悬挑板（XB）。贯通钢筋按板块的下部和上部分部注写，B代表下部，T代表上部。当在某些板内［例如悬挑板（XB）的下部］配置构造钢筋时，则 *X* 向以Xc，*Y* 向以Yc打头注写
板块集中标注注写为“LB5 *h*＝110B：X⌀12@120；Y⌀10@100”	表示5号楼面板、板厚110mm，板下部 *X* 向贯通纵筋⌀12@120、板下部 *Y* 向贯通纵筋⌀10@100、板上部未配置贯通纵筋
注写为“LB5 *h*＝110B：X⌀10/12@100；Y⌀10@110”	表示5号楼面板、板厚110mm，板下部配置的贯通纵筋 *X* 向为⌀10和⌀12，隔一布一、间距100mm，*Y* 向贯通纵筋⌀10@110
标注“XB2 *h*＝150/100B：Xc&Y⌀c8@200”	表示2号悬挑板、板根部厚150mm、端部厚100mm，板下部配置构造钢筋双向均为⌀8@200，上部受力钢筋见板支座原位标注
板支座原位标注	标注内容为板支座上部非贯通纵筋和悬挑板上部受力钢筋 板支座上部非贯通筋自支座边线向跨内的伸出长度，注写在线段的下方位置。两侧对称时可只注写一侧，两侧不对称时，两侧均需要注写其伸出长度

【例题1】某钢筋混凝土楼面板，其集中标注为“LB5，*h*＝100，B：X⌀10/12@100，Y⌀10@110”，下列说法正确的是（　　）。（2022年真题）

A．LB5表示该楼板有5块相同的板

B．X⌀10/12@100表示 *X* 方向，上部为⌀10钢筋，下部为⌀12钢筋，间距100mm

C．Y⌀10@110表示下部 *Y* 方向贯通，纵面钢筋为⌀10，间距110mm

D．当轴网向心布置时，径向为 *Y* 向

E．当轴网正交布置时，从下而上为 *Y* 向

【答案】CDE

【解析】LB5表示5号楼面板，选项A错误；X⌀10/12@100表示 *X* 向为⌀10和⌀12，

隔一布一、间距 100mm，选项 B 错误。

【例题 2】有梁楼盖平法施工图中标注“XB2 h＝120/80 B：X_CA8@150；Y_CA8@200；T：XA8@150”，以下理解正确的是（　　）。（2020 年真题）

A．“XB2”表示“2 块楼面板”

B．“B：X_CA8@150”表示“板下部配 X 向构造筋 A8@150”

C．“Y_cA8@200”表示“板上部配构造筋 A8@200”

D．“T：XA8@150”表示“竖向和 X 向配贯通纵筋 A8@150”

【答案】B

【解析】该标注表示 2 号悬挑板，板根部厚 120mm，端部厚 80mm，板下部 X 向贯通纵筋 A8@150，板下部 Y 向贯通纵筋 A8@200，板上部 X 向贯通纵筋 A8@150。

考点五 ★ 普通独立基础的平面注写（表 5-5）

普通独立基础的平面注写　　表 5-5

<table>
<tr><td rowspan="6">集中标注</td><td rowspan="4">基础形式和编号</td><td rowspan="2">普通独立</td><td>阶形</td><td>DJj</td></tr>
<tr><td>锥形</td><td>DJz</td></tr>
<tr><td rowspan="2">杯口独立</td><td>阶形</td><td>BJj</td></tr>
<tr><td>锥形</td><td>BJz</td></tr>
<tr><td>截面竖向尺寸</td><td colspan="3">注写为：$h_1/h_2/\cdots\cdots$，由下往上表示每个台阶的高度</td></tr>
<tr><td>配筋</td><td colspan="3">如当独立基础底板配筋标注为 B：XΦ16@150，YΦ16@200，表示基础底板底部配置 HRB400 级钢筋，X 向钢筋直径为 16mm，间距 150mm，Y 向钢筋直径为 16mm，间距 200mm
基础底板顶部配筋以 T 表示，T 后先注写受力筋，再注写分布筋，并用“/”分开。如 T：7Φ18@100/Φ10@200，“/”前 7Φ18@100 表示：配置平行于两柱轴心连线的受力筋 7 根（压轴线一根，两边按间距 100mm 各布 3 根），HRB400 级钢筋，直径为 18mm；“/”后Φ10@200 表示：沿底板顶部受力筋下垂直布置分布筋，HRB400 级钢筋，直径为 10mm，每隔 200mm 布置一根</td></tr>
<tr><td>原位标注</td><td colspan="4">主要标注独立基础的平面尺寸</td></tr>
</table>

【例题 1】对独立柱基础底板配筋平法标注图中的“T：7Φ18@100/Φ10@200”，以下理解正确的是（　　）。（2022 年补考真题）

A．“T”表示底部配筋

B．“T：7Φ18@100”表示上部配筋 7 根Φ18，间距 100mm

C．“Φ10@200”表示沿底板顶部受力钢筋下垂直分布钢筋，间距 200mm

D．“Φ”表示 HRB500 钢筋

【答案】C

【解析】7Φ18@100 表示：配置平行于两柱轴心连线的受力筋 7 根，HRB400 级钢筋，直径为 18mm；“/”后Φ10@200 表示：沿底板顶部受力筋下垂直布置分布筋，HRB400 级钢筋，直径为 10mm，每隔 200mm 布置一根。

【例题 2】对独立柱基础底板配筋平法标注图中的“T：7Φ18@100/Φ10@200”，以下理解正确的是（　　）。（2019 年真题）

A．“T”表示底板底部配筋

B．“7Φ18@100”表示 7 根 HRB335 级钢筋，间距 100mm

C．“Φ10@200”表示直径为 10mm 的 HRB335 级钢筋，间距 200mm

D．“7Φ18@100”表示 7 根受力筋的配置情况

【答案】D

【解析】“T”表示基础底板顶部配筋。“7Φ18@100”表示 7 根 HRB400 级钢筋，间距 100mm。“Φ10@200”表示直径为 10mm 的 HRB400 级钢筋，间距 200mm。

【例题 3】BJz 表示（　　）。

A．普通独立基础（阶梯形）

B．普通独立基础（锥形）

C．杯口独立基础（阶梯形）

D．杯口独立基础（锥形）

【答案】D

【解析】BJz 指杯口独立基础（锥形）。DJj 是指普通独立基础（阶梯形）。

考点六 ★ 剪力墙平法施工图的注写方式（表 5-6、图 5-6）

剪力墙平法施工图的注写方式　　表 5-6

列表注写	剪力墙柱表	墙柱类型：约束边缘构件（YBZ）、构造边缘构件（GBZ）、非边缘暗柱（AZ）、扶壁柱（FBZ）	
	剪力墙身表	墙身编号由墙身代号、序号一级墙身所配置的水平与竖向分布钢筋的排数组成，例如：Q××（× 排）	
	剪力墙梁表	有三类：连梁（LL）、暗梁（AL）、边框梁（BKL）	
截面注写			
剪力墙洞口	洞口编号	矩形：JD××，圆形：YD××（×× 为序号）	
	洞口尺寸（mm）	宽 × 高（$b \times h$），圆形洞口为洞口直径 D	
	洞口中心相对标高（m）	为相对于结构层楼（地）面标高的洞口中心高度	
	洞口每边补强钢筋	当矩形洞口的洞宽、洞高均不大于 800mm 时	例如 JD4 800 × 300 6 层：＋3.100 3Φ18/3Φ14，表示 6 层设置 4 号矩形洞口，洞宽 800、洞高 300，洞口中心距本结构层楼面 3100，洞宽方向补强钢筋为 3Φ18，洞高方向补强钢筋，3Φ14
		当矩形洞口的洞宽或直径大于 800mm 时	例如 YD5 1000 2～6 层：＋1.800 6Φ20 φ8@150 2Φ16，表示 2～6 层设置 5 号圆形洞口，直径 1000，洞口中心距本结构层楼面 1800，洞口上下设补强暗梁，每边暗梁纵筋为 6Φ20，箍筋为 φ8@150，环向加强钢筋 2Φ16

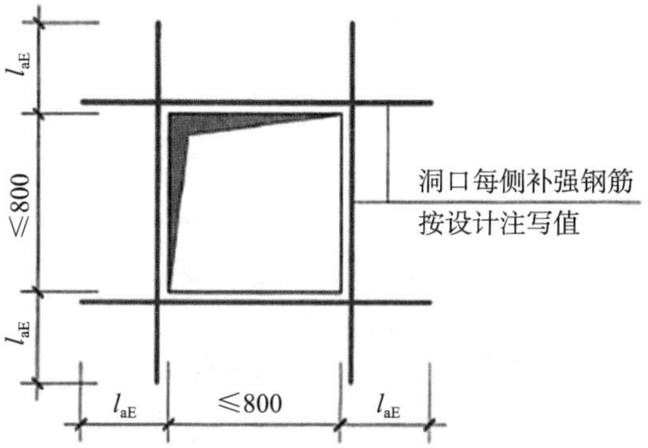

矩形洞宽和洞高均不大于800mm时洞口补强钢筋构造

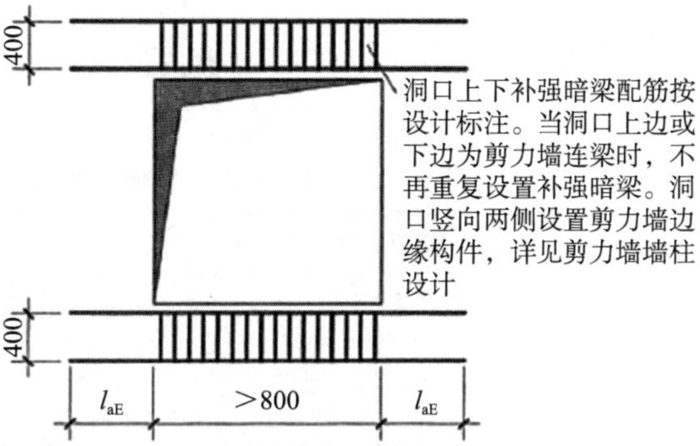

矩形洞宽和洞高均大于800mm时洞口补强暗梁构造

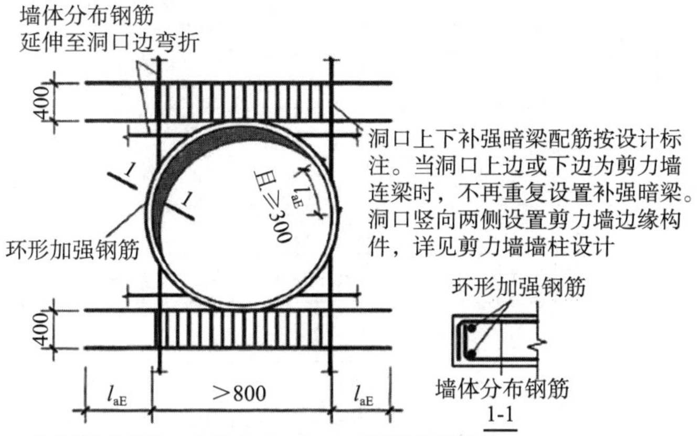

剪力墙圆形洞口直径大于800mm时补强钢筋构造

图 5-6 剪力墙洞的补强构造

【例题 1】关于剪力墙平法施工图“YD5 1000＋1.800 6⌀20，ϕ8@150，2⌀16”，下面说法正确的是（ ）。（2021 年真题）

A.“YD5 1000”表示 5 号圆形洞口，半径 1000mm

B.“＋1.800”表示洞口中心距上层结构层下表面距离 1800mm

C.“ϕ8@150”表示加强暗梁的箍筋

D.“6⌀20”表示洞口环形加强钢筋

【答案】C

【解析】YD 51000＋1.800 6⌀20，ϕ8@150，2⌀16，表示 5 号圆形洞口，直径 1000，洞口中心距本结构层楼面 1800，洞口上下设补强暗梁，每边暗梁纵筋为 6⌀20，箍筋为ϕ8@150，环向加强钢筋 2⌀16。

【例题 2】剪力墙柱表中，FBZ 表示（ ）。

A．扶壁柱 B．约束边缘构件

C．构造边缘构件 D．非边缘暗柱

【答案】A

【解析】墙柱类型：约束边缘构件（YBZ）、构造边缘构件（GBZ）、非边缘暗柱（AZ）、扶壁柱（FBZ）。

考点七 ★ 现浇混凝土板式楼梯平法施工图的注写方式（表 5-7、图 5-7）

现浇混凝土板式楼梯平法施工图的注写方式　　表 5-7

平面注写	集中标注	① 梯板类型代号与序号	例如 AT1
		② 梯板厚度，注写为 h = ×××。当为带平板的梯板且梯段板厚度和平板厚度不同时，可在梯段板厚度后面括号内以字母 P 打头注写平板厚度	例如 h = 130（P150），130 表示梯段板厚度，150 表示梯板平板段的厚度
		③ 踏步段总高度和踏步级数，之间以“/”分隔	1800/12 表示踏步段总高度 / 踏步级数
		④ 梯板支座上部纵筋、下部纵筋，之间以“；”分隔	Φ10@200；Φ12@150 表示上部纵筋；下部纵筋
		⑤ 梯板分布筋，以 F 打头注写分布钢筋具体值，该项也可在图中统一说明	Fϕ8@250 表示梯板分布筋
	外围标注		
剖面注写		分平面注写、剖面注写两部分	
列表注写			
楼梯类型		AT～GT、ATa、ATb、ATc、BTb、CTa、CTb、DTb 共 14 种类型	

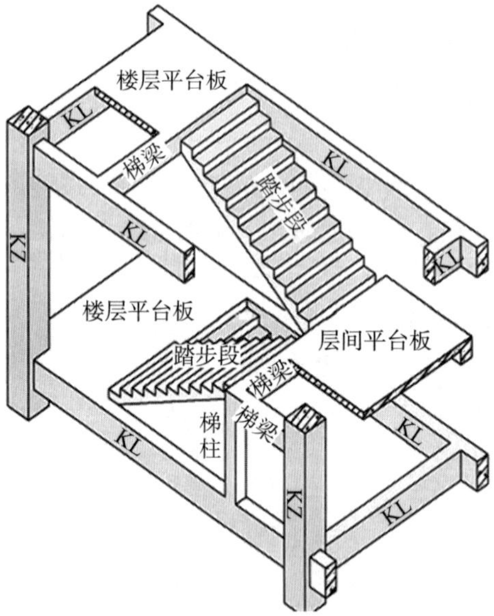

梯板代号	适用范围：抗震构造措施	适用范围：适用结构	是否参与结构整体抗震计算
AT	无	剪力墙、砌体结构	不参与
BT			
CT	无	剪力墙、砌体结构	不参与
DT			
ET	无	剪力墙、砌体结构	不参与
FT			
GT	无	剪力墙、砌体结构	不参与
ATa	有	框架结构、框剪结构中框架部分	不参与
ATb			不参与
ATc			参与
CTa	有	框架结构、框剪结构中框架部分	不参与
CTb			不参与

图 5-7　楼梯的类型与代号

【例题 1】根据《混凝土结构施工图平面整体表示方法制图规则和构造详图（现浇混凝土板式楼梯）》22G101-2 注写方式规定，下列关于建筑结构施工图中注写的“AT3，h = 120，1600/12，Φ10@200；Φ12@150，FΦ8@250”各项参数所表达含义说法，正确的有（　　）。（2023 年真题）

A. 构造边缘构件　　　　　　　　B. 梯板厚度 120mm

C．踏步段总高度 1600mm D．上部纵筋Φ10@200，下部纵筋Φ12@150

E．梯板分布筋φ8@250

【答案】BCDE

【解析】“AT1，h＝120”表示梯板类型及编号，梯板板厚；“1600/12”表示踏步段总高度 / 踏步级数。“10@200；12@150”表示上部纵筋，下部纵筋；“Fφ8@250”表示梯板分布筋。

【例题 2】以下关于现浇混凝土板式楼梯平法施工图的注写方式，说法不正确的是（ ）。

A．楼梯的注写方式包括平面注写、剖面注写、列表注写

B．楼梯的平面注写包括集中标注和外围标注

C．楼梯类型包含 12 种类型

D．h＝130（P150），130 表示梯段板厚度，150 表示梯板平板段的厚度

【答案】C

【解析】楼梯类型为 AT～GT、ATa、ATb、ATc、BTb、CTa、CTb、DTb 共 14 种类型。

考点八 ● 工程量计算顺序（表 5-8）

工程量计算顺序 **表 5-8**

<table>
<tr><td>单位工程计算顺序</td><td>① 按图纸顺序计算
② 按消耗量定额的分部分项顺序计算
③ 按工程量计算规范顺序计算
④ 按施工顺序计算</td><td rowspan="2">为了避免漏算或重算，提高计算的准确程度</td></tr>
<tr><td>单个分部分项工程计算顺序</td><td>① 按照顺时针方向计算
② 按“先横后竖、先上后下、先左后右”计算
③ 按图纸分项编号顺序计算
④ 按照图纸上定位轴线编号计算</td></tr>
<tr><td>统筹法计算工程量的基本要点</td><td colspan="2">① 统筹程序，合理安排
② 利用基数，连续计算
③ 一次算出，多次使用
④ 结合实际，灵活机动</td></tr>
<tr><td>统筹图的主要内容</td><td colspan="2">统筹图主要由计算工程量的主次程序线、基数、分部分项工程量计算式及计算单位组成
主要程序线是指在“线”“面”基数上连续计算项目的线
次要程序线是指在分部分项项目上连续计算的线</td></tr>
<tr><td>“三线一面”</td><td colspan="2">“三线”是指建筑物的外墙中心线、外墙外边线和内墙净长线
“一面”是指建筑物的底层建筑面积</td></tr>
</table>

【例题 1】关于统筹图计算工程量，下列说法正确的是（ ）。（2021 年真题）

A．“三线”是指建筑物外墙中心线、外墙净长线和内墙中心线

B．“一面”是指建筑物建筑面积

C．统筹图中的主要程序线是指在分部分项项目上连续计算的线

D．计算分项工程量是在“线”“面”基数上计算的

【答案】D

【解析】“三线”是指建筑物的外墙中心线、外墙外边线和内墙净长线，选项 A 错误；“一面”是指建筑物的底层建筑面积，选项 B 错误；统筹图中的主要程序线是指在“线”“面”基数上连续计算项目的线，选项 C 错误。

【例题 2】关于计算工程量程序统筹图的说法，正确的是（　　）。

A．与“三线一面”有共性关系的分部分项工程量用“册”或图示尺寸计算

B．统筹图主要由主次程序线、基数、分部分项工程量计算式及计算单位组成

C．主要程序线是指分部分项项目上连续计算的线

D．次要程序线是指在“线”“面”基数上连续计算项目的线

【答案】B

【解析】选项 A 中“三线一面”应为“基数”；选项 C 为次要程序线；选项 D 为主要程序线。

【例题 3】单位工程工程量计算顺序，正确的有（　　）。

A．按图纸顺序计算

B．按消耗量定额的分部分项顺序计算

C．按施工顺序计算

D．按照顺时针方向计算法

E．按照图纸上定位轴线编号计算

【答案】ABC

【解析】选项 D 和选项 E 是分部分项工程工程量的计算顺序。

第二节　建筑面积计算

历年真题分值统计

本节内容	历年真题分值统计					
	2019	2020	2021	2022	2022（补考）	2023
一、建筑面积的概念	0	0	1	0	0	0
二、建筑面积的作用	0	0	0	0	0	0
三、建筑面积计算规则与方法	6	8	5	6	5	6
合计	6	8	6	6	5	6

思维导图（图 5-8）

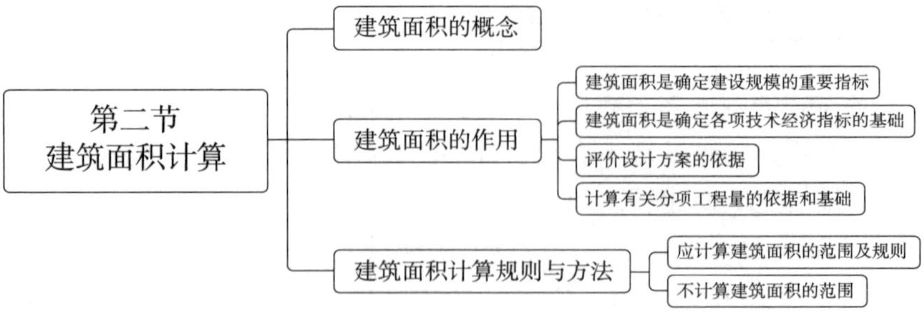

图 5-8　思维导图

考点解析

考点一 ● 建筑面积的概念及作用（表 5-9）

建筑面积的概念及作用 表 5-9

<table>
<tr><td rowspan="3">建筑面积概念</td><td>使用面积</td><td>直接为生产、生活使用的净面积</td><td rowspan="2">有效面积</td></tr>
<tr><td>辅助面积</td><td>辅助生产、生活所占净面积</td></tr>
<tr><td>结构面积</td><td colspan="2">墙体，柱等所占的面积</td></tr>
<tr><td>建筑面积的作用</td><td colspan="3">① 建筑面积是确定建设规模的重要指标
② 建筑面积是确定各项技术经济指标的基础
③ 评价设计方案的依据
④ 计算有关分项工程量的依据和基础</td></tr>
</table>

【例题】关于建筑面积，以下说法正确的是（　　）。（2021 年真题）

A．住宅建筑有效面积为使用面积和辅助面积之和

B．住宅建筑的使用面积包含卫生间面积

C．建筑面积为有效面积、辅助面积、结构面积之和

D．结构面积包含抹灰厚度所占面积

【答案】A

【解析】使用面积如居室、客厅、书房等，选项 B 错误；建筑面积可以分为使用面积、辅助面积和结构面积，选项 C 错误；结构面积是指建筑物各层平面布置中的墙体、柱等结构所占面积的总和（不包括抹灰厚度所占面积），选项 D 错误。

考点二 ★ 建筑面积的计算原则

建筑面积计算的一般原则：

凡在结构上、使用上形成具有一定使用功能的建筑物和构筑物，并能单独计算出其水平面积的，应计算建筑面积；反之，不应计算建筑面积。

取定建筑面积的顺序为：① 有围护结构的，按围护结构计算面积；② 无围护结构、有底板的，按底板计算面积（如室外走廊、架空走廊）；③ 底板也不利于计算的，则取顶盖（如车棚、货棚等）；主体结构外的附属设施按结构底板计算面积，即在确定建筑面积时，围护结构优于底板，底板优于顶盖。所以，有盖无盖不作为计算建筑面积的必备条件，如阳台、架空走廊、楼梯是利用其底板，顶盖只是起遮风挡雨的辅助功能。

1. 按 2.2m 算全部建筑面积的如表 5-10 所示

按 2.2m 算全部建筑面积　　表 5-10

<table>
<tr><th>有无顶盖</th><th>围护结构设施</th><th colspan="2">计算规划</th><th>按何计算</th><th>具体部位</th></tr>
<tr><td rowspan="2">有顶盖</td><td rowspan="2">有围护结构</td><td>结构层高 ≥ 2.2m</td><td>全面积</td><td rowspan="2">结构外围</td><td rowspan="2">① 普通建筑
② 地下、半地下室
③ 灯光控制室
④ 落地橱窗、门斗
⑤ 设备层
⑥ 室内楼梯、烟道等
⑦ 架空走廊有围护
⑧ 立体书库、车库
⑨ 主体结构内的阳台</td></tr>
<tr><td>结构层高 ＜ 2.2m</td><td>1/2 面积</td></tr>
<tr><td>—</td><td colspan="2">无围护结构</td><td>按 1/2 面积</td><td>底板</td><td>架空走廊无围护</td></tr>
<tr><td rowspan="2">有顶盖</td><td rowspan="2">无</td><td rowspan="2">室内空间</td><td rowspan="2">按 2.2m 算</td><td>底板</td><td>① 建筑物内局部楼层
② 门厅走廊（回廊）
③ 立体书库、车库
④ 室内悬挑看台</td></tr>
<tr><td>顶板</td><td>架空层</td></tr>
</table>

【例题 1】根据《建设工程建筑面积计算规范》GB/T 50353—2013 规定，下列关于建筑物最底层结构层高的说法正确的有（　　）。（2023 年真题）

A．从混凝土底板的上表层算至上层楼板结构层的上表面

B．无混凝土底板、有地面构造的，从地面构造中最上一层混凝土垫层或混凝土找平层上表面，算至上层楼板结构层上表面

C．从混凝土底板的下表面，算至上层楼板结构层的上表面

D．从混凝土底板上反梁下表面，算至上层楼板结构层上表面

E．从混凝土底板上反梁上表面，算至上层楼板结构层上表面

【答案】ABE

【解析】结构层高是指楼面或地面结构层上表面至上部结构层上表面之间的垂直距离。上下均为楼面时，结构层高是相邻两层楼板结构层上表面之间的垂直距离；建筑物最底层，从混凝土构造的上表面，算至上层楼板结构层上表面（分两种情况：一是有混凝土底板的，从底板上表面算起，如底板上有上反梁，则应从上反梁上表面算起；二是无混凝土底板、有地面构造的，以地面构造中最上一层混凝土垫层或混凝土找平层上表面算起）；建筑物顶层，楼板结构层上表面算至屋面板结构层上表面。

【例题 2】根据《建筑工程建筑面积计算规范》GB/T 50353—2013，建筑面积应按自然层外墙结构外围水平面积之和计算，应计算全面积的结构层高是（　　）。（2022 年真题）

A．2.2m 以上　　B．2.2m 及以上

C．2.1m 以上　　D．2.1m 及以上

【答案】B

【解析】建筑物的建筑面积应按自然层外墙结构外围水平面积之和计算。结构层高在

2.2m 及以上的，应计算全面积；结构层高在 2.2m 以下的，应计算 1/2 面积。

【例题 3】根据《建筑工程建筑面积计算规范》GB/T 50353—2013，关于地下室与半地下室建筑面积，下列说法正确的是（　　）。（2022 年真题）

A. 结构净高在 2.1m 以上的计算全面积

B. 室内地坪与室外地坪之差的高度超过室内净高 1/2 为地下室

C. 外墙为变截面的，按照外墙上口外围计算全面积

D. 地下室外墙结构应包括保护墙

【答案】B

【解析】室内地平面低于室外地平面的高度超过室内净高 1/2 的房间为地下室；室内地平面低于室外地平面的高度超过室内净高的 1/3，且不超过 1/2 的房间为半地下室；当外墙为变截面时，按地下室、半地下室楼地面结构标高处的外围水平面积计算；地下室的外墙结构不包括找平层、防水（潮）层、保护墙等。

2. 算 1/2 建筑面积的如表 5-11 所示

算 1/2 建筑面积　　表 5-11

<table>
<tr><th>有无顶盖</th><th>围护结构设施</th><th colspan="2">计算规划</th><th>按何计算</th><th>具体部位</th></tr>
<tr><td rowspan="5">有顶盖</td><td rowspan="5">无</td><td rowspan="5">室外空间</td><td rowspan="5">1/2 面积</td><td>底板</td><td>① 有围护室外走廊、挑廊
② 主体结构外室外阳台</td></tr>
<tr><td>顶盖</td><td>① 场管看台
② 门廊（顶板水平投影）
③ 车棚、站台、加油站</td></tr>
<tr><td>结构外围</td><td>坡道有顶盖</td></tr>
<tr><td>围护设施外围面积</td><td>有围护设施（或柱）檐廊</td></tr>
<tr><td>结构水平投影面积</td><td>① 室外楼梯
② 有柱雨篷、无柱 ≥ 2.1m（且不能跨层）</td></tr>
</table>

【例题 1】根据《建筑工程建筑面积计算规范》GB/T 50353—2013 规定，下列建筑结构部位应按 1/2 计算建筑面积的是（　　）。（2023 年真题）

A. 建筑内设有二层及以上局部楼层时，有围护结构且结构层高在 2.2m 及以上的部位

B. 建筑物架空层及坡地建筑物吊脚架空层，结构层高在 2.2m 及以上的部位

C. 形成建筑空间的坡屋顶，结构净高在 1.2m 及以上至 2.1m 以下的部位

D. 建筑物半地下室结构层高在 2.2m 及以上的部位

【答案】C

【解析】形成建筑空间的坡屋顶，结构净高在 2.1m 及以上的部位应计算全面积；结构净高在 1.2m 及以上至 2.1m 以下的部位应计算 1/2 面积；结构净高在 1.2m 以下的部位不应计算建筑面积。

【例题 2】根据《建筑工程建筑面积计算规范》GB/T 50353—2013 规定，下列建筑面积计算说法，正确的是（　　）。（2023 年真题）

A．建筑物门厅、大厅内设置的结构层高在 2.2m 及以上的走廊，按走廊结构底板水平投影面积 1/2 计算建筑面积

B．建筑物间的架空走廊，无围护结构、有围护设施的，按其结构底板水平投影面积计算 1/2 面积

C．立体车库，无围护结构、有围护设施的，按其围护设施外围水平面积计算建筑面积

D．有围护结构的舞台灯光控制室，结构层高在 2.2m 以下的，不计算建筑面积

【答案】B

【解析】建筑物间的架空走廊，有顶盖和围护结构的，应按其围护结构外围水平面积计算全面积；无围护结构、有围护设施的，应按其结构底板水平投影面积计算 1/2 面积。

【例题 3】根据《建筑工程建筑面积计算规范》GB/T 50353—2013，关于室外走廊建筑面积的说法，以下正确的是（　　）。（2021 年真题）

A．无围护设施的室外走廊，按其结构底板水平投影面积计算 1/2 面积

B．有围护设施的室外走廊，按其维护设施外围水平面积计算全面积

C．有围护设施的室外走廊，按其维护设施外围水平面积计算 1/2 面积

D．无围护设施的室外走廊，不计算建筑面积

【答案】D

【解析】有围护设施的室外走廊（挑廊），应按其结构底板水平投影面积计算 1/2 面积，除了必须有地面结构外，还必须有栏杆、栏板等围护设施或柱，这两个条件缺一不可，缺少任何一个条件都不计算建筑面积。

3. 按 2.1m 算一半建筑面积的如表 5-12 所示

按 2.1m 算一半建筑面积　　**表 5-12**

有无顶盖	围护结构设施	计算规划		按何计算	具体部位
有顶盖	有围护结构	结构净高 ≥ 2.1m	全面积	结构外围	有顶盖的采光井，无顶盖的不计算
		结构净高 < 2.1m	1/2 面积		
有顶盖	不垂直	结构净高 ≥ 2.1m	全面积		① 坡屋顶，场馆看台下 ② 不垂直的围护结构（围护结构本身算面积）
		1.2 ≤ 结构净高 < 2.1m	1/2		
		结构净高 < 1.2m	不计算		
有顶盖		窗台与室内楼地面高差 < 0.45m	1/2		飘窗
		结构净高 ≥ 2.1m			

【例题 1】根据《建筑工程建筑面积计算规范》GB/T 50353—2013，场馆看台下的建筑空间，应计算 1/2 面积的部位是（　　）。（2022 年补考真题）

A．结构层高在 2.1m 以下

B．结构层高在 1.2m 及以上至 2.1m 以下

C．结构净高在 2.1m 以下

D．结构净高在 1.2m 及以上至 2.1m 以下

【答案】D

【解析】场馆看台下的建筑空间，结构净高在 2.1m 及以上的部位应计算全面积；结构净高在 1.2m 及以上至 2.1m 以下的部位应计算 1/2 面积；结构净高在 1.2m 以下的部位不应计算建筑面积。

【例题 2】根据《建筑工程建筑面积计算规范》GB/T 50353—2013，结构净高 2.2m 的飘窗能够计算建筑面积的必要条件是窗台与室内楼地面的（　　）。（2022 年补考真题）

A．结构高差小于等于 0.45m　　B．建筑高差小于等于 0.45m

C．结构高差小于 0.45m　　D．建筑高差小于 0.45m

【答案】C

【解析】凸（飘）窗须同时满足两个条件方能计算建筑面积：一是结构高差在 0.45m 以下，二是结构净高在 2.1m 及以上。

【例题 3】根据《建筑工程建筑面积计算规范》GB/T 50353—2013，围护结构不垂直于水平面的楼层，其建筑面积计算正确的为（　　）。（2020 年真题）

A．按其围护底板面积的 1/2 计算

B．结构净高 ≥2.1m 的部位计算全面积

C．结构净高 ≥1.2m 的部位计算 1/2 面积

D．结构净高 ＜2.1m 的部位不计算面积

【答案】B

【解析】围护结构不垂直于水平面的楼层，应按其底板面的外墙外围水平面积计算。结构净高在 2.1m 及以上的部位，应计算全面积；结构净高在 1.2m 及以上至 2.1m 以下的部位，应计算 1/2 面积；结构净高在 1.2m 以下的部位，不应计算建筑面积。

4. 特殊的计算规则总结如表 5-13 所示。

特殊的计算规则总结　　**表 5-13**

编号	知识点	具体条款
1	结构外围面积	结构幕墙：应按幕墙外边线计算 特殊情况：保温隔热层按水平截面积（保温材料净厚度 × 外墙结构外边线）计算
2	不重复计算	局部楼层的 2 层及以上楼层
3	下部砌体 上部彩钢板 砌体高度 h	当 h＜0.45m 时，建筑面积按彩钢板外围水平面积计算 当 h≥0.45m 时，建筑面积按下部砌体外围水平面积计算
4	楼梯	室内（按自然层），室外（所依附的自然层）
5	变形缝	应按其自然层合并在建筑物建筑面积内计算。对于高低连跨的建筑物，当高低跨内部连通时，其变形缝应计算在低跨面积内

【例题 1】根据《建筑工程建筑面积计算规范》GB/T 50353—2013 规定，下列关于建筑物附属部分建筑面积计算说法，正确的是（　　）。（2023 年真题）

A．附属在建筑物外墙结构层高在 2.2m 及以上的落地窗，应按其围护结构外围水平面积计算 1/2 面积

B．结构层高在 2.2m 以下的门斗应按其围护结构外围水平面积计算全面积

C．有柱雨篷应按其结构板水平投影面积计算全面积

D．无柱雨篷的结构外边线至外墙结构外边线的宽度在 2.1m 及以上的，应按雨篷结构板的水平投影面积的 1/2 计算建筑面积

【答案】D

【解析】有柱雨篷应按其结构板水平投影面积的 1/2 计算建筑面积；无柱雨篷的结构外边线至外墙结构外边线的宽度在 2.1m 及以上的，应按雨篷结构板的水平投影面积的 1/2 计算建筑面积。

【例题 2】根据《建筑工程建筑面积计算规范》GB/T 50353—2013 规定，下列关于建筑物结构部分建筑面积计算说法，正确的是（　　）。（2023 年真题）

A．设在建筑顶部有围护结构，结构层高在 2.2m 及以上的电梯机房，应计算 1/2 面积

B．围护结构不垂直于水平面，结构净高在 2.1m 及以上的楼层，应按其底板面的外墙外围水平面积计算全面积

C．建筑物有顶盖的采光井，结构净高在 2.1m 以下的，不计算面积

D．室外楼梯应并入所依附建筑物的自然层，并应按其水平投影面积计算全面积

【答案】B

【解析】围护结构不垂直于水平面的楼层，应按其底板面的外墙外围水平面积计算。结构净高在 2.1m 及以上的部位，应计算全面积；结构净高在 1.2m 及以上至 2.1m 以下的部位，应计算 1/2 面积；结构净高在 1.2m 以下的部位，不应计算建筑面积。

【例题 3】根据《建筑工程建筑面积计算规范》GB/T 50353—2013，下面计算建筑面积正确的有（　　）。（2021 年真题）

A．当室内公共楼梯两侧自然层数不同时，楼梯间以楼层多的层数计算

B．在剪力墙包围之内的阳台，按其结构底板水平投影面积计算全面积

C．建筑物的外墙保温层，按其实铺保温材料的垂直投影面积计算

D．当高低联跨的建筑物局部相通时，其变形缝面积计算在低跨内

E．有顶盖无维护结构的货棚，按其顶盖水平投影面积的 1/2 计算

【答案】ADE

【解析】在主体结构内的阳台，应按其结构外围水平面积计算全面积，选项 B 错误；建筑物的外墙外保温层，应按其保温材料的水平截面积计算，并计入自然层建筑面积，选项 C 错误。

5. 不算建筑面积的范围如表 5-14 所示

不算建筑面积的范围　　表 5-14

编号	知识点	关键词
1	与建筑物内不相连通的建筑部件	不相连通
2	骑楼、过街楼底层的开放公共空间和建筑物通道	
3	舞台及后台悬挂幕布和布景的天桥、挑台等	

续表

编号	知识点	关键词
4	露台、露天游泳池、花架、屋顶的水箱及装饰性结构构件	
5	建筑物内的操作平台、上料平台、安装箱和罐体的平台	
6	勒脚、附墙柱（附墙柱是指非结构性装饰柱）、垛、台阶、墙面抹灰、装饰面、镶贴块料面层、装饰性幕墙，主体结构外的空调室外机搁板（箱）、构件、配件，挑出宽度在 2.1m 以下的无柱雨篷和顶盖高度达到或超过两个楼层的无柱雨篷	主体结构以外
7	窗台与室内地面高差在 0.45m 以下且结构净高在 2.1m 以下的凸（飘）窗，窗台与室内地面高差在 0.45m 及以上的凸（飘）窗	
8	室外爬梯、室外专用消防钢楼梯	专用
9	无围护结构的观光电梯	无围护结构
10	建筑物以外的地下人防通道，独立的烟囱、烟道、地沟、油（水）罐、气柜、水塔、贮油（水）池、贮仓、栈桥等构筑物	建筑物以外独立的

【例题 1】根据《建筑工程建筑面积计算规范》GB/T 50353—2013，不计算建筑面积的为（　　）。（2020 年真题）

A．厚度为 200mm 的石材勒脚

B．规格为 400mm×400mm 的附墙装饰柱

C．挑出宽度为 2.19m 的雨缝

D．顶盖高度超过两个楼层的无柱雨篷

E．突出外墙 200mm 的装饰性幕墙

【答案】ABDE

【解析】有柱雨篷应按其结构板水平投影面积的 1/2 计算建筑面积；无柱雨篷的结构外边线至外墙结构外边线的宽度在 2.1m 及以上的，应按雨篷结构板的水平投影面积的 1/2 计算建筑面积，选项 C 错误。

【例题 2】根据《房屋建筑与装饰工程工程量计算规范》GB 50854—2013，不计算建筑面积的有（　　）。（2019 年真题）

A．结构层高 2m 的管道层

B．层高为 3.3m 的建筑物通道

C．有顶盖但无围护结构的车棚

D．建筑物顶部有围护结构，层高 2m 的水箱间

E．有围护结构的专用消防钢楼梯

【答案】BE

【解析】选项 A 按一半计算建筑面积；选项 C 按一半计算建筑面积；选项 D 按一半计算建筑面积。通道和专用消防钢楼梯是不计算建筑面积的。

【例题 3】根据《房屋建筑与装饰工程工程量计算规范》GB 50854—2013，不计算建筑面积的有（　　）。（2018 年真题）

A．结构层高为 2.1m 的门斗

B．建筑物内的大型上料平台

C．无围护结构的观光电梯

D．有围护结构的舞台灯光控制室

E．过街楼底层的开放公共空间

【答案】BCE

【解析】选项 A 算一半面积；选项 D 按 2.2m 的规则来算面积。

第三节　工程量计算规则与方法

历年真题分值统计

本节内容	历年真题分值统计					
	2019	2020	2021	2022	2022（补考）	2023
一、土石方工程	2	3	1	4	4	0
二、地基处理与边坡支护工程	0	2	1	2	0	0
三、桩基础工程	1	1	0	1	1	1
四、砌筑工程	1	3	4	1	1	1
五、混凝土及钢筋混凝土工程	7	6	3	3	3	2
六、金属结构工程	2	0	0	1	0	3
七、木结构	2	1	0	0	0	0
八、门窗工程	2	0	2	0	1	0
九、屋面及防水工程	2	3	1	1	2	2
十、保温、隔热、防腐工程	0	1	1	0	1	1
十一、楼地面装饰工程	0	0	1	0	3	1
十二、墙、柱面装饰与隔断、幕墙工程	0	4	1	0	0	1
十三、天棚工程	0	1	1	1	0	0
十四、油漆、涂料、裱糊工程	0	0	1	1	0	1
十五、其他装饰工程	0	0	0	0	0	0
十六、拆除工程	1	0	0	0	1	2
十七、措施项目	0	2	2	3	3	4
合计	20	27	19	18	20	19

思维导图（图 5-9）

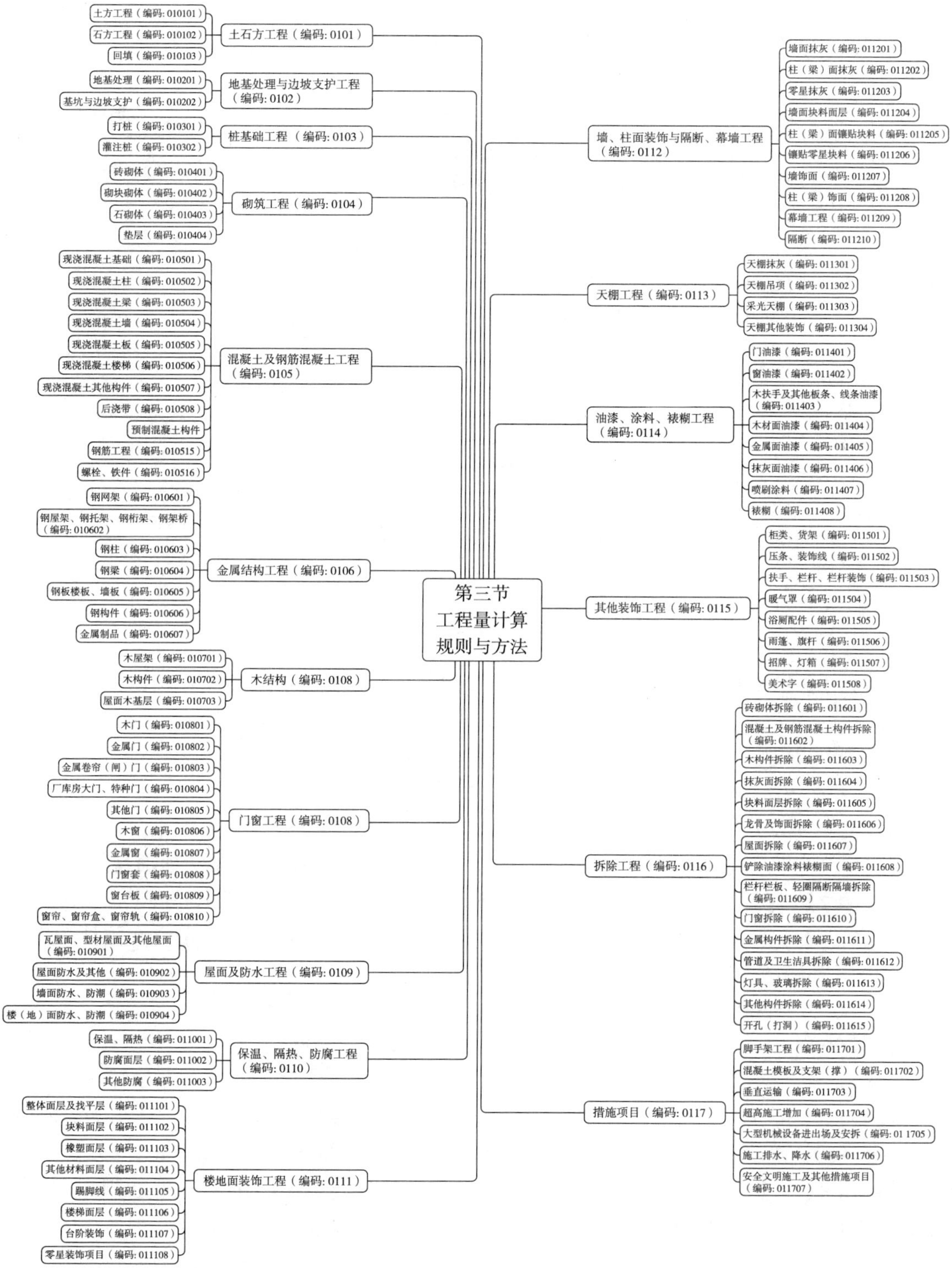

图 5-9 思维导图

考点解析

考点一 ★ 土石方工程工程量计算（表 5-15）

土石方工程工程量计算　　　　表 5-15

土石方开挖	平整场地：以建筑物首层建筑面积计算（≤ ±300mm） 项目特征：土壤类别，弃土运距，取土运距
	挖一般土方：按设计图示尺寸以体积计算， 土石方体积应按挖掘前的天然密实体积计算（土 1.3、石 1.54）
	挖沟槽 \ 基坑土方：按设计图示尺寸以基础垫层底面积乘以挖土深度计算 平整场地：厚度 ≤ ± 300mm 沟槽：底宽 ≤ 7m 且底长 ＞ 3 倍底宽 基坑：底长 ≤ 3 倍底宽且底面积 ≤ 150m^2 一般土方：超出以上范围，厚度 ＞ ±300mm 的竖向挖土或山坡切土
	管沟土（石）方：按长度或“m^3”计算
土石方回填	土石方回填：按设计图示尺寸以体积计算
	组成：场地回填土、室内回填土、基础回填土 项目特征：密实度，填方材料品种，粒径，来源，运距
不扣除	桩间挖土不扣除桩的体积
单独列项	挖土方如需截桩头时，应按桩基工程相关项目列项

【例题 1】根据《房屋建筑与装饰工程工程量计算规范》GB 50854—2013，建筑物场地厚度 250m 的挖土，项目编码列项应为（　　）。（2022 年补考真题）

A．基础土方　　　　B．沟槽土方

C．一般土方　　　　D．平整场地

【答案】D

【解析】建筑物场地厚度 ≤ ±300mm 的挖、填、运、找平，按平整场地项目编码列项。

【例题 2】某土方工程量清单编制，按图示尺寸计算，挖土方量 10000m^3，回填土数 6000m^3；已知土方天然密实体积：夯实后体积 = 1 : 0.87，则回填方及余方弃置清单工程量分别为（　　）。（2022 年补考真题）

A．6000，4000　　　　B．6896.55，3103.45

C．6000，3103.45　　　　D．6896.55，4000

【答案】C

【解析】回填土工程量清单数量为 6000m^3（夯实后体积）；利用回填方体积为 6000 ÷ 0.87 = 6896.55m^3；余方弃置工程量清单数量为 10000 − 6896.55 = 3103.45m^3。

【例题 3】根据《房屋建筑与装饰工程工程量计算规范》GB 50854—2013 规定，关于土石方工程量计算说法正确的是（　　）。（2022 年补考真题）

A．平整场地按建筑物首层建筑面积计算

B．基础土方挖土深度按垫层底表面标高至设计室外地坪标高计算

C. 一般土方因工作面和放坡增加的工程量是否并入各土方工程量内，按各省建设主管部门的规定实施

D. 虚方指未经碾压、堆积时间＜1 年的土壤

E. 桩间挖土应扣除桩的体积，并在项目中加以描述

【答案】ACD

【解析】基础土方开挖深度应按基础垫层底表面标高至交付施工场地标高确定，无交付施工场地标高时，应按自然地面标高确定，选项 B 错误；桩间挖土不扣除桩的体积，选项 E 错误。

【例题 4】根据《房屋建筑与装饰工程工程量计算规范》GB 50854—2013，关于土方回填，下列说法正确的是（　　）。（2022 年真题）

A. 室内回填工程量按各类墙体间的净面积乘以回填厚度

B. 室外回填工程量按挖方清单项目工程量减去室外地坪以下埋设的基础体积

C. 对填方密实度要求，必须在项目特征中进行详尽描述

D. 对填方材料的品种和粒径要求，必须在项目特征中进行详尽描述

【答案】C

【解析】室内回填按主墙间净面积乘以回填厚度，不扣除间隔墙，选项 A 错误；基础回填按挖方清单项目工程量减去自然地坪以下埋设的基础体积（包括基础垫层及其他构筑物），选项 B 错误；对填方材料的品种和粒径要求均可以不描述，选项 D 错误。

【例题 5】根据《房屋建筑与装饰工程工程量计算规范》GB 50854—2013，关于回填工程量算方法，正确的是（　　）。（2021 年真题）

A. 室内回填按主墙间净面积乘以回填厚度，扣除间隔墙所占体积

B. 场地回填按回填面积乘以平均回填厚度计算

C. 基础回填为挖方工程量减去室内地坪以下埋设的基础体积

D. 回填项目特征描述中应包括密实度和废弃料品种

【答案】B

【解析】室内回填按主墙间净面积乘以回填厚度，不扣除间隔墙，选项 A 错误；基础回填为挖方清单项目工程量减去自然地坪以下埋设的基础体积（包括基础垫层及其他构筑物），选项 C 错误；回填土方项目特征应描述密实度要求、填方材料品种、填方粒径要求、填方来源及运距，选项 D 错误。

考点二　★ 地基处理与边坡支护工程的计算规则（表 5-16）

地基处理与边坡支护工程的计算规则　　表 5-16

<table>
<tr><td rowspan="5">地基处理</td><td colspan="2">有填料</td><td>换填垫层</td><td>m^3</td></tr>
<tr><td colspan="2" rowspan="2">无填料</td><td>土工合成材料</td><td rowspan="2">m^2</td></tr>
<tr><td>预压、强夯地基、振冲密实（不填）</td></tr>
<tr><td rowspan="2">不含</td><td rowspan="2">水泥石灰</td><td>振冲桩（填料）、砂石桩</td><td rowspan="2">m 或 m^3</td></tr>
<tr><td>注浆地基</td></tr>
</table>

续表

地基处理	含	水泥石灰	CFG、深层搅拌桩、柱锤冲扩桩	m（桩长）
	褥垫层			m^2 或 m^3
基坑边坡支护	地下连续墙、钢筋混凝土支撑			m^3
	咬合灌注桩、预制混凝土板桩			m（桩长）或根
	锚杆锚索、土钉			钻孔深度或根
	钢板桩			t 或 m^2
	型钢桩			t 或根
	钢支撑			t
	喷射混凝土、水泥砂浆			m^2
说明	项目特征中的桩长应包括桩尖，空桩长度＝孔深－桩长，孔深为自然地面至设计桩底的深度			
列项要求	地下连续墙和喷射混凝土（砂浆）的钢筋网、咬合灌注桩的钢筋笼及钢筋混凝土支撑的钢筋制作、安装，按“混凝土及钢筋混凝土工程”列项 基坑与边坡支护的排桩按“桩基工程”中相关项目列项 水泥土墙、坑内加固按“地基处理”中相关项目列项 砖、石挡土墙、护坡按“砌筑工程”中相关项目列项 混凝土挡土墙按“混凝土及钢筋混凝土工程”中相关项目列项			

【例题 1】根据《房屋建筑与装饰工程工程量计算规范》GB 50854—2013 规定，下列关于灰土挤密桩地基处理工程量计算说法，正确的是（　　）。（2023 年真题）

A．按设计图示尺寸以桩长（不包括桩尖）计算

B．项目特征中的空桩长度主要用于确定孔深

C．孔深为桩顶面至设计桩底的深度

D．按设计图示尺寸以“m^3”计算

【答案】B

【解析】水泥粉煤灰碎石桩、夯实水泥土桩、石灰桩、灰土（土）挤密桩，按设计图示尺寸以桩长（包括桩尖）“m”计算。项目特征中的桩长应包括桩尖，空桩长度＝孔深－桩长，孔深为自然地面至设计桩底的深度。

【例题 2】根据《房屋建筑与装饰工程工程量计算规范》GB 50584—2013，地基处理与边坡支护工程中，可以用“m^3”作为计量单位的有（　　）。（2022 年真题）

A．砂石桩

B．石灰桩

C．振冲桩（填料）

D．深层水泥搅拌桩

E．注浆地基

【答案】ACE

【解析】选项 B 和选项 D 均按设计图示尺寸以桩长“m”计算。

【例题 3】根据《房屋建筑与装饰工程工程量计算规范》GB 50854—2013，地基处理的换填垫层项目特征中，应说明材料种类及配比、压实系数和（　　）。（2020 年真题）

A．基坑深度

B．基底土分类

C．边坡支护形式

D．掺加剂品种

【答案】D

【解析】换填垫层项目特征描述：材料种类及配比、压实系数、掺加剂品种。

【例题 4】根据《房屋建筑与装饰工程工程量计算规范》GB 50854—2013，基坑支护的锚杆的工程量应（　　）。（2018 年真题）

A．按设计图示尺寸以支护体积计算　　B．按设计图示尺寸以支护面积计算

C．按设计图示尺寸以钻孔深度计算　　D．按设计图示尺寸以质量计算

【答案】C

【解析】锚杆（锚索）、土钉以米计量，按设计图示尺寸以钻孔深度计算；以根计量，按设计图示数量计算。

考点三　★ 桩基础工程（表 5-17）

桩基础工程　　**表 5-17**

项目		计量单位
打桩	预制钢筋混凝土方桩、管桩	m（桩长（包括桩尖））或 m^3 或根
	钢管桩	t 或根
	截（凿）桩头	m^3 或根
灌注桩	泥浆护壁成孔灌注桩、沉管灌注桩、干作业成孔灌注桩	m 或 m^3 或根
	人工挖孔灌注桩	m^3 或根
	钻孔压浆桩	m 或根
	灌注桩后压浆	图示注浆孔数
单独列项	① 截（凿）桩头需要单独列项，同时截（凿）桩头项目适用于“地基处理与边坡支护工程、桩基础工程”所列桩的桩头截（凿） ② 打试验桩和打斜桩应按相应项目单独列项，并应在项目特征中注明试验桩或斜桩（斜率）	
不用单独列项	打桩的工程内容中包括接桩和送桩，不需要单独列项，应在综合单价中考虑	
不包括内容	桩基础项目（打桩和灌注桩）均未包括承载力检测、桩身完整性检测等内容，相关的费用应单独计算（属于研究试验费的范畴），不包括在本清单项目中	

【例题 1】根据《房屋建筑与装饰工程工程量计算规范》GB 50854—2013，打预制管桩，需要单独列项的是（　　）（2022 年补考真题）

A．送桩　　B．接桩

C．桩尖制作　　D．截（凿）桩头

【答案】D

【解析】打桩的工程内容中包括了接桩和送桩，不需要单独列项，应在综合单价中考虑，选项 A 和 B 均错误；项目特征中的桩长应包括桩尖，选项 C 错误。

【例题 2】某深层水泥搅拌桩，设计桩长 18m，设计桩底标高 −19m，自然地坪标高 −0.3m，设计室外地坪标高为 −0.1m，根据《房屋建筑与装饰工程工程量计算规范》GB 50854—2013，则该桩的空桩长度为（　　）m。（2022 年真题）

A．0.7　　B．0.9

C．1.1　　D．1.3

【答案】A

【解析】项目特征中的桩长应包括桩尖，空桩长度＝孔深－桩长，孔深为自然地面至设计桩底的深度。

【例题3】根据《房屋建筑与装饰工程工程量计算规范》GB 50854—2013，打预制钢筋混凝土方桩清单工程量计算正确的是（　　）。（2019年真题）

A．打桩按打入实体长度（不包括桩尖）计算，以“m”计量

B．截桩头按设计桩截面乘以桩头长度以体积计算，以“m^3”计量

C．接桩按接头数量计算，以“个”计量

D．送桩按送入长度计算，以“m”计量

【答案】B

【解析】接桩和送桩不单独列项计算工程量。打预制钢筋混凝土方庄可以按长度计算，但应包括桩尖的长度。截桩头可以按体积计算也可以按数量计算。

【例题4】根据《房屋建筑与装饰工程工程量计算规范》GB 50854—2013，钻孔压浆桩的工程量应（　　）。（2018年真题）

A．按设计图示尺寸以桩长计算

B．按设计图示以注浆体积计算

C．以钻孔深度（含空钻长度）计算

D．按设计图示尺寸以体积计算

【答案】A

【解析】钻孔压浆桩按设计图示尺寸以桩长计算或按设计图示数量计算。

考点四　★砌筑工程（表5-18～表5-20、图5-10～图5-13）

砖基础　　**表5-18**

砖基础，按体积“m^3”计算	包括	附墙垛基础宽出部分体积
	扣除	地梁（圈梁）、构造柱所占体积
	不扣除	基础大放脚T形接头处的重叠部分（见图5.3.7）及嵌入基础内的钢筋、铁件、管道、基础砂浆防潮层和单个面积≤0.3m^2的孔洞所占体积
	不增加	靠墙暖气沟的挑檐
	不单独列项	防潮层在清单项目综合单价中考虑
基础与墙（柱）身的划分	基础与墙（柱）身使用同一种材料时	以设计室内地面为界，以下为基础，以上为墙（柱）身
	基础与墙身使用不同材料时	位于设计室内地面高度≤±300mm时，以不同材料为分界线
		高度＞±300mm时，以设计室内地面为分界线
	砖围墙	应以设计室外地坪为界

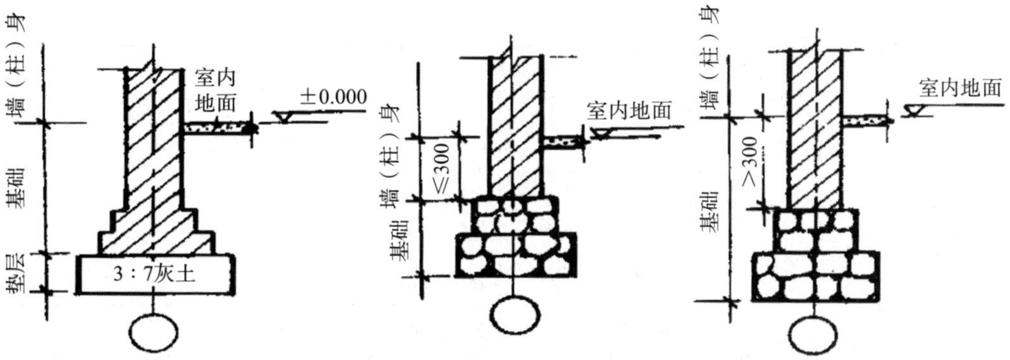

图 5-10 基础与墙（柱）身的划分

【例题 1】 根据《房屋建筑与装饰工程工程量计算规范》GB 50854—2013，砖基础工程量计算正确的是（ ）。（2017 年真题）

A．外墙基础断面积（含大放脚）乘以外墙中心线长度以体积计算

B．内墙基础断面积（大放脚部分扣除）乘以内墙净长线以体积计算

C．地圈梁部分体积并入基础计算

D．靠墙暖气沟挑檐体积并入基础计算

【答案】 A

【解析】 选项 B 大放脚部分不扣除；选项 C 要扣除；选项 D 不并入。

【例题 2】 基础与墙体使用不同材料时，工程量计算规则规定以不同材料为界分别计算基础和墙体工程量，范围是（ ）。

A．室内地坪 ±300mm 以内　　B．室内地坪 ±300mm 以外

C．室外地坪 ±300mm 以内　　D．室外地坪 ±300mm 以外

【答案】 A

【解析】 基础与墙（柱）身的划分：基础与墙（柱）身使用同一种材料时，以设计室内地面为界（有地下室者，以地下室室内设计地面为界），以下为基础，以上为墙（柱）身。基础与墙身使用不同材料时，位于设计室内地面高度≤±300mm 时，以不同材料为分界线，高度＞±300mm 时，以设计室内地面为分界线。砖围墙应以设计室外地坪为界，以下为基础，以上为墙身。

砖墙　　表 5-19

相关要求	扣除	门窗、洞口、嵌入墙内的钢筋混凝土柱、梁、圈梁、挑梁、过梁及凹进墙内的壁龛、管槽、暖气槽、消火栓箱所占体积
	不扣除	梁头、板头、檩头、垫木、木楞头、沿缘木、木砖、门窗走头、砖墙内加固钢筋、木筋、铁件、钢管及单个面积≤$0.3m^2$ 的孔洞所占的体积
	不增加	凸出墙面的腰线、挑檐、压顶、窗台线、虎头砖、门窗套的体积
	并入	① 凸出墙面的砖垛；② 附墙烟囱，通风道，垃圾道
	围墙	围墙的高度算至压顶上表面（如有混凝土压顶时算至压顶下表面），围墙柱并入围墙体积内计算
	墙长度	外墙按中心线内墙按净长线

续表

<table>
<tr><td rowspan="11">相关要求</td><td rowspan="10">墙高</td><td rowspan="4">外墙高</td><td>平屋面</td><td colspan="3">算至钢筋混凝土板底</td></tr>
<tr><td rowspan="3">坡屋面</td><td colspan="2">无檐口天棚</td><td>算至屋面板底</td></tr>
<tr><td rowspan="2">有屋架</td><td>有天棚</td><td>算至屋架下弦底加 200mm</td></tr>
<tr><td>无天棚</td><td>算至屋架下弦底加 300mm</td></tr>
<tr><td rowspan="4">内墙高</td><td colspan="3">有屋架</td><td>算至屋架下弦底</td></tr>
<tr><td colspan="3">无屋架</td><td>算至天棚底另加 100mm</td></tr>
<tr><td colspan="3">有钢筋混凝土楼板隔层</td><td>算至楼板顶</td></tr>
<tr><td colspan="3">有框架梁时</td><td>算至梁底</td></tr>
<tr><td colspan="2">女儿墙高</td><td colspan="3">从屋面板上表面算至女儿墙顶面</td></tr>
<tr><td colspan="2">内外山墙高</td><td colspan="3">按其平均高度计算</td></tr>
<tr><td>厚度</td><td colspan="5">按标准计算厚取值（1.5 砖厚为 365mm，2 砖厚为 490mm）</td></tr>
<tr><td colspan="2">空斗墙</td><td colspan="5">以空斗墙外形体积计算</td></tr>
<tr><td colspan="2">空花墙</td><td colspan="5">以空花部分外形体积计算，不扣除空洞部分体积</td></tr>
<tr><td colspan="2">填充墙</td><td colspan="5">以填充墙外形体积计算</td></tr>
<tr><td colspan="2">特殊计量规则</td><td colspan="5">砖检查井按设计图示数量“座”计算
砖散水、地坪按设计图示尺寸以面积“m^2”计算
砖地沟、明沟按设计图示以中心线长度“m”计算
砖砌挖孔桩护壁按设计图示尺寸以体积“m^3”计算
砖砌锅台与炉灶可按外形尺寸以“个”计算
砖砌台阶可按水平投影面积以“m^2”计算
小便槽、地垄墙可按长度计算</td></tr>
<tr><td colspan="2">零星砌砖</td><td colspan="5">框架外表面的镶贴砖部分按零星砌砖编码列项
空斗墙的窗间墙、窗台下、楼板下、梁头下等的实砌部分
台阶、台阶挡墙、梯带、锅台、炉灶、蹲台、池槽、池槽腿、砖胎模、花台、花池、楼梯栏板、阳台栏板、地垄墙、≤0.3m^2 的孔洞填塞等按零星砌砖编码列项</td></tr>
</table>

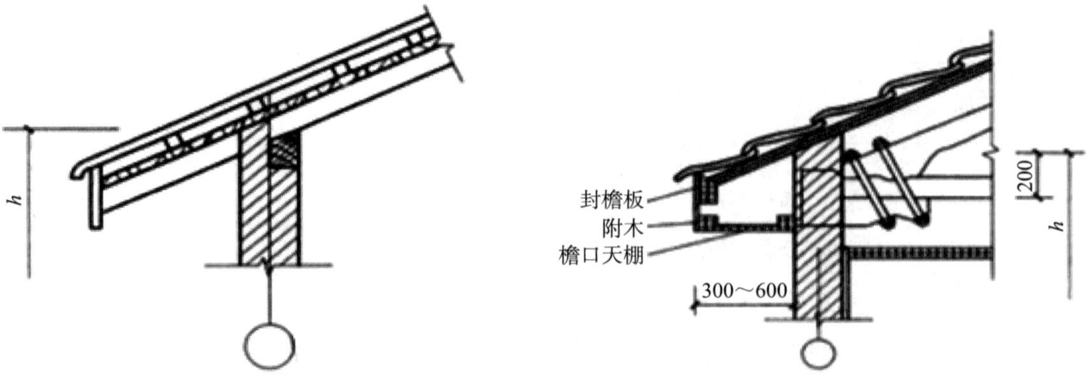

图 5-11　砖外墙高的计算示意图

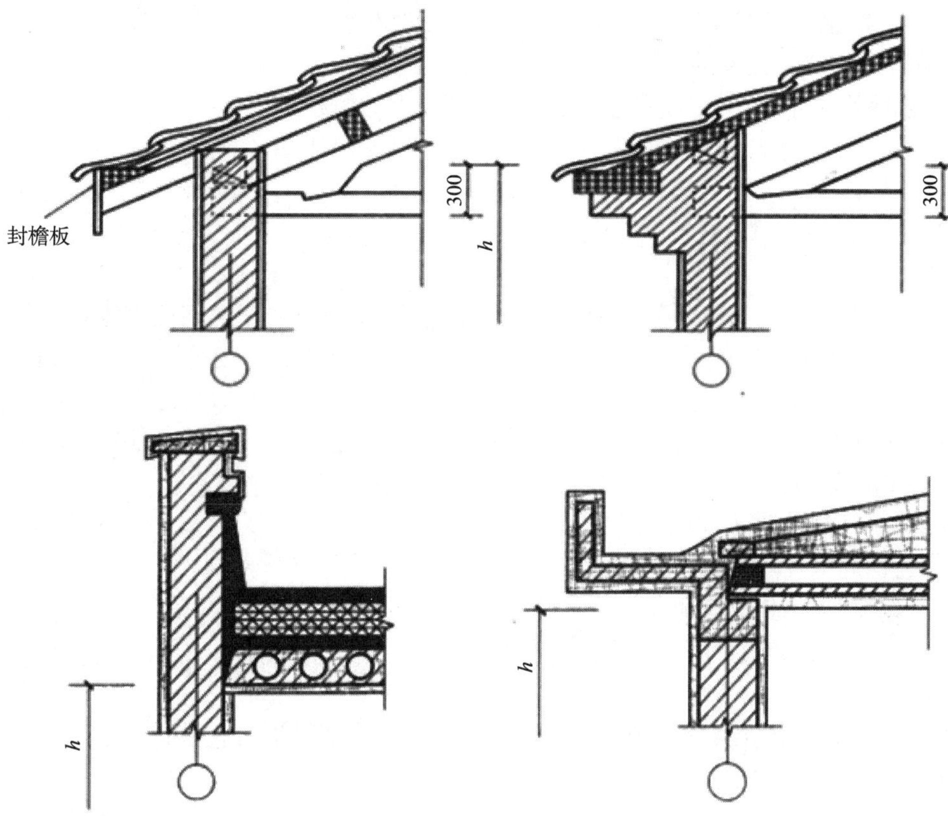

图 5-11 砖外墙高的计算示意图（续）

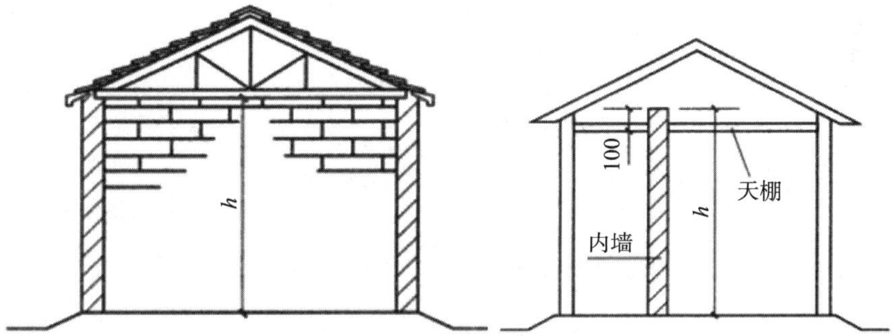

图 5-12 砖内墙高的计算示意图

【例题 3】根据《房屋建筑与装饰工程工程量计算规范》GB 50854—2013，下列项目应按“零星砌砖”列项的是（　　）。（2022 年补考真题）

A．砖窗台线　　　　B．砖地沟

C．砖检查井　　　　D．砖胎模

【答案】D

【解析】台阶、台阶挡墙、梯带、锅台、炉灶、蹲台、池槽、池槽腿、砖胎模、花台、花池、楼梯栏板、阳台栏板、地垄墙、≤0.3m^2 的孔洞填塞等，应按零星砌砖项目编码列项。

【例题 4】根据《房屋建筑与装饰工程工程量计算规范》GB 50854—2013，关于实心砖墙工程量计算方法，正确的为（　　）。（2021 年真题）

A．不扣除沿椽木、木砖及凹进墙内的暖气槽所占的体积

B．框架间墙工程量区分内外墙，按墙体净尺寸以体积计算

C．围墙柱体积并入围墙体积内计算

D．有混凝土压顶围墙的高度算至压顶上表面

【答案】C

【解析】扣除凹进墙内的暖气槽所占的体积，选项 A 错误；框架间墙工程量计算不分内外墙，按墙体净尺寸以体积计算，选项 B 错误；围墙的高度算至压顶上表面（如有混凝土压顶时算至压顶下表面），选项 D 错误。

【例题 5】根据《房屋建筑与装饰工程工程量计算规范》GB 50854—2013，砌块墙清单工程量计算正确的是（　　）。（2019 年真题）

A．墙体内拉结筋不另列项计算

B．压砌钢筋网片不另列项计算

C．勾缝应列入工作内容

D．垂直灰缝灌细石混凝土工程量不另列项计算

【答案】C

【解析】砌体内墙体拉结筋、钢筋网片、灌缝混凝土应按“混凝土及钢筋混凝土工程”中相关项目编码列项。砌体勾缝含在工作内容中，不单独列项。

【例题 6】根据《房屋建筑与装饰工程工程量计算规范》GB 50854—2013 规定，关于砌体工程量计算规则，正确的为（　　）。

A．空花墙以空花部分外形体积计算，扣除空洞部分体积

B．砖检查井按设计图示数量“m^3”计算

C．砖散水、地坪按设计图示尺寸以面积“m^2”计算

D．砖地沟、明沟按设计图示以中心线长度“m”计算

E．砖砌挖孔桩护壁按设计图示尺寸以体积“座”计算

【答案】CD

【解析】选项 A 不扣除；选项 B 按座计算；选项 E 按体积计算。

石砌体与垫层　　　　表 5-20

按体积计算	石基础	
	石勒脚	
	石挡土墙	石梯膀应按石挡土墙项目编码列项
	石护坡	石台阶项目包括石梯带（垂带），不包括石梯膀
	石台阶	
按“m^2”计算	石坡道	
按“m”计算	石栏杆	适用于无雕饰的一般石栏杆
	石地沟、明沟	

续表

勾缝与刮缝	砖砌体不包括勾缝，包括刮	
	砌块砌体中工作内容包括勾缝	
	石砌体中工作内容包括勾缝	
石基础、石勒脚、石墙的划分	基础与勒脚应以设计室外地坪为界。勒脚与墙身应以设计室内地面为界。石围墙内外地坪标高不同时，应以较低地坪标高为界，以下为基础；内外标高之差为挡土墙时，挡土墙以上为墙身	
垫层按体积计算	包括	如：灰土垫层、碎石垫层、毛石垫层等
	不包括	除混凝土垫层外

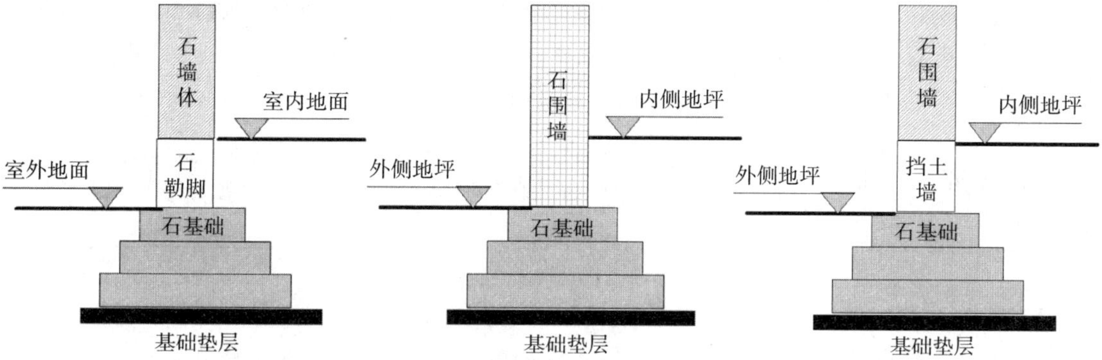

图 5-13　石基础、石勒脚、石墙的划分

【例题 7】根据《房屋建筑与装饰工程工程量计算规范》GB 50854—2013 规定，下列关于石砌体工程量计算说法，正确的是（　　）。（2023 年真题）

A．石砌体勾缝按设计图示尺寸长度以“m”计算

B．石勒脚按设计图示尺寸以面积“m^2”计算

C．石挡土墙按设计图示尺寸以体积“m^3”计算

D．石台阶按设计图示尺寸以水平投影面积“m^2”计算

【答案】C

【解析】石砌体中工作内容包括了勾缝。石勒脚按设计图示尺寸以体积“m^3”计算。石台阶，按设计图示尺寸以体积“m^3”计算。

【例题 8】根据《房屋建筑与装饰工程工程量计算规范》GB 50854—2013，砌筑工程量计算正确的是（　　）。（2018 年真题）

A．砖地沟按设计图示尺寸以水平投影面积计算

B．砖地坪按设计图示尺寸以体积计算

C．石挡土墙按设计图示尺寸以面积计算

D．石坡道按设计图示尺寸以面积计算

【答案】D

【解析】选项 A，砖地沟应该按中心线长度。选项 B，砖地坪应该按面积计算。选项 C，石挡土墙应该按体积计算。

考点五 ★ 混凝土及钢筋混凝土工程（表 5-21 ~ 表 5-25）

现浇混凝土基础 表 5-21

总的规则	不扣除	构件内钢筋、螺栓、预埋铁件、张拉孔道所占体积
	应扣除	劲性骨架的型钢所占体积
现浇混凝土基础按设计图示尺寸以体积"m^3"计算	包含	现浇混凝土基础包括混凝土垫层
	不扣除	构件内钢筋、预埋铁件和伸入承台基础的桩头所占体积
	列项要求	有肋带形基础、无肋带形基础应分别编码列项，并注明肋高 箱式满堂基础及框架式设备基础中柱、梁、墙、板按现浇混凝土柱、梁、墙、板分别编码列项 箱式满堂基础底板按满堂基础项目列项 框架设备基础的基础部分按设备基础列项
	模板及支架列项	混凝土项目的工作内容中列出了模板及支架（撑）的内容，即模板及支架（撑）的价格可以综合到相应混凝土项目的综合单价中，也可以在措施项目中单独列项计算工程量

【例题 1】根据《房屋建筑与装饰工程工程量计算规范》GB 50854—2013 规定，关于现浇混凝土基础的项目列项或工程量计算正确的为（　　）。（2015 年真题）

A．箱式满堂基础中的墙按现浇混凝土墙列项

B．箱式满堂基础中的梁按满堂基础列项

C．框架式设备基础的基础部分按现浇混凝土墙列项

D．框架式设备基础的柱和梁按设备基础列项

【答案】A

【解析】选项 B 和选项 D，箱式满堂基础及框架式设备基础中柱、梁、墙、板按现浇混凝土柱、梁、墙、板分别编码列项；选项 C，框架设备基础的基础部分按设备基础列项。

现浇混凝土柱梁墙板 表 5-22

计算规则		按设计图示尺寸以体积计算
柱	柱高	① 有梁板的柱高，应自柱基上表面（或楼板上表面）至上一层楼板上表面之间的高度计算 ② 无梁板的柱高，应自柱基上表面（或楼板上表面）至柱帽下表面之间的高度计算 ③ 框架柱的柱高应自柱基上表面至柱顶高度计算 ④ 构造柱按全高计算，嵌接部分的体积并入柱身体积
	并入	依附柱上的牛腿和升板的柱帽，并入柱身体积内计算
	列项要求	异形柱各方向上截面高度与厚度之比的最小值大于 4 时，不再按异形柱列项
梁	梁长	梁与柱连接时，梁长算至柱侧面（断梁不断柱） 主梁与次梁连接时，次梁长算至主梁侧面（断次不断主）
	列项要求	圈梁与过梁相连时，应分别列项

续表

墙	扣除	门窗洞口及单个面积＞$0.3m^2$ 的孔洞所占体积
	并入	墙垛及突出墙面部分并入墙体体积内计算
	编码列项	短肢剪力墙是指截面厚度不大于 300mm、各肢截面高度与厚度之比的最大值大于 4 但不大于 8 的剪力墙 各肢截面高度与厚度之比的最大值不大于 4 的剪力墙按柱项目编码列项
板	板体积	有梁板（包括主、次梁与板）按梁、板体积之和计算 无梁板按板和柱帽体积之和计算 各类板伸入墙内的板头并入板体积内计算 薄壳板的肋、基梁并入薄壳体积内计算
	应扣除范围	扣除门窗洞口及单个面积 $0.3m^2$ 以外孔洞所占体积 压形钢板混凝土楼板扣除构件内压形钢板所占体积
	不扣除范围	构件内钢筋、预埋铁件及单个面积 $0.3m^2$ 以内孔洞所占体积，宽度小于 500mm 的楼梯井
	并入范围	伸入墙内的梁头，梁垫；墙垛及突出部分；各类板伸入墙内的板头；伸入墙内楼梯部分
	特殊情况	雨篷、悬挑板、阳台板，按体积计算。包括伸出墙外的牛腿和雨篷反挑檐的体积 空心板（GBF 高强薄壁蜂巢芯板等）应扣除空心部分体积
	分界线	现浇挑檐、天沟板、雨篷、阳台与板（包括屋面板、楼板）连接时，以外墙外边线为分界线 与圈梁（包括其他梁）连接时，以梁外边线为分界线

【例题 2】根据《房屋建筑与装饰工程工程量计算规范》GB 50854—2013，下列现浇混凝土项目工程量计算规则正确的是（　　）。（2022 年补考真题）

A．依附于现浇矩形柱上的牛腿部分工程量，应单独列项计算

B．有梁板工程量应区分梁、板，分别列项计算

C．雨篷的工程量应包括伸出墙外的牛腿和雨篷反挑檐的体积

D．空心板体积计算时不扣除空心部分体积，但应在项目特征中进行描述

【答案】C

【解析】依附柱上的牛腿和升板的柱帽，并入柱身体积计算，选项 A 错误；有梁板（包括主、次梁与板）按梁、板体积之和计算，选项 B 错误；空心板应扣除空心部分体积，选项 D 错误。

【例题 3】根据《房屋建筑与装饰工程工程量计算规范》GB 50854—2013，关于现浇混凝土墙说法正确的是（　　）。（2022 年补考真题）

A．现浇混凝土墙分为直形墙、异形墙、短肢剪力墙和挡土墙

B．工程量计算时，墙垛及突出墙面部分并入墙体体积计算

C．短肢剪力墙的截面厚度不应大于 200mm

D．各肢截面高度与厚度之比小于 4 时，按短肢剪力墙列项

【答案】B

【解析】现浇混凝土墙包括直形墙、弧形墙、短肢剪力墙、挡土墙，选项 A 错误；短肢剪力墙是指截面厚度不大于 300mm、各肢截面高度与厚度之比的最大值大于 4 但不大于 8 的剪力墙，选项 C 和选项 D 均错误。

【例题 4】根据《房屋建筑与装饰工程工程量计算规范》GB 50854—2013，现浇混凝土过梁工程量计算正确的为（　　）。（2020 年真题）

A．深入墙内的梁头并入梁体积　　B．墙内部分的梁垫按其他构件项目列项

C．梁内钢筋所占体积予以扣除　　D．按涉及图示中心线长度计算

【答案】A

【解析】按设计图示尺寸以体积计算，不扣除构件内钢筋、预埋铁件所占体积，伸入墙内的梁头、梁垫并入梁体积内。

【例题 5】根据《房屋建筑与装饰工程工程量计算规范》GB 50854—2013，现浇混凝土构件工程量计算正确的有（　　）。（2017 年真题）

A．构造柱按柱断面尺寸乘以全高以体积计算，嵌入墙体部分不计

B．框架柱工程量按柱基上表面至柱顶以高度计算

C．梁按设计图示尺寸以体积计算，主梁与次梁交接处按主梁体积计算

D．混凝土弧形墙按垂直投影面积乘以墙厚以体积计算

E．挑檐板按设计图示尺寸以体积计算

【答案】CE

【解析】选项 A 并入，选项 B 以体积计算，选项 D 按设计图示尺寸计算，不能按垂直投影面积乘以墙厚计算。

特殊计算规则总结　　**表 5-23**

<table>
<tr><td rowspan="4">砖石混凝土特殊计量规定汇总</td><td>按数量</td><td>砖砌锅台、炉灶、砖窨井、检查井</td></tr>
<tr><td>按长度</td><td>砖小便槽、砖地垄墙
砖地沟、砖明沟
石栏杆、石地沟、石明沟
混凝土电缆沟、地沟</td></tr>
<tr><td>按面积</td><td>砖台阶、砖散水、砖地坪
石坡道
混凝土散水、混凝土坡道、室外地坪</td></tr>
<tr><td>按体积</td><td>石台阶、石护坡、石挡土墙
砖砌挖孔桩护壁</td></tr>
<tr><td rowspan="2">现浇混凝土楼梯、混凝土台阶</td><td>m^2</td><td>楼梯不扣除宽度≤500mm 的楼梯井，伸入墙内部分不计算
架空式混凝土台阶，按现浇楼梯计算</td></tr>
<tr><td>m^3</td><td></td></tr>
<tr><td>混凝土扶手、混凝土压顶</td><td>m 或 m^3</td><td></td></tr>
<tr><td>混凝土化粪池、检查井</td><td>座或 m^3</td><td></td></tr>
</table>

【例题 6】根据《房屋建筑与装饰工程工程量计算规范》GB 50854—2013 规定，下列关于现浇混凝土工程量计算说法，正确的是（　　）。（2023 年真题）

A．整体楼梯与现浇楼板无梯梁连接时，楼梯工程量以最后一个踏步边缘加 300mm 为界

B．电缆沟按设计图示尺寸以“m^3”计算

C．楼梯扶手按设计图示尺寸以水平投影面积“m^3”计算

D．墙后浇带工程量按设计图示的中心线长度以延长米计算

【答案】A

【解析】电缆沟、地沟按设计图示以中心线长度“m”计算。扶手、压顶：① 以“m”计量，按设计图示的中心线延长米计算；② 以“m^3”计量，按设计图示尺寸以体积计算；后浇带按设计图示尺寸以体积“m^3”计算。

【例题 7】根据《房屋建筑与装饰工程工程量计算规范》GB 50854—2013 规定，关于现浇混凝土板的工程量计算正确的是（　　）。（2015 年真题）

A．栏板按设计图示尺寸以面积计算

B．雨篷按设计外墙中心线外图示体积计算

C．阳台板按设计外墙中心线外图示面积计算

D．散水按设计图示尺寸以面积计算

【答案】D

【解析】选项 A 按体积，选项 B 以外墙外边线为界，选项 C 按体积，以外墙外边线为界。

预制混凝土构件　　表 5-24

<table>
<tr><td rowspan="9">预制混凝土构件
计算规则：数量或体积</td><td>预制混凝土柱、梁</td><td colspan="2"></td></tr>
<tr><td>预制混凝土屋架</td><td colspan="2">三角形屋架按折线型屋架列项</td></tr>
<tr><td rowspan="3">平板、空心板、大型板</td><td>平板项目列项</td><td>不带肋的</td></tr>
<tr><td>带肋板项目列项</td><td>F、T、单肋板、反挑檐的</td></tr>
<tr><td>大型板项目列项</td><td>预制大型墙板、大型楼板、大型屋面板</td></tr>
<tr><td colspan="2">预制混凝土楼梯</td><td>空洞体积应扣除</td></tr>
<tr><td colspan="2">沟井盖板、井圈</td><td></td></tr>
<tr><td colspan="2">预制烟道、垃圾道、通风道</td><td></td></tr>
<tr><td>不扣除范围</td><td colspan="2">构件内钢筋、预埋铁件
单个面积≤300mm×300mm 的孔洞</td></tr>
</table>

【例题 8】根据《房屋建筑与装饰工程工程量计算规范》GB 50854—2013，预制混凝土构件工程量计算正确的是（　　）。（2018 年真题）

A．过梁按照设计图示尺寸以中心线长度计算

B．平板按照设计图示以水平投影面积计算

C．楼梯按照设计图示尺寸以体积计算

D．井盖板按设计图示尺寸以面积计算

【答案】C

【解析】选项 A 应为体积或数量，选项 B 应为体积或数量，选项 D 应为体积或数量。

【例题 9】根据《房屋建筑与装饰工程工程量计算规范》GB 50854—2013，关于预制混凝土构件工程量计算，说法正确的是（　　）。（2016 年真题）

A．如以构建数量为计算单位，特征描述中必须说明单位体积

B．异形柱应扣除构建内预埋铁件所含体积，铁件另计

C．大型板应扣除单个尺寸≤300mm×300mm的孔洞所占体积

D．空心板不扣除空洞体积

【答案】A

【解析】选项B不扣除，选项C不扣除，选项D扣除。

钢筋工程　　表5-25

<table>
<tr><td rowspan="9">钢筋工程</td><td>计算规则</td><td colspan="3">除设计（包括规范规定）标明的搭接外，其他施工搭接不计算工程量，在综合单价中综合考虑
清单项目工作内容中综合了钢筋的焊接（绑扎）连接，钢筋的机械连接单独列项</td></tr>
<tr><td rowspan="6">低合金钢筋</td><td>两端螺杆</td><td colspan="2">减0.35m</td></tr>
<tr><td>一端螺杆一端镦头插片</td><td colspan="2">按孔道长度</td></tr>
<tr><td>一端帮条一端镦头插片</td><td colspan="2">加0.15m</td></tr>
<tr><td>两端帮条</td><td colspan="2">加0.3m</td></tr>
<tr><td>后张自锚时</td><td colspan="2">加0.35m</td></tr>
<tr><td>JM、XM、QM锚具</td><td rowspan="2">孔道长度＜20m
钢筋长度增加1m</td><td rowspan="2">孔道＞20m
钢筋长度增加1.8m</td></tr>
<tr><td rowspan="2">碳素钢丝</td><td>采用锥形锚具</td></tr>
<tr><td>采用镦头锚具时</td><td colspan="2">增加0.35m</td></tr>
<tr><td rowspan="2">箍筋长度</td><td colspan="2">箍筋单根长度</td><td colspan="2">箍筋单根长度＝箍筋的外皮尺寸周长＋2×弯钩增加长度
双肢箍单根长度＝构件周长－8×混凝土保护层厚度＋2×弯钩增加长度
90°弯钩增加长度：$0.5d+5d$
135°弯钩增加长度：$1.9d$＋max（$10d$，75mm）</td></tr>
<tr><td colspan="2">箍筋根数</td><td colspan="2">箍筋分布长度／间距＋1</td></tr>
<tr><td rowspan="8">平法钢筋工程量计算方法</td><td colspan="2">上部贯通钢筋</td><td colspan="2">通跨净长＋两端支座锚固长度＋搭接长度</td></tr>
<tr><td colspan="2">端支座负筋</td><td colspan="2">锚固长度＋伸出支座的长度</td></tr>
<tr><td colspan="2">中间支座负筋</td><td colspan="2">中间支座宽度＋左右两边伸出支座的长度</td></tr>
<tr><td colspan="2">架立筋</td><td colspan="2">每跨净长－左右两边伸出支座的负筋长度＋2×搭接长度</td></tr>
<tr><td colspan="2">下部钢筋（分跨布置）</td><td colspan="2">净跨长度＋左侧锚固长度＋右侧锚固长度</td></tr>
<tr><td colspan="2">下部钢筋（不深入支座）</td><td colspan="2">净跨长度－2×$0.1l_{ni}$（l_{ni}各跨净跨长度）</td></tr>
<tr><td colspan="2">侧面纵筋</td><td colspan="2">通跨净长＋锚固长度＋搭接长度</td></tr>
<tr><td colspan="2">吊筋长度</td><td colspan="2">2×锚固长度＋2×斜段长度＋次梁宽度＋2×50</td></tr>
</table>

【例题10】根据《混凝土结构工程施工规范》GB 50666—2011规定，下列关于箍筋计算方法，正确的是（　　）。（2023年真题）

A．箍筋单根长度＝箍筋的外皮尺寸周长＋2×弯钩增加长度

B．双肢箍单根长度＝箍筋的外皮尺寸周长＋2×混凝土保护层厚度

C．双肢箍单根长度＝构件周长－2×混凝保护层厚度＋2×弯钩增加长度

D．箍筋根数＝箍筋分布长度／箍筋间距－1

【答案】A

【解析】箍筋单根长度＝箍筋的外皮尺寸周长＋2×弯钩增加长度＝构件周长－8×混凝土保护层厚度＋2×弯钩增加长度。其中，箍筋根数＝箍筋分布长度/箍筋间距＋1。

【例题 11】根据《房屋建筑与装饰工程工程量计算规范》GB 50854—2013，钢筋工程中钢筋网片工程量（　　）。（2018 年真题）

A. 不单独计算

B. 按设计图示以数量计算

C. 按设计图示面积乘以单位理论质量计算

D. 按设计图示尺寸以片计算

【答案】C

【解析】现浇混凝土钢筋、预制构件钢筋、钢筋网片、钢筋笼。其工程量应区分钢筋种类、规格，按设计图示钢筋（网）长度（面积）乘以单位理论质量计算。

考点六 ★ 金属结构工程（表 5-26）

金属结构工程　　　表 5-26

<table>
<tr><td rowspan="6">计算规则</td><td>压型钢板楼板</td><td>水平投影面积</td></tr>
<tr><td>压型钢板墙板</td><td>铺挂面积</td></tr>
<tr><td>金属制品（成品金属百页护栏、成品栅栏、金属网栏、砌块墙铜丝网加固、后浇带金属网）</td><td>面积</td></tr>
<tr><td>成品雨篷</td><td>m 或 m^2</td></tr>
<tr><td>钢屋架</td><td>榀或 t</td></tr>
<tr><td>其他金属结构</td><td>t</td></tr>
<tr><td>不扣除范围</td><td>孔眼的重量
柱、垛以及 0.3m^2 以内孔洞面积</td><td rowspan="2">金属构件切边，不规则及多边形钢板损耗在综合单价中考虑</td></tr>
<tr><td>不增加范围</td><td>焊条、铆钉、螺栓等重量
钢板墙的包角、包边、窗台的泛水等面积</td></tr>
<tr><td>并入范围</td><td colspan="2">依附在钢柱上的牛腿及悬臂梁等并入钢柱工程量内
钢管柱上的节点板，加强环、内衬管、牛腿等并入
制动梁、制动板、制动桁架、车档并入钢吊车梁工程量内
依附漏斗的型钢并入漏斗的工程量内</td></tr>
</table>

【例题 1】根据《房屋建筑与装饰工程工程量计算规范》GB 50854—2013 规定，下列关于金属结构工程量计算说法，正确的是（　　）。（2023 年真题）

A. 压型钢板楼板按设计图示尺小以铺设水平投影面积“m^2”计算

B. 压型钢板墙板按设计图示尺寸以质量“t”让算

C. 钢走道按设计图示尺寸以铺设面积“m^2”计算

D. 钢栏杆按设计图示尺寸以延长米“m”计算

【答案】A

【解析】压型钢板楼板：按设计图示尺寸以铺设水平投影面积“m^2”计算。压型钢板墙板：按设计图示尺寸以铺挂面积“m^2”计算。

【例题2】根据《房屋建筑与装饰工程工程量计算规范》GB 50854—2013规定，下列关于金属结构工程量计算说法，正确的是（　　）。（2023年真题）

A．钢屋架工程量中，焊条、铆钉、螺栓等另增加质量

B．空腹钢柱上的牛腿及悬臂梁等并入钢柱工程量内

C．钢管柱上的节点板、加强环、内衬管、牛腿按零星构件项目单独列项

D．制动梁、制动板、制动架、车挡按零星构件项目单独列项

【答案】B

【解析】钢屋架不扣除孔眼的质量，焊条、铆钉、螺栓等不另增加质量。钢管柱上的节点板、加强环、内衬管、牛腿等并入钢管柱工程量内。制动梁、制动板、制动桁架、车挡并入钢吊车梁工程量内。

【例题3】根据《房屋建筑与装饰工程工程量计算规范》GB 50854—2013规定，下列关于金属制品工程量计算说法，正确的是（　　）。（2023年真题）

A．成品空调金属百页护栏按设计图示尺寸以质量计算

B．成品雨篷以“m”计量时，按设计图示接触边长计算

C．砌块墙钢丝网加固按设计图示尺寸以质量计算

D．抹灰钢丝网加固不另编码列项

【答案】B

【解析】成品空调金属百页护栏、成品栅栏、金属网栏，按设计图示尺寸以面积“m^2”计算。成品雨篷，以“m”计量时，按设计图示接触边以长度计算；以“m^2”计量时，按设计图示尺寸以展开面积计算。砌块墙钢丝网加固、后浇带金属网，按设计图示尺寸以面积“m^2”计算。抹灰钢丝网加固按砌块墙钢丝网加固项目编码列项。

【例题4】根据《房屋建筑与装饰工程工程量计算规范》GB 50854—2013，钢网架项目特征必须描述（　　）。（2022年真题）

A．安装高度　　B．单件质量

C．螺栓类型　　D．油漆种类

【答案】A

【解析】项目特征描述：钢材品种、规格；网架节点形式、连接方式；网架跨度、安装高度；探伤要求；防火要求等。其中防火要求指耐火极限。

【例题5】根据《房屋建筑与装饰工程工程量计算规范》GB 50854—2013，关于钢网架清单项，下列说法正确的是（　　）。（2019年真题）

A．钢网架项目特征中应明确探伤和防火要求

B．钢网架铆钉应按设计图示个数以数量计量

C．钢网架中螺栓按个数以数量计量

D．钢网架按设计图示尺寸扣除孔眼部分以质量计量

【答案】A

【解析】钢网架中铆钉、螺栓不增加工程量；孔眼不扣除。

【例题6】根据《房屋建筑与装饰工程工程量计算规范》GB 50854—2013，压型钢板

楼板工程量应（　　）。（2018年真题）

A．按设计图示尺寸以体积计算

B．扣除所有柱垛及孔洞所占面积

C．按设计图示尺寸以铺设水平投影面积计算

D．按设计图示尺寸以质量计算

【答案】C

【解析】压型钢板楼板，按设计图示尺寸以铺设水平投影面积“m^2”计算。不扣除单个面积≤$0.3m^2$柱、垛及孔洞所占面积。

【例题7】根据《房屋建筑与装饰工程工程量计算规范》GB 50854—2013，球形节点钢网架工程量（　　）。（2017年真题）

A．按设计图示尺寸以质量计算

B．按设计图示尺寸以榀计算

C．按设计图示尺寸以铺设水平投影面积计算

D．按设计图示构件尺寸以总长度计算

【答案】A

【解析】钢网架工程量按设计图示尺寸以质量“t”计算，不扣除孔眼的质量，焊条、铆钉等不另增加质量。

【例题8】根据《房屋建筑与装饰工程工程量计算规范》GB 50854—2013，钢屋架工程量计算应（　　）。

A．不扣除孔眼的质量　　　　B．按设计用量计算螺栓质量

C．按设计用量计算铆钉质量　　　　D．按设计用量计算焊条质量

【答案】A

【解析】钢网架工程量按设计图示尺寸以质量“t”计算，不扣除孔眼的质量，焊条、铆钉等不另增加质量。

【例题9】根据《房屋建筑与装饰工程工程量计算规范》GB 50854—2013，关于金属结构工程量计算的说法，正确的是（　　）。

A．钢吊车梁工程量包括制动梁、制动桁架工程量

B．钢管柱按设计力求尺寸以质量计算，扣除加强环、内衬的工程量

C．空腹钢柱按设计图示尺寸以长度计算

D．实腹钢柱按图示尺寸的长度计算，牛腿和悬臂梁质量另计

【答案】A

【解析】选项B加强环等并入，选项C按质量计算，选项D按质量计算，牛腿等并入。

考点七 ● 木结构工程（表5-27）

木结构工程　　　　**表5-27**

木屋架	榀或m^3
钢木屋架	榀

续表

木构件	木柱、木梁	m^3
	木楼梯	m^2 不扣除宽度小于 300mm 的楼梯井，伸入墙内部分不计算 栏杆（栏板），扶手：装饰列项
	木檩条、其他木构件	m 或 m^3
屋面木基层		斜面积计算 不扣除房上烟囱、风帽底座、风道、小气窗、斜沟等所占面积，小气窗的出檐部分不增加面积

【例题 1】根据《房屋建筑与装饰工程工程量计算规范》GB 50854—2013，钢木屋架工程应（　　）。（2018 年真题）

A．按设计图示数量以榀计算

B．按设计图示尺寸以体积计算

C．按设计图示尺寸以下弦中心线长度计算

D．按设计图示尺寸以上部屋面斜面积计算

【答案】A

【解析】① 木屋架，以榀计量时，按设计图示数量计算；以 m^3 计量时，按设计图示的规格尺寸以体积计算。② 钢木屋架，以榀计量，按设计图示数量计算。

【例题 2】根据《房屋建筑与装饰工程工程量计算规范》GB 50854—2013，木楼梯的工程量计算说法，正确的是（　　）。

A．按体积计算

B．不扣除宽度小于 300mm 的楼梯井

C．栏杆（栏板），扶手并入木楼梯的工程量计算

D．木楼梯伸入墙内的部分并入计算

【答案】B

【解析】木楼梯，按设计图示尺寸以水平投影面积"m^2"计算。不扣除宽度小于 300mm 的楼梯井，伸入墙内部分不计算。木楼梯的栏杆（栏板）、扶手，应按其他装饰工程中的相关项目编码列项。

考点八 ● 门窗工程（表 5-28）

门窗工程　　表 5-28

木门	木质门、木质门带套（不包括门套的面积，但门套应计算在综合单价中）、木质连窗门、木质防火门	樘或 m^2
	木门框	樘或 m
	木门锁安装	个或套
金属门（金属门锁不单独列项）		樘或 m^2（洞口尺寸）

续表

<table>
<tr><td>木质窗</td><td>洞口尺寸</td><td rowspan="3">樘或 m^2</td><td rowspan="3">工程量以“m^2”计算时，无洞口尺寸，按门框、扇外围以面积算（如防护铁丝门、钢质花饰大门）</td></tr>
<tr><td>木飘窗、木橱窗</td><td>框外围展开面积</td></tr>
<tr><td>木纱窗</td><td>框外围尺寸面积</td></tr>
<tr><td colspan="2">金属窗</td><td colspan="2">樘或 m^2</td></tr>
<tr><td rowspan="2">门窗套</td><td>门窗套、木筒子板</td><td colspan="2">樘或 m^2 或 m</td></tr>
<tr><td>门窗贴脸</td><td colspan="2">樘或 m</td></tr>
<tr><td colspan="2">窗帘盒、窗帘轨</td><td colspan="2">m</td></tr>
<tr><td colspan="2">窗帘</td><td colspan="2">m^2 或 m</td></tr>
<tr><td colspan="2">窗台板</td><td colspan="2">m^2</td></tr>
</table>

【例题 1】根据《房屋建筑与装饰工程工程量计算规范》GB 50854—2013，关于木质门及金属门工程量清单项目所包含的五金配件，下列说法正确的是（　　）。（2022 年补考真题）

A．木质门五金安装中未包括地弹簧安装

B．木质门五金安装中包括门锁安装

C．金属门五金安装中未包括电子锁安装

D．金属门五金安装中包括装饰拉手安装

【答案】D

【解析】选项 A 包含地弹簧安装；选项 B 中木门五金不含门锁，门锁安装单独列项计算；选项 C 包括了电子锁安装。

【例题 2】根据《房屋建筑与装饰工程工程量计算规范》GB 50854—2013，以“樘”计的金属橱窗项目特征中必须描述（　　）。（2019 年真题）

A．洞口尺寸　　B．玻璃面积

C．窗设计数量　　D．框外围展开面积

【答案】D

【解析】金属橱窗、飘（凸）窗以樘计量，项目特征必须描述框外围展开面积。

【例题 3】根据《房屋建筑与装饰工程工程量计算规范》GB 50854—2013，门窗工程量计算正确的是（　　）。（2018 年真题）

A．木门框按设计图示洞口尺寸以面积计算

B．金属纱窗按设计图示洞口尺寸以面积计算

C．石材窗台板按设计图示以水平投影面积计算

D．木门的门锁安装按设计图示数量计算

【答案】D

【解析】选项 A 应为长度或数量；选项 B 应为外围尺寸以面积；选项 C 应为展开面积。

考点九 ★屋面及防水工程（表 5-29、图 5-14）

屋面及防水工程　　表 5-29

<table>
<tr><td>瓦、型材屋面</td><td colspan="3">以斜面积计算
小气窗的出檐部分不增加面积</td><td rowspan="5">不扣除房上烟囱、风帽底座、风道、小气窗、斜沟等所占面积</td></tr>
<tr><td>阳光板玻璃钢</td><td colspan="3">以斜面积计，不扣除≤0.3m² 孔洞</td></tr>
<tr><td>膜结构屋面</td><td colspan="3">以需要覆盖的水平投影面积计算</td></tr>
<tr><td>屋面卷材防水
屋面涂膜防水</td><td colspan="3">斜屋顶按斜面积计算
平屋顶按水平投影面积计算
屋面的女儿墙、伸缩缝和天窗等处的弯起部分，并入屋面工程量内</td></tr>
<tr><td>屋面刚性防水</td><td colspan="3">按设计图示尺寸以面积计算</td></tr>
<tr><td>屋面排水管
屋面排透气管</td><td colspan="2">设计图示尺寸以长度计算</td><td colspan="2" rowspan="3">屋面防水搭接及附加层用量不另行计算，在综合单价中考虑</td></tr>
<tr><td>屋面泄水管</td><td colspan="2">根或个</td></tr>
<tr><td>天沟、檐沟防水</td><td colspan="2">以展开面积计算</td></tr>
<tr><td colspan="2">墙面防水防潮</td><td colspan="3">设计图示尺寸以“m²”计算</td></tr>
<tr><td colspan="2">墙面变形缝（如：双面×2）
屋面变形缝
楼地面变形缝</td><td colspan="3">设计图示尺寸以长度计算</td></tr>
<tr><td rowspan="5">楼地面防水防潮</td><td rowspan="5">设计图示尺寸以 m² 计算</td><td rowspan="3">楼地面防水</td><td colspan="2">按主墙间净面积计算</td></tr>
<tr><td colspan="2">扣除突出地面构筑物、设备基础等面积</td></tr>
<tr><td colspan="2">不扣除间壁墙及单个面积≤0.3m² 孔洞</td></tr>
<tr><td>反边高度≤300mm</td><td colspan="2">按地面防水计算</td></tr>
<tr><td>反边高度＞300mm</td><td colspan="2">按墙面防水计算</td></tr>
</table>

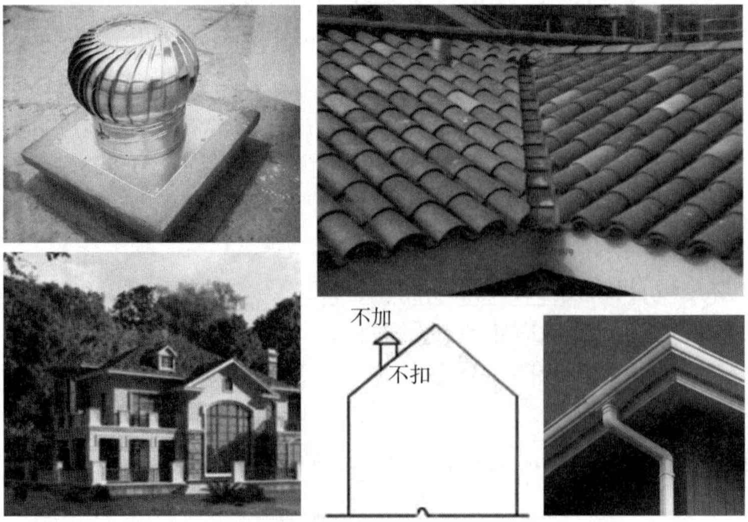

图 5-14　屋面烟囱、风帽底座、风道、小气窗、斜沟

【例题 1】根据《房屋建筑与装饰工程工程量计算规范》GB 50854—2013 规定，下列关于屋面防水剂其他工程量计算说法正确的是（　　）。（2023 年真题）

A．平屋顶找坡屋面卷材防水按水平投影面积计算

B．屋面刚性层按设计图示尺寸面积乘以厚度以“m^3”计算

C．屋面变形缝按设计图示尺寸宽度乘以长度以“m^2”计算

D．屋面排水管按设计图示尺寸断面面积乘以高度以“m^3”计算

【答案】A

【解析】屋面刚性防水，按设计图示尺寸以面积“m^2”计算。屋面变形缝，按设计图示以长度“m”计算。屋面排水管，按设计图示尺寸以长度“m”计算。

【例题 2】根据《房屋建筑与装饰工程工程量计算规范》GB 50854—2013，屋面卷材工程量计算，下列说法正确的是（　　）。（2022 年真题）

A．应扣除屋面小气窗所占面积

B．不扣除斜沟所占面积

C．屋面卷材空铺层所占面积另行计算

D．屋面女儿墙的弯起部分不计算

【答案】B

【解析】斜屋顶（不包括平屋顶找坡）按斜面积计算，平屋顶按水平投影面积计算，不扣除房上烟囱、风帽底座、风道、屋面小气窗和斜沟所占面积。

【例题 3】根据《房屋建筑与装饰工程工程量计算规范》GB 50854—2013，关于屋面工程量计算方法，正确的为（　　）。（2021 年真题）

A．瓦屋面按设计图示尺寸以水平投影面积计算

B．膜结构屋面按设计图示尺寸以斜面积计算

C．瓦屋面若是在木基层上铺瓦，木基层包含在综合单价中

D．型材屋面的金属檩条工作内容包含了檩条制作、运输和安装

【答案】D

【解析】瓦屋面、型材屋面，按设计图示尺寸以斜面积“m^2”计算，选项 A 错误；膜结构屋面，按设计图示尺寸以需要覆盖的水平投影面积“m^2”计算，选项 B 错误；瓦屋面若是在木基层上铺瓦，项目特征不必描述粘结层砂浆的配合比，瓦屋面铺防水层，按屋面防水项目编码列项，木基层按木结构工程编码列项，选项 C 错误。

考点十 ▲保温、隔热、防腐工程（表 5-30）

保温、隔热、防腐工程　　表 5-30

<table>
<tr><td rowspan="4">保温隔热防腐工程按“m^2”计算</td><td>保温隔热屋面</td><td colspan="2">保温隔热天棚（柱帽保温隔热并入此处）</td><td>保温隔热墙面</td></tr>
<tr><td>保温柱</td><td colspan="2">中心线展开长度×高度，以“m^2”计算，扣除面积＞$0.3m^2$梁所占面积</td><td rowspan="2">适用于不与墙、天棚连接的独立的柱、梁</td></tr>
<tr><td>保温梁</td><td colspan="2">中心线展开长度×长度，以“m^2”计算</td></tr>
<tr><td colspan="2">保温隔热楼地面</td><td colspan="2">扣除面积＞$0.3m^2$孔洞</td></tr>
</table>

续表

保温隔热防腐工程按“m^2”计算	面层 隔离层 涂料	平面防腐	扣除：突出地面构筑物、设备基础及面积＞$0.3m^2$孔洞 不增加：门洞／空圈／暖气包槽／壁龛开口部分
		立面防腐	扣除：门窗洞口及面积＞$0.3m^2$孔洞等面积 按展开面积：门／窗／洞口侧壁／垛突出部分
	特殊列项		踢脚线防腐，按楼地面装饰工程
m^3	砌筑沥青浸渍砖		按“m^3”体积计算

【例题 1】根据《房屋建筑与装饰工程工程量计算规范》GB 50854—2013 规定，下列关于保温隔热工程量计算说法，正确的是（　　）。（2023 年真题）

A．保温隔热屋面按设计图示尺寸面积乘以厚度以“m^3”计算

B．保温隔热墙面按设计图示尺寸面积乘以厚度以“m^3”计算

C．梁保温按设计图示梁断面保温层中心线展开长度乘以保温层长度以“m^2”计算

D．保温隔热楼地面按设计图示尺寸面积乘以厚度以“m^3”计算

【答案】C

【解析】保温隔热屋面按设计图示尺寸以面积“m^2”计算。保温隔热墙面按设计图示尺寸以面积“m^2”计算。保温梁按设计图示梁断面保温层中心线展开长度乘以保温层长度以面积计算。保温隔热楼地面按设计图示尺寸以面积“m^2”计算。

【例题 2】根据《房屋建筑与装饰工程工程量计算规范》GB 50854—2013 关于保温隔热工程量计算方法正确的为（　　）。（2021 年真题）

A．柱帽保温隔热包含在柱保温工程量内

B．池槽保温隔热按其他保温隔热项目编码列项

C．保温隔热墙面工程量计算时，门窗洞口侧壁不增加面积

D．梁按设计图示梁断面周长乘以保温层长度以面积计算

【答案】B

【解析】柱帽保温隔热应并入天棚保温隔热工程量内，选项 A 错误；门窗洞口侧壁以及与墙相连的柱，并入保温墙体工程量，选项 C 错误；梁按设计图示梁断面保温层中心线展开长度乘保温层长度以面积计算，选项 D 错误。

考点十一　▲楼地面装饰工程（表 5-31）

楼地面装饰工程　　表 5-31

整体面层	按设计图示尺寸以面积计算 扣除凸出地面构筑物、设备基础、室内铁道、地沟等所占面积 不扣除间壁墙和＜$0.3m^2$柱、垛、附墙烟囱及孔洞面积 不增加：门洞、空圈、暖气包槽、壁龛的开口部分
块料面层 橡塑面层 其他面层	按设计图示尺寸以面积计算 并入：门洞、空圈、暖气包槽、壁龛的开口部分

续表

踢脚线	m^2 或 m（新加）踢脚线防腐
楼梯、台阶	水平投影面积 m^2 计算 最后一个台阶＋300mm
零星装饰	楼梯台阶侧面装饰，≤0.5m^2 的楼地面装饰

【例题 1】根据《房屋建筑与装饰工程工程量计算规范》GB 50854—2013 规定，下列关于地面装饰工程量计算方说法，正确的是（　　）。（2023 年真题）

A．整体面层工程量扣除墙厚不大于 120mm 的间壁墙所占面积

B．整体地面垫层无须单独列项设置

C．整体地面找平层单独列项计算

D．橡胶面层地面中的找平层需要另外计算

【答案】D

【解析】整体面层扣除凸出地面构筑物、设备基础、室内铁道、地沟等所占面积，不扣除间壁墙及小于或等于 0.3m^2 柱、垛、附墙烟囱及孔洞所占面积。地面做法中，垫层需单独列项计算，而找平层综合在地面清单项目中，在综合单价中考虑，无须另行计算。橡塑面层项目中如涉及找平层，另按“找平层”项目编码列项。这一点与整体面层和块料面层不同，即橡塑面层工作内容中不含找平层，不计入综合单价，需要另外计算。

【例题 2】根据《房屋建筑与装饰工程工程量计算规范》GB 50854—2013，在下列楼地面装饰工程计量时，门洞，空圈，暖气包槽，壁龛应并入相应工程量内的楼地面为（　　）。（2021 年真题）

A．碎石材楼地面　　B．现浇水磨石楼地面

C．细石混凝土楼地面　　D．水泥砂浆楼地面

【答案】A

【解析】水泥砂浆楼地面、现浇水磨石楼地面、细石混凝土楼地面、菱苦土楼地面、自流坪楼地面，按设计图示尺寸以面积“时”计算，门洞、空圈、暖气包槽、壁龛的开口部分不增加面积。

【例题 3】根据《房屋建筑与装饰工程工程量计算规范》GB 50854—2013，楼地面装饰工程量计算正确的有（　　）。（2018 年真题）

A．现浇水磨石楼地面按设计图示尺寸以面积计算

B．细石混凝土楼地面按设计图示尺寸以体积计算

C．块料台阶面按设计图示尺寸以展开面积计算

D．金属踢脚线按延长米计算

E．石材楼地面按设计图示尺寸以面积计算

【答案】ADE

【解析】选项 B 按面积计算，选项 C 按水平投影面积。

【例题 4】根据《房屋建筑与装饰工程工程量计算规范》GB 50854—2013，石材踢脚线工程量应（　　）。（2018 年真题）

A. 不予计算　　B. 并入地面面层工程量
C. 按设计图示尺寸以长度计算　　D. 按设计图示长度乘以高度以面积计算

【答案】D

【解析】踢脚线包括水泥砂浆踢脚线、石材踢脚线、块料踢脚线、塑料板踢脚线、木质踢脚线、金属踢脚线、防静电踢脚线。工程量以平方米计量，按设计图示长度乘高度以面积计算；以“m”计量，按延长米计算。

考点十二 ▲墙、柱面装饰与隔断、幕墙工程（表 5-32）

墙、柱面装饰与隔断、幕墙工程　　表 5-32

按面积计算	墙面抹灰面积	扣除墙裙、门窗洞口及单个＞$0.3m^2$ 的孔洞面积 不扣除踢脚线、挂镜线和墙与构件交接处的面积 门窗洞口和孔洞的侧壁及顶面不增加面积 附墙柱、梁、垛、烟囱侧壁并入相应的墙面面积内 飘窗凸出外墙面增加的抹灰并入外墙工程量内
	柱（梁）面抹灰	图示柱（梁）断面周长乘以高度以面积计算
	零星抹灰	墙、柱（梁）面≤$0.5m^2$ 的少量分散的抹灰按零星抹灰项目编码列项
	柱（梁）面镶贴块料	按设计图示尺寸以镶贴表面积计算
	柱（梁）面装饰	柱帽、柱墩并入相应柱饰面工程量内

【例题 1】根据《房屋建筑与装饰工程工程量计算规范》GB 50854—2013 规定，下列关于墙面抹灰工程计算说法正确的是（　　）。（2023 年真题）

A. 外墙裙抹灰按其延长米长度以“m”计算
B. 内墙抹灰按主墙间的净长乘以高度（墙裙部分不予扣除）以“m^2”计算
C. 内墙裙抹灰按内墙净长线以“m”计算
D. 墙面勾缝按设计图示尺寸以面积“m^2”计算

【答案】D

【解析】① 外墙抹灰面积按外墙垂直投影面积计算。② 外墙裙抹灰面积按其长度乘以高度计算。③ 内墙抹灰面积按主墙间的净长乘以高度计算。无墙裙的内墙高度按室内楼地面至天棚底面计算；有墙裙的内墙高度按墙裙顶至天棚底面计算。但有吊顶天棚的内墙面抹灰，抹至吊顶以上部分在综合单价中考虑，不另计算。④ 内墙裙抹灰面积按内墙净长乘以高度计算。墙面一般抹灰、墙面装饰抹灰、墙面勾缝、立面砂浆找平层，按设计图示尺寸以面积计算。

【例题 2】根据《房屋建筑与装饰工程工程量计算规范》GB 50854—2013，关于抹灰工程量计算方法正确的是（　　）。（2021 年真题）

A. 柱面勾缝按图示尺寸以长度计算
B. 柱面抹麻刀石灰砂浆按柱面装饰抹灰列项
C. 飘窗凸出外墙面增加的抹灰在综合单价中考虑，不另计算
D. 有吊顶天棚的内墙面抹灰，抹至吊顶以上部分在综合单价中考虑

【答案】C

【解析】柱面勾缝，按设计图示柱断面周长乘高度以面积“m^2”计算，选项 A 错误；柱面抹麻刀石灰砂浆按柱（梁）面一般抹灰编码列项，选项 B 错误；有吊顶天棚的内墙面抹灰，抹至吊顶以上部分在综合单价中考虑，不另计算，选项 D 错误。

考点十三 ● 天棚工程（表 5-33）

天棚工程　　表 5-33

天棚抹灰	基本规则		m^2
	不扣除		间壁墙、垛、柱、附墙烟囱、检查口、管道所占面积
	并入		带梁天棚、梁两侧抹灰面积
	楼梯		板式楼梯底面抹灰按斜面积计算
			锯齿形楼梯按展开面积计算
天棚工程	吊顶	基本规定	m^2
		扣除	$>0.3m^2$ 孔洞、独立柱及与天棚相连的窗帘盒
		不扣除	间壁墙、检查口、附墙烟囱、柱、垛和管道
		不增加	灯槽及跌级、锯齿形、吊挂式、藻井式天棚面积
	采光天棚		按框外围展开面积计算
	采光天棚骨架		按金属结构工程项目编码列项
	其他装饰	灯带	按设计图示尺寸框外围面积计算
		送风口 回风口	按设计图示规定数量计算

【例题 1】根据《房屋建筑与装饰工程工程量计算规范》GB 50854—2013，关于天棚工程量计算方法，正确的为（　　）。（2021 年真题）

A．带梁天棚梁两侧抹灰面积并入天棚面积内计算

B．板式楼梯底面抹灰按设计图示尺寸以水平投影面积计算

C．吊顶天棚中的灯带按照设计图示尺寸以长度计算

D．吊顶天棚的送风口和回风口，按框外围展开面积计算

【答案】A

【解析】板式楼梯底面抹灰按斜面积计算，选项 B 错误；灯带（槽），按设计图示尺寸以框外围面积“m^2”计算，选项 C 错误；送风口、回风口无论所占面积大小均按数量计算，选项 D 错误。

【例题 2】根据《房屋建筑与装饰工程工程量计算规范》GB 50854—2013，天棚抹灰工程量计算正确的是（　　）。（2018 年真题）

A．扣除检查口和管道所占面积

B．板式楼梯底面抹灰按水平投影面积计算

C．扣除间壁墙、垛和柱所占面积

D．锯齿形楼梯底板抹灰按展开面积计算

【答案】D

【解析】选项 A 不扣除，选项 B 按斜面积计算，选项 C 不扣除。

【例题 3】根据《房屋建筑与装饰工程工程量计算规范》GB 50854—2013 规定，关于天棚装饰工程量计算，说法正确的是（　　）。（2014 年真题）

A．灯带（槽）按设计图示尺寸以框外围面积计算

B．灯带（槽）按设计图示尺寸以延长米计算

C．送风口按设计图示尺寸以结构内边线面积计算

D．回风口按设计图示尺寸以面积计算

【答案】A

【解析】选项 B 按面积，选项 C 和选项 D 按个数计算。

【例题 4】天棚吊顶工程量中，应扣除的不包括（　　）。

A．$>0.3m^2$ 孔洞　　B．独立柱

C．与天棚相连的窗帘盒　　D．附墙烟囱

【答案】D

【解析】吊顶天棚，按设计图示尺寸以水平投影面积“m^2”计算。天棚面中的灯槽及跌级、锯齿形、吊挂式、藻井式天棚面积不展开计算。不扣除间壁墙、检查口、附墙烟囱、柱垛和管道所占面积，扣除单个 $>0.3m^2$ 的孔洞、独立柱及与天棚相连的窗帘盒所占的面积。

考点十四 ● 油漆、涂料、裱糊工程（表 5-34）

油漆、涂料、裱糊工程　　表 5-34

樘（m）	门、窗油漆
长度	木扶手油漆 其他板条线条油漆 线条刷涂料 抹灰线条油漆
质量或展开面积	金属面油漆 金属构件刷防水涂料
面积	① 刷喷涂料 ② 抹灰面油漆 ③ 木材面油漆：木栏杆（带扶手） ④ 满刮腻子（抹灰面油漆和刷涂料工作内容中已包含，不单独列项） ⑤ 刷喷涂料 ⑥ 裱糊

【例题 1】根据《房屋建筑与装饰工程工程量计算规范》GB 50854—2013 规定，下列关于油漆工程量计算说法，正确的是（　　）。（2023 年真题）

A．窗油漆中“刮腻子”单独计算

B．暖气罩油漆工程按设计图示尺寸以面积“m^2”计算

C．木栏杆油漆，按设计图示尺寸以双面外围面积“m^2”计算

D．木栏杆扶手油漆单独编码列项计算

【答案】B

【解析】窗油漆工作内容中包括“刮腻子”，应在综合单价中考虑，不另计算工程量。暖气罩油漆及其他木材面油漆的工程量均按设计图示尺寸以面积计算。木栅栏及木栏杆（带扶手）油漆，按设计图示尺寸以单面外围面积计算。木栏杆（带扶手）油漆，扶手油漆在综合单价中考虑，不单独列项计算工程量。

【例题 2】根据《房屋建筑与装饰工程工程量计算规范》GB 50854—2013，关于油漆、涂料工程量计算，说法正确的是（　　）。（2016 年真题）

A．木材构件喷刷防火涂料按设计图示以面积计算

B．金属构件刷防火涂料按构件单面外围面积计算

C．空花格、栏杆刷涂料按设计图示尺寸以双面面积计算

D．线条刷涂料按设计展开面积计算

【答案】A

【解析】选项 B 按质量或展开面积计算；选项 C 以面积计算，不是双面；选项 D 按长度计算。

考点十五 ● 其他装饰工程（表 5-35）

其他装饰工程　　表 5-35

柜类、货架		个或 m 或 m^3
按面积计	洗漱台外接矩形	不扣除：孔洞、挖弯、削角所占面积
		并入：挡板、吊沿板面积
	暖气罩（垂直投影）镜面玻璃；雨篷； 平面、箱式招牌（正立面边框外围面积）	
按数量计	柜类、货架；晒衣架，帘子杆等； 金属旗杆；竖式标箱、灯箱；美术字	
按长度计	扶手装饰、栏杆装饰、栏板装饰、装饰线	

【例题】关于其他装饰工程工程量计算的说法，不正确的有（　　）。

A．硬木靠墙扶手工程量按设计图示尺寸以扶手中心线以长度（不包括弯头长度）计算

B．金属暖气罩，按设计图示尺寸以垂直投影面积（展开）“m^2”计算

C．洗漱台按设计图示尺寸以台面外接矩形面积计算，扣除孔洞、挖弯、削角所占面积

D．平面、箱式招牌按设计图示尺寸以正立面边框外围面积“m^2”计算

E．玻璃雨棚按设计图示尺寸以水平投影面积“m^2”计算

【答案】ABC

【解析】选项 A 包括弯头长度，选项 B 不展开，选项 C 不扣除孔洞等所占面积。

考点十六 ● 拆除工程（表 5-36）

拆除工程 表 5-36

砖砌体拆除	按拆除的体积计算；按拆除的延长米计算
混凝土及钢筋混凝土构件拆除	按“m^3；m^2；m”计量
木构件拆除	按“m^3；m^2；延长米”计量
抹灰面拆除	按拆除部位的面积“m^2”计算
块料面层拆除	按拆除部位的面积“m^2”计算
龙骨及饰面拆除	按拆除部位的面积“m^2”计算
屋面拆除	按铲除部位的面积“m^2”计算
铲除油漆涂料裱糊	以“m^2”计量，按铲除部位的面积计算 以“m”计量，按按铲除部位的延长米计算
栏杆栏板、轻质隔断隔墙拆除	按拆除部位的面积计算 按拆除的延长米计算
门窗拆除	按拆除面积计算；按拆除樘数计算
金属构件拆除	质量或延长米
管道及卫生洁具拆除	管道拆除，按延长米“m”计算 卫生洁具拆除，按“套或个”计算
灯具、玻璃拆除	灯具拆除，按“套”计算 玻璃拆除，按“m^2”计算
其他构件拆除	暖气罩拆除、柜体拆除：个数；延长米 窗台板拆除、筒子板拆除：块，延长米 窗帘盒拆除、窗帘轨拆除：延长米
开孔（打洞）	按数量“个”计算

【例题 1】根据《房屋建筑与装饰工程工程量计算规范》GB 50854—2013 规定，关于钢筋混凝土构件的拆除，下列正确的是（　　）。（2023 年真题）

A．按拆除构件的体积以“m^3”计

B．按拆除构件的面积以“m^2”计

C．按拆除部位的延长米计算

D．项目特征描述中说明构件表面的附着物种类

E．以“m^3”计需要描述构件尺寸

【答案】ABCD

【解析】混凝土构件拆除、钢筋混凝土构件拆除以“m^3”计量，按拆除构件的混凝土体积计算；以“m^2”计量，按拆除部位的面积计算；以“m”计量，按拆除部位的延长米计算。以“m^3”作为计量单位时，可不描述构件的规格尺寸；以“m^2”作为计量单位时，则应描述构件的厚度；以“m”作为计量单位时，则必须描述构件的规格尺寸。项目特征

描述中构件表面的附着物种类指抹灰层、块料层、龙骨及装饰面层等。

【例题 2】根据《房屋建筑与装饰工程工程量计算规范》GB 50854—2013，对于混凝土及钢筋混凝土构建拆除，下列不是项目特征必须描述的内容是（　　）。（2022 年补考真题）

A．构件名称　　　　　　　　　　B．构件规格尺寸

C．构件混凝土强度　　　　　　　D．构件表面附着物种类

【答案】B

【解析】以“m^3”作为计量单位时，可不描述构件的规格尺寸；以“m^2”作为计量单位时，则应描述构件的厚度；以“m”作为计量单位时，则必须描述构件的规格尺寸。

【例题 3】关于拆除工程，下列说法错误的是（　　）。

A．钢梁拆除按拆除构件的质量计算

B．木门窗拆除按拆除面积计算时，项目特征描述：室内高度、门窗洞口尺寸

C．屋面拆除包括刚性层拆除、防水层拆除，按铲除部位的面积计算

D．砌体拆除以“m^3”计量，截面尺寸则不必描述

【答案】B

【解析】木门窗拆除、金属门窗拆除以“m^2”计量，按拆除面积计算；以樘计量，按拆除樘数计算。项目特征描述：室内高度、门窗洞口尺寸。

考点十七 ★ 措施项目（表 5-37）

措施项目　　　　**表 5-37**

<table>
<tr><th>措施项目</th><th colspan="3">计算规则</th></tr>
<tr><td rowspan="2">综合脚手架</td><td rowspan="2">按建筑面积</td><td>不适用</td><td>房屋加层、构筑物及附属工程</td></tr>
<tr><td>檐口高度</td><td>指设计室外地坪至檐口滴水高度（平屋顶屋面板底高度）
突出主体建筑物屋顶的电梯机房、楼梯出口间、水箱间、瞭望塔、排烟机房等不计入檐口高度</td></tr>
<tr><td>外脚手架、里脚手架
整体提升架、外装饰吊篮</td><td colspan="3">按所服务对象的垂直投影面积计算</td></tr>
<tr><td>悬空、满堂脚手架</td><td colspan="2">按搭设水平投影面积</td><td>满堂脚手架应按搭设方式、搭设高度、脚手架材质分别列项</td></tr>
<tr><td>挑脚手架</td><td colspan="3">长度 × 层数，按延长米计算</td></tr>
<tr><td rowspan="4">混凝土模板及支架</td><td rowspan="4">按模板与构件的接触面积计算</td><td>混凝土基础</td><td>原槽浇灌的混凝土基础不计算</td></tr>
<tr><td>梁、板支撑高度＞3.6m</td><td>项目特征应描述支撑高度</td></tr>
<tr><td>现浇钢筋混凝土墙、板</td><td>不扣除：单孔面积≤0.3m^2 孔洞，洞侧壁模板不增加
扣除：单孔面积＞0.3m^2 孔洞，洞侧壁模板并入</td></tr>
<tr><td>现浇框架</td><td>附墙柱、暗梁、暗柱并入墙内</td></tr>
</table>

续表

<table>
<tr><th colspan="2">措施项目</th><th colspan="3">计算规则</th></tr>
<tr><td colspan="2" rowspan="4">混凝土模板及支架</td><td rowspan="2">按模板与构件的接触面积计算</td><td>柱、梁、墙、板重叠部分</td><td>不计算模板面积</td></tr>
<tr><td>构造柱</td><td>按图示外露部分计算模板面积</td></tr>
<tr><td rowspan="2">按水平投影面积计算</td><td>楼梯</td><td>按水平投影面积计算
不扣除：宽度≤500mm的楼梯井所占面积
不另计算：楼梯踏步，踏步板、平台梁侧模
不增加：伸入墙内部分</td></tr>
<tr><td>雨篷、悬挑板、阳台板</td><td>按外挑部分水平投影面积计算
不计算：挑出墙外的悬臂梁及板边</td></tr>
<tr><td colspan="2">垂直运输</td><td colspan="3">m^2 或 d</td></tr>
<tr><td colspan="2">超高施工增加
（单层＞20m，多层＞6层）
注：地下室不计入层数</td><td colspan="3">按建筑物超高部分的建筑面积计算</td></tr>
<tr><td colspan="2">大型机械设备进出场及安拆</td><td colspan="3">台次</td></tr>
<tr><td rowspan="2">施工排水、降水</td><td>成井</td><td colspan="2">钻孔深度：m</td><td rowspan="2">不包括：临时排水沟，排水设施的安装、维护、拆除</td></tr>
<tr><td>排水、降水</td><td colspan="2">昼夜</td></tr>
<tr><td rowspan="2">安全文明施工及其他措施项目</td><td>安全文明施工</td><td colspan="3">环境保护、文明施工、安全施工、临时设施</td></tr>
<tr><td>其他措施项目</td><td colspan="3">夜间施工、非夜间施工照明、二次搬运、冬雨期施工、临时设施保护、已完工程及设备保护</td></tr>
</table>

【例题1】根据《房屋建筑与装饰工程工程量计算规范》GB 50854—2013规定，下列关于超高施工增加和垂直运输措施项目工程量计算，说法正确的有（　　）。（2023年真题）

A．超高施工增加按建筑物超高部分的建筑面积“m^2”计算

B．单层建筑物檐口高度超过20m，多层建筑物超过6层时才计算超高施工增加

C．垂直运输机械的场外运输及安拆按大型机械设备进出场及安拆编码列项

D．垂直运输设备基础单独列项

E．同一建筑高度不同檐高时，垂直运输按建筑物不同檐高分别编码列项计算

【答案】ABCE

【解析】垂直运输设备基础应计入综合单价，不单独编码列项计算工程量，但垂直运输机械的场外运输及安拆按大型机械设备进出场及安拆编码列项计算工程量。

【例题2】根据《房屋建筑与装饰工程工程量计算规范》GB 50854—2013规定，冬雨期施工费包括（　　）。（2023年真题）

A．冬期施工防寒措施及清扫积雪

B．雨期防雨施工措施及排降雨积水

C．风期施工措施

D．临时排水沟

E．冬雨期施工工人劳保用品及施工降效

【答案】ABCE

【解析】冬雨（风）期施工包含的工作内容及范围有：冬雨（风）期施工时增加的临时设施（防寒保温、防雨、防风设施）的搭设、拆除；冬雨（风）期施工时，对砌体、混凝土等采用的特殊加温、保温和养护措施；冬雨（风）期施工时，施工现场的防滑处理、对影响施工的雨雪的清除，包括冬雨（风）期施工时增加的临时设施、施工人员的劳动保护用品，冬雨（风）期施工劳动效率降低等。

【例题 3】根据《房屋建筑与装饰工程工程量计算规范》GB 50854—2013，以下措施项目以“项”为计量单位的是（　　）。（2022 年真题）

A．超高施工增加　　B．大型机械安装进出场

C．施工降水　　D．非夜间施工照明费

【答案】D

【解析】其余选项均为单价措施项目。

【例题 4】不同建筑高度的建筑，按不同檐口高度分别计算工程量的是（　　）。（2022 年真题）

A．垂直运输　　B．超高施工增加

C．二次搬运　　D．大型机械进出场

E．脚手架

【答案】ABE

【解析】当同一建筑物有不同檐高时，脚手架工程、垂直运输、超高施工增加均按建筑物的不同檐高做纵向分割，分别计算建筑面积，以不同檐高分别编码列项。

本章精选习题

一、单项选择题（每题 1 分。每题的备选项中，只有一个最符合题意）

1. 关于工程量计算规范和消耗量定额，说法正确的是（　　）。

A．二者的计算方法基本一致

B．二者的用途基本相同

C．二者项目划分和综合的工作内容基本相同

D．二者的计算口径基本一致

2. 根据国家建筑标准设计图集（图集号：16G101）中的平法施工图注写方式，以下不正确的是（　　）。

A．“KL7（5A）”表示 7 号楼层框架梁，5 跨，一端悬挑

B．“梁 300 × 700Y400 × 300”表示梁规格为 300 × 700，水平加腋长、宽分别为 400、300

C．“LB5B：XΦ12@120；YΦ10@100”表示 5 号楼板，板下部 X 向贯通纵筋Φ12@120，板下部 Y 向贯通纵筋Φ10@100

D．“h = 130（P150）”表示梯段板厚度 130，梯板平板段厚度 150

3. 某独立基础配筋为 DJJ01T：8Φ18@100/Φ10@200，以下说法不正确的是（　　）。

A．序号为 01 的普通阶形截面独立基础

B．基础底板顶部配置钢筋

C．受力筋为 8 根直径 18mm 的 HRB400 级钢筋，间距为 100mm

D．另一方向的受力筋为直径 10mm 的 HRB400 级钢筋，间距为 200mm

4. 关于建筑面积的计算规则，下列说法正确的是（　　）。

A．装饰作用的幕墙，应按幕墙外边线计算建筑面积

B．建筑物下部是砌体，上部是彩钢板时，当砌体高度 $h<0.45$m 时，建筑面积按彩钢板外围水平面积计算

C．建筑物内设有局部楼层时，局部楼层的一层按 2.2m 单独计算建筑面积

D．无柱雨篷按其结构板水平投影面积的 1/2 计算建筑面积

5. 根据《建筑工程建筑面积计算规范》GB/T 50353—2013，按其结构底板水平面积 1/2 计算建筑面积的是（　　）。

A．场馆看台下方　　B．有维护设施的室外檐廊

C．主体结构内的阳台　　D．有围护设施的架空走廊

6. 根据《建筑工程建筑面积计算规范》GB/T 50353—2013，关于建筑面积计算，正确的说法是（　　）。

A．建筑物顶部有围护结构的楼梯间层高不足 2.2m 的，按 1/2 计算面积

B．建筑物主体结构内的阳台按其结构底板水平投影面积计算全部面积

C．有顶盖的采光井，结构净高在 2.2m 以下的，按 1/2 计算面积

D．高低联跨建筑物，当高低跨内部不连通时，其变形缝计算在低跨内

7. 根据《建筑工程建筑面积计算规范》GB/T 50353—2013，不计算建筑面积的是（　　）。

A．建筑物外墙外侧保温隔热层　　B．建筑物内的变形缝

C．无围护结构的观光电梯　　D．有围护结构的屋顶水箱间

8. 根据《房屋建筑与装饰工程工程量计算规范》GB 50854—2013，关于土石方工程量计算，说法不正确的是（　　）。

A．挖土方如需截桩头时，应按桩基础工程相关项目列项

B．管沟无管底垫层按管外径的水平投影面积乘以挖土深度计算

C．室内回填按主墙间净面积乘以回填厚度，扣除间隔墙

D．余方弃置按挖方清单项目工程量减利用回填方体积计算

9. 根据《房屋建筑与装饰工程工程量计算规范》GB 50854—2013，建筑物外墙砖基础垫层底宽为 850mm，基槽挖土深度为 1600mm，设计中心线为 40000mm，土层为三类土，放坡系数为 1∶0.33，则此外墙基础人工挖沟槽清单工程量应为（　　）。

A．$34m^3$　　B．$54.4m^3$

C．$88.2m^3$　　D．$113.8m^3$

10. 根据《房屋建筑与装饰工程工程量计算规范》GB 50854—2013，关于地基与基础工程的工程量计算规则，正确的说法是（　　）。

A．预制钢筋混凝土板桩按设计图示尺寸以桩长（包括桩尖）为单位计算

B．钢板桩按设计图示尺寸以体积计算

C．喷射混凝土按设计尺寸以体积计算

D．地下连续墙按设计图示墙中心线乘槽深的面积计算

11. 根据《房屋建筑与装饰工程工程量计算规范》GB 50854—2013，关于桩基础工程的工程量计算的规则，说法不正确的是（　　）。

A．泥浆护壁成孔灌注桩只能按根数计算

B．沉管灌注桩按设计图示尺寸以桩长（包括桩尖）计算

C．钢管桩按设计图示尺寸以质量计算

D．压浆桩按设计图示尺寸以桩长计算

12. 根据《房屋建筑与装饰工程工程量计算规范》GB 50854—2013，打桩工程量计算正确的是（　　）。

A．打预制钢筋混凝土方桩，按设计图示尺寸桩长以“m”计算，送桩工程量另计

B．打预制钢筋混凝土管桩，按设计图示数量以根计算，截桩头工程量另计

C．钢管桩按设计图示截面积乘以桩长，以实体积计算

D．桩基础项目（打桩和灌注桩）均包括了承载力检测、桩身完整性检测等内容

13. 根据《房屋建筑与装饰工程工程量计算规范》GB 50854—2013，下列关于砖基础工程量计算中的基础与墙身的划分，正确的是（　　）。

A．以设计室内地坪为界（包括有地下室建筑）

B．基础与墙身使用材料不同时，以材料界面为界

C．基础与墙身使用材料不同时，以材料界面另加 300mm 为界

D．围墙基础应以设计室外地坪为界

14. 根据《房屋建筑与装饰工程工程量计算规范》GB 50854—2013，现浇混凝土梁的计算规则，不正确的是（　　）。

A．伸入砖墙墙内的梁头、梁垫并入梁体积内

B．梁与柱连接时，梁长算至柱侧面

C．主梁与次梁连接时，次梁长算至主梁侧面

D．当梁与混凝土墙连接时，梁的长度应计算到混凝土墙的外侧

15. 根据《房屋建筑与装饰工程工程量计算规范》GB 50854—2013 规定，关于现浇混凝土板的工程量计算正确的是（　　）。

A．伸入墙内的板头不另增加

B．雨篷按设计外墙中心线外图示体积计算

C．薄壳板的肋、基梁并入薄壳体积内计算

D．空心板按设计图示尺寸以体积计算不扣除空心部分体积

16. 根据《房屋建筑与装饰工程工程量计算规范》GB 50854—2013，现浇混凝土挑檐、雨篷与圈梁连接时，其工程量计算的分界线应为（　　）。

A．梁外边线　　B．梁内边线

C．外墙外边线　　D．板内边线

17. 根据《房屋建筑与装饰工程工程量计算规范》GB 50854—2013，计算现浇混凝土楼梯工程量时，正确的做法是（　　）。

A．以斜面积计算　　B．扣除宽度小于 500mm 的楼梯井

C．伸入墙内部分不另增加　　　　D．整体楼梯不包括连接梁

18. 根据《房屋建筑与装饰工程工程量计算规范》GB 50854—2013，球形节点钢网架工程量（　　）。

A．按设计图示尺寸以质量计算

B．按设计图示尺寸以榀计算

C．按设计图示尺寸以铺设水平投影面积计算

D．按设计图示构件尺寸以总长度计算

19. 根据《房屋建筑与装饰工程工程量计算规范》GB 50854—2013，门窗工程的工程量计算正确的是（　　）。

A．金属推拉门按设计图示尺寸以窗净面积计算

B．金属窗套按设计图示尺寸以展开面积计算

C．铝合金窗帘盒按设计图示尺寸以展开面积计算

D．窗帘轨按设计图示数量计算

20. 根据《房屋建筑与装饰工程工程量计算规范》GB 50854—2013，屋面卷材防水工程量计算正确的是（　　）。

A．平屋顶按水平投影面积计算

B．平屋顶找坡按斜面积计算

C．扣除房上烟囱、风道所占面积

D．女儿墙、伸缩缝的弯起部分不另增加

21. 根据《房屋建筑与装饰工程工程量计算规范》GB 50854—2013，关于混凝土模板工程量计算，说法正确的是（　　）。

A．构造柱按图示外露部分计算模板面积

B．天沟、檐沟按模板与现浇混凝土构件的接触长度计算

C．雨篷按图示外挑部分尺寸的水平投影面积计算，包括挑出墙外的悬臂梁及板边

D．楼梯按水平投影面积计算，包括踏步、踏步板、平台梁等侧面模板的面积

22. 根据《房屋建筑与装饰工程工程量计算规范》GB 50854—2013，在措施项目中，下列有关垂直运输清单工程量的计算规则，不正确的是（　　）。

A．垂直运输设备基础应单独编码列项计算工程量

B．可按建筑面积计算，单位：m^2

C．可按施工工期日历天数计算，单位：d

D．垂直运输机械的场外运输及安拆按大型机械设备进出场及安拆编码列项计算工程量

二、多项选择题（每题 2 分。每题的备选项中，有 2 个或 2 个以上符合题意，至少有 1 个错项。错选，本题不得分；少选，所选的每个选项得 0.5 分）

1. 根据《建筑工程建筑面积计算规范》GB/T 50353—2013，计算建筑面积时，计算规则正确的有（　　）。

A．建筑物顶部有围护结构的楼梯间，层高不足 2.2m 的不计算

B．有柱雨篷按其结构板水平投影面积 1/2 计算建筑面积

C．有顶盖的采光井应按一层计算面积

D．室外楼梯应并入所依附建筑物自然层，并应按水平投影面积计算

E．窗台与室内地面高差在 0.45m 以下的飘窗计算 1/2 面积

2. 根据《建筑工程建筑面积计算规范》GB/T 50353—2013，应按一层计算建筑面积的是（　　）。

A．建筑物的门厅、大厅　　B．无结构层的立体书库

C．建筑物的电梯井　　D．有顶盖的采光井

E．过街楼底层的开放公共空间

3. 根据《房屋建筑与装饰工程工程量计算规范》GB 50854—2013，关于管沟土方工程量计算的说法，正确的有（　　）。

A．按管沟宽乘以深度再乘以管道中心线长度计算

B．按设计管道中心线长度计算

C．按设计管底垫层面积乘以深度以体积计算

D．按管道外径水平投影面积乘以深度以体积计算

E．按管沟开挖断面乘以管道中心线长度计算

4. 根据《房屋建筑与装饰工程工程量计算规范》GB 50854—2013，下列关于混凝土及钢筋混凝土工程量计算，正确的有（　　）。

A．天沟、挑檐板按设计厚度以面积计算

B．现浇混凝土墙的工程量不包括墙垛体积

C．散水、坡道按图示尺寸以面积计算

D．地沟按设计图示以中心线长度计算

E．沟盖板、井盖板以个计算

5. 根据《房屋建筑与装饰工程工程量计算规范》GB 50854—2013，关于混凝土工程量计算的说法，正确的有（　　）。

A．有梁板的柱高应自柱基上表面至上一层楼板下表面之间的高度计算

B．依附柱上的牛腿及升板的柱帽，并入柱身体积内计算

C．现浇混凝土无梁板按板和柱帽的体积之和计算

D．预制混凝土楼梯按水平投影面积计算

E．架空式混凝土台阶，按现浇楼梯计算

6. 根据《房屋建筑与装饰工程工程量计算规范》GB 50854—2013 规定，钢筋工程量计算正确的有（　　）。

A．Φ20 钢筋一个半圆弯钩的增加长度为 125mm

B．Φ16 钢筋一个 90° 弯钩的增加长度为 56mm

C．Φ20 钢筋弯起 45°，弯起高度为 450mm，弯起增加的长度为 186.3mm

D．吊筋长度＝2×斜段长度＋次梁宽度＋2×50

E．箍筋根数＝构件长度／箍筋间距＋1

7. 根据《房屋建筑与装饰工程工程量计算规范》GB 50854—2013，关于金属结构工程量计算，说法正确的有（　　）。

A．编制钢网架项目清单时，耐火极限需要描述

B．钢管柱上的节点板、加强环等不另增加质量

C．压型钢板墙板按设计图示尺寸以铺挂面积计算，包括窗台泛水面积

D．加工铁件等小型构件，按零星钢构件项目编码列项

E．抹灰钢丝网加固按砌块墙钢丝网加固项目编码列项

8. 根据《房屋建筑与装饰工程工程量计算规范》GB 50854—2013，关于墙面变形缝、防水、防潮工程量，计算正确的为（　　）。

A．墙面卷材防水按设计图示尺寸以面积计算

B．墙面防水搭接及附加层用量应另行计算

C．墙面砂浆防水项目中，钢丝网不另行计算，在综合单价中考虑

D．墙面变形缝按设计图示立面投影面积计算

E．墙面变形缝，若做双面，按设计图示长度尺寸乘以 2 计算

9. 根据《房屋建筑与装饰工程工程量计算规范》GB 50854—2013，关于楼地面装饰工程量计算，正确的有（　　）。

A．现浇水磨石楼地面按设计图示尺寸以面积计算

B．细石混凝土楼地面按设计图示尺寸以体积计算

C．块料台阶面按设计图示尺寸以展开面积计算

D．金属踢脚线按延长米计算

E．石材楼地面按设计图示尺寸以面积计算

10. 根据《房屋建筑与装饰工程工程量计算规范》GB 50854—2013，关于措施项目，说法正确的有（　　）。

A．挑脚手架按搭设的水平投影面积计算

B．垂直运输按施工工期日历天数计算，以 d 为单位

C．多层建筑物超过 6 层时（包括地下室层数），按超高部分的建筑面积计算超高施工增加

D．排水、降水按日历天数计“昼夜”计算

E．安全文明施工含环境保护、文明施工、安全施工和临时设施

11. 根据《房屋建筑与装饰工程工程量计算规范》GB 50854—2013，关于措施项目工程量计算，正确的有（　　）。

A．里脚手架按建筑面积计算

B．满堂脚手架按搭设水平投影面积计算

C．混凝土墙模板按模板与墙接触面积计算

D．超高施工增加费包括人工、机械降效，供水加压以及通信联络设备费用

E．大型机械设备进出场及安拆、冬雨期施工等属于总价措施项目

精选习题答案及解析

一、单项选择题

1.【答案】A

【解析】两者的用途不同，工程量计算规范主要用于算量，消耗量定额主要用于计

价，选项 B 错误；项目划分和综合的工作内容不同，工程量计算规范清单项目划分是基于“综合实体”进行设置的，体现功能单元，而消耗量定额项目划分一般是基于施工工序进行设置的，体现施工单元，选项 C 错误；二者的计算口径不一致，工程量计算规范是净量，而消耗量定额考虑加工余量，选项 D 错误。

2. 【答案】B

【解析】竖向加腋长、高分别为 400、300。

3. 【答案】D

【解析】沿底板顶部受力筋下垂直布置分布筋，直径 10mm 的 HRB400 级钢筋，间距为 200mm。

4. 【答案】B

【解析】装饰幕墙不算建筑面积，选项 A 错误；局部楼层的一楼不再单独计算面积，选项 C 错误；无柱雨篷挑出外墙外边线超过 2.1m 且不能跨层，按其结构板水平投影面积的 1/2 计算建筑面积，选项 D 错误。

5. 【答案】D

【解析】场馆看台下的建筑空间，与坡屋面面积计算规则一样，选项 A 错误；有围护设施（或柱）的檐廊，应按其围护设施（或柱）外围水平面积计算 1/2 面积，选项 B 错误；主体结构内的阳台，应按其结构外围水平面积计算全面积，选项 C 错误。

6. 【答案】A

【解析】建筑物主体结构内的阳台按其外围水平面积计算全面积，选项 B 错误；有顶盖的采光井，结构净高在 2.1m 以下的，按 1/2 计算面积，选项 C 错误；当高低跨内部连通时，其变形缝计算在低跨内，选项 D 错误。

7. 【答案】C

【解析】建筑物的外墙外保温层应按其保温材料的水平截面积计算，并计入自然层筑面积，选项 A 错误；与室内相通的变形缝，应按其自然层合并在建筑物建筑面积内计算，选项 B 错误；设在建筑物顶部的、有围护结构的楼梯间、水箱间、电梯机房等，结构层高在 2.20m 及以上的应计算全面积；结构层高在 2.20m 以下的，应计算 1/2 面积。选项 D 错误。

8. 【答案】C

【解析】室内回填按主墙间净面积乘以回填厚度，不扣除间隔墙。

9. 【答案】B

【解析】$0.85 \times 1.6 \times 40 = 54.4m^3$。

10. 【答案】A

【解析】钢板桩以“t”计量，按设计图示尺寸以质量计算或以“m”计量，按设计图示墙中心线长乘以桩长以面积计算，选项 B 错误；喷射混凝土（水泥砂浆），按设计图示尺寸以面积“m”计算，选项 C 错误；地下连续墙，按设计图示墙中心线长乘以厚度乘以槽深以体积“m”计算，选项 D 错误。

11. 【答案】A

【解析】泥浆护壁成孔灌注桩还能以“m”计量，按设计图示尺寸以桩长（包括桩尖）计算或以“m^3”计量，按不同截面在桩上范围内以体积计算。

12.【答案】B

【解析】打桩的工作内容中包括了接桩和送桩，无须单独列项，应在综合单价中考虑，选项A错误；钢管桩以“t”计量，按设计图示尺寸以质量计算或以“根”计量，按设计图示数量计算，选项C错误；桩基础项目（打桩和灌注桩）均未包括承载力检测、桩身完整性检测等内容，选项D错误。

13.【答案】D

【解析】基础与墙（柱）身使用同种材料时，以设计室内地面为界（有地下室者，以地下室室内设计地面为界），以下为基础，以上为墙（柱）身；基础与墙身使用不同材料时，位于设计室内地面高度≤±300mm时，以不同材料为分界线；高度＞±300mm时，以设计室内地面为分界线。

14.【答案】D

【解析】当梁与混凝墙连接时，梁的长度应计算到混凝土墙的侧面。

15.【答案】C

【解析】各类板伸人墙内的板头并入板体积内计算，选项A错误；雨篷、悬挑板、阳台板，按设计图示尺寸以墙外部分体积“m”计算，包括伸出墙外的牛腿和雨篷反挑檐的体积，选项B错误；空心板按设计图示尺寸以体积计算，应扣除空心部分体积，选项D错误。

16.【答案】A

【解析】现浇混凝土挑檐、雨篷与圈梁（包括其他梁）连接时，以梁外边线为分界线。

17.【答案】C

【解析】以“m^2”计量，按设计图示尺寸以水平投影面积计算，不扣除宽度≤500mm的楼梯井，伸入墙内部分不计算；以“m^3”计量，按设计图示尺寸以体积计算。整体楼梯（包括形楼梯、弧形楼梯）水平投影面积包括休息平台、平台梁、斜梁和楼梯的连接梁。

18.【答案】A

【解析】钢网架工程量按设计图示尺寸以质量“t”计算。不论节点形式（球形节点、板式节点等）和节点连接方式（焊接、丝接）等均使用该项目。

19.【答案】B

【解析】金属推拉门以“樘”计量，按设计图示数量计算或以“m^2”计量，按设计图示洞口尺寸以面积计算，选项A错误；铝合金属窗帘盒、窗帘轨，按设计图示尺寸以长度“m”计算，选项C和选项D均错误。

20.【答案】A

【解析】斜屋顶（不包括平屋顶找坡）按斜面积计算，选项B错误；不扣除房上烟囱、风帽底座、风道、屋面小气窗和斜沟所占面积，选项C错误；屋面的女儿墙、伸缩缝和天窗等处的弯起部分，并入屋面工程量内，选项D错误。

21.【答案】A

【解析】天沟、檐沟按模板与现浇混凝土构件的接触面积“m^2”计算，选项B错误；雨篷、悬挑板、阳台板，按图示外挑部分尺寸的水平投影面积“m^2”计算，挑出墙外的悬臂梁及板边不另计算，选项 C 错误；楼梯踏步、踏步板、平台梁等侧面模板不另计算，伸入墙内部分亦不增加，选项 D 错误。

22. **【答案】**A

【解析】垂直运输设备基础应计入综合单价，不单独编码列项计算工程量。

二、多项选择题

1. **【答案】**BC

【解析】建筑物顶部有围护结构的楼梯间，结构层高在 2.20m 以下的，应计算 1/2 面积，选项 A 错误；室外楼梯应并入所依附建筑物自然层，并应按水平投影面积 1/2 计算，选项 D 错误；窗台与室内地面高差在 0.45m 以下的飘窗不计算面积，选项 E 错误。

2. **【答案】**ABD

【解析】建筑物的电梯井应并入建筑物的自然层计算建筑面积，选项 C 错误；过街楼底层的开放公共空间不计面积。选项 E 错误。

3. **【答案】**BCD

【解析】管沟土方以“m”计量按设计图示以管道中心线长度计算或以“m^3”计量，按设计图示管底垫层面积乘以挖土深度计算，选项 A 和选项 E 均错误。

4. **【答案】**CD

【解析】天沟（檐沟）、挑檐板，按设计图示尺寸以体积“m^3”计算，选项 A 错误；现浇混凝土墙的墙垛及突出墙面部分并入墙体体积内计算，选项 B 错误；沟盖板、井盖板、井圈，按设计图示尺寸以体积计算或按设计图示尺寸以数量“块”计算，选项 E 错误。

5. **【答案】**BCE

【解析】有梁板的柱高，应自柱基上表面（或楼板上表面）至上一层楼板上表面之间的高度计算，选项 A 错误；预制混凝土楼梯以“m^3”计量时，按设计图示尺寸以体积计算，扣除空心踏步板空洞体积或以“段”计量时，按设计图示数量计算，选项 D 错误。

6. **【答案】**ABC

【解析】吊筋长度＝2×锚固长度＋2×斜段长度＋次梁宽度＋2×50，选项 D 错误；箍筋根数＝箍筋分布长度 / 箍筋间距＋1，选项 E 错误。

7. **【答案】**ADE

【解析】钢管柱上的节点板、加强环、内衬管、牛腿等并入钢管柱工程量内，选项 B 错误；压型钢板墙板按设计图示尺寸以铺挂面积计算，包角、包边、窗台泛水等不另加面积，选项 C 错误。

8. **【答案】**ACE

【解析】墙面防水搭接及附加层用量不另行计算，在综合单价中考虑，选项 B 错误；墙面变形缝，按设计图示尺寸以长度“m”计算，选项 D 错误。

9. **【答案】**ADE

【解析】细石混凝土楼地面按设计图示尺寸以面积“m^2”计算，选项 B 错误；块料台阶面工程量按设计图示尺寸以台阶（包括最上层踏步边沿加 300mm）水平投影面积“m^2”计算。

10.【答案】BDE

【解析】挑脚手架按搭设长度乘以搭设层数以延长米计算，选项 A 错误；多层建筑物超过 6 层时（不包括地下室层数），按超高部分的建筑面积计算超高施工增加，选项 C 错误。

11.【答案】BCD

【解析】外脚手架、里脚手架、整体提升架、外装饰吊篮，按所服务对象的垂直投影面积“m^2”计算，选项 A 错误；大型机械设备进出场及安拆属于单价措施项目，选项 E 错误。

全国一级造价工程师职业资格考试
《建设工程技术与计量（土木建筑工程）》模拟题一

一、单项选择题（共 60 题，每题 1 分。每题的备选项中，只有一个最符合题意）

1. 以下矿物成分，岩石中含量越多，开挖的难度相对越大的是（　　）。

A．石膏　　B．方解石

C．石英　　D．莹石

2. 基岩风化壳中，季节性包气带水为（　　）。

A．半无压水　　B．承压水

C．无压水　　D．永久性水

3. 对于不满足承载力要求的砂砾石底层，可采取（　　）进行加固。

A．固结灌浆　　B．喷混凝土护面

C．打土钉　　D．振冲置换

4. 地下水的浮托作用，按地下水位 100% 计算浮托力的情形为（　　）。

A．基础位于碎石土和节理裂隙发育的岩石地基上

B．基础位于粉土、砂土的岩石地基上

C．基础位于节理裂隙不发育的岩石地基上

D．基础位于黏性土地基上

5. 地下工程选址，最好选在（　　）。

A．褶皱的核部　　B．倾角平缓的岩层

C．地下水位以上的岩层　　D．与断层平行方向

6. 对于地下工程的选址，说法正确的是（　　）。

A．要考虑一定范围内稳定性的问题

B．工程走向与岩层走向交角不能太大

C．要考虑小范围内地质构造

D．要考虑区域性深大断裂交汇、近期活动断层

7. 关于建筑的承重体系，说法正确的是（　　）。

A．抵抗水平荷载最好的承重体系为筒体结构

B．剪力墙体系适用于大空间的公共建筑

C．框架结构体系侧向刚度大

D．纵墙承重的混合结构体系整体性好

8. 某基础适用于地基软弱土层厚、荷载大和建筑面积不太大的一些重要建筑物，目前高层建筑中多采用（　　）。

A．箱形基础　　B．桩基础

C．筏形基础　　D．井格基础

9. 三层砌体工业房屋的墙体一般设置圈梁（　　）。

A．一道　　B．二道

C．三道　　D．四道

10. 某宾馆门厅 9m×9m，为了提高净空高度，宜优先选用（　　）。

A．普通板式楼板　　B．梁板式肋形楼板

C．井字形密肋楼板　　D．普通无梁楼板

11. 关于楼梯的构造，说法不正确的是（　　）。

A．现浇钢筋混凝土楼梯可以分为板式和梁式两种

B．梯段跨度较大时，采用现浇混凝土梁式楼梯比较经济

C．小型构件装配式楼梯可分为悬挑式、墙承式、梁承式、板承式四种

D．中型及大型构件装配式楼梯有梁板式和板式两种

12. 分期建设的公路，新旧路基填方边坡的衔接处，应（　　）。

A．超挖回填　　B．开挖台阶

C．按坡度开挖　　D．向外倾斜开挖

13. 斜拉桥是典型的由（　　）组合而成的。

A．悬索结构和梁式结构　　B．悬索结构和刚架结构

C．悬索结构和拱式结构　　D．拉锚结构和梁式结构

14. 关于柔性墩的构造说法，正确的是（　　）。

A．桥台背墙与梁段宜设伸缩缝

B．中墩应采用固定支座

C．跨径超过 13m 的应采用柔性排架桩墩

D．桩墩高度超过 5m 时宜设置双排架墩

15. 以下可以采用提高节充分发挥洞身截面的泄水能力的涵洞是（　　）。

A．拱涵　　B．交通涵

C．圆形管涵　　D．灌溉涵

16. 关于地下铁路的说法，正确的是（　　）。

A．车站间的距离在城市外围区宜为 1km 左右

B．车站通常由车站主体，出入口及通道，通风道及地面通风亭三大部分组成

C．车站主体是供乘客进出车站的建筑设施

D．出入口及通道是供乘客集散、候车、换车及上下车的地方

17. 关于城市地下贮库工程的布局与要求，正确的是（　　）。

A．与城市无多大关系的转运贮库，应布置在城市的上游

B．因为经常会有洪水威胁，尽量少修建沿河的贮库

C．冷库一般多设在城区，便于市内销售

D．一般危险品贮库应布置在离城 10km 以外

18. 关于钢材的性能，说法正确的是（　　）。

A．强屈比越大，结构安全性越高且充分利用材料性能

B．试件直径一定时，原始标距越长伸长率越大

C．钢材的弯曲角度越大，弯心直径越小，冷弯性能越好

D．脆性临界温度越低，钢材的低温冲击韧性越好

19．关于常用水泥的特性和适用范围说法，正确的是（　　）。

A．大体积混凝土宜采用硅酸盐水泥

B．高温车间宜采用矿渣硅酸盐水泥

C．普通硅酸盐水泥具有干缩性大的特征

D．硅酸盐水泥宜用于海水侵蚀的工程

20．决定石油沥青温度敏感性、黏性的重要组分的是（　　）。

A．油分　　B．沥青脂胶

C．沥青质　　D．沥青碳

21．当混凝土强度等级为 C60 及以上时，石子强度检验应采用（　　）。

A．岩石抗压强度　　B．压碎指标

C．坍落度试验　　D．维勃稠度试验

22．以下有关于砖的说法，不正确的是（　　）。

A．烧结砖的耐久性包括抗风化性、泛霜和石灰爆裂

B．烧结多孔砖可用于承重墙

C．蒸养砖不得用于有碱性介质侵蚀的建筑部位

D．MU10 的蒸养砖可用于基础部位

23．花岗石板材是一种优质的饰面板材，但其不足之处是（　　）.

A．化学及稳定性差　　B．抗风化性能较差

C．硬度不及大理石板　　D．耐火性较差

24．只能应用于室内的饰面陶瓷是（　　）。

A．釉面砖　　B．墙地砖

C．陶瓷锦砖　　D．瓷质砖

25．下列绝热材料中，可使用温度最高的是（　　）。

A．玻璃棉　　B．泡沫塑料

C．膨胀蛭石　　D．泡沫玻璃

26．对于淤泥和淤泥质黏土，宜采用的降水方法为（　　）。

A．电渗井点法　　B．喷射井点法

C．管井井点法　　D．深井井点法

27. 1～4m 厚的软弱土、湿陷性黄土、杂填土宜采用（　　）进行加固。

A．灰土　　B．粗砂

C．砂砾石　　D．粉煤灰

28．在含水砂层中沉桩优先选用的施工方法为（　　）。

A．射水沉桩　　B．静力压桩

C．振动沉桩　　D．锤击沉桩

29．砌筑砂浆试块强度验收合格的标准是，同一验收批砂浆试块抗压强度的最小一组平均值应不小设计强度等级值的（　　）。

A．70%　　B．75%

C．85%　　D．110%

30. 框架结构的主梁，次梁与板交叉处，其上部钢筋从上往下的顺序是（　　）。

A．板、主梁、次梁　　B．板、次梁、主梁

C．次梁、板、主梁　　D．主梁、次梁、板

31. 关于预应力混凝土施工，说法正确的是（　　）。

A．采用钢绞线作预应力钢筋时，混凝土强度等级不宜低于 C30

B．先张法施工应先支侧模，再安放骨架及预应力钢筋

C．预应力桥跨结构宜采用后张法工艺生产

D．对后张法预应力梁，现浇结构混凝土的龄期不宜小于 7d

32. 能够负荷行走的起重机械是（　　）。

A．汽车起重机　　B．轮胎起重机

C．轨道式塔式起重机　　D．爬升式塔式起重机

33. 地下防水工程防水混凝土正确的防水构造措施为（　　）。

A．墙上预留洞口的，施工缝距洞口边缘不应小于 500mm

B．施工缝宜留设在底板与侧墙的交接处

C．贯穿防水混凝土的铁件应在铁件上加焊止水铁片

D．贯穿铁件端部混凝土覆盖厚度不小于 150mm

34. 节能工程施工中，不符合规定的是（　　）。

A．单一胶粉聚苯颗粒外墙外保温系统可用于严寒和寒冷地区

B．屋面保温工程中，当设计有隔汽层时，先施工隔汽层，再施工保温层

C．种植式屋面宜设计为倒置式屋面

D．倒置式屋面保温层板材施工，上人屋面宜采用干铺法

35. 关于一般路基土方施工，下列说法正确的是（　　）。

A．填筑路堤时，对一般的种植土、草皮可不进行清除

B．高速公路路堤基底的压实度不应小于 90%

C．基底土质湿软而深厚时，按一般路基处理

D．填筑路堤时，为便于施工，尽量采用粉性土

36. 当路堑较长、较深、两段地面纵坡较小时，宜采用的开挖方式为（　　）。

A．横向挖掘　　B．分层纵挖

C．通道纵挖　　D．分段纵挖

37. 桥梁预制安装法施工的特点是（　　）

A．桥梁的整体性好　　B．徐变引起的应力损失较大

C．构件质量好　　D．模板耗用量大，施工费用高

38. 关于深基坑支护技术，叙述正确的是（　　）。

A．土钉墙施工中软弱土层成孔困难的宜采用钢筋土钉

B．冻结法施工在排桩的内侧打一排冻结孔

C．SMW 桩中型钢主要用来受弯矩和剪力

D．组合内撑技术支护体系拆除应自上而下

39. 钻爆法的基本工序为：钻孔、装药、放炮、散烟、清撬、出渣、支护、衬砌。关

于装药说法不正确的是（　　）。

A．掏槽孔装药最多

B．中间塌落孔装药最少

C．掏槽孔药卷直径大些，连续装药

D．周边孔药卷直径小些，间隔装药

40．对于固结的岩层，钻进效果最佳的是（　　）。

A．孔内动力钻　　　　B．镶焊小尺寸硬质合金钻头

C．中等尺寸的钻头　　　　D．小尺寸锥形钻头

41．根据《建设工程工程量清单计价规范》GB 50500—2013，关于项目特征和工作内容，说法正确的是（　　）。

A．项目特征是项目自身价值的本质特征

B．编制清单时可不描述项目特征

C．编制清单是应描述工作内容

D．工作内容体现清单项目的质量要求

42．关于剪力墙平法施工图中的“JD4800 × 300 + 3.1003C18/3C14”，说法正确的是（　　）。

A．洞口的宽度为 300mm

B．洞口下边缘距本层结构层下表面距离 3.1m

C．“3C18/3C14”表示加强暗梁的箍筋

D．“JD”表示矩形洞口

43．根据统筹图算量，在“线、面”基数上连续计算的项目为（　　）。

A．外墙　　　　B．楼梯

C．台阶　　　　D．阳台

44．根据《建筑工程建筑面积计算规范》GB/T 50353—2013，无围护结构且结构层高在 2.20m 及以上的，应计算全面积，结构层高在 2.20m 以下的应计算 1/2 面积的不包括（　　）。

A．对于局部楼层的二层及以上楼层

B．建筑物架空层

C．建筑物间的架空走廊

D．立体书库

45．根据《建筑工程建筑面积计算规范》GB/T 50353—2013，建筑物的外墙外保温层建筑面积的计算，说法不正确的是（　　）。

A．保温隔热层以保温材料的净厚度乘以外墙结构外边线长度按建筑物的自然层计算建筑面积

B．当建筑物外已计算建筑面积的阳台有保温隔热层时，其保温隔热层也不再计算建筑面积

C．外墙外边线长度不扣除门窗和建筑物外已计算建筑面积阳台所占长度

D．某层外墙外保温铺设高度未达到全部高度时，计算 1/2 建筑面积

46．根据《建筑工程建筑面积计算规范》GB/T 50353—2013，与室内相通的变形缝

（　　）。

A．按自然层合并在建筑面积内计算

B．按一层计算建筑面积

C．当高低跨内部连通时，应计算在高跨内

D．不计算建筑面积

47. 根据《建筑工程建筑面积计算规范》GB/T 50353—2013，按围护设施外围所围水平面积 1/2 计算的是（　　）。

A．无围护结构有围护设施的挑廊

B．建筑物内大厅走廊

C．建筑物内局部楼层二楼及以上无围护结构的部位

D．有围护设施的檐廊

48. 根据《房屋建筑与装饰工程工程量计算规范》GB 50854—2013，关于管沟土方工程量计算的说法，不正确的是（　　）。

A．可按管沟宽乘以深度再乘管道中心线长度计算

B．井的土方应并入管沟土方工程量

C．可按设计管底垫层面积乘以深度计算

D．可按管道外径水平投影面积乘以深度计算

49. 根据《房屋建筑与装饰工程工程量计算规范》GB 50854—2013，基础垂直面做防水层时，基础施工所需要的工作面（每边增加）是（　　）mm。

A．400　　　　B．500

C．1000　　　　D．1500

50. 根据《房屋建筑与装饰工程工程量计算规范》GB 50854—2013，关于桩基础的工程量说法正确的是（　　）。

A．桩间挖土应扣除桩的体积

B．钻孔压浆桩按设计图示以体积计算

C．灌注桩后压浆按设计图示以孔深计算

D．打试验桩和打斜桩应按相应项目单独列项

51. 根据《房屋建筑与装饰工程工程量计算规范》GB 50854—2013，关于砌筑工程量的计算，说法正确的是（　　）。

A．实心砖墙工作内容中不包括刮缝，包括勾缝

B．空花墙按设计图示尺寸以空花部分外形体积计算，扣除空洞部分体积

C．石砌体中工作内容包括了勾缝

D．石梯膀应按石台阶项目编码列项

52. 根据《房屋建筑与装饰工程工程量计算规范》GB 50854—2013，关于混凝土工程量的计算，说法不正确的是（　　）。

A．混凝土垫层应按设计图示尺寸以体积计算

B．升板的柱帽并入板体积计算

C．箱式满堂基础中柱按现浇混凝土柱编码列项

D．无梁板体积包括板与柱帽体积之和

53. 根据《房屋建筑与装饰工程工程量计算规范》GB 50854—2013，低合金钢筋两端均采用螺杆锚具时，钢筋长度按孔道长度（　　）计算，螺杆另行计算。

A. 减 0.35m　　B. 加 0.35m

C. 减 0.15m　　D. 加 0.15m

54. 根据《房屋建筑与装饰工程工程量计算规范》GB 50854—2013，以下金属结构清单项目，按质量计算工程量的是（　　）。

A. 成品金属雨蓬　　B. 砌块墙钢丝网加固

C. 钢栏杆　　D. 后浇带金属网

55. 根据《房屋建筑与装饰工程工程量计算规范》GB 50854—2013，关于门窗工程量，说法错误的是（　　）。

A. 金属门门锁安装不需要单独列项，木门锁需要单独列项

B. 木质门带套以面积计算时不包括门套面积，但门套应计算在综合单价中

C. 木飘（凸）窗以"m^2"计量时，按设计图示尺寸以框外围展开面积计算

D. 铝合金属窗帘盒，窗帘轨，按设计图示尺寸以质量计算

56. 根据《房屋建筑与装饰工程工程量计算规范》GB 50854—2013，关于屋面及防水工程量计算，说法正确的是（　　）。

A. 瓦屋面斜面积按屋面水平投影面积乘以屋面延尺系数

B. 膜结构屋面按设计图示尺寸以水平投影面积计算

C. 屋面卷材防水按面积计算防水搭接及附加层用量应并入计算

D. 楼（地）面防水反边高度≤300mm 按墙面防水计算

57. 根据《房屋建筑与装饰工程工程量计算规范》GB 50854—2013，吊顶天棚按设计图示尺寸以水平投影面积计算，扣除（　　）。

A. 检查口　　B. 柱垛和管道

C. 独立柱　　D. 间壁墙

58. 根据《房屋建筑与装饰工程工程量计算规范》GB 50854—2013，关于保温隔热工程量计算规则，不正确的是（　　）。

A. 保温柱、梁按保温层表面积以面积计算

B. 门窗洞口侧壁并入墙体保温隔热工程量

C. 砌筑沥青浸渍砖按设计图示尺寸以体积计算

D. 保温隔热地面门洞开口部分不增加

59. 根据《房屋建筑与装饰工程工程量计算规范》GB 50854—2013，以下关于砖砌体拆除工程量计算说法正确的是（　　）。

A. 可按拆除部位的面积计算

B. 以体积计算时应描述截面尺寸

C. 以面积计算时应描述截面积尺寸

D. 可按拆除的体积计算

60. 根据《房屋建筑与装饰工程工程量计算规范》GB 50854—2013，关于措施项目说法正确的是（　　）。

A. 综合脚手架不适用于房屋加层工程脚手架工程量计算

B．上料平台应单独编码列项计算刚出来

C．雨篷、悬挑板、阳台板，按模板与现浇混凝土构件的接触面积计算

D．临时排水沟、排水设施安砌、维修、拆除，已包含在安全文明施工中

二、多项选择题（共20题，每题2分。每题的备选项中，有2个或2个以上符合题意，至少有1个错项。错选，本题不得分；少选，所选的每个选项得0.5分）

61．以下关于岩体和岩石的概念，说法正确的有（　　）。

A．工程岩体有地基岩体、边坡岩体和地下工程围岩

B．岩体的特征可以用岩块来表征

C．岩体形成与风化作用与无关

D．岩体与岩石是同一个概念

E．沉积岩次生矿物占主要地位

62．对于深埋溶（土）洞，宜采用的处理方法有（　　）。

A．注浆法

B．跨越法

C．充填法

D．垫层法

E．桩基法

63．以下属于钢结构特点的有（　　）。

A．强度高

B．自重轻

C．防火性好

D．变形能力强

E．抗震性能好

64．关于平屋顶排水及防水构造，说法正确的有（　　）。

A．檐沟、天沟纵向找坡不应小于1%

B．高层建筑屋面宜采用有组织外排水

C．为防止屋面防水层出现龟裂，可设隔汽层和排汽通道

D．高层建筑的防水等级为Ⅰ级，设两道防水

E．涂抹防水倒置式，保温层在防水层之上

65．坡屋顶承重结构划分为（　　）。

A．硬山搁檩

B．屋架承重

C．刚架结构

D．梁架结构

E．钢筋混凝土梁板承重

66．土基上的高级路面相对中级路面而言，道路的结构层中增设了（　　）。

A．加强层

B．底基层

C．垫层

D．联结层

E．过渡层

67．下列钢筋宜用于预应力钢筋混凝土工程的有（　　）。

A．CRB650

B．CRB800

C．CRB600H

D．CRB550

E．热处理钢筋

68．引气剂及引气减水剂主要用于（　　）。

A．蒸养混凝土

B．预应力混凝土

C．抗海水侵蚀混凝土　　D．泌水严重的混凝土

E．轻骨料混凝土

69. 关于对建筑涂料组成及要求说法，正确的有（　　）。

A．外墙地面内墙涂料均要求耐水性好

B．内墙涂料要求抗冲击性好

C．地面涂料要求耐候性好

D．聚氨酯乙烯乳液涂料宜用于外墙涂饰

E．颜料和填料为次要成膜物质

70. 下列防水卷材中，更适于寒冷地区建筑工程防水的有（　　）。

A．SBS 改性沥青防水卷材

B．APP 改性沥青防水卷材

C．沥青复合胎柔性防水卷材

D．氯化聚乙烯防水卷材

E．氯化聚乙烯－橡胶共混型防水卷材

71. 关于混凝土浇筑的一般规定，说法正确的有（　　）。

A．混凝土运输、输送、浇筑过程中适当加水搅拌

B．混凝土输送宜采用泵送方式

C．自由倾落高度粗骨料料径大于 25mm 时，不宜超过 6m

D．有主、次梁的楼板宜顺着次梁方向浇筑

E．拱和高度大于 1m 时的梁等结构，可单独浇筑混凝土

72. 关于装配式混凝土施工，说法正确的有（　　）。

A．预制构件的混凝土强度等级不宜低于 C30

B．直径大于 20mm 的钢筋不宜采用机械连接

C．预制构件与叠合层间粗糙面不宜小于结合面的 80%

D．预制楼梯与支撑构件之间宜采用套筒灌浆连接

E．钢筋套筒灌浆的灌浆料拌合物在制备后 1h 内用完

73. 关于路基石方施工，说法正确的有（　　）。

A．深孔爆破常采用潜孔钻机凿孔

B．导爆线主要用于深孔爆破

C．定向爆破有利于减少清方工作量

D．运距较大时通常选择挖掘机配自卸汽车进行清方

E．集中药包装药爆破后岩石均匀破碎

74. 以下关于筑路机械说法，正确的有（　　）。

A．轮胎压路机对于黏性土压实效果差

B．履带式摊铺机对路基不平度敏感性差

C．轮胎式摊铺机机动性能好，但容易打滑

D．水泥混凝土摊铺机有轨道式和滑模式

E．夯实机械适用于黏性土和非黏性土夯实

75. 对地下工程喷射混凝土施工说法正确的是（　　）。

A．宜先墙后拱、自下而上喷射

B．喷射作业区段的宽度一般以 1.5～2.0m 为宜

C．侧墙应自墙基开始，拱应自拱顶开始

D．干式工艺适用于非富水围岩地质条件

E．干式工艺不得用于大断面隧道

76. 关于工程量计算规范与消耗量定额的区别，说法正确的有（　　）。

A．定额项目体现的是施工单元

B．清单项目体现功能单元

C．清单项目计量主要是图纸（不含变更）的净量

D．定额的计量考虑了施工现场实际情况

E．清单项目的划分要考虑施工方法的不同

77. 根据《建筑工程建筑面积计算规范》GB/T 50353—2013，结构净高在 2.10m 及以上的部位应计算全面积的有（　　）。

A．形成建筑空间的坡屋顶

B．场馆看台下的建筑空间

C．窗台与室内楼地面高差在 0.45m 以下的凸（飘）窗

D．无顶盖的采光井

E．围护结构不垂直于水平面的楼层

78. 根据《房屋建筑与装饰工程工程量计算规范》GB 50854—2013，某工程石方清单为暂估项目，施工过程中需要通过现场签证确认实际完成工作量，挖方全部外运。已知开挖范围为底长 25m，底宽 9m，使用斗容量为 $10m^3$ 的汽车平装外运 55 车，则关于石方清单列项和工程量，说法正确的有（　　）。

A．按挖一般石方列项　　B．按挖沟槽石方列项

C．按挖基坑石方列项　　D．工程量 $357.14m^3$

E．工程量 $550.00m^3$

79. 根据《房屋建筑与装饰工程工程量计算规范》GB 50854—2013 规定，关于现浇混凝土板的工程量计算正确的有（　　）。

A．栏板按设计图示尺寸以面积计算

B．雨篷按设计外墙中心线外图示体积计算

C．阳台板按设计外墙中心线外图示面积计算

D．有梁板包括主、次梁与板体积之和

E．无梁板包括板和柱帽体积之和

80. 根据《房屋建筑与装饰工程工程量计算规范》GB 50854—2013，钢网架清单项目特征描述的内容包括（　　）。

A．钢材的品种　　B．防火涂料要求

C．网架的跨度　　D．探伤要求

E．防火要求

全国一级造价工程师职业资格考试
《建设工程技术与计量（土木建筑工程）》模拟题二

一、单项选择题（共 60 题，每题 1 分。每题的备选项中，只有一个最符合题意）

1. 具有片理构造的岩石是（　　）。

A. 喷出岩　　B. 侵入岩

C. 沉积岩　　D. 变质岩

2. 关于地下水的类型与特征说法，不正确的是（　　）。

A. 脉状构造裂隙水多赋存于扭性裂隙裂隙中

B. 风化裂隙水主要受大气降水的补给，有明显季节性循环交替

C. 潜水是埋藏在地表以下第一层较稳定的隔水层以上具有自由水面的重力水

D. 在大多数的情况下潜水的分布区与补给区是一致的

3. 对不满足承载力的软弱土层，如淤泥及淤泥质土，浅层的挖除，深层的可以采用（　　）处理。

A. 固结灌浆　　B. 振冲置换

C. 喷射混凝土　　D. 充填法

4. 渗流水力坡度小于临界水力坡度时，土中细小颗粒仍有可能穿过粗颗粒之间的孔隙被渗流携带流失，在土层中将形成管状空洞，使土体结构破坏，强度降低，压缩性增加，这种现象称为（　　）。

A. 化学潜蚀　　B. 中等流砂

C. 严重流砂　　D. 机械潜蚀

5. 以下仅能满足功能要求，不能提供活动空间的建筑是（　　）。

A. 水塔　　B. 车站

C. 宾馆　　D. 医院

6. 关于全预制装配式结构的特点，说法不正确的是（　　）。

A. 通常采用柔性连接技术　　B. 地震破坏后结构的恢复性能好

C. 通常采用强连接节点　　D. 构件质量好

7. 刚性基础在设计中，应使（　　）。

A. 基础大放脚大于基础材料的刚性角

B. 基础大放脚小于基础材料的刚性角

C. 确保基础地面不产生压应力

D. 基础大放脚与基础材料的刚性角相一致

8. 某基础适用于地基软弱土层厚、荷载大和建筑面积不太大的一些重要建筑物，目前高层建筑中多采用（　　）。

A．箱形基础　　B．桩基础
C．筏形基础　　D．井格基础

9. 外墙内保温构造中，关于空气间层的构造及作用的说法正确的是（　　）。
A．设置在保温层靠近室内一侧　　B．设置在主体结构和保温层之间
C．有利于室内温度的调节　　D．有利于墙体的干燥

10. 对于空间跨度不大的民用建筑，目前坡屋顶建筑使用较为普遍的一种结构形式是（　　）。
A．钢筋混凝土折板结构　　B．混凝土梁板结构
C．硬山搁檩结构　　D．屋架承重结构

11. 三级公路应选择的路面面层为（　　）。
A．沥青混凝土　　B．水泥混凝土
C．沥青表面处置　　D．粒料加固土

12. 悬索桥中承受风载和其他横向水平力的主要构件是（　　）。
A．桥塔　　B．吊索
C．主缆索　　D．加劲梁

13. 涵洞洞底应有适当的纵坡，其最小值为 0.4%，一般不宜大于（　　）。
A．2%　　B．3%
C．4%　　D．5%

14. 运送能力很大，可减少旅客的换乘次数，又能避免客流集中堵塞，还能减轻多线式存在的市中心区换乘的负担的地铁路网布置类型是（　　）。
A．单环式　　B．多线式
C．蛛网式　　D．棋盘式

15. 可以提高地下交通系统整体效益，是探索中国城市现代化改造的有效途径的城市综合体类型为（　　）。
A．道路交叉口型　　B．车站型
C．站前广场型　　D．副都心型

16. 根据市政管线布置的一般原则，常布置于人行道下方的是（　　）。
A．电力和照明电缆　　B．热力管网和综合管廊
C．自来水及污水管道　　D．煤气管道和照明电缆

17. 具有快凝、早强、不收缩的特点，宜用于配制早强、抗渗和抗硫酸盐侵蚀等混凝土，适用于浆锚、喷锚支护、抢修、抗硫酸盐腐蚀、海洋建筑等工程的水泥品种是（　　）。
A．粉煤灰硅酸盐水泥　　B．普通硅酸盐水泥
C．铝酸盐水泥　　D．快硬硫铝酸盐水泥

18. 下列关于沥青玛蹄脂混合料（SMA）的说法，不正确的是（　　）。
A．内摩擦角较高　　B．黏聚力较高
C．粗集料数量较多　　D．温度稳定性好

19. 关于砌筑材料的应用，说法不正确的是（　　）。
A．烧结多孔砖主要用于 6 层以下建筑物的承重墙体

B．MU10蒸养砖可用于防潮层以上的建筑部位

C．掺入电石膏是为改善砂浆和易性

D．混凝土砌块砌筑前应洒水湿润

20. 可以提供混凝土抗冻性的外加剂是（　　）。

A．引气剂　　B．缓凝剂

C．速凝剂　　D．泵送剂

21. 表征钢材塑性变形能力的技术指标是（　　）。

A．屈服强度　　B．抗拉强度

C．伸长率　　D．疲劳极限

22. 以下建筑涂料的基本组成中，属于次要成膜物质的是（　　）。

A．桐油　　B．汽油

C．碳酸钙　　D．丙酮

23. 具有优异的耐臭氧、耐老化性能，特别适用于寒冷地区或变形较大的土木建筑防水工程的防水卷材是（　　）。

A．沥青复合胎柔性防水卷材

B．氯化聚乙烯－橡胶共混型防水卷材

C．聚氯乙烯型防水卷材

D．氯化聚乙烯型防水卷材

24. 专门用于高温（最高使用温度为1100～1350℃）、高压，易磨损环节中绝热材料是（　　）。

A．岩棉及矿渣棉　　B．陶瓷纤维

C．膨胀珍珠岩　　D．泡沫玻璃

25. 土方开挖的降低水位深度18m，土体渗透系数50m/d，应优先选用的降水防水方式是（　　）。

A．轻型井点降水　　B．喷射井点降水

C．电渗井点降水　　D．深井井点降水

26. 坡度在20°以内的大面积场地平整，运距在200～350m时，宜选用的机械设备为（　　）。

A．推土机　　B．铲运机

C．挖掘机　　D．平地机

27. 适于处理3m以内的软弱、透水性强的黏性土地基，包括淤泥、淤泥质土；不宜用于加固湿陷性黄土地基及渗透系数小的黏性土地基的是（　　）。

A．灰土地基　　B．砂石地基

C．粉煤灰地基　　D．软土地基

28. 主要适用于砂土、砂质黏土、亚黏土层，在含水砂层中的效果更为显著的沉桩方法是（　　）。

A．锤击法施工　　B．静力压桩

C．射水沉桩　　D．振动沉桩

29. 用于同时整体浇筑墙体和楼板的大型工具式模板是（　　）。

A．大模板　　B．滑升模板

C．台模　　D．隧道模板

30．混凝土高温施工的措施中，正确的是（　　）。

A．降低水泥用量　　B．降低水灰比

C．加引气型减水剂　　D．选用硅酸盐水泥

31．关于装配式混凝土施工技术，说法不正确的是（　　）。

A．预制构件吊环应采用未经冷加工的 HPB300 钢筋制作

B．水平运输时，板类构件叠放不宜超过 3 层

C．吊索水平夹角不宜小于 60°，且不应小于 45°

D．预埋吊件应朝上，标识宜朝向堆垛间的通道

32．以下关于起重机的有关说法，正确的是（　　）。

A．汽车起重机能负荷行驶

B．爬升式塔式起重机能看到起吊全过程

C．附着式塔式起重机塔身每隔 20m 高度左右用系杆与结构锚固

D．履带式起重机稳定性较好

33．关于防水工程施工，以下说法不正确的是（　　）。

A．同一层相邻两幅卷材短边搭接缝错开不应小于 500mm

B．涂膜防水铺设胎体增强材料的，屋面坡度小于 15% 时，可平行屋脊铺设

C．胎体长边搭接宽度不应小于 70mm

D．防水混凝土应连续浇筑，宜少留施工缝

34．在软土层路基处理方法中，主要起浅层水平排水作用，使软土在路堤自重的压力作用下，加速沉降发展，但对基底应力分布和沉降量的大小无显著影响的处理方法是（　　）。

A．砂垫层　　B．反压护道

C．土工布　　D．土工格栅

35．对被压实材料既有一定的静负荷，又有一定的缓冲作用，故压实砂质土壤和黏性土壤都能取得良好的效果的碾压设备是（　　）。

A．光轮压路机　　B．振动压路机

C．夯实机械　　D．轮胎压路机

36．以下关于地下连续墙施工工艺，说法不正确的是（　　）。

A．可采用重力沉降法对泥浆进行处理

B．一个单元槽段宜在 4h 内一次浇筑完毕

C．在表层软弱地带采用简易形式的钢筋混凝土导墙

D．导墙可以防止雨水流入槽内

37．常用于中等以上的围岩中，可在较小的施工现场中作业，常用于高边坡、大坝以及在大跨度地下隧道洞室的抢修加固及支护的材料是（　　）。

A．普通砂浆锚杆　　B．早强水泥砂浆锚杆

C．缝管式摩擦锚杆　　D．胀壳式内锚头预应力锚索

38．地下连续墙浇筑混凝土的要求，正确的是（　　）。

A．槽段长度超过 6m 的宜采用 2 根导管同时浇筑

B．混凝土浇灌要比设计高度超浇 0.5m 以上

C．混凝土水胶比不应大于 0.45

D．混凝土配合比水泥用量不宜小于 550kg/m^3

39．关于沉井法施工工艺，说法正确的是（　　）。

A．沉井所穿过的土层透水性较差，涌水量不大应采用不排水下沉

B．当 8h 内下沉量小于或等于 10mm 时，方可封底

C．不排水下沉时，下沉中要使井外水面高出井内水面 1～2m

D．矩形沉井长边产生偏差，可用导向木纠偏

40．顶管法施工中，出现地面沉降，管轴弯曲，应采取的解决措施是（　　）。

A．进行纠偏　　B．中继接力顶进

C．采用触变泥浆　　D．调整局部气压

41．确定清单项目综合单价前提的是（　　）。

A．项目编码　　B．项目特征

C．项目名称　　D．工作内容

42．以下编号，表述正确的是（　　）。

A．XTL 为悬挑梁　　B．TZHL 为托柱转换梁

C．BKL 为边框梁　　D．XTB 为悬挑板

43．根据《建筑工程建筑面积计算规范》GB/T 50353—2013，建筑物内设有局部楼层时，对于局部楼层的二层及以上楼层无围护结构的应按（　　）。

A．维护设施外围面积的一半计算

B．结构底板水平投影面积计算全面积

C．不计算建筑面积

D．结构底板水平投影面积计算，结构层高≥2.20m 的计算全面积

44．根据《建筑工程建筑面积计算规范》GB/T 50353—2013，有顶盖无围护结构的场馆看台（　　）。

A．应按其顶盖水平投影面积的 1/2 计算面积

B．不应计算建筑面积

C．应按其顶盖水平投影计算全面积

D．应按其底板水平面积计算

45．根据《建筑工程建筑面积计算规范》GB/T 50353—2013，建筑物架空层建筑面积的计算正确的是（　　）。

A．不计算建筑面积

B．按结构顶板水平投影面积的一半计算

C．应按底板水平投影面积计算，结构层高≥2.20m 的应计算全面积

D．按结构顶板（包括主体结构外阳台底板）计算建筑面积

46．根据《建筑工程建筑面积计算规范》GB/T 50353—2013，有围护设施的檐廊计算建筑面积的方法正确的是（　　）。

A．不计算建筑面积

B．按底板水平投影面积计算一半面积

C．按围护设施外围水平面积计算

D．按围护设施外围水平面积计算一半面积

47. 根据《房屋建筑与装饰工程工程量计算规范》GB 50854—2013，某建筑物场地土方工程，设计基础垫层长 30m，垫层宽为 6m。开挖后就地堆放，土方量（虚方）为 491.40m^3，则以下关于列项与工程量正确的是（　　）。

A．挖沟槽土方，工程量为 491.40m^3

B．挖基坑土方，工程量为 491.40m^3

C．挖沟槽土方，工程量为 378.00m^3

D．挖一般土方，工程量为 378.00m^3

48. 根据《房屋建筑与装饰工程工程量计算规范》GB 50854—2013，以下关于回填方和余方弃置工程量计算说法正确的是（　　）。

A．场地回填按回填范围以面积计算

B．室内回填工程量应扣除间隔墙所占体积

C．余方弃置为清单项目挖方工程量减去回填方体积

D．基础回填方应扣除自然地坪下埋设的基础体积

49. 根据《房屋建筑与装饰工程工程量计算规范》GB 50854—2013，以下有关地基处理清单项目工程量计算方法不正确的是（　　）。

A．铺设土工合成材料，按设计图示尺寸以面积计算

B．深层搅拌桩，按设计图示尺寸以体积计算

C．褥垫层，可按设计图示尺寸以铺设面积计算

D．高压喷射注浆桩，按设计图示尺寸以桩长计算

50. 根据《房屋建筑与装饰工程工程量计算规范》GB 50854—2013，关于桩基础工程清单项目列项及工程量计算说法正确的是（　　）。

A．打桩的工作中包括截（凿）桩头

B．预制混凝土方桩按长度计算时，不包括桩尖

C．接桩和送桩应按相应项目单独列项

D．打试验桩和打斜桩应按相应项目单独列项

51. 根据《房屋建筑与装饰工程工程量计算规范》GB 50854—2013，人工挖孔灌注桩工程量计算方法正确的是（　　）。

A．按设计图示尺寸以桩长（包括桩尖）计算

B．按桩长（包括桩尖）乘以截面积以体积计算

C．按桩芯混凝土体积计算

D．按设计图示以注浆孔数计算

52. 根据《房屋建筑与装饰工程工程量计算规范》GB 50854—2013，以下关于砖墙工程量计算说法正确的是（　　）。

A．空斗墙，按设计图示尺寸以空斗墙外形体积计算，局部实砌部分体积并入空斗墙

B．空花墙，按设计图示尺寸以空花部分外形体积计算，扣除空洞部分体积

C. 地垄墙，按设计图示尺寸以体积计算

D. 填充墙，按设计图示尺寸以填充墙外形体积计算

53. 根据《房屋建筑与装饰工程工程量计算规范》GB 50854—2013，关于现浇混凝土柱工程量计算规则，以下说法正确的是（　　）。

A. 升板的柱帽，并入板的体积计算

B. 依附柱上的牛腿，应单独计算体积

C. 构造柱嵌接墙体部分并入柱身体积

D. 有梁板的柱高算至梁底

54. 根据《房屋建筑与装饰工程工程量计算规范》GB 50854—2013，现浇混凝土雨蓬板工程量应按（　　）。

A. 图示尺寸以水平投影面积计算

B. 图示尺寸以墙外部分体积计算，不包括雨蓬反挑檐的体积

C. 图示尺寸以墙中心线外部分体积计算

D. 图示尺寸以墙外部分体积计算，包括雨蓬反挑檐的体积

55. 根据《混凝土结构设计规范》（2015 年版）GB 50010—2010，某强度等级为 C25 现浇混凝土框架梁（内受力筋的公称直径 20mm），环境类别为一类，则其保护层的最小厚度为（　　）。

A. 15mm　　B. 20mm

C. 25mm　　D. 30mm

56. 根据《房屋建筑与装饰工程工程量计算规范》GB 50854—2013，关于螺栓、铁件工程量计算说法不正确的是（　　）。

A. 螺栓按设计图示尺寸以质量计算

B. 预埋铁件按设计图示尺寸以质量计算

C. 机械连接按数量计算

D. 螺栓按数量计算

57. 根据《房屋建筑与装饰工程工程量计算规范》GB 50854—2013，钢网架工程量按质量计算，（　　）。

A. 焊条、铆钉质量不另增加　　B. 不扣除切边的质量

C. 扣除孔眼的质量　　D. 螺栓的质量不另增加

58. 根据《房屋建筑与装饰工程工程量计算规范》GB 50854—2013，某地面做法：3∶7 灰土垫层 300mm 厚，40mm 厚 C20 细石混凝土找平层，细石混凝土现场搅拌，20mm 厚 1∶3 水泥砂浆面层。以下说法正确的是（　　）。

A. 找平层应单独列项

B. 垫层包含在地面工作内容中

C. 水泥砂浆面层工程量门洞开口部分不增加

D. 垫层按设计图示尺寸以面积计算

59. 根据《房屋建筑与装饰工程工程量计算规范》GB 50854—2013，以下关于墙柱面装饰工程量计算不正确的是（　　）。

A. 内墙抹灰面积按主墙间的净长乘以高度计算

B．墙面装饰板按设计图示装饰板表面积“m^2”计算

C．块料柱面按设计图示尺寸以镶贴表面积计算

D．柱面装饰按设计图示饰面外围尺寸以面积计算

60. 根据《房屋建筑与装饰工程工程量计算规范》GB 50854—2013，关于保温隔热工程量计算规则不正确的是（　　）。

A．保温柱、梁按保温层表面积以面积计算

B．门窗洞口侧壁并入墙体保温隔热工程量

C．砌筑沥青浸渍砖按设计图示尺寸以体积计算

D．保温隔热地面门洞开口部分不增加

二、多项选择题（共 20 题，每题 2 分。每题的备选项中，有 2 个或 2 个以上符合题意，至少有 1 个错项。错选，本题不得分；少选，所选的每个选项得 0.5 分）

61. 关于裂隙的说法，正确的有（　　）。

A．张性裂隙主要发育在褶皱的翼部和断层附近

B．扭性裂隙常沿剪切面成群平行分布

C．具有普遍意义的非构造裂隙是原生裂隙

D．将岩体切割成小块状的裂隙等级为裂隙发育

E．裂隙 3 组以上且以张开裂隙为主的为很发育

62. 以下关于地质构造对选址的影响，说法正确的有（　　）。

A．在布置地下工程时，原则上应避开褶皱核部

B．在选址时地下工程轴线应尽量与大断层走向一致

C．若地下工程必须通过软硬不同的岩层组合时，应将坚硬岩层作为顶板

D．对于地下工程轴线与岩层走向垂直的情况，围岩的稳定性较好

E．在选址时最好选在地下水位以上的干燥岩体内

63. 关于建筑的承重体系，说法正确的有（　　）。

A．抵抗水平荷载最好的承重体系为筒体结构

B．桁架是由杆件组成的结构体系，一般杆件只受轴线压力

C．平板网架中角锥体系受力更为合理，刚度更大

D．悬索结构中单曲拉索稳定性差

E．跨度 28m 的薄壁空间结构宜采用双曲壳结构

64. 叠合楼板是由预制板和现浇钢筋混凝土层叠合而成的装配整体式楼板，在现浇叠合层可（　　）。

A．设置构造钢筋　　B．设置正弯矩钢筋

C．设置负弯矩钢筋　　D．设置下部受力钢筋

E．敷设水平设备管线

65. 钢筋混凝土双肢柱其腹杆有平腹杆和斜腹杆两种布置形式。以下属于斜腹杆双肢柱特点有（　　）。

A．外形简单，施工方便　　B．受力性能和刚度不如平腹杆双肢柱

C．结构形式为桁架形式　　D．各干基本承受轴向力

E．弯矩很小，较省材料

66. 关于平屋顶排水及防水构造，说法正确的有（　　）。
A. 檐沟、天沟纵向找坡不应小于 1%
B. 高层建筑屋面宜采用有组织外排水
C. 为防止屋面防水层出现龟裂，可设隔汽层和排汽通道
D. 高层建筑的防水等级为Ⅰ级，设两道防水
E. 涂抹防水倒置式，保温层在防水层之上

67. 以下属于次高级路面面层的有（　　）。
A. 沥青混凝土　　B. 沥青灌入式
C. 沥青碎石　　D. 沥青表面处置
E. 粒料加固土

68. 钢筋混凝土结构用钢中，可用于预应力混凝土用钢筋的有（　　）。
A. HRB500　　B. CRB550
C. CRB600H　　D. CDW550
E. CRB650

69. 关于高强度混凝土的说法，正确的有（　　）。
A. 高强混凝土的延性比普通混凝土好
B. 抗拉强度随着抗压强度的提高而提高但其比值会降低
C. 粗骨料应采用连续级配，其最大公称粒径不应大于 25mm
D. 高强度混凝土的水泥用量不应大于 550kg/m^3
E. 掺高效减水剂的后期强度增长幅度要高于没有掺减水剂的

70. 以下关于塑料管材应用，说法正确的有（　　）。
A. 硬聚氯乙烯管主要用于饮用水管
B. 交联聚乙烯管可用热熔法连接
C. 聚丙烯管可用热熔法连接
D. 氯化聚氯乙烯管可用于冷热水管
E. 丁烯热膨胀系数大

71. 关于灌注桩施工，下列叙述正确的有（　　）。
A. 冲击成孔灌注桩适用于淤泥质土
B. 干作业成孔灌注桩用于地下水位以上地层
C. 套管成管灌注桩反插法一般适用于较差的软土地基
D. 螺旋钻孔灌注桩属于干作业成孔灌注桩
E. 爆扩成孔灌注桩适于在软土中成桩

72. 桥梁承载结构施工方法中，顶推法施工的特点包括（　　）。
A. 施工费用高　　B. 结构整体性好
C. 用钢量高　　D. 宜用于等截面桥梁
E. 以中等跨径的桥梁为宜

73. 以下为盖挖法特点的有（　　）。
A. 工程造价和运营费用低　　B. 结构的水平位移小
C. 有利于控制地表沉降　　D. 施工受外界环境影响大

E．施工工期长

74. 根据《建筑工程建筑面积计算规范》GB/T 50353—2013，以下不计算建筑面积的有（　　）。

A．有顶盖且结构净高在 2.10m 以下的采光井

B．结构顶板达到或超过两层的雨蓬

C．作为围护结构的幕墙

D．与室内相通的变形缝

E．骑楼底层的开放公共空间

75. 根据《建筑工程建筑面积计算规范》GB/T 50353—2013，以下应计算建筑面积的有（　　）。

A．凸出楼面有围护结构的楼梯间

B．无顶盖的室外楼梯

C．无围护结构、有围护设施的架空走廊

D．结构净高小于 2.10m 的飘窗

E．舞台及后台悬挂幕布的挑台

76. 根据《房屋建筑与装饰工程工程量计算规范》GB 50854—2013，以下可以按图示尺寸以体积计算工程量的有（　　）。

A．石勒脚　　B．石栏杆

C．混凝土台阶　　D．混凝土压顶

E．石坡道

77. 根据《房屋建筑与装饰工程工程量计算规范》GB 50854—2013，某屋面做法（自下而上）：120mm 厚现浇混凝土板，现浇水泥珍珠岩最薄处 30mm 厚，20mm 厚 1：2.5 水泥砂浆找平层，冷底子一遍，热粘满铺 SBS 防水层，隔热层。以下说法正确的有（　　）。

A．“现浇水泥珍珠岩”按保温隔热层列项

B．“20mm 厚 1：2.5 水泥砂浆找平层”按平面砂浆找平层列项

C．“冷底子一遍，热粘满铺 SBS 防水层”按屋面卷材防水

D．屋面卷材防水工程量不包括屋面的女儿墙处的弯起部分

E．屋面防水搭接及附加层用量不另行计算，在综合单价中考虑

78. 根据《房屋建筑与装饰工程工程量计算规范》GB 50854—2013，以下关于油漆工程量计算说法正确的有（　　）。

A．木栏杆带扶手，木扶手应单独列项计算油漆工程量

B．满刮腻子，按设计图示尺寸以面积计算

C．抹灰面油漆，按设计图示尺寸以面积计算

D．抹灰线条油漆，按设计图示尺寸以长度计算

E．金属面油漆，可按设计图示尺寸以质量计算

79. 根据《房屋建筑与装饰工程工程量计算规范》GB 50854—2013，以下关于拆除工程工程量计算规则说法正确的有（　　）。

A．混凝土构件拆除可按拆除构件的混凝土体积计算

B．天棚抹灰面拆除按拆除部位的面积计算

C．开孔（打洞），按数量“个”计算

D．钢梁的拆除可按数量根计算

E．混凝土构件可按拆除部位的延长米计算

80．根据《房屋建筑与装饰工程工程量计算规范》GB 50854—2013，以下关于脚手架和模板工程量计算规则说法正确的有（　　）。

A．挑脚手架按搭设长度计算

B．悬空脚手架按搭设的水平投影面积计算

C．构造柱模板及支撑按图示外露部分以面积计算

D．柱、梁、墙、板相互重叠部分，均不计算模板面积

E．雨蓬按接触面积计算模板工程量